Turfgrass Science

잔디학

(사)한국잔디학회 교재편찬위원회 저

BIOSCIENCE (주)바이오사이언스출판

이 도서의 국립중앙도서관 출판예정도서목록(CIP)은 서지정보유통지원 시스템 홈페이지(http://seoji.nl.go.kr)와 국가자료종합목록시스템 (http://www.nl.go.kr/kolisnet)에서 이용하실 수 있습니다.
(CIP제어번호 : CIP2020046737)

잔디학 *Turfgrass Science*

인쇄일: 2021년 1월 25일
발행일: 2021년 1월 30일

저　자: (사)한국잔디학회 교재편찬위원회
발행인: 문정구
발행처: (주)바이오사이언스출판
본　사: 10860 경기도 파주시 탄현면 국화향길 10-56, 1동
서울사무소: 06569 서울특별시 서초구 도구로 115, 1층(방배동)
전　화: (02)581-4057~8
팩　스: (02)581-4059
이메일: inquiry@biosciencepub.com
홈페이지: http://www.biobooks.co.kr
ISBN: 978-89-6824-110-9 (93520)
등록번호: 제22-3079호
값 28,000원

(주)바이오사이언스출판

머리말_*preface*

오랜 산고 끝에 드디어 (사)한국잔디학회 이름으로 잔디 전문 서적인 "잔디학" 단행본이 발간되었습니다. 그간 잔디와 관련된 서적을 민간 단체나 학자 개인이 개별적으로 출판한 적은 있지만 학회 소속의 전문가들이 힘을 합쳐서 출판한 것은 이번이 처음입니다.

잔디는 예전부터 조상들의 묘소를 조성하는 데 활용되어 왔습니다. 오늘날에는 잔디의 용도가 더욱 확대되어 조경뿐만 아니라 스포츠 레저 분야에서 없어서는 안 될 식물이 되었습니다. 특히 잔디는 올림픽과 월드컵을 거치면서 국민들에게 큰 사랑을 받기도 했습니다. 잔디는 공원이나 길가에도 널리 이용되기 때문에 도시화에 지친 현대인들에게 자연의 아늑함을 충분히 주고도 남습니다. 최근에 우리나라에서 잔디 공원이나 천연잔디 학교운동장이 늘어나는 이유이기도 합니다.

이 책은 (사)한국잔디학회 제15대 회장인 장태현 교수의 제안에 의해 태동되었습니다. 그는 우리나라에서 잔디를 공부하는 학생들에게 교과서가 필요하다는 생각을 하였고 학회 전문가들에게 공동집필을 제안하였습니다. 장태현 회장이 잔디학 교재의 골격을 세웠다면, 제16대 회장인 김경남 교수는 교재의 내용을 내실화하는 데 역점을 두었습니다. 잔디에 입문하는 초급자들이 이해하는 데 어렵지 않도록 가능한 많은 내용을 체계적으로 담고자 하였습니다. 제17대 회장인 저는 잔디를 배우는 후학과 일반인들도 볼 수 있도록 용어를 쉽고 일관되게 마무리하는 데 힘을 보탰습니다. 장장 5년에 걸친 대장정이었습니다.

이 책의 각 장은 그 분야에서 우리나라 최고의 학자들이 저술하였습니다. 최고의 전문가들이 집필하다 보니 서술방식이 다소 통일되지 않은 점은 옥에 티라고 생각합니다. 교재 내용을 보면 아직 우리 말 용어가 없기 때문에 사전을 기반으로 해서 외래어를 차용한 사례도 적지 않습니다. 외래어는 점차 일반인들도 쉽게 이해할 수 있도록 학회 전문가들의 중지를 모아 보완해 나가야 할 것입니다. 하지만 책 전반적으로 집필진들은 "잔디학"이 대학교재로 사용될 것을 염두에 두었기에 너무 깊은 내용보다는 쉽게 기본에 충실하려고 애썼다는 점을 말씀드리고 싶습니다.

집필진을 대표해서 감히 말씀드리건대, 이 책이 최종본은 아닐 겁니다. 부족한 부분은 앞으로도 (사)한국잔디학회의 후학들이 시대 변화의 흐름에 맞춰 지속적으로 개정과 보완작업을 거치면서 잔디학 입문서로 완성되어 갈 것이라 확신합니다.

이 책이 나오기까지 애써주신 (사)한국잔디학회 집필진과 회원님들께 진심으로 감사드립니다.

2020년 겨울

(사)한국잔디학회 제17대 회장 양승원

집필진

저자: (사)한국잔디학회 교재편찬위원회
(가나다 순)

집필진

김경남 삼육대학교
김기선 서울대학교
김영선 대구대학교
류주현 시흥시청
배은지 국립산림과학원
심규열 한국잔디연구소
심상렬 청주대학교
양근모 ㈜엘씨엠
양승원 한국잔디연구소
이긍주 충남대학교
이동욱 ㈜에이엘그린
이동운 경북대학교
이상국 호서대학교
이정호 한국골프대학교
장석원 한국골프대학교
장태현 경북대학교
주영규 연세대학교
최준수 단국대학교
태현숙 ㈜유골프엔지니어링

감수

김기선 서울대학교
심규열 한국잔디연구소
심상렬 청주대학교
주영규 연세대학교
최준수 단국대학교

편집위원

양근모 ㈜엘씨엠
이상국 호서대학교
이정호 한국골프대학교
장석원 한국골프대학교

편집간사

류주현 시흥시청

편집위원장

양승원 한국잔디연구소

차례_*contents*

CHAPTER 6 잔디 기본관리

CHAPTER 7 잔디밭 갱신작업

CHAPTER 8 잔디의 병 · 해충 · 잡초 관리

CHAPTER

1

잔디의 정의와 기능

1.1 잔디의 정의

오랜 시간에 걸쳐서 지구가 현재의 상태로 변화하였고 앞으로도 계속적인 변화가 있을 것이다. 지구의 표면은 기후 조건의 영향을 받으며 풍화되어 작은 입자가 중심이 된 토양을 형성하였다. 작은 입자들은 바람과 물의 흐름을 따라 이동하여 표면의 형태를 바꾸고 있다. 이러한 변화의 속도를 늦추어 주고 지형의 변화와 환경의 변화 속도를 늦추어 주는 역할을 식생이 감당하여 왔다. 이러한 식생의 초기 단계에는 키가 작고 표면을 덮어주는 초본성 식물이 중심이 되고 있다. 이를 초원 생태계라 부른다.

초원 생태계는 지표면을 현재의 상태로 유지하며 생물이 지속적으로 서식하기에 좋은 상태로 바꾸어 준다. 인간은 초원의 식물에서 식량을 얻어 왔다. 직접적으로는 곡물 생산의 장소가 되고 간접적으로는 동물을 길러서 식량으로 사용하여 왔다. 이와 같이 인간 삶의 원천이 된 초원 생태계는 정서적으로도 인간에게 안도감과 만족을 주는 경관으로 인식되어 왔다.

산업화와 도시화가 급속하게 진행되면서 식량 문제는 해결되어 왔으나 경관적으로는 인간에게 평온함을 주던 초원을 보고 사용하지 못하게 되었다. 이러한 잠재된 욕구를 해소해 주기 위해 주거지 주변에 작은 초원 생태계를 도입하게 되었다. 경관적으로 삶의 원천에 대한 그리움을 달래 주었으며 다양한 사용을 통해 인간의 휴식과 오락의 공간이 되어 왔다. 이러한 목적을 위한 초원 생태계의 식물군은 잔디(turfgrass)로 불리게 되었다.

잔디란 땅의 표면을 계속 덮어주어 경관적 만족과, 환경적 완충, 지형의 변화를 최소화하는 역할을 감당하는 초본성 벼과(화본과) 식물로서 사람들의 지속적인 이용과 반복적인 깎기에도 필요한 밀도와 생장이 유지되는 식물의 지상부와 지하부 및 토양을 포함한 표면 생태계를 말한다. 표층의 토양을 포함한 생물군을 잔디밭(turf 또는 lawn)이라고 부를 수 있다. 잔디로 사용되기 위해서는 몇 가지 조건이 만족되어야 한다.

첫 번째로 잔디는 생장점이 깎는 높이 아래에 위치하여 반복적으로 깎더라도 생장의 근원은 제거되지 않아야 한다. 대부분의 잔디는 가축이 지상부를 계속적으로 뜯어 먹는 목초지에서 선발하여 개량되어 왔다.

두 번째로 잔디는 상당한 이용을 전제로 하기 때문에 답압(밟히고 눌림)에 잘 견디는 성질을 가져야 하는데, 그 중 스포츠 잔디는 가장 강한 내답압성과 복원성을 필요로 한다.

세 번째로 잔디는 기후의 극단적인 변화 속에서도 적정 밀도를 유지하며 생존하여야 하고 집중적으로 이용되는 시기에도 생육을 통해 훼손되는 정도 이상으로 복구될 수 있는 다년생 식물이어야 한다.

이와 같은 특성을 가진 잔디는 과거 농촌의 논두렁 밭두렁에서 계속 밟히고 아무런 관리도 받지 못하면서도 생존하였다. 잔디는 조상들의 산소에서 봉분의 형태를 오랜 기간 유지시킬 수 있는 역할도 감당하여 왔다. 현재는 정원, 공원, 마당, 광장, 도로변, 둑방 등과 같이 지형의 유지와 경관 목적으로 사용함과 동시에 운동장, 골프장 등의 다양한 체육활동 기반시설로 사용되고 있다.

1.2 잔디의 역할

잔디는 환경적 역할과 기능적 역할을 통해서 인간의 삶 주변을 개선함에 큰 역할을 감당하고 있지만 다른 환경소재나 조경소재에 비해 저평가되는 경향이 있다. 도로면과 인도가 적정한 투자와 관리를 통해 역할을 잘 감당할 수 있도록 조성 및 관리됨과 같이 잔디도 적절한 투자와 관리를 통해 다음의 역할을 잘 감당하도록 만들어지고 관리되어야 한다.

1.2.1 환경적 역할

지구의 기후는 지속적으로 변화하여 왔고 앞으로도 지속적으로 변화할 것이다. 최근의 지구 온난화와 그로 인하여 발생되는 생태계의 빠른 변화, 예측이 어려운 기상재해의 발생은 인류를 위협하고 있다. 국제기구를 통한 국가 간 협약은 온난화를 가속할 수 있는 요인을 최대한 차단하고 생태계의 보존을 위해 지구의 환경이 나빠지는 것을 방지하는 내용이 중심이 되고 있다. 잔디는 이러한 대처에서 매우 중요한 역할을 감당할 수 있다.

온도 변화의 완충

잔디는 다른 식물과 같이 토양 속의 물을 흡수하여 사용함과 동시에 많은 양(흡수량의 99% 이상)을 대기 중으로 배출한다. 이러한 현상을 증산이라 부르며 이를 통하여 주변의 열에너지를 흡수한다. 상온의 물 1 g이 수증기로 바뀔 때 흡수하는 에너지의 양은 540 cal이며, 수증기는 하늘 높이 상승하여 다시 물로 응축하며 동일한 에너지를 방출한다. 방출된 에너지는 지구의 대기권 밖으로 전달될 수 있다. 이는 냉방기가 실내의 열에너지를 흡수하여 실외기를 통해 열을 방출하는 것과 동일한 과정이다.

잔디와 같은 초원생태계는 토양 속 잘 발달된 뿌리를 통해 흡수한 물을 효과적으로 증산시키며 지표면에서의 직접 증발량을 합한 증발산량(evapotranspiration)이 우리나라의 평균적인 기후 조건에서 하루에 5 mm 정도가 된다. 우리나라에서 연간 증발산량이 1,000~1,500 mm의 범위가 된다면 잔디밭 1 m^2 당 1년에 1~1.5톤의 물이 증발산되며 이는 막대한 열을 잔디밭 주변에서 대기 중으로 배출하는 효과를 가져온다. 숲과 같은 다른 식생도 유사한 효과를 제공하지만 잔디는 조성 기간이 짧고 동시에 이용 효과도 높아 온도 조절 기여도가 높다.

대기 중 이산화탄소 축적

잔디를 포함한 모든 식물은 광합성을 통해서 대기 중의 이산화탄소를 환원시켜 탄소를 축적한다. 축적된 탄소의 일부는 호흡과 분해를 통해 대기 중으로 돌아가나 상당량이 토양에 유기물의 상태로 축적된다. 잔디는 시간당 1 m^2에서 2~5 g의 이산화탄소를 소모한다. 국가가 탄소 배출권을 확보하기 위해 탄소 축적에 예산을 막대하게 투입하고 있는 현실을 볼 때 잔디의 가치가 인정되어야 한다.

광합성의 결과로 탄소가 고정되는 동시에 산소를 발생하여 지구 생태계의 원활한 균형 유지에 기여하는 가치를 가지고 있다. 외국의 자료를 보면 200 m^2 정도의 잔디밭은 4인 가족이 소모하는 양의 산소를 생산할 수 있다. 이와 같이 잔디는 인간의 삶에 유익한 면이 매우 다양하다.

대기 오염물질 제거

잔디는 대기 중 먼지, 미세먼지 등의 오염물질을 표면에 흡착하고 토양에 집적시키는 역할을 가지고 있다. 현대의 도시에서는 산업 생산, 자동차 및 각종 원인으로 인해 대기 오염 물질이 발생 혹은 유입된다. 미국의 전문 기술지는 잔디가 연간 1,200만 톤의 먼지를 흡착하여 감소시킨다고 보고하였다(Turfgrass environment 1989년 여름호). 또한 잔디의 한 종류인 톨 훼스큐는 일산화탄소를 흡수하여 제거할 수 있다고 Gladon 등(1993)이 보고하였다. 미세먼지에 대한 우려가 급증한 상태에서 잔디가 가진 대기 오염물질 비활성화 역할은 인정되어야 한다.

종다양성 유지

잔디는 도시 생태계의 종다양성 유지에 기여한다. 도시 생태계는 구성 생물의 서식처를 필요로 하며 특히 토양 미생물, 토양 생물, 곤충류, 조류 등의 먹이사슬 유지에 잔디가 기여한다(Green and Marshall, 1987; Maffei, 1978). 생태계가 유기물 분해 능력을 유지하기 위해서는 토양 박테리아, 곰팡이와 방선균류와 지렁이 등의 토양생물이 상당수 필요하다고 보고되었다(Alexander, 1977). 종다양성 유지에 국제적 노력과 관심이 큰 시점에서 이 문제에 대한 잔디의 역할이 기대된다.

1.2.2 기능적 역할

잔디는 초원생태계의 구성원으로서 지속가능한 생태계의 유지 보존에 다양한 기능을 가진다. 잔디는 다년생 식물로서 기능성을 감당하므로 생활 및 생존환경이 인간을 포함한 생태계의 효과적인 유지관리에 기여한다. 잔디가 환경의 유지관리 비용을 감소시키고 개선시키는 기능들은 다음과 같다.

토양 유실 방지 및 홍수 방지

잔디는 지상부와 지하부의 생장을 통해 1 ha의 면적에서 연간 1,000~30,000 kg의 바이오매스를 생산한다(Lush, 1990). 생장하고 있는 잔디와 생산된 유기물질은 토양표면을 피복하고 토양층의 상부에 축적되어 강우의 유출 속도를 늦춰주고 상당량의 물을 토양층에 저장하는 기능을 가진다. 표토의 유실은 생물계의 생육환경을 악화시키고 궁극적으로 하천의 바닥에 침전하여 주기적인 준설의 필요를 증대시킨다.

집중 강우의 발생이 잦아지고 예측이 어려운 현실을 고려할 때 잔디의 토양 유실 및 지표수의 빠른 유출을 줄여주는 기능은 매우 중요하다. 아스팔트 및 콘크리트 등 불투수 표면이 많은 현대 도시에서 유출 속도의 감소와 토사유출의 감소는 도시 배수체계와 하천 구조 관리에 기여할 수 있다.

지하수 오염 방지

토양은 기본적으로 강우 및 지표수를 걸러주는 역할을 하지만, 잔디가 재배되어 토양 중 유기물의 함량을 높이면 양분의 흡수 및 여과 기능은 더욱 높아진다. Angle(1985)과 Gross 등(1990)의 보고를 보면 잔디밭으로부터 질소와 인산 성분의 용탈은 1 ha의 면적과 4주간의 기간 동안 0.002~0.012 kg에 불과하였으나 담배 재배지로부터는 동일면적 동일기간 중에 0.48~2.34 kg이 유실되어 큰 차이를 보였다. 잔디는 다른 물질들의 흡수를 통해 지하수 정화에도 유사한 역할을 할 수 있다고 여러 연구자들이 보고하였다(Gross 등, 1991; Morton 등 1988; Watschke와 Mumma, 1989).

소음 방지

도시의 소음은 해결되어야 할 문제 중의 하나이다. 조용한 환경을 누릴 권리가 인정되고 있으며 잔디는 소리 에너지를 흡수하는 기능을 가지고 있다. Cook과 Van Haverbake(1971), Robinette(1972)는 잔디가 식재된 경우 맨땅 혹은 포장된 표면에 비해 소음이 현저하게 감소한다고 보고하였다. 서울의 시청 광장과 여의도 광장과 같이 열린 공간으로서 이용이 불가피한 장소에 잔디가 도입되면 소음 환경 개선에 기여할 수 있다.

부상 감소

적극적인 이용이 주된 목적인 공간에 잔디를 식재할 경우 이용자의 부상을 줄여준다. 특히 청소년과 유아의 사용이 중심인 운동장 등에서는 충격과 마찰에 의한 부상을 줄여줄 필요가 있다. 미국 펜실베니아주에 소재한 12개 고등학교의 운동장에서 Harper 등(1984)이 조사한 내용에 따르면 운동장 표면이 단단하여 발생된 학생들의 부상이 전체 부상의 21%에 해당한다. 생육 중인 잔디는 단단한 표면 위에서 완충성을 제공하며 동절기 토양표면이 얼었을 경우에도 휴면 중인 잔디의 조직이 충격을 완화시킬 수 있다.

온도 조절

잔디는 온도 조절 기능을 통해 운동장의 온도가 급격히 올라가는 것을 막아 주므로 이용환경을 개선할 수 있다. 잔디 운동장은 다른 소재의 표면 소재보다 고온으로 인한 일사병과 탈진현상을 줄여줄 수 있는 기능을 제공한다.

정서적 안정감 제공

현대인들은 경쟁사회의 부담 속에서 많은 스트레스를 받으며 살아간다. 육체와 정신의 피로를 풀어 줄 수 있는 요소가 필요하다. 자연의 경험은 도시민의 삶의 질을 높여줄 수 있다고 보고되었다(Kaplan, 1989). Ulrich(1984, 1986)도 잔디, 나무 그리고 열린 공간이 도시민들의 정신적 안정감과 건강을 향상시켜 생산력을 증가시킬 수 있다고 보고하였다.

1.3 잔디의 품질

좋은 잔디는 시각적 아름다움을 제공하고 기능을 충실하게 감당하여야 한다. 그러나 잔디를 사용하는 목적에 따라 품질을 평가하는 기준이 다를 수 있다. 정원 및 공원의 잔디는 균일한 색상과 밀도를 가지고 천천히 움직이는 이용자에게 시각적으로 편안하고 깔끔한 조경의 바탕을 제공하는 것이 가장 중요하다. 도로변 사면의 경우에는 토양의 표면을 잘 유지하고 토양 유실을 최소화하며 질감이 조금 거칠더라도 빠르게 움직이는 차량에서 볼 때 시야를 방해하지 않으면서 정돈된 모습을 제공하는 것이 중요하다. 축구장의 경우 높은 밀도와 표면 특성을 제공하여 공이 적절히 튀기고 구르며 충격을 줄여줄 수 있고 적절한 미끄러짐을 허용하여 안전하고 흥미로운 경기의 진행이 가능하여야 좋은 잔디이다. 이와 같이 잔디의 품질을 평가하는 기준은 기능성과 사용 주제에 따라 다르게 적용될 수 있다.

1.3.1 시각적 품질

잔디의 시각적 품질은 다양한 면에서 평가될 수 있으나 질감, 색상, 밀도, 균일성, 평탄성이 포함된다.

질감(Texture)

잔디의 질감은 시각적으로 판단될 수도 있고 촉각적으로 판단될 수 있으나 잔디 품질의 평가 시에는 잎의 섬세함을 말한다. 잎의 섬세함이란 잔디 잎의 폭을 말한다. 잎의 폭이 좁을 경우 섬세한 느낌을 주며 골프 그린의 경우와 같이 섬세한 공의 움직임을 가능하게 해 준다. 섬세한 잔디는 fine-type이라 부르며 크리핑 벤트그래스(creeping bentgrass), 크리핑 레드 훼스큐(creeping red fescue), 세엽 버뮤다그래스

(bermudagrass)와 세엽 조이시아그래스(zoysiagrass) 등이 있다. 거친 잔디는 coarse-type이라 부르며 세인트 어거스틴그래스(St. Augustinegrass), 톨 훼스큐(tall fescue), 광엽 조이시아그래스 등이 포함된다. 켄터키 블루그래스(Kentucky bluegrass), 퍼레니얼 라이그래스(perennial ryegrass), 일반 버뮤다그래스와 중엽형 조이시아그래스 등은 섬세한 정도가 중간 정도로 평가되며 중엽형으로 부른다.

밀도(Density)

잔디의 밀도는 단위 면적당 지상부 잎의 수를 말한다. 경우에 따라 하나의 생장점을 가진 분얼경의 수로 밀도를 평가하기도 한다. 밀도는 잔디의 종 혹은 품종의 유전적 소양에 따라 다르지만 재배 환경과 재배 방식에 따라 달라지기도 한다. 밀도가 가장 높은 잔디로는 크리핑 벤트그래스, 세엽 버뮤다그래스와 세엽 조이시아그래스 등이 있으며 밀도가 낮은 잔디는 톨 훼스큐, 들잔디(*Zoysia japonica*) 등이 있으나 관리 방법에 따라 큰 영향을 받을 수 있다.

동일한 종 내에서도 품종 간 밀도의 차이를 상당히 보여 크리핑 벤트그래스의 전통 품종인 Penncross와 Penn A-1, T-1 등의 신품종 간에는 많은 차이를 보인다. 톨 훼스큐의 경우에도 K-31과 같은 전통 품종은 매우 낮은 밀도를 가졌으나 신품종들은 비교적 높은 밀도를 가진다.

일반적으로 밀도가 높을수록 섬세한 질감을 나타낸다(그림 1-1). 잔디는 일반적으로 낮은 깎기 조건에서 높은 밀도를 보이며 비료와 물의 적절한 투입은 밀도를 높여주는 경향이 있다. 생장조정제의 사용으로 잎의 길이 생장을 적절하게 억제할 경

그림 1-1 잔디의 질감과 밀도

우 밀도가 높아질 수 있으며 적절한 통기와 갱신작업도 밀도를 높여줄 수 있는 방법이 될 수 있다.

색(Color)

잔디의 색은 기본적으로 잎 조직 내 엽록소 밀도의 영향을 받는다. 잔디의 종과 품종에 따라 유전적인 색상이 차이를 보이며 또한 시비 조건에 따라 영향을 받는다. 계절에 따라 색상의 변화가 있고 휴면 중의 색상도 차이를 보인다. 일반적으로 짙은 녹색의 잔디는 영양 상태가 좋고 건강한 상태로 판단할 수 있으나 지나치게 짙은 색상은 위조(건조 스트레스)의 시작 증상이 될 수 있고, 과다 질소의 경우 짙은 녹색이 병 발생의 전조 증상일 수도 있다.

옅은 녹색의 잔디는 일반적으로 양분 부족이나 흡수 능력 저하의 결과일 수 있어 건강하지 못한 잔디로 평가할 수 있으나 저비용 저관리 잔디의 경우 적절한 정도의 녹색도가 환경 재해 및 병 발생에 대처능력이 높을 수 있다. 녹색도를 높여주기 위한 비료의 종류로는 질소, 마그네슘, 철, 황 등이 있고 대부분 엽록소 합성 재료나 합성 과정의 효소 재료의 역할을 한다.

균일성(Uniformity)

잔디를 섬세한 질감, 높은 밀도, 짙은 녹색만으로 최고의 품질이라고 평가하기에는 한계가 있다. 잔디의 사용 목적에 따라 적절한 질감, 밀도, 색상이 다를 수 있다. 잔디는 개체보다는 집단으로서 경관가치를 가진다. 집단으로서 가져야 할 가치는 균일성이다. 동일 목적의 잔디 면은 전체적으로 질감, 밀도, 색상이 균일하여야 품질이 높아진다. 시각적인 균일성과 함께 탄력성, 단단한 정도 또한 균일하여야 이용에 적합한 품질을 가지게 된다(그림 1-2).

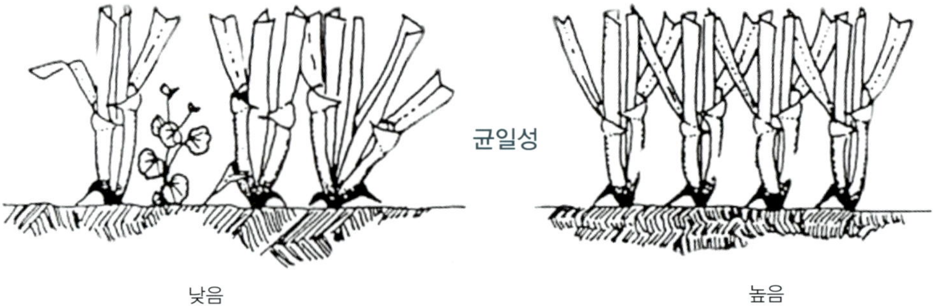

그림 1-2 잔디의 균일성

평탄성(Smoothness)

잔디는 깎은 표면이 균일하여야 하며 이는 시각적 품질뿐만 아니라 경기력에도 영향을 미친다(그림 1-3). 골프 그린의 경우 매우 섬세한 낮은 깎기 조건에서 약간의 차이는 공의 구름 방향 및 속도에 영향을 미쳐 경기력을 저하시킬 수 있다. 표면의 평탄성은 관리 장비 및 작업의 차이에 따라 달라질 수 있으며 잔디 잎의 질감에 따라 차이를 보일 수 있다. 질긴 질감을 가진 조이시아그래스나 톨 훼스큐의 경우 섬세한 장비와 작업이 동반되지 않으면 표면의 균일성을 얻기가 어렵다.

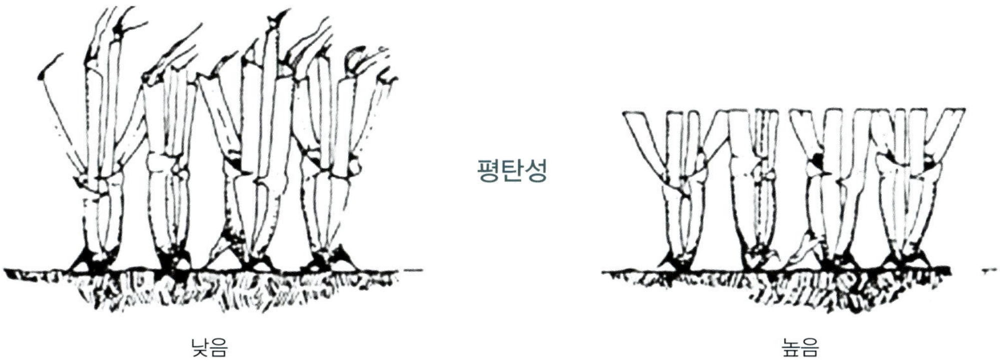

그림 1-3 잔디의 평탄성

1.3.2 기능성 품질

잔디는 경관적 가치뿐 아니라 이용상 기능을 요구하기 때문에 기능성이 잔디의 품질을 판단하는 요인이 될 수 있으며 견고성, 탄력성, 복원성, 회복력 등이 포함될 수 있다.

견고성(Rigidity)

잔디는 이용을 전제로 재배된다. 잔디 조직이 지나치게 단단할 경우 충격을 흡수하는 역할이 줄어들 것이고 지나치게 무를 경우 작은 눌림에도 훼손될 수 있다. 조직의 견고성은 개체의 견고성과 집단으로서의 견고성이 포함된다. 개체는 조직의 화학적 구성, 수분함량, 조직의 조밀성 등의 영향을 받고 집단은 밀도, 성숙 정도의 영향을 받는다. 견고한 잔디는 이용으로 인한 피해를 줄여줄 수 있고 견고하지 못한 잔디는 쉽게 손상될 수 있다(**그림 1-4**). 조이시아그래스, 톨 훼스큐, 버뮤다그래스 등이 견고성이 높은 잔디이며 크리핑 벤트그래스, 켄터키 블루그래스 등은 견고성이 낮은 편이다. 견고성이 높은 잔디는 내답압성이 높은 경향이 있으며, 퍼레니얼 라이그래스는 견고성이 높지는 않으나 잎의 표면에 왁스층이 두꺼워서 찢김이 적어 내마모성이 높아지고 축구 등의 운동장에 사용 빈도가 높다.

그림 1-4 잔디의 견고성

탄력성(Elasticity)

잔디는 생명체이고 생명체는 조직의 탄력성을 가진다. 고무에 힘을 가하면 형태가 변화하지만 힘을 제거하면 원래의 형태로 돌아오는 것과 같은 성질을 탄력성이라 한다(**그림 1-5**). 잔디는 반복적으로 외부의 충격에 노출되고 밟히게 된다. 밟힘을 견디는 데는 한계가 있고 잔디가 눕게 되지만 힘이 제거되어 원래의 형태로 돌아오는

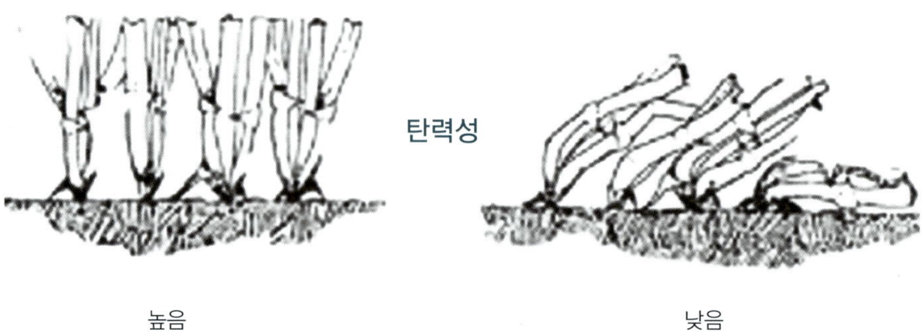

그림 1-5 잔디의 탄력성

능력은 잔디의 종류와 환경과 재배 조건에 따라 달라질 수 있다. 잔디에 서리가 내리면 경직되고 부스러지기 쉬워 탄력성을 잃는다. 또한 잔디의 조직 내 수분함량이 떨어지면 탄력성을 잃게 된다. 이러한 환경에서는 이용을 제한하여야 하며 잔디의 탄력성을 유지하기 위하여 칼륨 등의 시비를 증가시킬 수 있다.

복원성(Resiliency)

잔디밭은 잔디와 토양이 어울려서 필요한 성질을 제공한다. 탄력성이 잔디 자체의 복원성을 의미하는 반면 복원성은 잔디와 토양이 동시에 충격에 반응하고 원래의 형태로 돌아오는 성질을 말한다(**그림 1-6**). 잔디밭에는 잔디 잎이 낙엽이 지고 줄기와 뿌리가 노화하여 죽은 상태로 공존하며 충분한 시간이 지나면 분해되고 토양 유기물이 된다. 충분히 분해되지 않은 미부숙 유기물 층을 대취(thatch) 혹은 북더기 잔디라고 부른다. 이 층이 적절히 남아 있으면 기존의 토양과 함께 복원성을 제공한다. 낙엽이 쌓인 숲을 걸을 때 발자국이 남지만 시간이 경과하면 원래의 상태로 돌아올 수 있는 현상과 유사하다. 잔디의 토양이 모래인 경우 복원성이 증가하기 때문에 집중 답압이 예상되는 경기장에는 모래 지반을 사용한다.

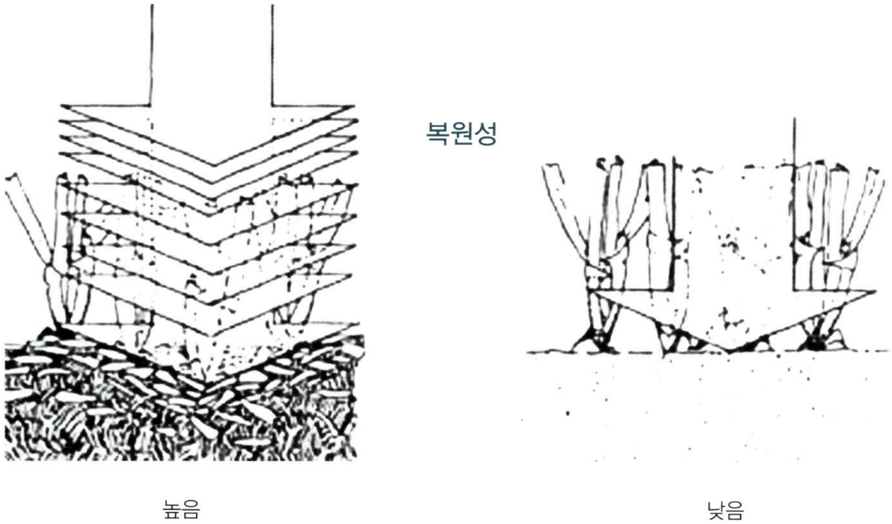

그림 1-6 잔디의 복원성

회복력(Recuperative capacity)

잔디는 계속적으로 이용되고 병해충에 의해 훼손되기도 하는데, 훼손된 부위가 잔디의 생장을 통해 복구되는 능력이 회복력이다. 회복력 또한 종 및 품종의 유전적 소양에 따라 다르나 환경과 재배 조건의 영향을 크게 받는다. 크리핑 벤트그래스는 견고성은 떨어지나 회복력이 매우 좋아서 집중적으로 이용되는 골프 그린에 사용될 수 있다. 회복력에 영향을 주는 재배 요인은 관수, 시비, 통기 등을 포함한 대부분의 관리내역을 포함한다.

1.4 잔디 생육의 일반적 특성

잔디는 대부분의 다른 식물과 같이 광합성을 통해 필요한 에너지를 얻고 방대한 뿌리를 통하여 토양 중 양분과 수분을 흡수한다. 현재 지구상에서 사용되고 있는 잔디는 모두 벼과에 속하나 생태적으로 적응한 기후대는 매우 다양하다. 구체적인 내용은 이 책의 각 장에서 설명될 것이다. 이 장에서는 잔디의 역할과 기능을 감당하기 위해 필요한 특성 중 기본적 생육 특성과, 일반 작물과 다른 재배 각도에서 접근되는 내용을 정리하였다. 생육이란 생물이 발아하여 성숙될 때까지 생장(growth)과 발육(development) 단계를 거치는 기간을 말한다.

1.4.1 잔디의 생육형

잔디는 종에 따라 번식 방법이 다소 차이를 보이나 생육형은 3가지 형으로 나누어진다. 포기형(또는 주형, bunch type) 생육, 지상포복경(stoloniferous) 생육과 지하경(rhyzomatous) 생육으로 구별되고 잔디 종에 따라 두 가지 이상의 생육을 하기도 한다(그림 1-7).

포기형 생육

포기형 생육을 하는 잔디는 전적으로 분얼경(tiller)에 의해 지속적인 생육을 한다. 잔디의 생장점에서 일어나는 점 생육으로, 옆으로 퍼져나가는 부피 생장은 매우 제한적이다. 시간이 지나면 포기의 크기가 다소 증가할 수는 있으나 기본적으로 한정된 거리 내로 제한된다. 나무가 오랜 시간 지나도 직경이 크게 증가하지 않는 생육 형태와 유사하다. 이러한 습성을 가진 잔디류는 종자를 퍼뜨림으로써 거리 이동을 한다. 잔

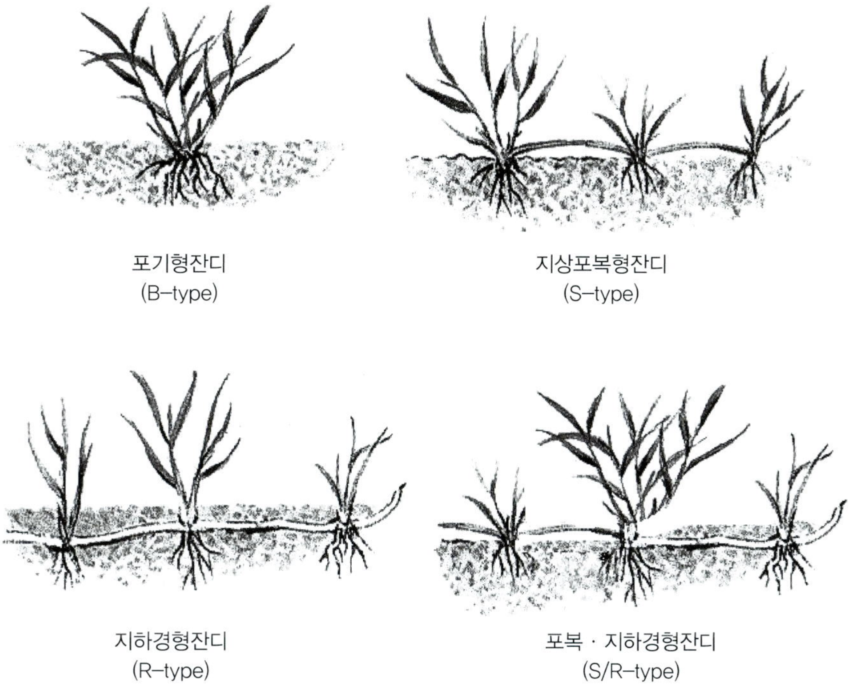

그림 1-7 잔디식물의 생육형(김경남. 2012. 최신잔디학개론)

디를 조성할 때에는 적정한 수의 종자를 파종해야 밀도 높은 잔디밭을 만들 수 있다. 잔디가 일정한 크기 이상으로 훼손되거나 병들어 죽을 경우 주변으로부터 훼손된 부위로 자라서 채울 수 없으므로 다시 종자를 파종하여야 한다.

종자번식에 의존할 수밖에 없는 포기형 잔디는 퍼레니얼 라이그래스, 톨 훼스큐, 새포아풀(annual bluegrass) 등이다. 이 군의 잔디는 밀도가 떨어지면 품질이 매우 나빠지고 군데군데 뭉쳐있는 군락을 보이게 된다.

지상포복경 생육

지상포복경(stolon)이란 잔디의 생장점에서 지표면을 따라 옆으로 기는 형태의 줄기를 말하며 줄기는 마디를 연장해서 생장하고, 마디에서 새로운 분얼경과 뿌리를 발생시키는 생육 습성을 말한다. 본 유형의 생육습성은 점을 중심으로 뻗어나가는 생육을 하므로 시간이 경과되면 주변의 면적을 덮게 된다. 마디를 중심으로 발생되는 분얼경은 생장점을 가지고 또 다른 포복경을 발생시킨다. 기본적으로 종자 번식이 없이도 근거리 이동 생장이 가능하고 잔디가 훼손되어도 다시 포복경이 주변으로부터 발생되어 채워주는 장점을 가진다.

크리핑 벤트그래스, 러프 블루그래스, 세인트 어거스틴그래스, 센티피드그래스, 버팔로그래스 등이 지상포복경 생육습성을 가진 잔디에 속한다. 지상포복경은 기후조건에 따라 다르나 1년에 수십 cm에서 수 m까지 자랄 수 있다. 지상포복경의 생장이 빠른 반면 분얼경의 밀도는 다소 떨어질 수 있다.

지하경 생육

지하경은 생물학적으로 지상포복경과 유사하나 지표면 밑에서 옆으로 자라는 줄기를 말한다. 땅 속에서 자라는 줄기는 잔디의 개체들이 서로 얽혀서 지표층을 강하게 엮어주는 역할을 할 수 있다. 지상포복경보다는 짧은 거리를 이동하지만 주변으로 자라는 습성을 보여 작은 훼손 부위는 추가 식재 없이도 채워질 수 있는 생육 형태를 보인다.

켄터키 블루그래스는 전형적인 지하경 생육습성을 가진 잔디이다. 식재 간격이 멀지 않으면 영양번식으로도 잔디밭을 조성할 수 있는 잔디이며 밀도가 매우 높은 편에 속한다.

지상포복경과 지하경을 모두 사용하는 생육

영양번식 중심의 잔디 종들은 지상포복경과 지하경을 모두 가지고 옆으로 자라는 특성이 있다. 버뮤다그래스와 하이브리드 버뮤다그래스, 조이시아(Zoysia) 속 잔디류들은 매우 왕성한 지상포복경과 지하경 생장을 한다. 일반적으로 이 군의 잔디류는 종자가 휴면에 깊이 들어가는 경우가 많으므로 영양번식에 의해서 빠른 잔디 조성이 가능하다.

잔디의 생육과 관련된 개념

잔디는 잎과 분얼경의 수명이 수주에서 수개월로 비교적 짧은 기간 동안 생육하지만 계속해서 새로운 분얼을 하고 지상포복경과 지하경의 마디 및 끝에서 새로운 분얼경을 생산하여 다년생의 특성을 가진다. 대부분의 농작물은 수확을 통하여 필요한 부분을 수집하여 이용하지만 잔디는 수확과 유사한 작업인 잔디깎기를 통하여 잎의 상단부를 제거하고 식생(vegetation) 부위를 남긴다. 이와 같이 깎은 잎을 클리핑(clipping)이라고 부르며 한자로 예지물(刈芝物)이란 용어를 사용하기도 하고, 잔디깎기 후 남은 식생(잔디밭)을 지상부 생장력(verdure)이라고 부른다(그림 1-8).

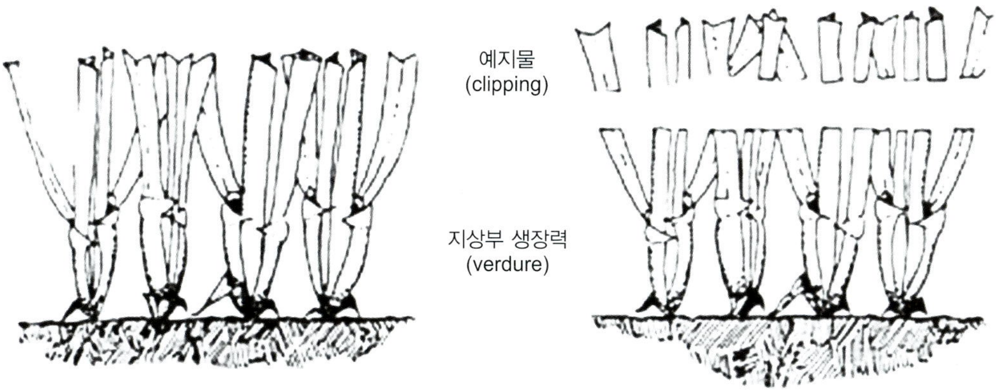

그림 1-8 잔디의 예지물과 지상부 생장력

잔디는 특성상 계속적인 지상부의 제거에도 필요한 밀도와 생육을 유지하여야 하므로 지표면 근처에 위치한 생장점들과 뿌리가 매우 중요하다. 대부분의 잔디 뿌리는 지표면으로부터 20~30 cm 깊이 이내에 분포하며 부정근의 형태를 가지고 있다. 뿌리에 필요한 환경적 요인의 지속적인 점검과 뿌리 생육 상태는 잔디의 생육과 품질에 큰 영향을 준다. 뿌리 발육의 양과 질, 깊이별 분포를 항상 확인해야 건강한 잔디의 생육을 유지할 수 있다.

1.4.2 잔디류의 적응성

잔디는 역할과 기능의 유사성 때문에 하나의 작물로 분류되지만, 사실 잔디들 간의 유전적 유사성은 매우 낮다. 각각의 잔디 종은 원산지가 다르고 기후 적응성도 매우 다르다. 여름이 선선하고 겨울이 추운 기후대에서 유래된 잔디류는 한지형 잔디(cool-season turfgrass)라고 부르며 켄터키 블루그래스, 퍼레니얼 라이그래스, 톨 훼스큐, 크리핑 벤트그래스 등이 포함된다. 여름이 매우 덥고 겨울이 온난한 기후대에서 유래된 잔디류는 난지형 잔디(warm-season turfgrass)라고 부르며 버뮤다그래스, 조이시아그래스, 세인트 어거스틴그래스 등이 포함된다.

건조한 기후가 원산지인 잔디는 적은 물을 가지고 관리할 수 있으나 생육 속도는 느린 편이며 버팔로그래스(buffalograss)가 좋은 예이다. 습지와 유사한 생태계에서 유래된 잔디는 습한 조건에서 잘 생육하며 러프 블루그래스가 이에 속한다. 이와 같이 잔디는 종에 따라 환경에 적응하는 능력에 차이를 보인다.

잔디는 또한 다양한 이용 조건에서도 필요한 정도의 생육을 유지하여야 하며 잔디 종별로 다른 특성을 가지고 있다. 많이 밟는 조건, 섬세한 이용에 필요한 고밀도 조건, 비료를 많이 주는 조건, 매우 낮게 깎는 조건 등 다양한 조건에 잘 견디는 잔디의 특성을 판단할 필요가 있다.

잔디의 환경내성(Tolerance)

잔디가 극단적인 환경을 견디는 능력은 주어진 기후에서의 적응력을 판단하는 기준이 되며, 이에 따라 적절한 잔디를 선택하는 것이 매우 중요하다. 온도, 물, 배수 정도, 토양산도 등 다양한 극단 환경에 견디는 성질을 환경내성이라 한다.

- 내한성: 겨울의 추위에 견디는 성질을 말하며, 특히 토양이 결빙하는 조건을 포함한다. 한지형 잔디는 대부분 강하나 톨 훼스큐와 퍼레니얼 라이그래스가 다소 약하며 난지형 잔디는 대부분 매우 약하나 조이시아그래스와 버팔로그래스가 강한 편이다.
- 내서성: 여름의 더위에 견디는 성질을 말하며, 특히 초고온이나 장기간의 고온을 포함한다. 한지형 잔디의 대부분이 약하나 톨 훼스큐와 크리핑 벤트그래스가 다소 강한 편이며 난지형 잔디는 모두 강하다.
- 내건성: 건조에 견디는 성질을 말하며, 고온 조건과 저온 조건을 나누어 파악한다. 한지형 잔디 중 파인 훼스큐(fine fescue)류와 크리핑 벤트그래스는 강하나 러프 블루그래스는 매우 약하다. 난지형 잔디 중 버팔로그래스는 매우 강하며 세인트 어거스틴그래스는 약하다.
- 내염성: 소금기가 많은 조건에 견디는 성질을 말한다. 한지형 잔디 중 톨 훼스큐와 퍼레니얼 라이그래스는 강한 편이며 난지형 잔디 중 씨쇼어 파스팔룸(seashore paspalum)은 매우 강하다.
- 내산성: 산성 조건에서 견디는 성질을 말한다. 한지형 잔디 중 톨 훼스큐와 난지형 잔디 중 버뮤다그래스가 강하다.
- 내음성: 그늘이나 구름 낀 날이 많은 조건에 견디는 성질을 말한다. 한지형 잔디 중 파인 훼스큐류와 난지형 잔디 중 세인트 어거스틴그래스가 강하다.
- 내습성: 습한 토양 조건에 견디는 성질을 말한다. 한지형 잔디 중 크리핑 벤트그래스와 톨 훼스큐가 강한 편이며 난지형 잔디 중 씨쇼어 파스팔룸이 강하다.
- 내병성: 병이 많이 발생되는 조건에 견디는 성질을 말한다. 한지형 잔디 중 톨

훼스큐가 강한 편이며 크리핑 벤트그래스가 약하고 난지형 잔디 중 버팔로그래스가 강한 편이고 버뮤다그래스와 조이시아그래스는 약한 편이다.

잔디의 이용 및 관리 적응성(Resistance and adaptation)

잔디는 각종 이용 및 관리 조건에 따라 생육이 다르게 반응한다. 이용량, 비료요구량, 깎기 높이 등의 조건들에 대한 잔디 생육의 적응성은 적절한 잔디의 선택에 매우 큰 영향을 준다.

- **내마모성**: 잔디의 이용에 따른 마모(훼손)에 견디는 성질을 말한다. 한지형 잔디 중 톨 훼스큐와 퍼레니얼 라이그래스가 강하며 난지형 잔디 중 조이시아그래스가 강하다.
- **깎기 품질**: 잔디깎기를 하였을 때 면이 깨끗하게 되는 성질을 말하며 잎의 강직도와 관련된다. 한지형 잔디의 대부분은 좋으나 퍼레니얼 라이그래스가 다소 떨어지며 난지형 잔디 중 세인트 어거스틴그래스는 좋으나 조이시아그래스는 낮은 편이다.
- **깎기 높이 적응성**: 깎기 높이에 따른 잔디의 적응성을 말한다. 높은 깎기 높이에 적응하는 잔디는 한지형 잔디 중 톨 훼스큐이며 난지형 잔디 중에는 세인트 어거스틴그래스이다. 낮은 깎기 높이에 적응하는 잔디는 한지형 잔디 중 크리핑 벤트그래스이며 난지형 잔디 중에는 하이브리드 버뮤다그래스이다.
- **대취 축적도**: 잔디밭에 미부숙 유기물인 대취가 축적되는 정도를 말한다. 한지형 잔디 중에는 크리핑 벤트그래스가 높고 난지형 잔디 중 버뮤다그래스, 조이시아그래스 등이 높다.
- **조성속도**: 종자 혹은 런너번식 등 영양번식을 통해 조성되는 속도를 말한다. 한지형 잔디 중 퍼레니얼 라이그래스가 가장 빠르고 켄터키 블루그래스가 느리며 난지형 잔디 중 버뮤다그래스와 씨쇼어 파스팔룸이 빠르고 조이시아그래스가 가장 느리다.
- **비료요구량**: 적절한 정도의 생육을 유지함에 필요한 비료의 요구량을 말한다. 한지형 잔디 중 크리핑 벤트그래스와 켄터키 블루그래스가 높고 파인 훼스큐류가 낮다. 난지형 잔디 중 버뮤다그래스가 높고 버팔로그래스는 낮다.
- **회복력**: 잔디가 훼손 후 회복할 수 있는 능력을 말한다. 한지형 잔디 중 크리핑 벤트그래스가 높고 화인 훼스큐류가 낮으며 난지형 잔디 중 버뮤다그래스 등이 높고 조이시아그래스가 낮다.

1.5 잔디산업의 현황과 전망

1.5.1 한국의 잔디산업

우리나라는 전 국토의 약 1% 정도가 잔디로 조성되어 있어 주변에서 쉽게 찾아볼 수 있지만, 아파트 중심의 주거문화 확산으로 개인적으로 잔디밭을 접하기에는 어려움이 있다. 특히, 잔디밭은 사용을 하면 안 된다는 인식이 강하여 일상생활 속에서 잔디는 친근하면서도 어려운 이미지를 갖고 있다. 그럼에도 불구하고 정원 및 공원 등의 녹지 확대와 대중스포츠 문화의 발달 등으로 전체적인 잔디 이용면적이 꾸준히 증가하고 있으며, 잔디의 종류 뿐만아니라 초종별 관리방식도 다양화되고 있다. 이와 함께 잔디 신품종 개발도 본격화되어 잔디산업 발전에 이바지하고 있다.

국내 잔디산업 현황

잔디의 기원은 지역과 국가에 따라 차이는 있지만 서양에서는 사료용으로 많이 이용되었던 작물이 오랫동안 가축의 방목환경에서 적응하면서 토지 피복 능력이 좋은 벼과 다년생 식물에서 유래된 것이 대부분이다. 한국에서 잔디 기원은 서양과는 달리 정원, 왕궁, 왕릉, 일반 무덤의 지상부 장식 및 피복용으로 사용되어 왔다. 조선왕조신록, 승정원일기, 일성록 등의 기록에 의하면, 조선시대에 모화관(慕華館)에서 사초(잔디)를 키워 왕릉을 조성하는 데 사용하였다는 기록이 있다.

우리나라의 잔디산업은 최근 신규 골프장 건설 감소와 건축경기의 둔화로 침체기로 인식되고 있으나, 올림픽과 월드컵 개최 이후 경제발전과 국민소득 향상으로 주 5일제 근무가 시행된 이후로 여가를 즐기는 문화가 크게 확산되고 있으며, 레크리에이션과 스포츠를 위한 녹지공간으로서 잔디 수요가 증가하고 있다. 이 외에도 지방 혁신도시 등과 같은 신도시 조성, 서해안 새만금 사업, 학교운동장에서 일반 주택정원까지 그 쓰임새가 늘고 있어 향후 잔디산업의 규모는 꾸준한 증가가 예상된다.

잔디산업은 1967년 산림청이 발족한 이후에 대대적인 사방사업이 진행되면서 1970년대 조이시아그래스 종자를 일본, 미국, 홍콩 등지에 수출하면서 주목을 받았으며, 1980년대 초반부터 잔디의 인위적인 재배가 시작되면서 빠른 속도로 발전하여 2000년도부터는 골프장 건설 본격화로 잔디 재배면적이 크게 증가하였다. 2002년 한일 월드컵 개최를 계기로 전문경기장용 한지형 잔디가 도입되어 재배되면서부터 골프장 및 운동장, 조경지 등에서 한지형 잔디 이용 증가와 함께 잔디 관리장비, 설계, 시공 및 재배 산업 등이 더불어 발전하였다.

국내 이용별 잔디 시설은 스포츠 경기장, 골프장, 조경분야, 공원묘지, 사방건설, 개인주거지 등이 있으며, 연관된 잔디산업으로는 잔디생산업, 잔디시공업, 잔디관리업, 자재 및 장비판매업, 연구개발업 등으로 구분된다(표 1-1).

각 잔디산업 규모는 정확한 통계는 나와 있지 않지만 전체 산업규모는 연간 약 1.4 조 원 정도로 추정된다(표 1-2).

표 1-1 국내 잔디관련 산업 분야 및 파생산업

구 분			관련 시설 및 내용	파생산업
잔디 조성 시설물	스포츠 시설		축구장, 야구장, 학교운동장	잔디관리용역업
	골프코스		회원제골프장, 대중골프장	잔디관리용역업, 농약, 비료, 장비, 잔디판매업
	조경시설		공공시설, 공원, 리조트시설, 도심조경	조경관리업
	공원묘지		개인 및 공원묘지	공원묘지 관리업
	피복, 사방용시설		도로공사, 공항	시드스프레이 시공사
	개인주거지		정원	정원관리업
잔디 관련 산업	잔디생산업		난지형잔디생산, 한지형잔디생산	잔디판매업, 잔디영농조합
	잔디시공업		골프장, 경기장, 조경식재 공사	조경회사, 건설회사, 골프장 디자인
	잔디관리업		골프장, 경기장, 학교운동장	잔디관리 용역업
	자재 및 장비 판매업	장비	골프장, 경기장, 학교운동장, 댐, 공원, 잔디 생산업 · 관리용역업 등의 잔디관리 장비	장비관리서비스업
		스프링클러	골프장, 경기장, 학교운동장, 공원, 잔디생산업	스프링클러설치공사
		비료	화학비료, 유기질비료, 토양활성제	비료회사, 비료유통업
		농약	골프장, 경기장, 학교운동장, 댐, 공원, 잔디생산업, 잔디관리용역업	농약회사, 농약유통업, 병해충 · 잡초방제용역업
		종묘	골프장, 경기장, 학교운동장, 댐, 공원, 잔디생산업, 잔디관리용역업	종묘상
	연구개발업		연구소, 대학(원예학과, 조경학과), 전문 분석업체	연구개발 서비스업

* 자료 : 산림청 정책보고서(2009)

표 1-2 국내 잔디산업 분야별 시장 규모

구 분	항 목	금액(억 원)
잔디생산업	잔디생산액[1]: 581억 원	581
잔디시공업	골프장 시공[2]: 3개/년 × 50억	150
	조경시공[3]: 연간시공액(2조2천억) × 10%	2,200
	묘지잔디시공[4]: 약 4만기 × 10 m^2/기(가족묘지 이상) × 50천 원/m^2	200
잔디관리업	골프장관리[5]: 9,147홀 × 0.7억 원/홀	6,402
	체육시설관리[6]: 603개소 × 0.75억(0.5 ~ 1.0억/개소)	452
	공원 및 조경관리[7]: 926백만 m^2 × 10% × 1.5천 원/m^2	1,380
	묘지관리[8]: 314백만 m^2 × 10% × 1천 원/m^2	314
	도로면잔디[9]: 102백만 m^2 × 400원/m^2	408
자재 및 장비산업	농약, 비료[10]: 345백만 원/개소 × 487개소	1,680
	코스관리 장비[11]: 156백만 원/개소 × 487개소	760
	스프링클러[12]: 51백만 원/개소 × 487개소	248
합 계		14,775

1. 잔디 생산액: 임업통계연보(2019)
2. 골프장 증가율: 문화체육관광부 전국 등록 · 신고 체육시설업현황(2019)
3. 조경식재시공 실적: 전문건설업 통계연보 업종별 계약실적(2019)
4. 묘지시공: 한국장례문화진흥원, 2018년 화장통계(2020)
5. 골프장 홀 수: 문화체육관광부 2019년 전국 등록 · 신고 체육시설업현황(2019)
   관리비용: 백형민, 효율적인 골프장 코스관리에 관한 연구 50개 골프장 평균(2012)
6. 잔디조성 체육시설 수: 문화체육관광부, 2018년 전국 공공체육시설업 현황(2019)
7. 공원면적: 국토교통부, 도시계획현황(2017)
8. 묘지면적: 국토교통부, 2018년 지적통계(2019)
9. 도로현황(개통포장도로 길이): 국토교통부, 연도별 도로현황(2019)
10. 농약, 비료 구입비용: 유민준 외 골프 코스관리 비용 분석(2009)
11. 코스관리 장비 유지비용: 유민준 외 골프 코스관리 비용 분석(2009)
12. 스프링클러 유지비용: 유민준 외 골프 코스관리 비용 분석(2009)

잔디산업 분야별로 보면 잔디생산업의 경우 총 재배면적은 약 1,981 ha이고, 총 생산액은 약 581억 원이다. 2012년을 기점으로 생산면적이 급격하게 줄었는데, 이는 골프장 건설경기의 둔화와 4대강 개발사업 종료 등의 영향으로 판단된다(그림 1-9). 또한 이 현황은 난지형인 조이시아그래스 재배면적과 포전매매가격으로 산정된 값으로 한지형잔디를 포함하고 유통가격을 고려한 좀 더 정밀한 조사가 이루어져야 할 필요가 있다.

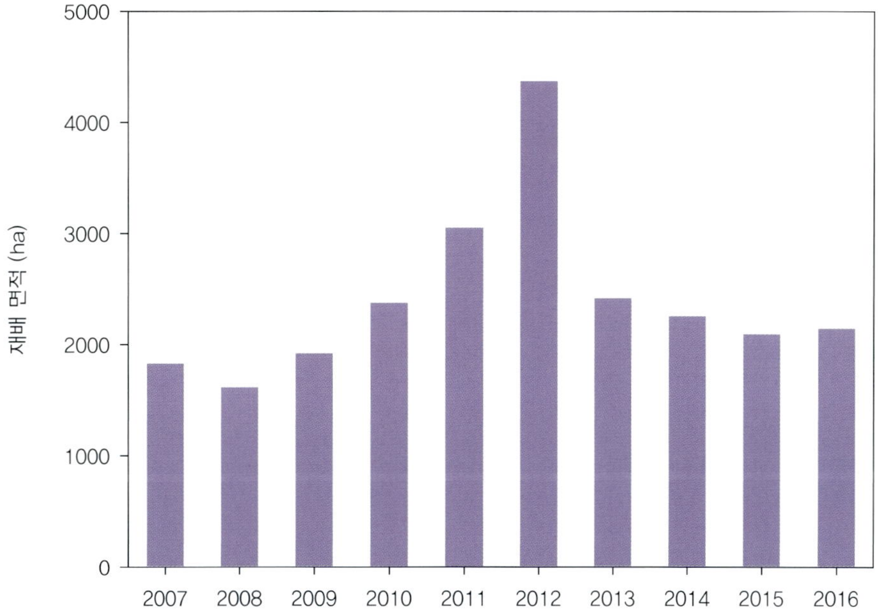

그림 1-9 연도별 잔디재배면적(산림청 임산물생산조사)

잔디시공업은 크게 골프장과 조경, 묘지잔디, 사방공사로 구분할 수 있으며, 전체 규모는 골프장 잔디식재공사 150억, 조경 잔디식재 공사 2,200억, 묘지 잔디공사 200억 등 약 2,550억 원 정도로 추산된다. 골프장 건설은 2012년에 23개 골프장이 신규 조성된 이후로 급격하게 감소하였고, 묘지잔디공사 또한 화장률이 85%가 넘어 크게 줄고 있다. 하지만 조경분야는 산업화 및 경제성장으로 인하여 우리의 생활이 도시적 정주형태로 변화됨에 따라 도시민의 여가 · 휴식 등을 위한 도시공원이나 녹지면적이 늘고는 있지만(1인당 9.2 m^2), 아직 선진외국에 비해 낮은 실정으로 지속적인 증가 추세를 보이고 있다(표 1-3).

표 1-3 1인당 도시공원 면적의 국제 비교 ('16년 말 기준. 해외사례는 '12년 기준, m^2/인)

한국	미국(뉴욕)	영국(런던)	일본(동경)	프랑스(파리)
9.2	18.6	26.9	4.4	11.6

* 자료 : 국토교통부 도시공원, 녹지, 유원지 현황(2017)

잔디관리업은 고관리가 요구되는 골프장과 체육시설관리, 중간 정도의 관리가 요구되는 공원 및 일반 조경 관리, 관리요구도가 낮은 묘지와 도로면 잔디 관리 등으로 구분할 수 있다. 골프장은 2018년 기준으로 487개가 운영되고 있으며, 총 9,147의 홀이 관리되고 있다. 백(2012)에 의하면 1홀당 평균 관리비는 7천만 원으로 이를 기준으로 산정하면 연간 전체 관리비가 6,402억 원에 달하는 것을 알 수 있다. 체육시설의 경우 종합운동장과 축구장, 야구장, 양궁장을 합하면 603개로 면적과 관리 정도에 따라 차이는 있지만, 잔디면 관리비용으로 구장별로 연평균 5천만 원에서 1억 원 정도 투입되는 것으로 알려져 있어 중간 정도를 반영하면 약 452억 원 정도의 규모를 추정할 수 있다. 공원 및 일반 조경의 경우 잔디조성면적을 국내 공원면적(926백만 m^2, 2019년 국토해양부 통계기준)의 10%로 가정하면 국내 공원의 총 잔디면적은 92백만 m^2로 (평균관리비 m^2당 1,500원) 전체 관리비용을 약 1,380억 원 정도로 추정할 수 있다. 묘지면적은 지목이 묘지인 면적만 약 319백만 m^2이고 이 중 10%만이 관리된다고 가정하였을 때 약 319억 원의 비용이 발생한다. 도로변 잔디관리는 약 1백만 m^2 정도의 면적이 제초 관리되는 것으로 추정할 수 있으며, 이에 드는 비용은 약 100억 원 정도로 추정할 수 있다.

잔디관련 장비 및 자재 산업을 보면 골프장별로 평균 농약과 비료 구입에 345백만 원, 코스관리장비 구입 및 유지관리에 156백만 원, 스프링클러 유지관리에 51백만 원 정도가 소요되어 전체적으로는 2,688억 원 정도의 산업규모를 가지고 있는 것으로 파악되고 있다.

이처럼 통계수치를 근거로 추산할 수 있는 부문별 비용을 합하면 약 1조 4,775억 원에 달하는 산업으로, 이외에도 일반 운동장공사비용과 통계에 포함되지 않은 일반 잔디관리 비용 등 추정에 어려움이 있어 빠진 분야까지 포함한다면 잔디산업 규모는 1.5조 원을 훨씬 상회하는 산업으로 경제적인 면뿐만 아니라 환경, 사회, 문화적으로 중요한 산업이라고 할 수 있다.

국내 잔디산업 전망

앞으로 4~5년 후의 시장 전망을 살펴보면 건설시장의 축소, 골프장 수의 포화 등에 따라 잔디 관련 산업은 새로운 시장을 개척해야 할 것으로 내다보고 있다. 이미 경기침체를 통해 잔디생산 면적이 급격히 줄어든 일본의 경우 잔디재배 농가에서는 경쟁력 강화를 위해 고품질 신품종을 도입하고, 재배 기술을 개발하고 있으며, 잔디품질 인증에 의한 잔디 브랜드화 사업 등을 통해 안정적 생산 체계화로 바꾸어 나가고 있다. 잔디산업의 종주국인 미국은 이미 기계화를 통해 작업을 효율적으로 수행하고 있고 그로 인해 축구장이나 골프장을 단시간에 녹색잔디로 조성할 수 있게 되었다. 국내 잔디생산체계는 아직도 노동력에 의존하고 있는 것이 현실이므로 이러한 문제를 해결하기 위한 노력이 필요하다.

1.5.2 외국의 잔디산업

잔디산업 현황을 개략적으로 이해하고, 국가별 잔디산업의 현황을 비교해 본다. 특히 우리나라와 가까운 일본과 잔디산업의 선진국인 미국의 개황을 살펴봄으로써 우리나라 잔디산업의 세계적인 위치를 파악하고 이후 당면할 과제를 전망해 본다.

일본 잔디산업 현황과 전망

일본에서 잔디생산은 고려지(조이시아그래스 세엽종, 금잔디 계통)의 경우에는 도쿄도, 가나가와현을 중심으로 「關東잔디」「도쿄잔디」가 시작되었고, 야지(조이시아그래스 광엽종, 들잔디 계통)의 경우에는 시즈오카현을 중심으로 자생하는 잔디를 채취하는 것으로 시작되었다. 그 후 수요증대와 더불어 야지도 밭에서 재배하게 되어 시즈오카현, 이바라키현, 가고시마현, 돗토리현 등 대규모 생산지가 출현하였다.

일본의 잔디생산은 1980년대 중반부터 급격히 상승하다 1991년을 정점으로 하여 경제버블과 동시에 하강이 시작되어 1999년부터 현재까지 약 70억 엔 정도로 나타나고 있다(그림 1-10).

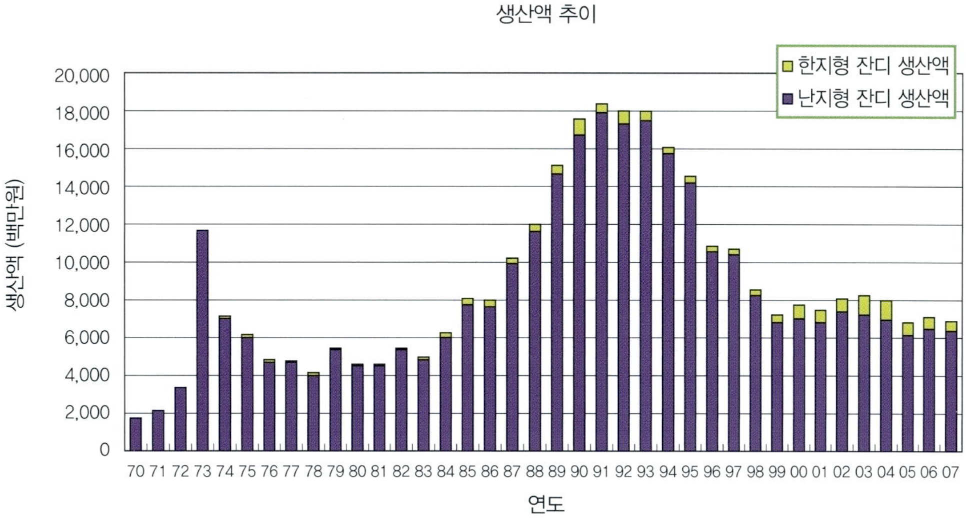

자료 : 농림수산성(2007)

그림 1-10 일본 연도별 잔디생산액

출하수량 또한 1980년 후반부터 급격히 상승하다가 1992년을 정점으로 경제버블과 동시에 하강하기 시작하여 1999년에는 약 2,800 ha 정도 감소되어 약 6,200 ha로 나타났으며 2007년은 약 4,900 ha까지 감소하였다(그림 1-11).

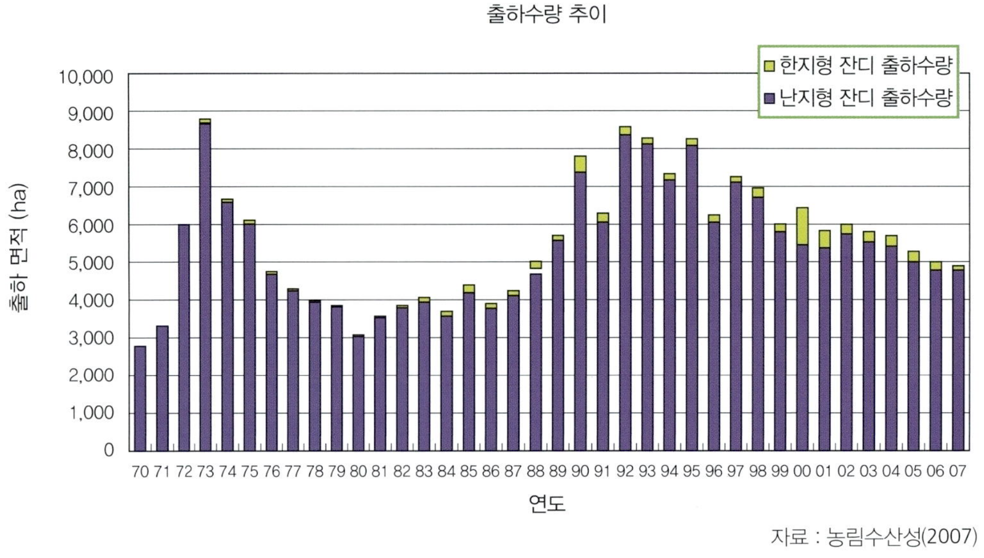

그림 1-11 일본 연도별 잔디 출하수량

일본의 잔디산업의 발전과 밀접한 연관성을 보이는 골프산업의 현황을 보면, 1960~70년대의 성장기, 1985년까지의 성숙기, 그리고 현재의 조정기를 맞고 있다고 볼 수 있다. 일본 골프장의 경영은 1961~63년까지의 열도 개조시대와 1985년 이래 저금리시대의 도래로 두 차례의 폭발적인 골프 붐을 맞았다. 하지만 일본은 1990년대 초반 이후의 버블경제붕괴로 인한 일본 경기의 침체 및 국민들의 소비심리 위축 등으로 어려움을 겪고 있고, 투자 감소 및 정리해고 단행, 외국 자본의 유입, 경영 효율화 추구 그리고 골프장 전문 경영인의 효율적인 골프장 운영 등의 다양한 노력이 이루어지고 있다.

현재 일본 잔디산업의 전망은 정책상 학교운동장 조성, 도시녹화를 위한 옥상정원, 공공 공원 조성 등 잔디의 신규수요와 잠재수요를 발굴하고 있으며, 신품종 잔디 개발과 고품질 잔디 수요가 일반생활화로 이어져 수요가 증가하고 있다. 또한 불경기로 인하여 잔디산업에서 비중이 큰 골프산업이 침체되고 있지만 점차 경기가 호전되면 약 2,400개의 골프장이 잔디산업을 활성화할 수 있다고 예상하고 있다.

미국 잔디산업 현황과 전망

미국은 300억 달러 규모의 잔디 시장과 50만이 넘는 피고용인, 12,140,570 ha의 잔디 면적, 2만 개가 넘는 골프장에서 50억 달러 규모의 소비가 이루어지는 세계최대의 시장을 형성하고 있다. 가정용 잔디가 전체 잔디면적 중에 75% 이상을 차지하여 잔디가 일반생활화 되었으며, USGA와 PGA로 대표되는 골프산업은 이미 오래전부터 건전한 여가 스포츠로 국민의 건강증진을 위한 수단이자 대중적 가족스포츠로 인식되어져 누구나 즐길 수 있는 레저 문화로 자리 잡고 있고, 지역 골프장은 주변 주민들의 사교의 장 역할로서 결혼식, 생일파티 등의 장소로도 활용되고 있으며, 골프장 내에 주택들이 함께 있는 모습을 쉽게 볼 수 있는 등 잔디문화가 생활 속에 안착되어 잔디산업의 안정적인 발전을 꾀할 수 있다.

미국의 잔디생산업 분야를 보면 1987년 이전부터 2002년도까지 잔디 농가가 10~15% 비율로 꾸준히 성장하였음을 알 수 있다. 이에 따라 잔디재배 면적과 매출도 증가하였으나 2007년도에는 잔디 농가가 감소하였으나 잔디재배 면적과 매출은 증가하였다. 2012년도 결과를 보면, 잔디 농가와 잔디재배 면적은 감소하였고 매출도 상응하여 감소하였지만 그 수는 상대적으로 비교했을 때 비례하여 감소하지 않았음을 알 수 있다. 즉, 잔디 농가와 면적은 감소하였지만 잔디 생산 관련 기계의 발달과 생산체계화로 잔디 생산의 효율을 상승시킨 것임을 알 수 있다(표 1-4).

표 1-4 미국의 잔디 생산관련 통계조사

실태조사 연도	잔디생산 농가(수)	잔디재배 면적(ha)	연 매출액(천달러)
1987	1,427	74,491	391,635
1992	1,614	88,287	471,640
1997	1,869	125,082	800,694
2002	2,124	156,413	1,001,250
2007	1,881	165,695	1,353,423
2012	1,739	130,029	1,011,490

1.5.3 잔디산업의 당면과제

그 동안 우리나라 잔디산업은 짧은 기간에 눈부신 경제발전과 함께 괄목할 만한

발전을 이루어 왔다. 양적으로는 재배면적과 생산량이 크게 증가하였으며, 질적으로도 조이시아그래스 이외의 초종과 품종 사용이 증가하였다. 그러나 우리나라의 잔디 산업은 취약한 부분이 많아 발전을 위해서 개선의 여지가 많이 남아 있다. 이 절에서는 현재 당면하고 있는 문제점과 과제, 특히 급격한 기후변화에 접하고 있고, 4차 산업혁명이 도래하는 시기에 나아가야 할 방향 등에 관하여 알아보고자 한다.

종류의 다양화

앞에서 언급한 바와 같이 우리나라에서 주로 이용되는 잔디의 종류는 중지라고 부르는 조이시아그래스 중엽형 계통으로 단순하다. 국내에서도 공설운동장이나 골프장과 같은 전문체육시설에서는 한지형 잔디인 켄터키 블루그래스와 퍼레니얼 라이그래스, 톨 훼스큐, 크리핑 벤트그래스 등이 사용되지만 매우 제한적이고, 기후 특성상 일반 소비자가 한지형 잔디를 관리하기에는 많은 제약이 따르는 것이 사실이다. 하지만 여가문화의 발달과 함께 잔디의 용도가 다양해짐에 따라 사회적 요구를 충족시켜 줄 수 있는 다양한 종류의 잔디가 소개되어야 한다. 특히 점차 봄과 가을이 짧아지고, 우기인 여름과 온난해진 겨울이 길어지는 기후변화에 맞춰 조이시아그래스 신품종 개발 및 보급과 버뮤다그래스와 같은 난지형 잔디 보급을 위한 연구를 좀 더 적극적으로 진행해야 할 것으로 보인다.

생산성의 향상

지금까지의 우리나라 잔디 생산성은 큰 문제점으로 인식되어 오진 않았다. 하지만 초고령화시대로 접어들고 있으며, 인구절벽시대를 대비하여 잔디 생산성을 높이기 위한 노력을 한시라도 빨리 기울여야 한다. 생산성의 향상은 기본적으로 재배기술이 뒷받침되어야 한다. 그동안 잔디산업이 발전해오면서 단일 종으로만 이루어져 왔기 때문에 재배기술에 있어서 큰 발전이 없었다. 하지만 한지형 잔디가 외국에서 도입되고, 한국잔디도 신품종들이 상용화되면서 각 초종과 품종들에 대한 재배기술이 미흡하여 만족스러운 생산성을 보이지 못하고 있는 실정이다.

기계화와 생력화

재배기술 확립과 함께 생산성을 향상시키기 위해 반드시 필요한 것이 기계화와 생력화이다. 도시화로 농촌은 심각한 인력난에 처해 있고, 생활수준이 향상되면서 힘든 일을 기피하는 현상이 사회적 문제로 부각되고 있다. 이를 해결하기 위해서는 기계를 도입하고 작업을 단순화하여 생력화해야 한다. 특히 잔디는 다른 식물들에 비해서 드론을 이용한 방제나 무인 잔디깎기 등과 같은 기계화가 용이한 초종으로 잔디생산이나 잔디관리 현장에서 적극적인 장비 도입을 추진하면 수입 장비의 국산화를 통해 보급이 용이해질 것으로 보인다.

품질의 고급화

생활수준의 향상에 따라 외국의 잔디문화를 접하는 기회가 증가하여 국내 잔디품질에 대한 기대치도 크게 상승되었다. 하지만 농가나 유지관리 업체 종사자들의 인식이 이에 미치지 못해 국내 잔디문화 보급에 걸림돌이 되고 있다. 소비자들의 요구가 점차 고급화되어 가고 있기 때문에 최고 품질의 잔디 공급과 유지관리가 절실히 요구되고 있다. 물론 우수한 품질은 우수한 품종과 수준 높은 기술에서 비롯되는 것이다. 또한 고품질에 대한 소비자와의 신뢰구축을 위해 잔디 생산자와 수요자 간의 이력추적관리 제도를 표준화할 수 있는 잔디품질관리 시스템 도입을 추진하여야 한다. 이를 통해 유통 잔디 품질의 안정화 및 고품질화를 유도할 수 있고, 잔디품질에 대한 신뢰도를 제고할 수 있을 것으로 판단한다.

잔디유통구조 개선

중간 유통상에 의해 이루어지는 복잡한 유통구조로 인하여 산지에서 생산자에게 주어지는 가격과 소비자가 구매하는 가격 사이에 큰 차이가 발생하고, 생산자가 품질에 대한 책임이 없기 때문에 잔디품질이 저하되고, 이로 인해 소비자의 신뢰를 상실하는 등과 같은 연쇄적인 문제점을 해결하기 위하여 일부 문제점부터 단계별로 고쳐나가야 할 것이다. 이를 위하여 미터법을 기준으로 한 잔디 뗏장 표준규격 및 유통가격을 고시하고, 산지별 전문유통센터 설립 등과 같은 유통시스템을 갖춰나가야 할 것이다.

환경을 고려한 관리기법 개발

미국농무부(USDA, United States Department of Agriculture)의 2012년도 잔디산업 통계조사와 국제잔디학회의 2009년도 발간된 논문집에서 가장 많은 논문수를 나타내는 것이 조성과 관리, 환경문제, 병 그리고 생리 등의 순서였으나 각 주제당 논문의 구체적인 내용을 보게 되면 이들 중 대부분은 물과 환경문제와 연관이 있는 것을 볼 수 있다. 예를 들어 병의 경우 많은 수의 논문이 병 방제를 위한 병 발생 예측과 화학약품을 줄이기 위한 실험결과를 보여주고 있다. 조성과 관리부분에서도 효율을 높이기 위한 실험결과, 즉 파종의 시기나 물의 사용량을 줄이기 위한 연구결과가 대부분이었다. 환경문제를 주제로 한 논문들 중에서는 단연 물과 비료성분, 특히 질소와 인의 손실 문제가 가장 큰 이슈였다. 이러한 이슈는 현재 우리나라에서도 점차 사회적 공감대가 형성되고 있어 이를 대비한 관리기법에 대한 연구가 시급한 상황이다.

4차 산업혁명을 대비한 선진기술 확보

지금까지의 산업혁명은 신기술의 토대 위에서 이루어졌다. 1차 산업혁명은 증기기관의 개발이었고, 2차 산업혁명은 전기, 3차 산업혁명은 전자라는 신기술이 있었기에 가능했다. 전문가들은 4차 산업혁명을 ICBM, 즉 사물인터넷(Internet of things), 클라우드(Cloud), 빅데이터(Big Data), 모바일(Mobile) 기술들의 적절한 조합으로 설명하고 있다. 4차 산업혁명은 현재 우리의 생각보다 매우 빠른 속도로 진행되고 있고, 사람이 생활하는 거의 모든 영역에서 펼쳐지고 있다. 이러한 움직임은 잔디산업에서도 마찬가지이며, 이는 그동안 쌓여 있었던 난제들에 대한 기술적 접근방안과 돌파구를 마련해 줄 수 있을 것이다. 그동안 재배기술의 발달로 효율성을 높일 수 있었지만, 아직도 투입자원의 최적화를 위해서는 많은 어려움이 있다.

물부족국가로 지정된 우리나라의 현실에서 물 사용량의 80%가 농업에 쓰이지만 이 중 작물의 생장에 쓰이는 양은 20%에 불과하고 나머지는 버려지는 문제나, 예전보다 많이 줄었지만 과도한 농약사용과 비료사용으로 환경과 토양이 오염되는 문제들은 필요한 만큼만 정밀 투입하는 최적화를 통해 획기적으로 개선될 수 있다. 드론에 화상인식장비와 분석프로그램을 탑재해 잔디의 상태를 실시간으로 분석하여 필요한 부위에 물과 양분을 공급하고, 병이 발생할 부위를 예측함으로써 최소한의 예방적 방제로 최상의 품질을 유지할 수 있는 잔디생산 및 유지관리기법 개발이 가능하게 되었다.

또한 무인화 장비 개발 및 연동을 통해 최대한 생력화로 잔디생산 및 유지관리 현장을 떠났던 기술자원을 돌아오게 할 수 있을 것이다. 무엇보다 중요한 부분은 잔디관리에 있어서 기술적 난제를 해결하는 데 이용할 수 있다는 것이다. 잔디를 생산하거나 유지 관리함에 있어 어려운 부분들은 대부분 사람의 경험, 지능, 지혜로 해결이 어렵거나 너무 많은 비용이 들거나, 기존 기술로는 해결하지 못하는 기술적 한계상황인 경우이다. 이러한 분야에서 클라우드와 빅데이터를 이용하여 관리자의 의사결정에 핵심적인 도움을 주고 이를 모바일과 사물인터넷을 이용한 장비로 처리하게 한다면 많은 기술난제들이 해결될 수 있다. 물론 이를 위해서 우리가 준비해야 할 많은 숙제들이 놓여 있다. 우선 스마트센싱과 모니터링분야로 기후정보, 환경정보, 생육정보를 정밀하고 자동화된 방법으로 측정, 수집, 기록하는 분야를 구축해야 한다. 다음으로 이렇게 수집된 영상, 위치, 수치들의 빅데이터를 분석하고, 잔디 생산 및 관리에 필요한 의사결정을 해야 한다.

마지막으로 결정된 의사에 맞게 작업을 수행할 수 있는 스마트 작업기가 개발되어야 한다. 각 단계에서 국내의 연구진뿐만 아니라 현장경험자들의 적극적이고 열린 참여로 각자의 경험을 대입하여 빅데이터의 해석이 옳은 방향으로 나올 수 있도록 이끌어야 하며, 스마트센싱과 스마트 작업기의 활용이 인간의 직감과 최대한 비슷하게 이루어질 수 있도록 바로 잡아주어야 한다. 이러한 과정에서 다가오는 4차 산업혁명은 잔디산업 분야에 있어서 커다란 기술혁명이 될 것으로 기대된다.

참고문헌

백형민. 2012. 효율적인 골프장 코스관리에 관한 연구. 석사학위논문. 건국대학교.

임성진. 2005. 지구온난화방지를 위한 독일의 에너지정책. 국제정치논총 45(3):287-293.

Alexander, M. 1977. Introduction to soil microbiology. 2nd. ed. John Wiley &, Sons, New York.

Angle, J.S. 1985. Effect of cropping practices on sediment and nutrient losses from tobacco. Tob. Sci. 29:107-110.

Beard, J.B. and R.L. Green. 1994. The role of turfgrasses in environmental protection. J. of Environmental Quality 23:452-460.

Cook, D.I. and D.F. Van Haverbeke. 1971. Trees and Shrubs for noise abatement. Nebraska Agric. Exp. Stn. Res. Bull. 246.

Ekstrand, J, T. Timpka, and M. Hagglund. 2006. Risk of injury in elite football played on artificial turf versus natural grass: a prospective two-cohort study. www.bisportmed.com.

European Seed Association. 2006. A discussion on natural versus artificial turf for sport and leisure application. ESA.

Gladon, R.J., D.J. Braham, and N.E. Christians. 1993. Carbon nonoxide absorption and release by C3 and C4 trufgrasses in light and dark. Int. Trufgrass Soc. Res. J. 7:649-656.

Green, B.H. and I.C. Marshall. 1987. An assessment of ther role of golf courses in Kent, England, in protectin wildlife and landscapes. Landscape Urban Planning. 14:143-154.

Gross, C.M., J.S. Angle, R.L. Hill, and M.S. Welterlen. 1991. Runoff and sediment losses from tall fescue under simulated rainfall. J. Environ. Qual. 20:604-607.

Harper, J.C., C.A. Morehouse, D.V. Waddington, and W.E. Buckley. 1984. Truf management, athletic-field conditions, and injuries in high school football. Pennsylvania Agric. Exp. S수. Prog. Rep. 384.

Heilman, J.L. and R.W. Geshch. 1991. Effects of turfgrass evaporation on external temperatures. Theor. Appl. Climatol. 43:185–194.

Hopper, B. 1970. A life poll by lousis harris. The real change has just begun. Life 68(1):102–106.

Kaplan, R. and S. Kaplan. 1989. The experience of nature. Cambridge Univ. Press, New York.

Lush, W.M. 1990. Turf growth and performance evaluation based on turf biomass and tiller density. Agron. J. 82:505–511.

Maffei, E.J. 1987. Golf courses as wildlife habitat. Trans. Northeast. Sect. Wildl. Soc. 35:120–129.

Morton, T.G., A.J. Gold, and W.M. Sullivan. 1988. Influence of over–watering and fertilizstion on nitrogen losses from home lawns. J. Environ. Qual. 17:124–130.

Morrison, L. 2005. Natural and synthetic turf: A comparative analysis. San Francisco Recreation & Parks.

Turgeon, A.J. 2008. Turfgrass Management. 8th Ed. Pearson Prentice Hall, Ohio.

Ulrich, R.S. 1984. View through a window may influence recovery from surgery. Science. 224:420–421.

Ulrich, R.S. 1986. Human responses to vegetation and landscapes. Landscape Urban Planning. 13:29–44.

Watschke, T.L., and R.O. Mumma. 1989. The effect of nutrients and pesticides applied to turf on the quality of runoff and percolating water. Pennsylvania State Univ. Environmental Resources Res. Inst.

CHAPTER

2

잔디의 형태적 특징

잔디는 벼과에 속하는 다년생의 약 600속 7500여 종 식물 가운데 지피성(ground cover), 내답압성(tolerant to traffic injury) 및 재생력(regeneration)이 있으며 짧은 깎기에 견디는 힘이 강하고 질감이 좋은 것 30여 종만이 실제 잔디로 이용된다. 잔디의 형태는 이와 같은 잔디의 특성에 잘 맞도록 선발이나 육종을 통해 변화되어 왔는데 우리나라에서는 *Zoysia*, *Cynodon*, *Poa*, *Festuca*, *Lolium*, *Agrotis* 속의 잔디들을 주로 이용하고 있다. 잔디의 형태적 특성을 타 식물들과 비교해 볼 때, 타 식물과는 달리 지상부와 지하부의 경계부의 단축된 줄기인 관부(crown)가 있어 이곳에서 잎이 나와 수직생장을 하며 이곳에서 포복줄기인 지하경(rhizome)이나 지상포복경(stolon)도 뻗어 횡적생장도 한다. 따라서 잎을 낮게 깎더라도 관부의 생장점이 잘리지 않고 수평으로 빽빽이 자라 아름다운 외관을 유지할 수 있는 것이다. 잔디의 부분별 명칭은 그림 2-1에서 보는 바와 같다.

2.1 잔디의 부분별 명칭

- **화서**(inflorescence): 꽃대 자체, 또는 꽃이 배열되어 있는 꽃차례를 말한다.
- **소수상화**(spikelet): 벼과 식물에 있어 화서의 기본단위로 대개 짧은 축과 마디 기부에 2개의 호영(빈포 또는 받침 껍질)이 있고 그 위에 한 개 또는 그 이상의 소화가 있다.
- **소화**(floret): 암술과 수술 그리고 꽃을 싸고 있는 포, 즉 외영과 내영으로 구성되어 있는 하나의 꽃 단위를 말한다.
- **잎몸, 엽신**(leaf blade): 잔디에서 잎이라고 불리는 부위

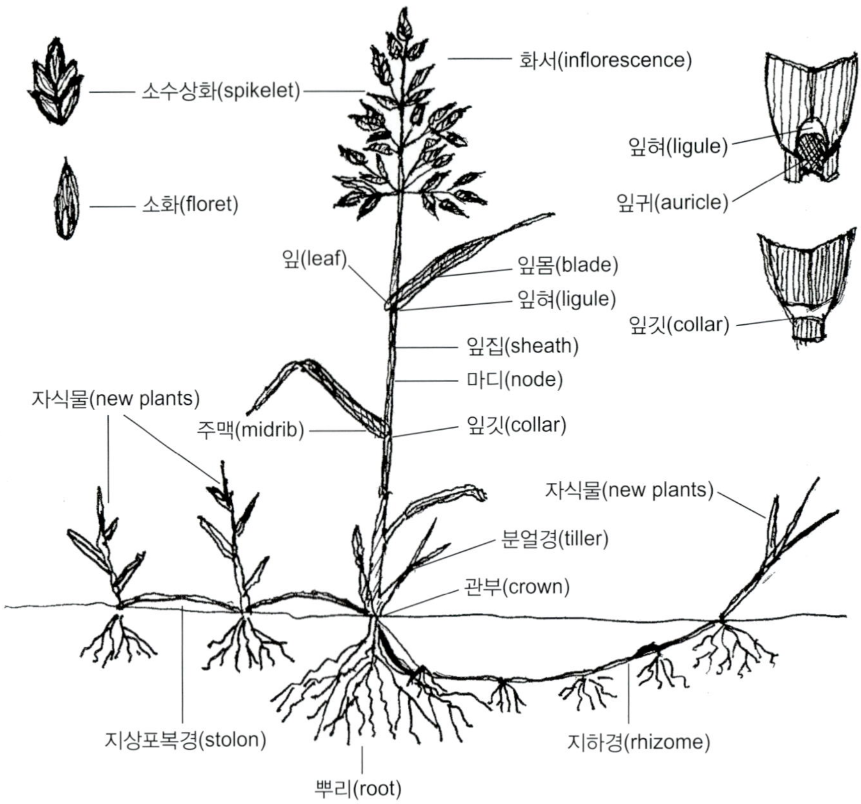

그림 2-1 잔디의 부분별 명칭

- **잎혀, 엽설**(ligule): 잎몸과 잎집이 만나는 지점에 위치한 것으로 혀처럼 밖으로 자란 희거나 투명한 부위를 말한다.
- **잎귀, 엽이**(auricle): 잎몸과 잎집이 만나는 지점에 잎몸 조직의 기부 양쪽에서 돌출된 부위로, 그 모양이 두 개의 작은 귀 모양을 하고 있기 때문에 붙여진 이름이다.
- **잎깃, 경령**(collar): 잔디의 잎집과 잎몸의 바깥 경계부를 말한다. 연결된 것, 나눠진 것, 폭이 넓은 것, 폭이 좁은 것 등의 모양이 있다.
- **잎집, 엽초**(leaf sheath): 잎의 아래 부위로 줄기처럼 각 잎의 아래 부분이 서로 감싸면서 겹쳐져 있거나 실린더처럼 돌돌 말려져 있다.
- **분얼경**(tiller): 잔디의 경우 대부분의 마디는 지면과 접하는 부위에 밀집되어 있으며, 이 부분의 마디에 있는 곁눈이 신장한 곁가지를 분얼경이라 한다.

- **관부, 생장점**(crown): 잔디 기관 중에서 생명유지에 가장 중요한 부분으로 뿌리와 줄기의 하단부가 만나는 부분으로 마디가 밀집되어 있다.
- **지하경**(rhizome): 지표면 아래에서 옆으로 기어가는 줄기로 마디에서 뿌리와 새로운 자식물(new plants)이 발생하기도 한다.
- **지상포복경**(stolon): 지표면 위에서 옆으로 기어가는 줄기로 지하경과 마찬가지로 마디가 있어 마디에서 뿌리와 새로운 자식물이 발생하기도 한다.

2.2 잎

잔디의 잎은 잎자루를 이루는 잎집(leaf sheath)과 잎의 몸체를 이루는 잎몸(leaf blade)으로 구분된다. 잔디 잎의 형태적 특징은 잎집(sheath), 입혀(ligule), 잎귀(auricle) 그리고 잎깃(collar) 등으로 세분되며 잔디의 종류에 따라 각기 형태가 다르다.

유경(bud shoot)은 벼과 식물의 새싹이 들어 있는 곳으로 이것의 형태는 유경 속에 잎이 포개져 접힌형과 유경 속에 잎이 둘둘 말려 있는 말린형 등 잔디를 식별하는 중요한 특징이다.

2.2.1 잎몸, 엽신(Leaf blade)

잎몸이란 잎집 위에 달린 잎의 확장된 몸체를 일컬으며, 잎몸의 끝(leaf blade tips), 잎 단면의 모양(leaf blade shape in cross section), 잎 표면의 특징 등도 잔디의 종류를 구분하는 요소들 중의 하나이다.

먼저 잎몸의 끝, 즉 엽선은 켄터키 블루그래스에서와 같이 보트형(boat-shaped), 센터피드그래스나 세인트 어거스틴그래스와 같은 뭉뚝하거나 둥근형(blunt or rounded), 그리고 한국잔디, 버뮤다그래스, 크리핑 벤트그래스, 레드훼스큐, 톨 훼스큐 등과 같이 뾰족형(tapering to a point) 등 3가지로 구분된다(그림 2-2).

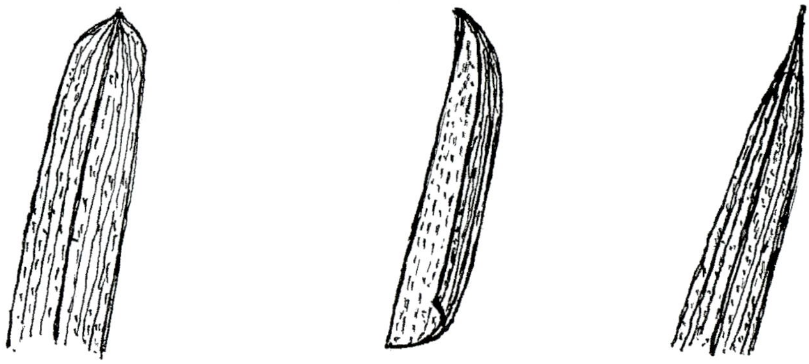

(a) 뭉뚝하거나 둥근형 (Blunt or Rouded)　(b) 보트형 (Boat-Shaped)　(c) 뾰족형 (Tapering to a Point)

그림 2-2 잎몸의 유형

한편 잎 단면의 모양은 4가지 유형으로 구분되는데, 조이시아그래스, 버뮤다그래스, 크리핑 벤트그래스 그리고 세인트 어거스틴그래스는 평편한 형(flat), 켄터키 블루그래스는 V자형(V-shaped), 크리핑 레드 훼스큐와 츄잉스 훼스큐는 우툴두툴한 형(bristle-like), 그리고 바히아그래스는 접힌형(folded)이다(그림 2-3).

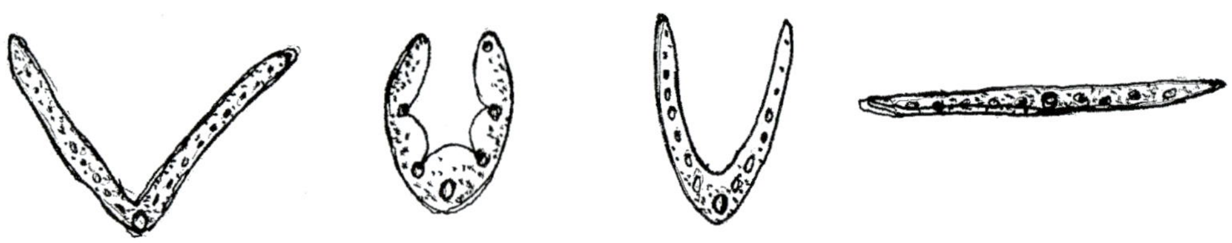

(a) v자형(v-Shaped)　(b) 우툴두툴한 형 (Bristle-Like)　(c) 접힌형(Folded)　(d) 평편한 형(Flat)

그림 2-3 잎단면의 유형

2.2.2 잎집, 엽초(Leaf sheath)

잔디 잎의 밑 부분을 이루는 잎집은 잔디 줄기를 감싸고 마디에 붙어 있는데 그 배열은 잔디를 구분하는 중요한 인자 중의 하나이다. 잎집의 배열(sheath vernation)은 잔디의 종류에 따라 말린형(rolled)과 접힌형(folded)으로 구분되는데(그림 2-4) 조이시아그래스, 톨 훼스큐, 크리핑 벤트그래스, 일년생 라이그래스 등은 말린형의 잎집배열을 보이는 데 반해 켄터키 블루그래스, 퍼레니얼 라이그래스, 버뮤다그래스, 크리핑 레드 훼스큐 등은 접힌형의 배열형태를 보인다. 또한 잎집의 형태(sheath type)는 막힌형(closed), 갈라진형(split), 부분적으로 겹쳐져 갈라진형(split with overlapping margins) 등으로 나뉘며(그림 2-5) 잔디를 구분하는 한 단서가 될 수 있다. 대부분의 잔디의 잎집은 갈라진형이나 러프 블루그래스는 부분적으로 겹쳐져 갈라진 형태의 잎집을 지닌다.

(a) 접힌형(Folded) (b) 말린형(Rolled)

그림 2-4 잎집의 배열

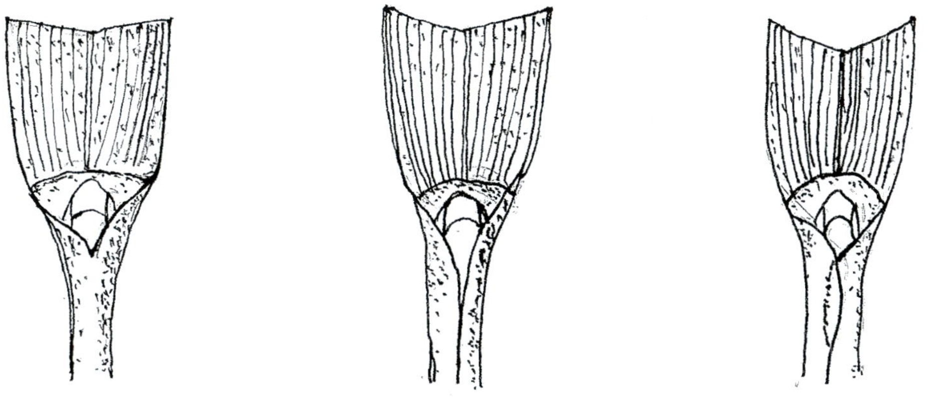

(a) 막힌형(Closed) (b) 갈라진형(Split) (c) 부분적으로 겹쳐 갈라진형 (Split with Overlapping Margins)

그림 2-5 잎집의 유형

2.2.3 잎혀, 엽설(Ligule)

잎혀는 잎 앞면의 잎집와 잎몸이 만나는 경계부에 위치하는 잔디 잎의 한 기관으로 잎혀의 유형은 잔디의 종류를 구분하는 특징 중의 하나이다. 잔디의 잎혀는 크리핑 벤트그래스, 훼스큐류, 라이그래스류, 켄터키 블루그래스 등과 같은 한지형잔디류는 대개 막질형(membranous)이고, 한국잔디, 버뮤다그래스, 세인트 어거스틴그래스 등과 같은 난지형잔디류는 경계부에 털이 있는 형(fringe of hairs)이며, 우리나라에서는 사용하지 않지만 반야드그래스(barnyardgrass)와 같은 잔디는 잎혀가 없는 형(absent)으로, 이와 같이 잔디의 종류에 따라 잎혀의 유형이 3가지로 구분된다(그림 2-6).

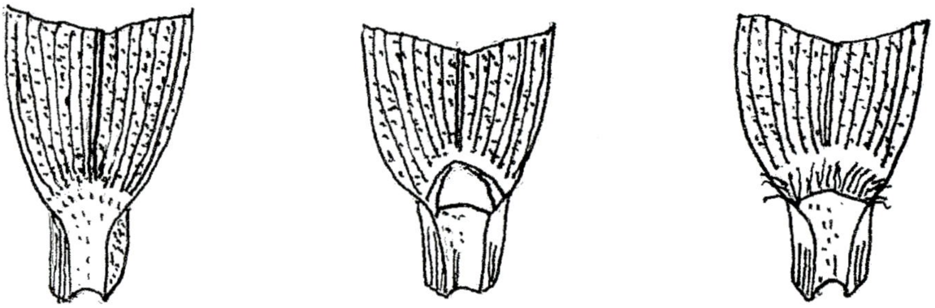

(a) 잎혀가 없는 형(Absent) (b) 막질형(Membranous) (c) 경계부에 털이 있는 형 (Fringe of Hairs)

그림 2-6 잎혀의 유형

한지형잔디류에서 보는 바와 같이 막으로 이루어진 잎혀의 모양은 다시 잔디의 종류에 따라 세분되어 뾰족한 형(acuminate), 날카로운 형(acute), 둥근형(rounded), 평편한 형(truncate) 등으로 나뉜다(그림 2-7). 예를 들어 애뉴얼 블루그래스(새포아풀)와 크리핑 벤트그래스의 잎혀의 모양은 뾰족한 데 반해 켄터키 블루그래스와 톨 훼스큐의 잎혀는 평편한 모양이다. 켄터키 블루그래스의 잎혀의 길이는 0.2~0.6 mm로 톨 훼스큐의 잎혀의 길이 0.4~1.2 mm에 비해 작아 눈에 잘 띄지 않는다.

퍼레니얼 라이그래스의 잎혀는 평편한 형과 둥근형의 중간형으로 길이는 0.5~2 mm 정도이다.

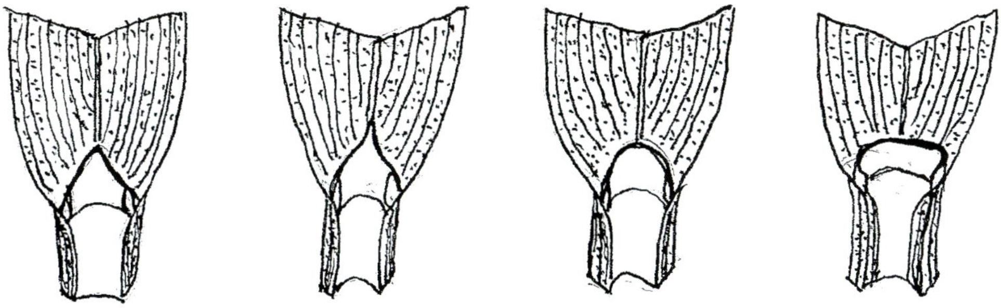

(a) 뾰족한 형 (Acuminate) (b) 날카로운 형 (Acute) (c) 둥근형 (Rounded) (d) 평편한 형 (Truncate)

그림 2-7 잎혀의 모양

2.2.4 잎귀, 엽이(Auricle)

잎귀는 잎몸과 잎집이 만나는 잎 앞면의 잎몸 하단부 가장자리에 귀같이 돌출된 부분을 일컬으며 잎귀도 잔디의 종류를 구분하는 중요한 요소 중의 하나이다. 잔디에서 잎귀의 유형은 3가지가 있는데, 첫째는 잎귀가 없는 형(absent)으로서 조이시아그래스, 버뮤다그래스, 크리핑 벤트그래스, 켄터키 블루그래스, 세인트 어거스틴그래스 등 대부분의 잔디가 이 유형에 속한다. 새발톱형(claw-like)의 잎귀는 애뉴얼 라이그래스에서 나타나는 반면 톨 훼스큐의 잎귀는 제대로 발달하지 못하여 짧은형(rudimentary)이다(그림 2-8).

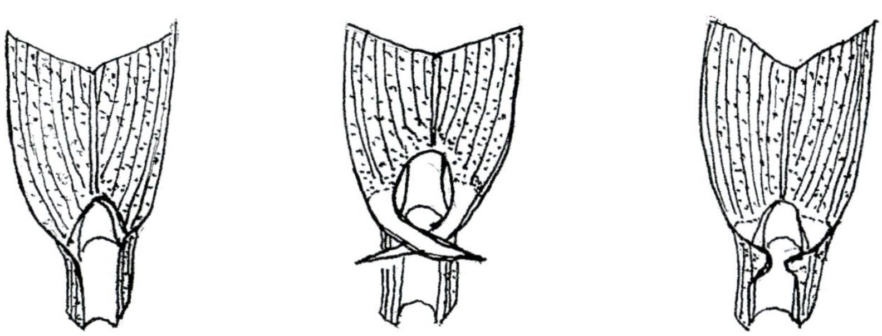

(a) 잎귀가 없는 형(Absent) (b) 새발톱형(Claw-Like) (c) 짧은형(Rudimentary)

그림 2-8 잎귀의 유형

2.2.5 잎깃, 경령(Collar)

잎깃은 잎몸과 잎집이 만나는 잎 뒷면의 띠 모양의 조직으로 잎집과 잎몸과는 질감과 모양이 확연히 구분된다. 잎깃도 잔디를 구분하는 중요한 요소 중의 하나이며 3가지 유형으로 구분되는데 켄터키 블루그래스는 갈라진형(divided)이고, 조이시아그래스, 바히아그래스, 버팔로그래스, 세인트 어거스틴그래스 등은 넓은형(broad)이며, 버뮤다그래스, 카페트그래스, 크리핑 레드 훼스큐 등은 좁은형(narrow)의 잎깃을 지닌다(그림 2-9).

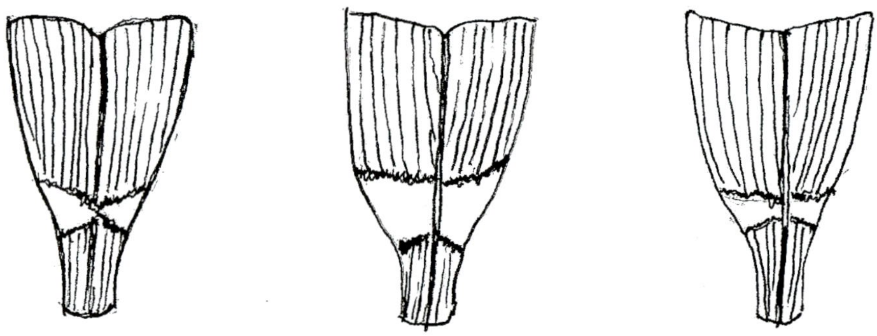

(a) 갈라진형(Divided)　(b) 넓은형(Broad)　(c) 좁은형(Narrow)

그림 2-9 잎깃의 유형

2.3 줄기(Stem)

잔디의 줄기는 관부(crown), 꽃대(flowering culm) 그리고 지하경(rhizome)이나 지상포복경(stolon)과 같은 측생줄기(lateral stem)의 3가지로 구분된다. 이와 같은 잔디의 줄기 가운데 꽃대와 측생줄기는 마디 사이가 신장되어 육안으로도 쉽게 줄기로 인식할 수 있다. 반면 관부는 단축된 마디가 겹겹이 싸여 있는 분열조직으로 잔디의 지상부와 뿌리 사이 지표면에 위치하고 잎집 하단부에 덮여 눈에 띄지 않는다. 그러나 관부는 잎, 꽃대, 지하경, 지상포복경 및 뿌리를 분화시키는 잔디에서 가장 중요한 분열조직이며 잔디생장을 위한 탄수화물 저장기관이기도 하다. 관부의 정아에서는 잎과 분얼경이 분화하고 측아에서는 지하경이나 지상포복경이, 하단부에서는 뿌리가 각각 발달한다. 관부에서 영양생장이 끝나고 생식생장이 시작되면 관부의 절간이 신장되어 꽃대를 이루고 그 끝에 꽃을 피운다.

또한 관부는 지표면 가까이에 낮게 단축되어 있기 때문에 잔디를 낮게 깎더라도 피해 없이 잔디가 원활하게 생장할 수 있다. 잔디는 관부에서 분얼경(tiller)이나 지하경 또는 지상포복경과 같은 측생줄기가 나와 지면을 덮는 특징을 가지고 있는데 이와 같은 생장습성에 따른 생육형에 의해 잔디가 구분된다(그림 1-7 참조).

2.3.1 최초의 새순(Primary shoot)

최초의 새순이란 잔디 종자가 발아할 때 생성되는 새순을 말하며, 잔디 종자 발아시 새순은 종자의 배(胚)에서 분열하여 생성된다.

2.3.2 측지(Lateral shoot)

측지는 잎집을 뚫고 나오는 외부돌출형으로 기부의 잎집 바깥으로 생장하는 측지를 말하며 생장의 특성에 따라 지상포복경(stolon)과 지하경(rhizome)으로 구분한다. 생장점에서 나온 곁가지가 지상으로 나오면 지상포복경, 지하로 나오면 지하경이 되는 것이다. 지상포복경과 지하경은 형태학적으로 거의 유사한 구조를 가지고 있으며 잔디가 뗏장을 형성하는 능력을 높인다. 또한 지상부가 손상받았을 때 이곳에 저장한 에너지를 이용하여 잔디가 회복된다.

지상포복경(Stolon)

지상포복경은 지상에 나와 있는 수평의 줄기이며, 마디마다 하나의 뿌리와 식물체를 만들어낸다(그림 2-10). 기능은 잔디의 생장을 지속시키는 역할을 수행하며, 새로운 개체를 형성함으로써 잔디의 밀도를 높여 뗏장 형성에 아주 중요한 역할을 한다. 특히 버티컷팅 작업으로 잔디의 지상포복경을 절단하게 되면 절단된 곳에서 새로운 개체를 형성하여 잔디 밀도를 높여 준다. 가을철 잔디가 동면에 들어가기 위해 광합성 효율이 높아지게 되면 생성된 탄수화물들을 저장하여 겨울철 잔디의 내동성을 높여주고 이듬해 봄철 저장된 양분을 이용해 그린업(green-up)을 한다.

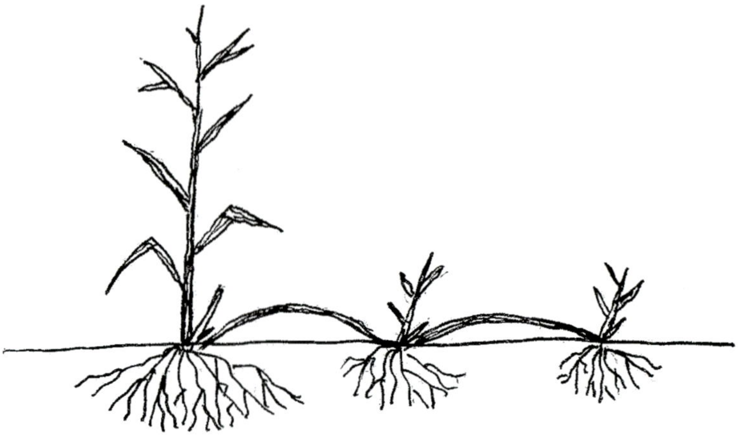

그림 2-10 지상포복경

지하경(Rhizome)

지하경은 수평으로 신장하는 땅속줄기로서, 기능은 포복경과 거의 같다(그림 2-11). 각 마디에서 새로운 하나의 눈이 발생하여 이것이 새로운 식물체를 형성하게 된다. 지하경의 경우, 선단부가 돌출하여 직립경이 되면 새로운 2차 지하경을 생성한다.

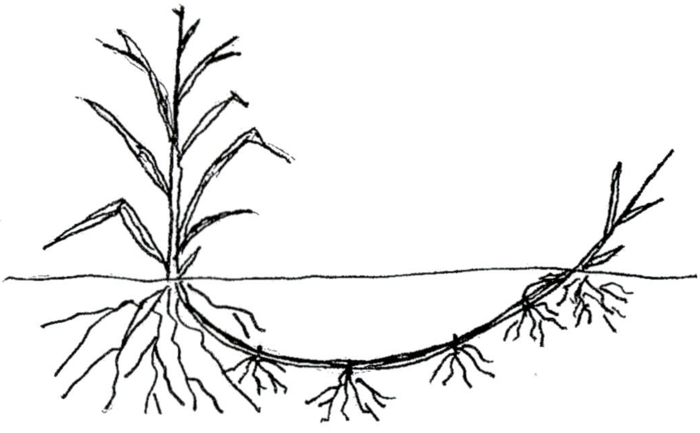

그림 2-11 지하경

직립경과 분얼경

벼과 식물은 일반적으로 발아시 주경(직립경)을 가지며, 생장점 부위(관부)는 여러 개의 마디로 나누어진다(그림 2-12). 맨 끝 부위는 이삭을 갖는 꽃차례가 된다. 일반적으로 줄기는 속이 비어 있고, 둥글며, 뚜렷한 마디를 갖는 특징이 있다. 잔디의 경우 대부분의 마디는 지면과 접촉하는 부위에 밀집되어 있으며, 이 부분의 마디에 있는 곁눈이 신장하는 것을 분얼이라 한다. 이렇게 형성되어 위로 자라는 곁가지를 분얼경(tiller)이라 한다. 분얼경의 생명력은 약 2년 이내이며, 새로운 분얼경이 오래된 분얼경과 교체된다.

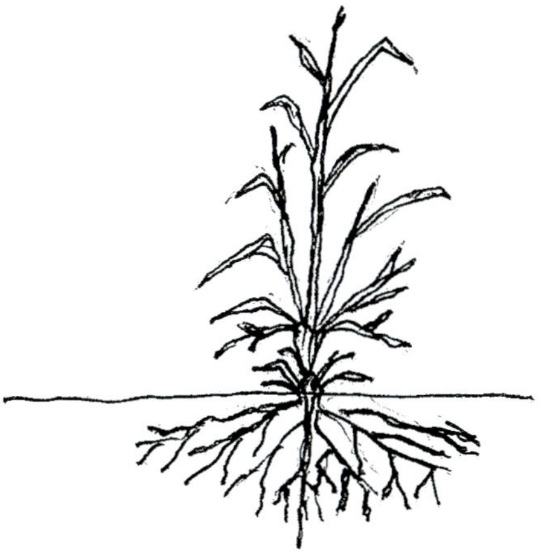

그림 2-12 직립경과 분얼경

2.3.3 절간

절간(internode)은 줄기의 마디와 마디 사이를 말하며, 잔디 종류에 따라 절간 길이에 차이가 있다. 보통 이 부분의 세포가 분열하여 커짐으로써 절간생장을 하는데 잔디식물체에서는 지하경과 포복경의 신장, 그리고 영양생장에서 생식생장으로 넘어갈 때 발달하는 화경의 신장에 크게 관여하고 있다. 화경은 보통 일반식물에서 꽃이 피고 종자가 결실하면서 잎 사이로 추대하는 꽃대이며, 화경 맨 윗부분에 형성되는 개화 및 결실 기관을 화서라고 한다(그림 2-13).

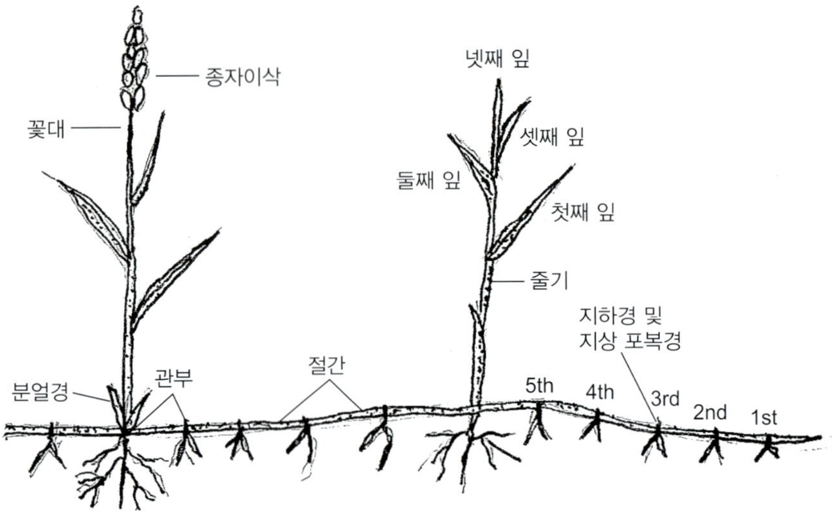

그림 2-13 잔디의 각 기관의 형태

2.3.4 관부

관부(생장점, crown)는 잔디 기관 중에서 생명유지에 가장 필요한 부위이다. 관부는 단축된 마디가 겹겹이 싸여 있는 분열조직으로 잔디의 지상부와 뿌리 사이 지표면에 위치하고 잎집 하단부에 싸여 눈에 띠지 않는다. 그러나 관부는 잎, 꽃대, 지하경, 포복경 및 뿌리를 분화시키는 잔디에서 가장 중요한 분열조직이며, 잔디생장을 위한 탄수화물 저장기관이기도 하다. 관부의 정아에서는 잎과 화서가 분화되고 측아에서는 분얼경, 지하경이나 지상포복경이, 하단부에서는 뿌리가 각각 발달한다(**그림 2-14**). 관부에서 영양생장이 끝나고 생식생장이 시작되면 관부의 절간이 신장되어 꽃대를 이루고 그 끝에 꽃을 피운다. 또한 관부는 지표면 가까이에 낮게 단축되어 있기 때문에 잔디를 낮게 깎더라도 피해 없이 잔디가 원활하게 생장할 수 있다. 잔디는 관부에서 분얼경(tiller)이나 지하경 또는 지상포복경과 같은 측지가 나와 지면을 덮는 특징을 가지고 있는데 이와 같은 생장습성에 따른 생육형에 의해 잔디가 구분된다.

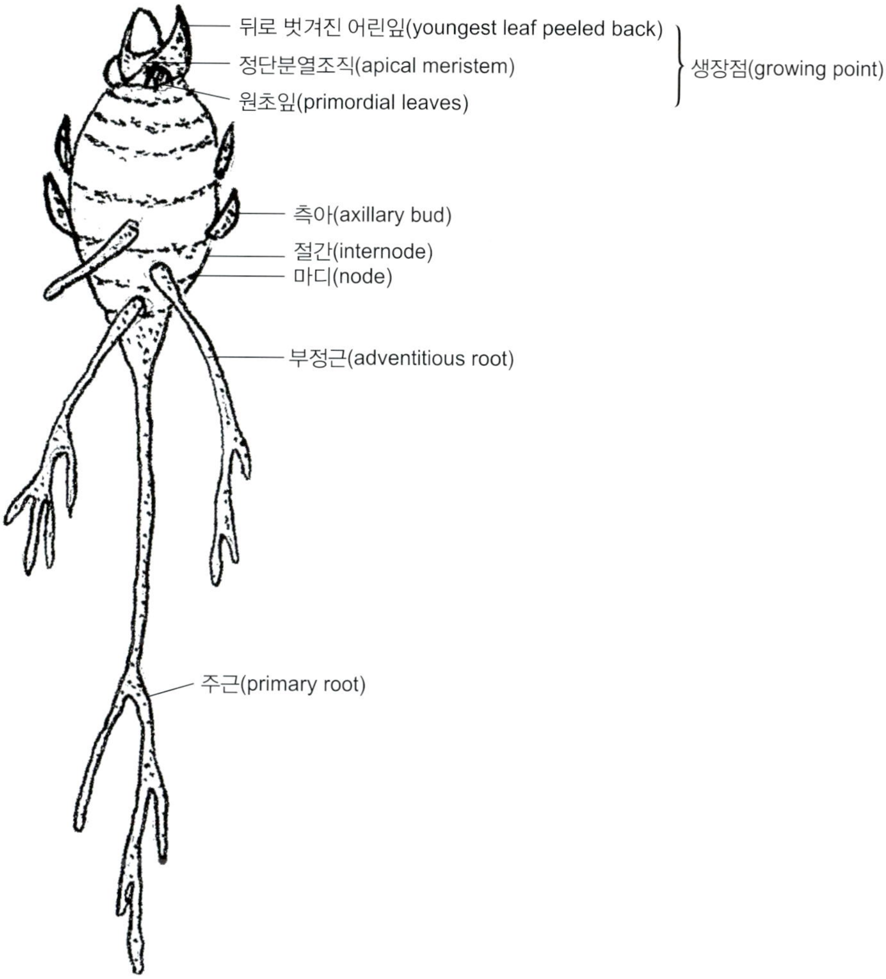

그림 2-14 관부의 구조

2.4 뿌리

잔디의 뿌리는 2개의 근계를 가지고 있다. 1차근은 발아하면서 발생하여 2차 부정근이 나올 때까지 활동하는 뿌리이다. 2차근은 부정근, 영구근이라 하며, 지표면을 향하여 발아된 종자로부터 줄기의 기부가 신장하게 되며 이곳으로부터 2차근이 발생하게 된다. 뿌리의 기능은 잔디를 땅에 고정시킬 뿐만 아니라 토양으로부터 영양분과 물을 흡수하는 것이다.

2.5 화서(Inflorescence)

일반적으로 잔디 꽃의 존재는 잔디를 균일하게 유지하는 데에 방해가 되기 때문에 바람직하지 않은 요소이다. 시각적으로 품질을 떨어뜨리고 골프장 그린에서 볼 구름을 방해하기도 하는데, 낮게 깎아도 꽃대와 종자대(seedhead)가 붙어 있는 새포아풀 꽃의 경우가 대표적이다.

잔디의 꽃은 소화(floret)들이 모여 덩어리 형태를 이루고 있다. 소화는 암술과 수술 그리고 꽃을 싸고 있는 포(bract), 즉 외영(lemma)과 내영(palea)으로 구성되어 있는 하나의 꽃 단위를 말한다. 이 소화가 한 개 이상 모여 소수상화(spikelet)를 구성하는데 이 소수상화는 벼과 식물에 있어 화서의 기본단위로 대개 짧은 축과 마디 기부에 2개의 호영(glume)이 달려 있고 그 위에 한 개 또는 그 이상의 소화로 구성되어 있다(그림 2-15). 화서란 꽃대(rachis)에 이 소수상화들이 달린 배열을 말한다.

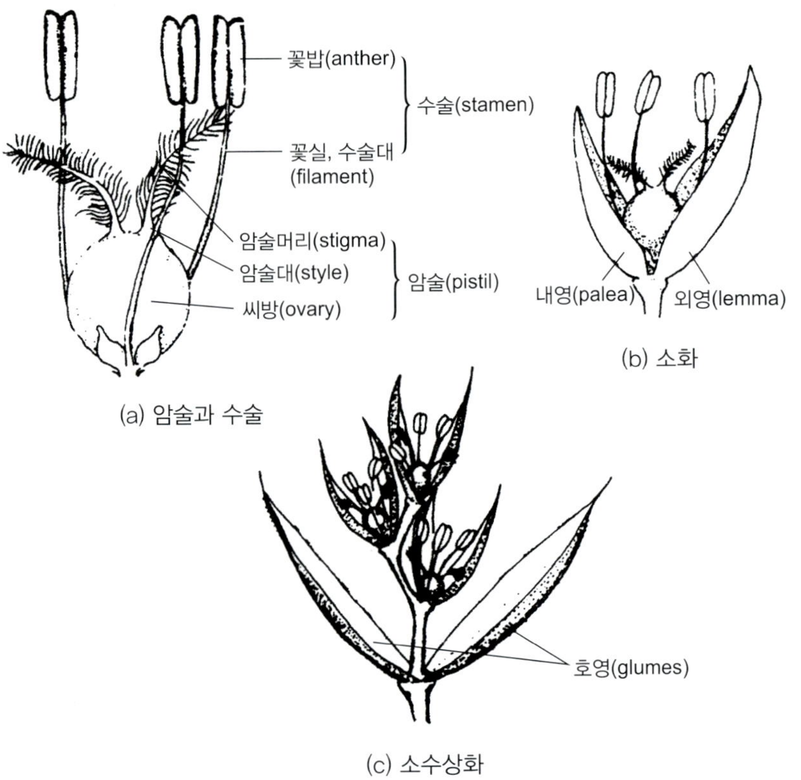

그림 2-15 잔디 꽃의 구조

잔디의 화서에는 수상화서(spike), 총상화서(raceme) 및 원추화서(panicle)의 3가지 유형이 있다(그림 2-16). 먼저 수상화서는 소화경이 달리지 않은 수상화(spike)들이 꽃대에 직접 붙어 있는 형태이며 조이시아그래스와 퍼레니얼 라이그래스의 화서가 이 수상화서에 속한다(그림 2-17, 2-18, 2-19). 총상화서는 거의 같은 길이의 소화경을 지닌 소수상화들이 꽃대에 달리는 형태로 센터피드그래스와 세인트 어거스틴그래스의 화서가 여기에 속한다. 원추화서는 꽃대의 끝이나 꽃대를 따라 화경이 나오고 화경에 소화경을 지닌 소수상화들이 배열되는 형태로 켄터키 블루그래스, 크리핑 벤트그래스, 버뮤다그래스, 톨 훼스큐, 크리핑 레드 훼스큐 등 대부분의 잔디가 이 유형에 속한다.

그림 2-16 잔디의 화서

(a) 단축총상화서(조이시아그래스)

(b) 원추화서(켄터키 블루그래스)

그림 2-17 화서형태

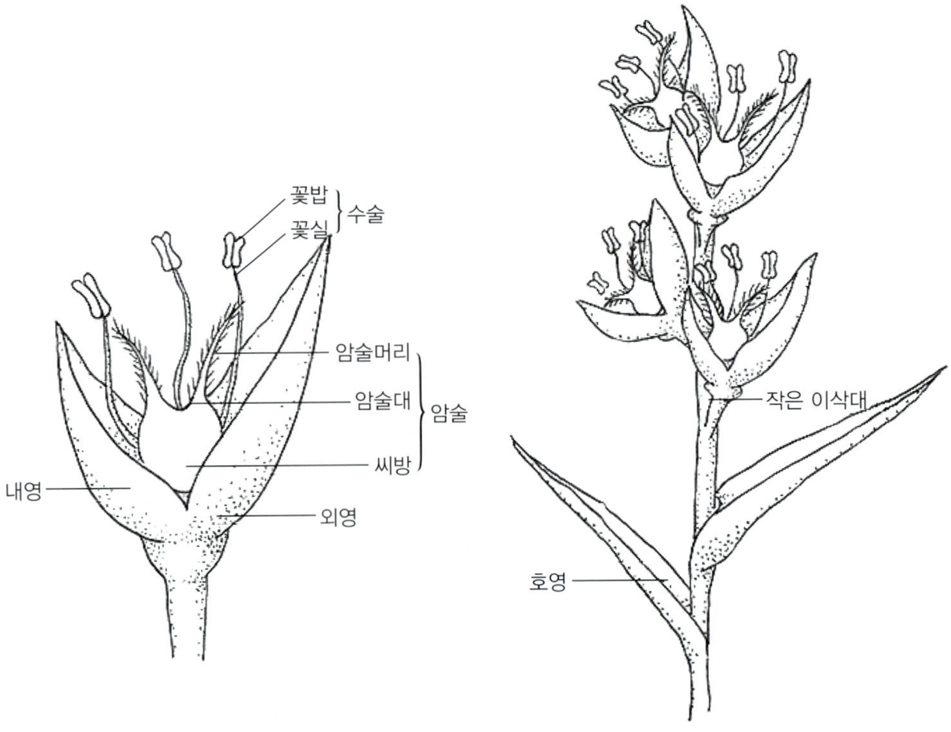

그림 2-18 잔디의 수상화서 꽃과 작은 이삭의 모양.
조이시아그래스는 1쌍의 호영에 1개의 floret이 달린다.

그림 2-19 조이시아 속(*Zoysia* spp.)의 화서, 화기 및 종자 형태
* 중지 : 들잔디 × 갯잔디의 종간 교잡종

화기발육

잔디의 화기발육은 절간세포가 신장하면서 동시에 형성되는데 이는 늦은 봄~초여름 사이에 주로 일어나지만, 다년생 잔디는 지난해 가을철의 환경조건이 개화량을 결정하며 새포아풀과 버뮤다그래스는 생육기간에 꽃이 완성된다(그림 2-20). 일반적으로 꽃대가 위로 올라오게 되면 잔디의 품질이 저하되며, 깎는 데 지장을 초래하게 되어 꽃대의 키가 큰 잔디는 로터리형 기계로 깎아 주어야 한다.

그림 2-20 잔디의 화서 발생초기부터 각 단계별 발달과정의 모습

2.6 종자의 형태와 구조

잔디종자의 내부구조를 보면 배(embryo), 배유(endorsperm), 종피(seed coat) 등으로 구성되어 있다. 그리고 종피의 바로 내부에는 호분층(aleurone layer)이 존재하는데 이 호분층은 단백질로 이루어진 얇은 층으로 종자의 발아에 중요한 역할을 한다(그림 2-21). 또한 잔디의 종자 내에는 배가 있으며 배는 작은 식물체의 역할을 하며 배유는 잔디가 광합성작용을 하여 영양분을 생산하기 전까지 발아하는 과정 중에 영양

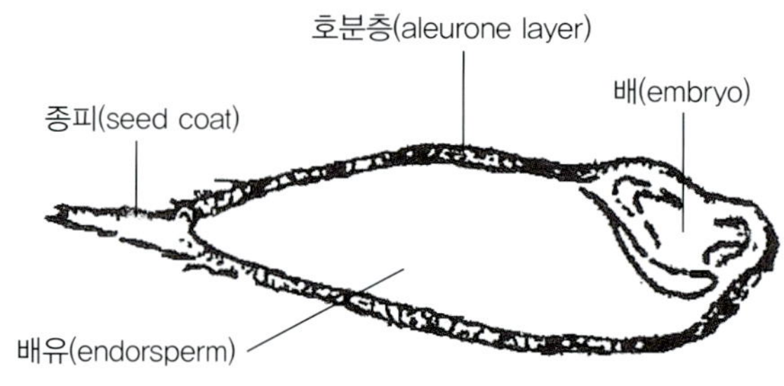

그림 2-21 종자의 구조

공급원의 역할을 수행한다.

먼저 종자가 물을 흡수하면 종자내부에서 생화학적이고 형태적인 변화가 시작되어 궁극적으로는 새로운 유식물이 발달하게 된다. 즉, 물을 흡수한 호분층에서 배와 배유의 사이에 발달하는 배반조직(scutellum)에서 생산된 호르몬인 지베렐린(gibberellin)과 반응하여 가수분해효소들이 생산되고 이 효소들은 배유의 전분과 단백질을 간단한 탄수화물과 아미노산으로 분해한다. 이 탄수화물과 아미노산을 배반조직이 흡수하여 배에 전달하며 배에서는 새싹과 뿌리가 나와 유식물로 발달한다. 종자 내에서 일어나는 이러한 과정을 발아라고 한다(그림 2-22).

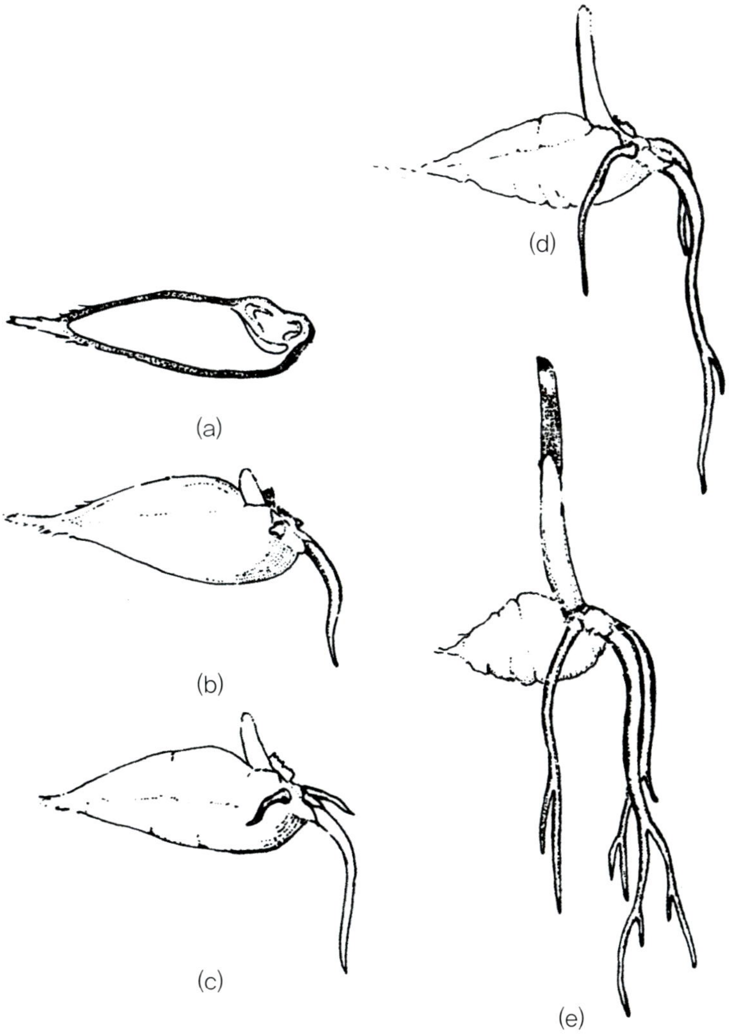

그림 2-22 종자의 발아과정

잔디종자는 소화경(rachilla), 내영(palea), 외영(lemma) 및 까락(awn)으로 구성되어 있다(그림 2-23). 이러한 잔디종자의 형태는 종자의 상대적 크기와 구조를 기본으

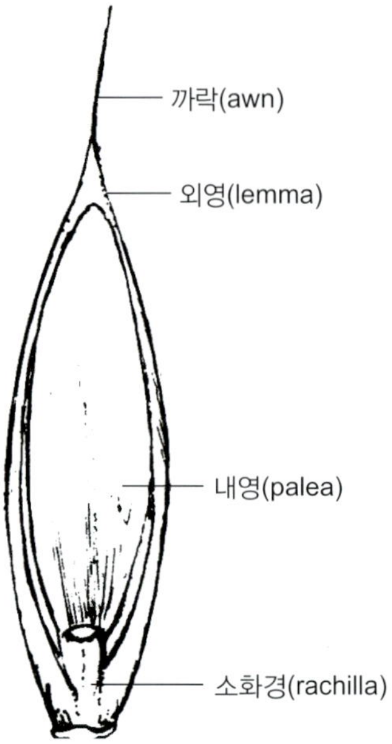

그림 2-23 종자의 외부구조

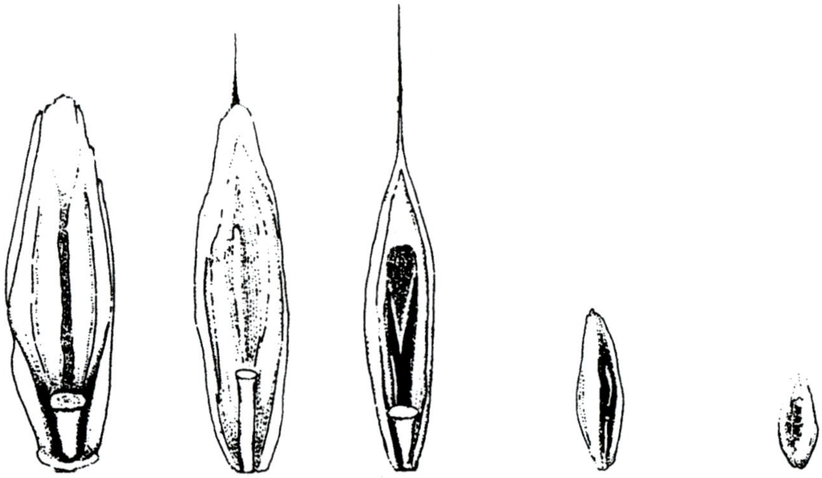

(a) 퍼레니얼 라이그래스 (Perennial Ryegrass) (b) 톨 훼스큐 (Tall Fescue) (c) 레드 훼스큐 (Red Fescue) (d) 켄터키 블루그래스 (Kentucky Bluegrass) (e) 크리핑 벤트그래스 (Creeping Bentgrass)

그림 2-24 잔디종자의 상대적 크기와 구조

로 (a) 까락(종자털)의 유무 (b) 종자의 길이 (c) 소화경의 위치 등에 따라 상이하여 잔디의 종류를 구분하는 단서가 될 수 있다(그림 2-24). 또한 표 2-1에서 보는 바와 같이 잔디의 종류에 따라 종자의 특성이 다르게 나타난다.

표 2-1 잔디종류별 종자의 특성

구분 특성	creeping red/ chewings fescue	creeping bent -grass	Kentucky bluegrass	perennial ryegrass	tall fescue	bermuda -grass	zoysia -grass
길이(mm) ×폭(mm)	4~6	1~2	2~3	5~7	5~7	1~2×0.5	1~1.5 ×1~1.5
까락(awn) : mm	0.5~3, 굽은형	없음	없음	보통 없음	드물게 있으나 짧음	없음	없음
외영 (겉겨, lemma)	둥글고 좁으며 끝이 예리하게 뾰족함	길쭉하며 중앙이 넓으며 양끝으로 갈수록 좁아짐	끝이 약간 뾰족함	넓고 끝이 무딤	길쭉하며 끝이 뾰족함	횡으로 단축됨	적용 불가
내영 (속겨, palea)	얇음	종이같이 얇으며 낱알보다 짧음	두꺼움	두꺼움	중간정도 두꺼움	좁음	적용 불가
소화경 (rachilla)	좁고 곧추섬	없음	좁음	단면이 납작하고, 넓으며 붕대모양	둥글고, 골프티 같이 아래로 좁아지며 거침	속겨 뒤로 약간 곧추섬	적용 불가
종자수/g	600~950/ 810~1,180	10,770 ~17,500	1,760 ~4,190	310 ~860	310 ~530	3,090 ~4,850	1,900 ~3,640
파종량 g/m^2	24~39/ 20~31	2.5 ~4.9	7.3 ~9.7	34.2 ~51.2	36.7 ~53.6	4.9 ~7.3	7.3 ~12.2

참고문헌

김경남. 2006. STM총서 I : 잔디관리론. 삼육대학교 출판부.

한국체육과학연구원. 1998. 잔디구장의 조성과 관리. 동원사.

Beard, J. B. 2002. Turf management for golf courses. Chelsia Michiga: Ann. Arbor press.

Beard, J. B. 1973. Turfgrass: Science and Culture. Engiewood Cliffs. NJ.: Prentice Hall. Inc.

Turgeon, A. J. 2005. Turfgrass management 7th ed. Upper Saddle River NJ.: Prentice Hall, Inc.

CHAPTER 3

잔디의 생육 환경

3.1 대기 환경

3.1.1 빛

빛은 지구상의 모든 생물들의 에너지원으로 매우 중요하다. 빛은 식물로 하여금 광합성을 통하여 물질생산을 하게 하고 이를 이용해 생장과 발육을 진행하게 한다. 잔디관리에 있어서는 건물이나 나무의 그늘뿐 아니라 예지물(clipping)이나 쓰레기 등으로 덮여 있음으로써 일시적 생육장해가 발생하기도 한다(그림 3-1).

그림 3-1 음지 밑에서의 한국잔디의 피해. 잎이 가늘어지고 줄기 밀도가 매우 낮아졌다.

빛의 세기와 잔디 생육

일반적으로 어느 정도까지 빛이 셀수록 잔디의 생육은 강해진다. 하지만 그 이상이 되면 한지형 잔디의 경우 일소현상이나 과도한 수분손실로 생육이 저하된다. 이와는 반대로 난지형 잔디는 고광도 상황에서도 매우 잘 자라는 특성이 있다.

빛의 세기와 병 발생

빛이 약해지게 되면 온도가 덜 올라가게 되고 수분 증발이 적어지게 되어 습도가 높아지게 된다. 따라서 병이 발생할 확률이 높아진다. 이른 아침에 해 뜨는 것이 늦으면 잔디면 위의 이슬이 마르는 것이 늦어지기 때문에 병 발생 확률이 높아진다. 구름이나 안개, 그늘 등에 의해서 광도가 떨어지게 되면 잔디가 도장하게 되므로 조직이 연약해지게 되어 병균의 침투에 더 약해지게 된다.

일조와 기온의 광합성 작용

난지형 잔디는 광합성 기작이 C_4 경로를 거치므로 온도가 올라가면서 그리고 광도가 올라가면서 광합성량이 증가하게 되나, 한지형 잔디는 C_3 경로를 거치기 때문에 기온이 올라감에 따른 포화점이 낮으므로 고온에 약한 특징을 갖는다(**그림 3-2**).

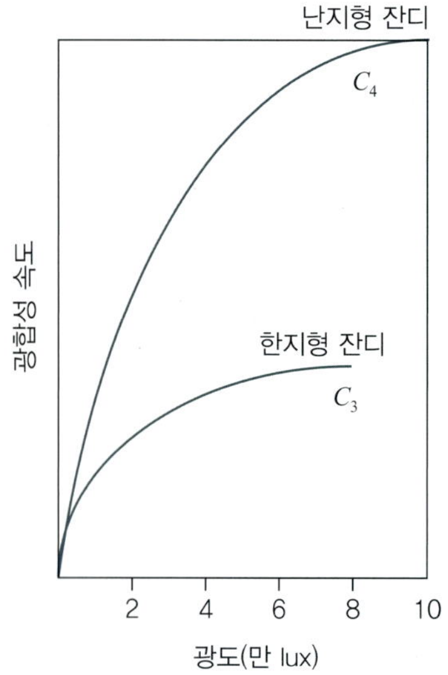

그림 3-2 광도에 따른 잔디의 광합성 속도

일장과 잔디 생육

여름철 일장이 길다가 9월 말부터 일장이 짧아지기 시작한다. 이에 따라 단일상태에서 다음과 같은 현상들이 일어난다.

- 줄기 밀도 증가
- 엽폭 감소
- 절간장 감소
- 분얼경 촉진
- 포복형 생장 증가

일장은 잔디의 개화에도 영향을 미치기 때문에 종자 생산의 경우에는 중요한 고려사항이 된다. 들잔디, 새포아풀, 켄터키 블루그래스, 크리핑 벤트그래스, 퍼레니얼 라이그래스, 톨 훼스큐 등은 단일상태에서 개화가 유도되는데 반해 버뮤다그래스는 장일에서 개화가 유도된다.

3.1.2 그늘 하에 잔디의 생육

경기장이나 골프장 등의 잔디밭 주위에 건물이나 나무, 경사지 등이 있으면 그늘이 지게 된다. 또한 열려 있던 잔디라도 예지물이나 홍수 등에 의하여 옮겨진 나뭇가지나 쓰레기 등에 의하여 일시적으로 그늘이 지게 되는 수도 있다. 그늘 밑에서는 광질의 변화가 있어 원적색광(far−red)이 적색광(red)에 비해 상대적으로 많아지게 되므로 잔디 줄기의 도장을 촉진하고 광합성 효율도 떨어지게 된다. 또한 빛이 약하게 되면 잔디의 생육이 위축되고 따라서 병해충과 잡초에도 약해진다.

나무그늘과 잔디생육

일반적으로 그늘 밑에서는 다음과 같은 현상이 나타난다.

- **잎의 엽록소 함량 증가**: 광도가 떨어지므로 광합성효율을 높이기 위해 엽록소가 더 많이 생성된다.
- **잎의 호흡량 증가**: 상대적으로 호흡량이 증가하게 된다.
- **광합성 저장양분 감소**: 호흡량이 증가하면서 저장 탄수화물을 이용하게 된다.
- **증산량 감소 및 공중 습도 증가**: 그늘진 곳에서는 수분의 상향이동이 적어지므로 공중습도가 높게 되고 증산작용은 억제된다.

- **식물 내 수분함량 증가 및 병해 발생 증가**: 증산작용이 억제되므로 식물체 내에는 수분이 많게 되고, 또한 잔디면 표면이 빨리 안 마르기 때문에 병해도 증가하게 된다.
- **엽폭 및 줄기 밀도 감소**: 빛의 감소는 잎의 도장을 촉진하며, 따라서 엽폭은 좁아지고, 줄기 수는 적어진다.
- **분얼경 감소 및 줄기 직경 감소**: 잎이 도장하는 데 양분이 쓰임에 따라 새로운 분얼경의 발생이 억제되고, 도장에 따라 줄기의 직경도 감소된다.
- **엽장과 초고 증가**: 잎이 도장함에 따라 엽장과 초고도 길어지게 된다.
- **뿌리생장 억제**: 지상부의 길이 생장이 촉진됨에 따라 상대적으로 지하부는 희생을 하게 되어 뿌리 생장이 억제된다.

그늘 밑에서의 잔디 관리

그늘 밑에서라도 잔디의 정상적인 생육을 위해서는 다음과 같은 대책이 필요하다.

- **내음성이 강한 초종 및 품종 선택**: 파인 훼스큐류나 세인트 어거스틴그래스 등을 이용한다. 버뮤다그래스는 그늘에 매우 약하므로 피하는 것이 좋고, 조이시아그래스 중에서는 들잔디보다는 금잔디 계통이 그늘에 강한 편이다.
- **그늘 제공원을 제거 및 감소**: 그늘을 제공하는 나무 가지를 제거하거나, 잔디를 덮고 있는 부러진 가지, 낙엽, 예지물, 쓰레기 등은 수시로 제거하여야 한다.
- **깎기 높이 높이기**: 깎는 높이를 높여 광합성 면적을 극대화하는 것이 좋다.
- **질소질 비료 줄이기**: 잔디의 도장을 억제하기 위해 질소질 비료는 줄인다.
- **통풍 및 환기 강화**: 도장을 억제하고 병 발생을 억제시키려면 공기의 이동을 촉진하는 방법을 강구해야 한다. 비교적 밀폐되어서 공기의 순환이 없는 곳에서는 대형 선풍기(그림 3-3)를 설치하여 강제 환기를 시켜야 한다.
- **보광시설 설치**: 광도가 적은 곳에서는 광합성이 부족하여 위에 설명한 여러 가지 문제점들이 발생한다. 특히 경기장에서는 잔디의 조직이 약해져 내답압성이 약해지게 되고, 경기 후 회복하는 데 매우 어려움을 겪게 된다. 따라서 보광등을 설치하여 광합성을 촉진하기도 한다. 특히 연중 일사량이 부족한 영국과 같은 북유럽 국가의 축구장에서처럼 이동식 보광등(lighting rig, 그림 3-4)을 사용하여 부분적으로 그늘이 많이 지는 곳의 광요구도를 충족시킬 수도 있다.

그림 3-3 잔디의 도장을 방지하고 잔디의 표면습도를 낮추기 위해 사용하는 대형 선풍기

그림 3-4 축구장에서 보광을 위해 운용하는 lighting rig

- **식물생장조정제**(PGR, plant growth regulator) **처리**: 잔디가 도장하게 되면 조직이 약해지게 되므로, 식물생장조정제를 처리하여 튼튼한 조직을 유지하게 한다. 하지만 이 경우 훼손된 잔디가 회복하는 데는 시간이 더 걸리는 수가 있으므로 사용에 신중을 기하여야 한다.

그늘에 잘 견디는 잔디

일반적으로 한지형 잔디류가 난지형 잔디류보다 그늘에 강한 편이다(**표 3-1**). 하지만 난지형 잔디라도 세인트 어거스틴그래스는 일반 한지형 잔디보다 내음성이 더 강한 편이다(**그림 3-5**). 같은 초종이라도 품종에 따라 내음성에 차이가 있으므로 종합경기장이 아닌 축구전용구장의 경우 지붕으로 인해 그늘이 많이 지게 되므로 내음성 품종을 선발해 사용하는 것이 좋다. 버뮤다그래스는 고온건조에 매우 강하고 조성속도도 매우 빠른 장점이 있으나 내음성이 매우 약한 단점이 있다. 따라서 우리나라의 제주도를 비롯하여 일조지수가 낮거나 여름에 태풍이 많이 부는 동남아시아나 오키나와 등에서는 조이시아그래스에 비하여 생육이 현저히 빈약한 것을 볼 수 있다.

표 3-1 주요 잔디 종의 내음성 비교

내음성 정도	한지형 잔디	난지형 잔디
극강	fine fescue	St. Augustinegrass 세엽 zoysiagrass(금잔디)
강	rough bluegrass tall fescue creeping bentgrass	중대엽 zoysiagrass(들잔디)
보통	Kentucky bluegrass perennial ryegrass	centipedegrass carpetgrass bahiagrass
약		buffalograss bermudagrass

그림 3-5 참나무 밑의 심한 그늘에서도 생육이 왕성한 세인트 어거스틴그래스

3.1.3 온도

온도는 식물의 지구상의 분포를 결정지을 정도로 식물이 생육하는 데 있어서 매우 중요한 기상 요인으로, 식물은 적정온도 내에서는 일평균 기온에 정비례하여 영양생장을 한다.

온도의 종류

온도에는 기온, 지온, 체온 등이 있고, 모두 잔디의 생육에 중요한 영향을 미친다.

- **기온**(air temperature): 대기의 온도로서 지온과 체온에 영향을 미친다. 기상예보에 나오는 온도는 기온으로 이것을 중심으로 재배관리를 하게 된다. 일반적으로 태양열에 의하여 지면이나 건물 등이 데워지게 되면서 기온이 올라가게 되고, 해가 기울면서 낮 동안 데워졌던 지표면이나 건물 등으로부터 거꾸로 상대적으로 온도가 낮은 대기 중으로 열이 발산되는데, 이러한 열을 복사열이라고 한다. 잔디나 수목의 식물체의 지상부 생장에 직접적인 영향을 준다.
- **지온**(soil temperature): 토양의 온도를 지칭하는 것으로 기온에 의하여 영향을 받는다. 종자가 발아할 때는 심겨져 있는 위치의 지온에 의하여 발아가 결정되

게 된다. 또한 뿌리가 분포하는 곳이 토양이므로 뿌리 관리를 위해서는 이 부근의 지온이 매우 중요하다. 골프장 그린에 많이 쓰는 크리핑 벤트그래스의 뿌리는 지표면 얕게 분포하기 때문에 지하 2.5 cm 깊이의 지온을 계속 모니터링하는 것이 중요하다. 하지만 다른 잔디나 수목의 경우는 지하 10 cm 정도의 지온의 영향을 더 받는다. 지온의 측정을 위해서는 온도센서(thermocouple)를 토양 속 원하는 위치에 심어서 계속 경시적으로 관찰을 하거나, 온도센서를 컴퓨터에 연결하여 모니터링하기도 한다.

- **체온**(body temperature): 실제로 광합성 등의 여러 가지 생리작용을 하고, 아울러 물질의 이동이 주로 이루어지는 곳은 식물체이다. 따라서 식물체의 온도가 매우 중요한 의미를 가지고 있다. 잔디의 체온 관찰을 위해서는 식물체에 온도센서를 부착하기도 하지만, 잔디는 잎이 가늘기 때문에 편의상 적외선온도계(infrared gun)로 잔디 면을 향하여 쏘아서 측정한다(그림 3-6).

그림 3-6 잔디면 온도측정을 위한 적외선온도계

- **생육적온**(optimum temperature): 식물이 정상적으로 생육을 할 수 있는 온도로 난지형 잔디가 한지형 잔디보다 약 10℃ 정도 높은 편이다.
- **생육한계온도**(minimum or maximum temperature): 식물의 생장이 멈추는 최저 또는 최고 온도이다.

온도와 잔디 생육

일반적으로 지상부의 생육적온은 햇볕이 안 드는 지하부보다 약간 높다. 난지형 잔디의 경우 적정 온도는 지상부 27～32℃, 지하부 24～29℃인 데 반하여, 한지형 잔디의 경우는 지상부가 18～24℃, 지하부가 10～18℃이다.

난지형 잔디의 생육을 위한 생육한계온도는 지상부는 최저 18℃, 최고 49℃, 지하부는 최저 10℃, 최고 43℃ 이하여야 한다. 이보다 낮거나 높을 경우 생육이 정지되고 심할 경우 각각 저온과 고온에 의한 피해를 입게 될 수 있다. 한지형 잔디도 생육한계 온도가 지상부는 최저 5℃, 최고 32℃, 지하부는 최저 0℃, 최고 25℃이다. 난지형 잔디는 15℃ 이하가 되면 엽색이 변하게 된다. 한지형 잔디는 기온이 5℃ 이하로 떨어지게 되면 지상부생장이 멈추고 토양온도가 0℃ 이하가 되면 뿌리의 생장도 멈추고 휴면에 들어가게 된다.

한지형 잔디는 이른 봄부터 생육이 시작하여 잘 자라다가 여름철의 고온기에 휴면을 하게 되며, 이어 가을에 다시 생육을 하는 쌍곡선형의 생장곡선을 보이는 반면, 난지형 잔디는 늦은 봄부터 생장을 시작하여 한 여름 고온기에 최고의 생장을 보이다가 이후 계속 감소하다 10월에 이르러서는 생육을 거의 하지 않고 잎의 색이 변하게 된다(그림 3-7).

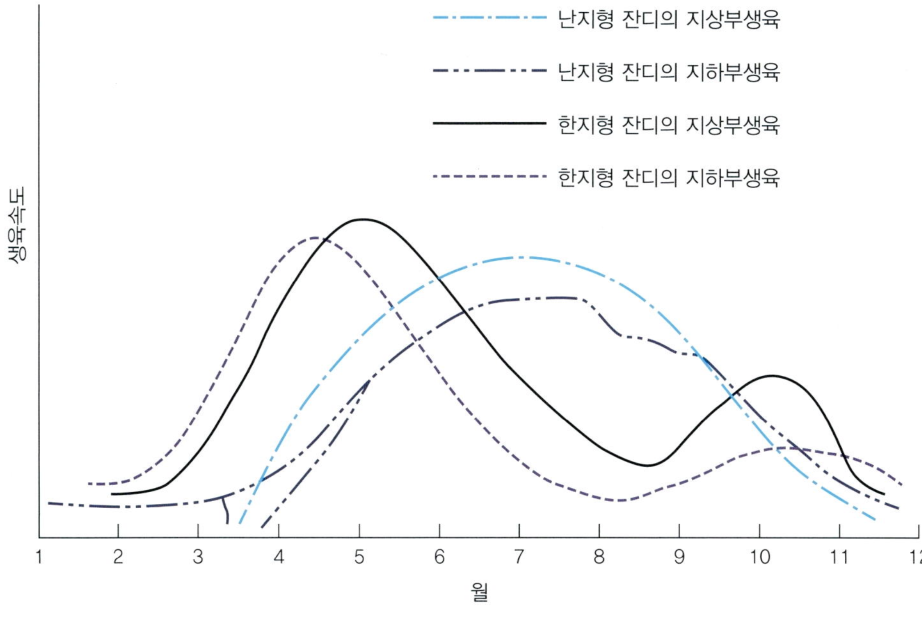

그림 3-7 난지형 및 한지형 잔디의 지상부와 지하부 연중 생육곡선

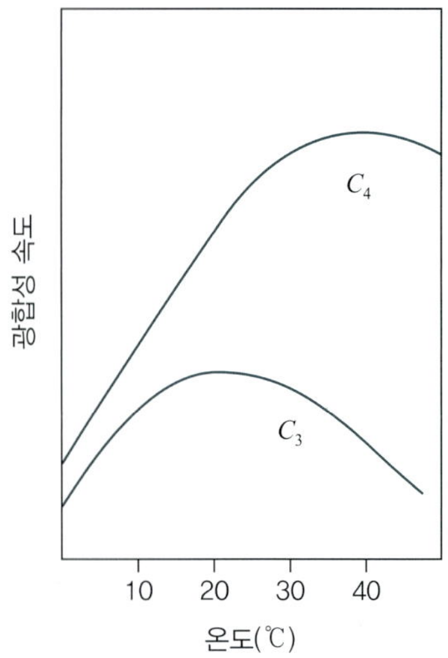

그림 3-8 온도에 따른 잔디의 광합성 속도

난지형 잔디는 고온에 내성(내서성)이 강하고, 한지형 잔디는 저온에 내성(내한성)이 강하다(**그림 3-8**). 종에 따라서도 온도에 대한 저항성이 다르지만 품종에 따라서도 차이가 나타나므로 잔디 면을 조성할 때는 그 지역의 온도에 맞추어 적절한 초종 및 품종을 선택해야 한다(**표 3-2**).

한지형 잔디에 속하는 초종들은 겨울철을 지나면서 약 4～10℃ 정도의 저온에 수 주간 노출되어야 춘화처리를 받아 화아가 분화하여 개화하게 된다. 켄터키 블루그래스, 퍼레니얼 라이그래스, 쉽 훼스큐 등은 저온요구도가 매우 강한 데 반하여, 크리핑 벤트그래스, 톨 훼스큐, 캐나다 블루그래스 등은 중간 정도, 그리고 새포아풀과 이탈리안 라이그래스 등은 약한 저온 요구도를 가지고 있다. 한편 난지형 잔디류는 개화유도에 있어서 저온의 영향을 받지 않는다.

표 3-2 주요 잔디 종의 내서성 및 내한성 비교

	내서성	내한성
극강	zoysiagrass bermudagrass buffalograss centipedegrass St. Augustinegrass	rough bluegrass creeping bentgrass
강	tall fescue	Kentucky bluegrass Canadian bluegrass colonial bentgrass
보통	colonial bentgrass creeping bentgrass Kentucky bluegrass	annual bluegrass red fescue tall fescue zoysiagrass(들잔디)
약	Canadian bluegrass chewings fescue red fescue annual bluegrass(새포아풀) perennial ryegrass	perennial ryegrass Manilagrass(금잔디) bermudagrass
극약	Italian ryegrass rough bluegrass	Italian ryegrass bahiagrass centipedegrass St. Augustinegrass

고온 장해

난지형 잔디의 경우에는 고온 장해가 심하지 않으나, 한지형 잔디의 경우 여름철에 대책이 없으면 극심한 피해를 입을 수 있다. 기온이 32℃가 되면 지상부 생장은 멈추게 되며, 지하부도 토양온도가 25℃ 이상이 되면 생육을 멈추게 된다. 고온의 경우 잎이 타거나 수분 공급이 원활하지를 않아 말라 죽는 고사현상이 병행해 나타나기도 한다. 전 세계적으로 골프장 그린용으로 쓰이는 크리핑 벤트그래스는 한지형 잔디이기 때문에 여름철 고온이 큰 문제가 된다. 따라서 고온에 강한 품종들이 계속 육성되고 있다. 한편, 여름철 고온을 극복하기 위해 내서성이 강한 하이브리드 버뮤다그래스를 사용하기도 하고, 최근에는 미국에서 잎이 가늘고 밀도가 높은 그린용 조이시아그래스가 육성되어 보급되기 시작하였다.

여름철 과습과 고온이 겹칠 때는 증산에 의한 식물체 온도 감소효과가 떨어진다. 따라서 더욱 고온에 의한 피해와 아울러 병해가 심해지게 되므로 유의하여 배수와 통풍이 잘 되도록 사전에 만전을 기해야 한다.

고온에 대한 대책으로는,

- **고온에 잘 견디는 초종과 품종 선택**: 난지형 잔디가 한지형 잔디에 비하여 고온에 잘 견디며, 그 중에서도 조이시아그래스, 버뮤다그래스, 버팔로그래스 등의 내서성이 매우 강하다. 한지형 잔디 중에서는 톨 훼스큐와 크리핑 벤트그래스가 내서성이 강하나 품종과 생육조건에 따라 큰 차이를 보이므로 품종 선택에 신중을 기하여야 한다.
- **관수와 살수장치 설치**: 잔디면의 온도를 저하시키기 위해서 짧은 시간 동안 물을 뿌려주는 살수도 매우 효과적이며, 더운 지방에서 한지형 잔디를 사용하려면 관수장치는 필수적이다.
- **근권부 냉각시스템 설치**: 기온이 올라가게 되면 지상부뿐만 아니라 지하부의 뿌리도 큰 피해를 입게 된다. 따라서 근권부 토양에 파이프를 설치하여 지하수나 지하공기를 흘려 보내면 토양온도를 낮출 수 있어 뿌리는 물론 지제부 근처에 있는 잔디의 생장점이라고 할 수 있는 관부를 보호하게 되어 회복력도 증가시킬 수 있다.
- **깎기 높이 높임**: 잔디 깎는 높이를 높이게 되면 낮은 깎기에 의한 생육스트레스가 감소되고 아래에 위치한 관부와 토양을 그늘지게 해 줌으로써 고온으로부터 보호하는 역할을 한다.
- **배수시설 설치**: 날씨가 더울 때에 토양 속에 수분이 지나치게 많게 되면 뿌리의 피해가 심화된다. 따라서 지반조성 시 모래의 함량을 높이거나 효과적인 배수시스템을 갖추어야 한다.
- **통풍과 채광 조건을 개선**: 환기와 채광조건이 좋아지면 잔디 면으로부터의 증발산이 촉진되어 식물체온이 떨어지게 되어 내서성이 증가된다.
- **칼륨시비량 높임**: 칼륨은 기공의 개폐에 관여하여 증산작용을 효과적으로 하게 함으로써 잔디의 내서성과 내건조성을 증가시킨다.

저온 장해

난지형 잔디의 경우 9월부터 생육이 감소하게 되고 이어 엽색이 변하기 시작하면서 휴면에 들어가 다음 해 4월이 되어서야 다시 잎이 자라게 된다. 한지형 잔디의 경우에는 덜 하지만 난지형 잔디의 경우에는 겨울철 저온에 의한 피해가 많이 나타난다. 절대적으로 낮은 온도에 의한 피해도 있지만 이른 겨울 아직 휴면준비가 안 된 상태에서 갑자기 온도가 떨어지거나, 또는 이른 봄 날씨가 풀리다 갑자기 추워지게 되면 역시 저온 장해를 입게 된다. 늦가을 엽색을 유지하기 위하여 질소시비나 관수를 계속했을 때 내한성이 준비가 되지를 않아 저온 피해를 입기도 한다.

우리나라에서는 한지형 잔디도 11월부터 엽색이 변하기 시작해 다음 해 3월이 되어서야 새잎이 나오게 된다. 한지형 잔디는 겨울철 녹색을 유지하기 위해 보온막을 덮기도 한다. 겨울철 잔디 이용을 위해서는 보온막뿐만 아니라 필요에 따라서 잔디토양 속에 전열선이나 온풍을 불어 넣어주는 등 근권난방(root zone heating)장치를 설치하기도 한다.

저온 장해는 잔디의 생육적온보다 너무 온도가 낮을 때 발생하는 냉해(chilling injury)와 온도가 영하로 떨어져 조직이 얼어서 피해가 발생하는 동해(freezing injury)가 있다.

저온에 강한 한지형 잔디라도 저온의 피해가 있을 수 있다. 겨울철 아직 휴면에 들어가지 않아 엽색이 유지되고 있을 때 새벽에 서리가 내리게 되면 일시적으로 잎이 얼게 되는데(그림 3-9), 이때 사람이나 기계가 밟게 되면 조직이 부러져 상하는 경우도 있다. 낮에 온도가 올라가면 상하지 않은 잎들은 정상적으로 회복이 되나 상한 잎

그림 3-9 새벽에 서리가 내려 얼어버린 한지형 잔디

은 상처 윗부분이 고사하게 되어 누렇게 변하여 자국이 남게 된다. 경기장용 잔디나 골프장 그린의 경우에는 녹색의 엽색을 유지하고 동해로부터 보호하기 위해 저녁 때부터 아침까지 보온덮개를 덮어주기도 한다(그림 3-10). 가을부터는 깎기 높이를 높여 겨울철 관부가 덮여져 보온이 되도록 관리한다.

그림 3-10 골프장 그린(왼쪽)과 축구장(오른쪽)에 사용하는 보온덮개

저온에 대한 대책으로는,

- **저온에 잘 견디는 초종과 품종을 선택**: 난지형 잔디 중에는 조이시아그래스와 버팔로그래스가 다른 난지형 잔디보다는 내한성이 강한 편이다. 최근 내한성이 증가된 버뮤다그래스가 개발이 되고는 있으나 아직 상업적으로는 이른 편이다. 난지형 잔디나 한지형 잔디나 모두 품종에 따라 내한성에 큰 차이가 있으므로 선택에 신중을 기하여야 한다.
- **질소 시비의 양을 줄이고 칼륨의 양을 높임**: 질소 시비는 잔디 지상부의 생육을 촉진하면서 녹색은 강화시키나 상대적으로 내한성을 떨어뜨린다. 따라서 난지형 잔디의 경우 생육이 끝나가는 9월부터는 질소질 비료의 시비는 멈추고 내한성 증대를 위해 칼리질 비료를 사용하여야 한다.
- **깎기 높이를 높여서 관부를 보호**: 깎는 높이를 높여서 관부를 덮어주게 되면 저온으로부터 보호가 가능하다.
- **배수시설을 설치**: 고온과 마찬가지로 저온에서도 물이 고여 있게 되면 잔디의 조직이 약해져서 피해가 더 커지게 되므로 배수가 잘 되도록 하여 준다.
- **통행을 제한**: 새벽에 기온이 영하로 떨어지게 되면 아직 휴면에 안 들어간 한지

형 잔디의 경우 잎이 살짝 얼게 된다. 해가 나고 온도가 올라가면서 자연스럽게 녹으면서 생육을 계속하게 되나, 만약 얼었을 때 밟아주게 되면 조직이 부러지게 되어 나중에 죽게 되므로 이때 통행을 제한하여야 한다.

- **근권난방 시스템을 도입**: 토양온도를 높이기 위해 근권부에 파이프나 전열선을 설치하여 난방을 실시한다. 유럽 축구장의 경우 겨울에도 경기를 하여야 하므로 대개 근권난방을 설치하여 잔디 생육 촉진뿐만 아니라 서리나 눈을 녹이는 효과도 같이 거두고 있다.
- **보온덮개로 잔디면 덮기**: 한지형 잔디의 경우 기온이 떨어지게 되면 아직 생육은 지속하고 있으나 엽색이 퇴화되어 관상 가치를 크게 떨어뜨리게 된다. 따라서 축구장이나 골프장 그린의 경우 저녁부터 다음 날 아침까지 보온덮개를 사용하여 기온을 유지해 준다.

3.1.4 물

물의 역할

물은 모든 식물에 있어서 매우 중요한 요소이다. 물은 a) 탄수화물의 구성 성분이고, b) 식물체내 양분의 흡수와 이동을 돕는 용매이며, c) 식물체내의 물질대사작용에 관여하고, d) 식물체의 체형을 유지하여 주고, e) 증산작용으로 식물체의 체온을 낮추어주는 역할을 한다. 일반적으로 자연 상태에서는 강우에 의하여 물이 공급되지만, 부족한 경우에는 관수시설(irrigation)을 통하여 보충해 주어야 한다. 관수를 할 경우에는 물의 질이 중요한데 농약이나 잡초와 병균, 해충의 알 등이 없는 물을 써야 한다. 수분이 부족하게 되면 식물은 처음에는 녹색 잎이 약간 청록색을 띠게 되다가 더 심해지게 되면 말라 누렇게 고사하게 된다.

수분흡수와 이동

토양 속의 수분은 잔디 뿌리로부터 흡수되어 줄기를 타고 잎으로 가는 동안 각종 기관에서 양분과 더불어 이용되고, 최종적으로 줄기와 잎으로부터 기공을 통하여 바깥으로 나가게 되는데, 이러한 현상을 증산작용(transpiration)이라고 한다. 한편, 단순히 토양 표면이나 잔디 식물체 표면에 묻은 수분이 대기 중으로 나가는 것은 증발작용(evaporation)이라고 하는데, 이 두 가지를 합하여 증발산(evapotranspiration)이라고 한다. 이들 현상은 식물체로부터 수분이 없어진다는 측면에서는 부정적인 면이 있으나, 그보다는 토양 속의 양분과 수분의 흡수를 촉진시킨다는 점과 식물 체온을 떨어뜨리는 등 매우 중요한 의미를 갖는다. 햇빛이 강하고 건조한 날이면 증산작용이 촉진되어 이들 수분을 보충하기 위해 토양으로부터 뿌리를 통해 수분흡수가 촉진되게 되는데, 이때 토양수분 속의 영양분들도 같이 흡수되어 식물이 이용하여 생육을 촉진하게 된다.

하지만 대기습도가 높게 되면 잎으로부터 증산작용이 억제되어 수분과 양분흡수가 저하되어 생육이 위축되며, 특히 식물체의 물기가 빨리 증발되지 않아 병이 발생하기 좋은 조건이 된다. 예를 들면, 장마가 지거나, 아침의 안개, 이슬, 구름 등으로 대기 수분이 높게 되면 증산작용이 억제되고, 잔디가 허약하게 웃자라는 현상이 나타나는데, 계속되면 잔디의 생육이 많이 위축된다. 이러한 현상은 스포츠용 잔디에서는 매우 치명적이다. 또한 저녁에 관수를 하게 되면 공중 습도가 높아지게 되고, 다음날 오전까지도 오랜 시간 잎이 젖어 있게 되므로 병의 발생 가능성이 높아지게 된다. 병 포자가 수분에 약 10시간 정도 이상 젖어 있게 될 때 균사가 발아되어 자라 기공 속으로 들어가 피해를 주게 되기 때문이다.

수분 요구도

잔디는 종에 따라 그 형태가 다르고 수분 요구도가 다르므로 수분 요구도가 다를 수밖에 없다. 일반적으로 한지형 잔디가 난지형 잔디보다 물을 더 사용하게 되고, 초종과 품종에 따라 사용량에 차이가 있다. 물이 귀한 지역에서는 수분 요구도가 적은 초종이나 품종을 선택해서 잔디를 조성하여야 한다. 줄기 밀도가 높거나 잎이 가는 잔디 들이 비교적 수분 요구도가 낮다. 난지형 잔디는 잎 표면에 털이나 왁스층 등이 잘 발달되어 있고 기공의 크기도 작기 때문에 증산이 억제되어 수분 요구도가 낮다. 잔디는 수분을 토양으로부터 흡수한 후 극히 일부분만 체내 구성성분으로 이용하고 나머지는 대부분 증산이나 증발의 형태로 대기 중으로 날아가게 된다. 따라서 수분 요구도(water use rate)를 비교할 때 증발산량(evapotranspiration rate)으로 대체하여 사용하기도 한다.

표 3-3을 보면 한지형 잔디인 톨 훼스큐와 퍼레니얼 라이그래스가 물을 가장 많이 사용하는 반면, 난지형인 조이시아그래스와 버뮤다그래스가 가장 덜 사용하는 편이다. 켄터키 블루그래스는 한지형이면서도 물을 덜 쓰는 편이다.

표 3-3 주요 잔디 초종의 증발산량 비교

Species	Daily evapotranspiration rate(mm/day)
tall fescue	7.2 ~ 13.0
perennial ryegrass	6.6 ~ 11.2
St. Augustinegrass	6.3 ~ 9.6
creeping bentgrass	5.0 ~ 9.7
centipedegrass	5.5 ~ 8.5
bermudagrass	4.0 ~ 8.7
zoysiagrass	4.8 ~ 7.6
Kentucky bluegrass	4.1 ~ 6.6

수분 과잉피해

식물이 잘 생육하기 위해서는 뿌리로부터 수분과 양분이 잘 흡수되어 이용되어야 한다. 뿌리는 토양 속에 산소가 있어야 잘 자라고 그 기능을 최대한 발휘하게 된다. 하지만 토양 내 수분이 너무 많게 되면 상대적으로 산소가 부족하게 되어 뿌리가 죽게 되어 결국 수분의 공급이 차단되어 건조해와 같은 증상을 보이게 된다. 또한 과습하게 되면 각종 병들이 쉽게 발생하게 되고 식물체 조직도 무른 상태라 답압에 약하게 된다. 비온 후나 관수 후 잔디토양이 너무 습할 때에는 그 위에서의 활동을 억제하는 것도 잔디와 토양을 보호하는 방법이다. 근본적으로 수분 과잉을 방지하기 위해서는 토양의 배수성이 높도록 지반을 조성하는 것이 매우 중요하다.

내건조성

토양수분이 부족해지더라도 잘 생육할 수 있는 잔디를 내건조성이 강한 잔디라고 한다. 하지만 내건조성이 강한 잔디라고 해서 평소에 물을 적게 사용하는 것은 아니다. 일반적으로 난지형 잔디가 뿌리가 깊고 건조 시 잎 조직에 털과 왁스층 발달이 잘 되므로 내건조성이 강한 편이다(표 3-4). 하지만 난지형 잔디라도 세인트 어거스틴그래스는 건조 시 왁스층이 잘 발달하지 않아 증산작용이 계속 이루어지므로 빨리 고사하게 된다(그림 3-11). 한지형 잔디 중에서는 뿌리가 깊이 자라는 톨 훼스큐가 비교적 내건조성이 강한 편이다.

표 3-4 주요 잔디 종들의 내건조성 비교

내건조성	한지형 잔디	난지형 잔디
매우 강함		zoysiagrass buffalograss bermudagrass bahiagrass
강함	fescues	
보통	Kentucky bluegrass	
약함	perennial ryegrass	St. Augustinegrass
매우 약함	creeping bentgrass Italian ryegrass	centipedegrass

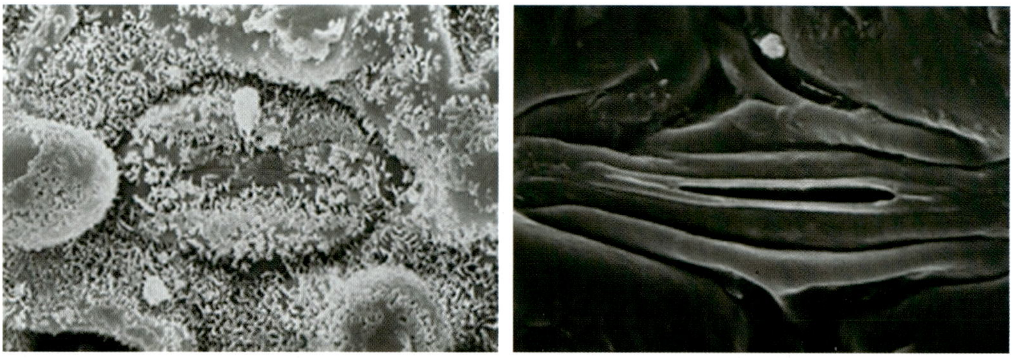

그림 3-11 수분공급이 중단된 지 15일 후 내건조성이 강한 버뮤다그래스(왼쪽), 세인트 어거스틴그래스(오른쪽)의 기공 모습. 내건조성이 강한 버뮤다그래스에는 왁스층이 발달하여 기공을 덮어서 증산을 억제하는 것을 볼 수 있다.

건조한 상태에서 잔디의 내건조성을 증가시키기 위해서는 아래 사항들을 고려하여야 한다.

- **가끔씩 관수를 충분히 함**: 자주 관수를 하면 뿌리가 지표면 근처에만 분포하게 되어 가뭄이 닥쳤을 경우 지하 깊은 곳의 수분을 이용할 수가 없다. 하지만 가끔씩 관수를 하면서 잔디에 약간의 수분 스트레스를 주게 되면 뿌리가 수분을 찾아 깊숙이까지 신장하기 때문에 내건조성을 증가시킬 수 있다.

- **질소질 비료 감소**: 질소질 비료는 지상부 생장을 촉진하기 때문에 수분을 더 필요로 하게 되어 쉽게 건조피해를 입게 된다.
- **칼륨 비료 증가**: 칼륨은 기공의 개폐를 원활하게 해 주므로 가뭄 시 기공을 신속히 닫아 증산을 억제하는 효과가 있다.
- **과잉 관수 자제**: 너무 관수를 많이 해 주면 토양 속에 산소가 부족하게 되어 뿌리의 생장과 양분과 수분 흡수를 방해하고 심하면 죽게 하므로 자제하여야 한다.
- **증산억제제 처리**: 잎의 기공을 닫게 해 주거나 덮어 주므로 증산을 억제하는 효과가 있다. 하지만 잔디의 잎이 자주 잔디깎기에 의하여 깎여 나가는 경우에는 다시 처리해 주어야 한다.
- **답압 억제**: 잔디가 수분 스트레스를 받게 되면 조직이 약해지게 되어 답압이 가해질 때 더 심하게 피해를 입게 되고, 회복이 지연되므로 억제하여야 한다.
- **뿌리 생장 촉진**: 뿌리가 깊게 발달하면 토양 속의 더 많은 수분을 이용할 수가 있다. 따라서 인산을 시비하는 등 뿌리 생장을 촉진하기 위한 대책을 강구하는 것이 좋다.

동계건조(Winter desiccation)

겨울철에는 지하부의 토양이 얼어 있으므로 뿌리를 통해 수분이 공급되지 못한다. 하지만 겨울이라도 한지형 잔디의 경우 일시적으로 햇빛이 세거나 기온이 약간 올라가게 되면, 그리고 바람이 불게 되면 잔디 잎으로부터 수동적으로 수분이 손실되어 건조해를 입게 된다. 지상부가 휴면중인 난지형 잔디라도 이러한 기상현상이 계속되면 관부가 말라서 죽을 수 있다. 따라서 이러한 기상상태가 예견되거나 계속되면 살수를 실시하여 겨울철 건조해를 막아주어야 한다. 특히 그늘이 잘 지지 않고, 남사면과 같이 햇빛을 많이 받는 지역에서는 더 관심을 가지고 관리하여야 한다.

3.1.5 바람

바람은 공기가 이동하는 것으로 식물의 생장에 여러 가지 도움을 준다.

바람의 효과

너무 센 바람은 잔디 잎의 기공을 닫게 하여 광합성과 증산작용을 억제하지만, 어느 정도의 바람은 식물체의 체온을 낮추고, 잎 주변의 이산화탄소의 농도를 높게 해 주어 광합성 속도를 높이며(그림 3-12), 습도를 낮추어서 증산작용을 원활하게 하는 등 전반적으로 잔디의 생육을 촉진하는 효과가 있다. 따라서 바람이 너무 센 곳에서는 방풍용 식재를 하여 그 속도를 경감시키는 것이 좋다. 또한 이른 아침에 안개나 잔디 잎에 맺힌 이슬 등도 바람에 의해 감소되는 효과가 있고, 이로 인해 병해감소와 생육촉진을 기대할 수 있다. 골프장에서 티나 그린이 바람이 잘 안 통하는 곳에 있게 되면 선풍기를 설치하여 인공적으로라도 바람이 불게 하여 피해를 예방하여야 한다(그림 3-13).

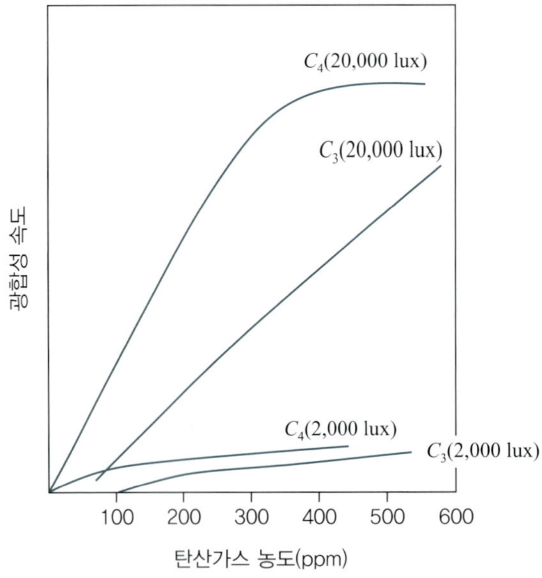

그림 3-12 탄산가스 농도와 광도에 따른 잔디의 광합성 속도

그림 3-13 이른 아침 골프장 그린의 이슬을 제거하기 위한 이동식 선풍기

물리적 영향

한편 이른 봄처럼 아직 땅이 얼어서 뿌리로부터의 수분 공급이 원활하지 않을 때 바람이 불면 식물체 지상부위로부터 수분을 빼앗아 가므로 말라죽는 결과를 초래하기도 한다. 이러한 경우에는 살수를 하여 식물체를 적시기도 한다.

잔디관리에 있어서 농약이나 비료 살포시, 그리고 관수 시 바람이 불게 되면 균일한 살포에 영향을 주므로 이러한 작업은 바람이 비교적 없는 시간에 하는 것이 좋다. 바람이 없다가도 스프링클러를 틀게 되면 바람이 불게 되는데, 이는 살포되는 물의 일부가 순간적으로 증발하면서 기온이 떨어지게 되어 기온의 고저 차에 의해 바람이 불게 되는 것이다.

바람은 각종 병균과 해충, 그리고 잡초 종자의 이동원이 된다. 따라서 바람이 불어오는 쪽의 상태를 고려하여 잘 대처하여야 한다.

바닷가에서는 바람을 타고 염분이 들어와 계속 축적되면서 염해를 일으킬 수도 있다. 따라서 해변으로부터 떨어진 곳이라도 내염성을 가진 잔디를 사용하는 것이 좋다. 최근 조이시아그래스와 버뮤다그래스보다 내염성이 훨씬 강한 씨쇼어 파스팔룸이 해변가 중심으로 보급이 늘고 있으나 버뮤다그래스와 마찬가지로 내한성이 약한 문제가 있고 수분 요구도도 높은 편이므로 사용에 신중을 기하여야 한다.

3.2 토양 환경

3.2.1 잔디밭 토양의 물리적 기본 성질

토양은 생명력을 가진 자연의 모태이며 모든 생물계뿐만 아니라 잔디의 생육에 가장 중요한 환경적 요소이다. 토양은 식물체 등이 부식된 유기성물질과 암석재료 등이 풍화하여 생성된 여러 가지 무기성 물질로 이루어져 있으며 물이나 양분을 공급하여 잔디 식물체와 뿌리를 자라게 하고 지탱시킨다. 따라서 토양의 기본적인 물리화학적, 생물학적인 성질과 역할을 알고 잔디 토양의 구조와 식물-토양으로 이어지는 생태적 사슬을 이해하는 것이 잔디 재배에 가장 중요한 지식이다. 특히 레저나 스포츠 수용 등의 기능을 고려할 때 잔디가 자랄 토양, 즉 지반을 적절하게 조성하는 과정은 잔디 녹지나 잔디경기장 건설에 있어 핵심적인 기술이며 이러한 특수한 토양구조를 유지하고 관리하는 과학적인 기술은 잔디학의 필수적인 요소이다.

토양의 물리적 구조

토양은 고체, 액체, 기체로 구성되어 있는데 이를 토양의 3상이라 하고 부피비율로 고상, 액상, 기상이라 한다. 즉 고상은 광물질(mineral)과 유기물로, 액상은 토양수, 기상은 공기로 구성되어 있다. 잔디토양도 밭 토양 등과 마찬가지로 고상이 40~50%, 그리고 액상과 기상이 각각 20~30% 정도로 구성되어 있으면 잔디 생육환경에 적합하다. 고상 중 유기물 성분의 부피는 5% 이내로 건중량으로는 약 2%만 차지하지만 토양성질에 미치는 영향은 굉장히 크다.

고상입자들 사이의 공간을 공극이라고 하는데, 역시 토양의 성질에 중요하며, 공기와 물의 순환, 식물뿌리의 생장, 그리고 토양생물의 터전은 이러한 공극에서 이루어진다. 토양공극 중 물과 공기의 상대적 부피비율은 강우나 관수 또한 토양주변의 기후와 토양환경에 의해서 크게 변동된다. 고상의 부피비율이 50%를 초과하게 되면 토양입자들은 과밀해져서 공극량이 줄고, 토양의 용적비중(bulk density)이 증가하여 잔디 생장에 불리해진다. 전체 공극 중 큰 공극(macropore)은 주로 공기로 채워지나 작은 공극 즉 모세공극(micropore)은 대부분 물로 채워지는 경향이 크다(그림 3-14).

잔디는 보통의 토양에서 잘 자라지만 운동경기장이나 골프코스 등에서는 사용에 따른 답압이나 물빠짐을 고려해서 일반적으로 토양개량을 하여 공극이 상대적으로 큰 토양을 상토나 표토로 사용하는 경우가 많다.

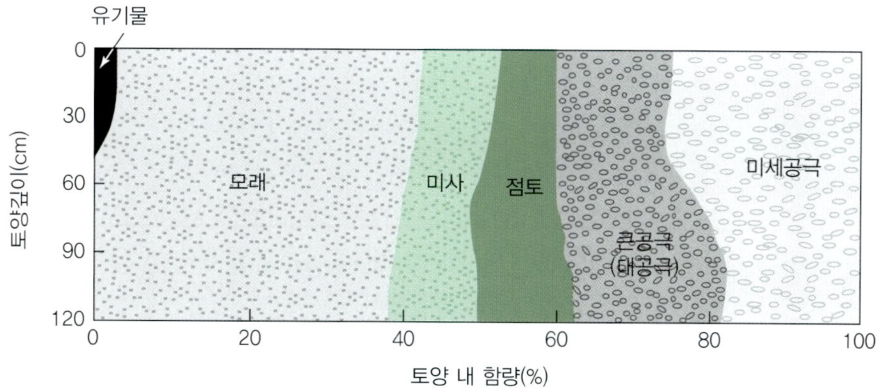

(a) 사양토

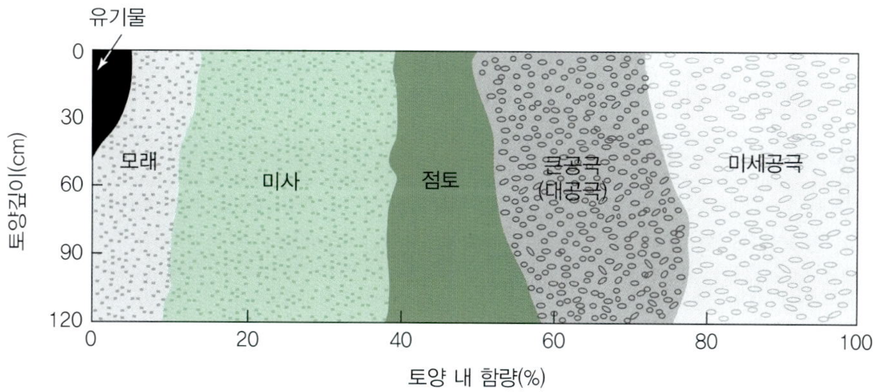

(b) 미사질 양토(구조가 양호)

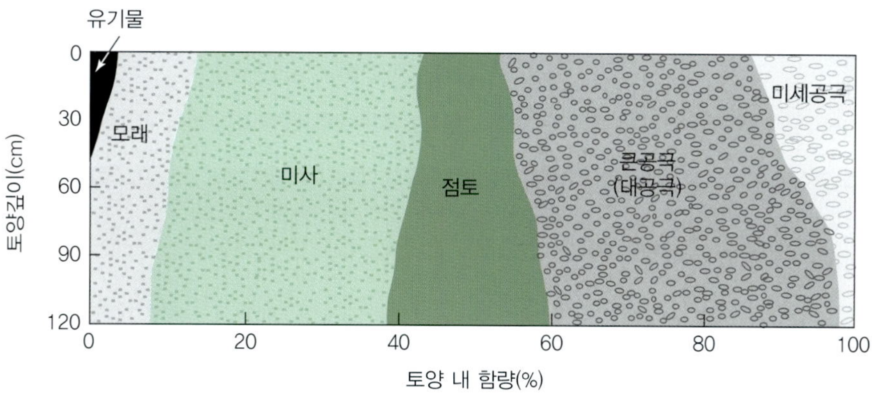

(c) 미사질 양토(구조가 나쁨)

그림 3-14 사양토와 미사질 양토의 유기물, 모래, 미사, 점토 구성과 미세공극과 대공극의 상대적 부피 분포

토성

토양의 서로 다른 크기의 입자 분포를 토성(soil texture)이라고 하고 토양의 물리 · 화학 · 생물적 특성을 결정하는 가장 중요한 성질 중 하나이다. 다양한 크기의 토양입자를 미국농무부의 분류체계를 사용하여 지름(diameter) 크기로 모래(sand), 미사(silt), 점토(clay) 세 가지 토양 분리물로 분류한다. 이때 직경이 2 mm가 넘는 자갈이나 그 보다 큰 입자는 토성에 적용하지 않는다(그림 3-15).

모래는 지름이 2 mm보다 작고 0.05 mm보다 큰 입자(ϕ0.05~2 mm)를 말하는데, 풍화되거나 마모된 정도에 따라 둥글거나 모가 나 있다. 원래 여러 가지 광물을 구성하는 암석의 조각에서 생성되었으나, 주로 석영(SiO_2)이나 다른 1차 규산염 광물로 구성되어 있어 식물의 양분이 거의 없다. 모래 입자는 입자가 굵어, 공극도 크며 공극률도 높다. 이러한 대공극에서는 입자와 수분 사이의 장력이 약해서 중력에 의한 배수력이 높고, 토양 내 공기의 이동도 쉬워 통기성도 높다.

입자가 큰 모래는 단위 질량당 표면적, 즉 비표면적(比表面積, specific surface area)이 낮아, 수분과 양분을 보유하는 능력이 거의 없고 입자 간의 응집력이 낮아 비옥도가 떨어지고 건조가 쉽게 일어난다. 모래는 지름의 크기에 따라 극조사(ϕ1~2 mm), 조사(ϕ0.5~1 mm), 중간사(ϕ0.25~0.5 mm), 세사(ϕ0.1~0.25 mm), 극세사(ϕ0.05~0.1 mm)로 나눈다.

미사는 지름이 0.05 mm보다 작고 0.002 mm보다 큰 입자(ϕ0.002~0.05 mm)로 크기가 아주 작지만 형태와 광물조성이 모래와 유사하다. 그러나 입자가 작은 만큼 단위 질량당 입자의 표면적이 넓고 공극의 크기도 작아 식물이 필요로 하는 양분과 수분을 많이 보유할 수 있지만, 배수성(drainage)은 높지 않다. 또한 입자 간의 낮은 응집력(cohesion) 및 흡착용량(adsorption capacity)은 점착력(stickiness)과 가소성(plasticity)을 낮게 하여 바람과 물에 쉽게 침식(erosion)될 가능성이 높다.

점토는 입자의 지름이 0.002 mm(2 μm)보다 작은 입자인데, 모래와 비교할 때 1000배 이상의 매우 큰 비표면적을 가지고 있어 토양수와 다른 영양물질을 흡수할 수 있는 용량이 매우 크며 건조한 콜로이드 점토 10 g의 내외 표면적의 합은 8,000 m^2 이상으로 축구장 면적과 비슷하다. 따라서 물질의 흡착, 촉매, 미생물군집화 등의 활성이 높고, 표면의 정전기적 음전하는 극성 물 분자를 흡착하여 토양의 물리 · 화학성에 큰 영향을 미친다. 이러한 미세한 콜로이드성 점토는 철과 망간 산화물, 부식질 등과 흡착하여 토양의 색깔을 나타낸다.

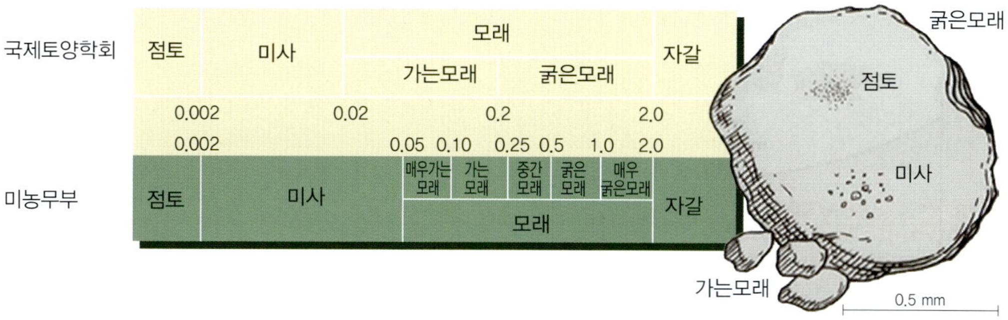

그림 3-15 직경 크기에 따른 토양 입자 분류로 국제토양학회와 미농무부의 분류법. 오른쪽은 실제 토양 입자의 크기 비교

토양을 사질, 점질, 양질 토양으로 크게 분류하지만, 입자크기의 구성 분포에 따라 12개의 토성으로 구분하며 이를 통해 토양 입자의 크기 분포와 토양물리 · 화학성의 일반적인 성질뿐만 아니라 토양개선 방법 등 여러 가지 정보를 얻을 수 있다.

먼저, 대부분의 토양은 모래, 미사 및 점토의 속성이 거의 같은 비율로 나타나는 양토에 속하는데 그렇다고 세 가지 토양입자의 함유 비율이 거의 같다는 것은 아니다. 그 이유는 점토는 낮은 비율로도 토성을 나타내는 성질이 미사나 모래에 비해 토양의 배수, 보수, 가용수분 및 양분 등 토양의 특성에 미치는 영향이 훨씬 높기 때문이다. 양토는 입자 구성에 따라 사양토, 미사질 양토, 사질 식양토, 미사질 식양토, 식양토로 분류한다.

이러한 토양입자의 구성 비율에 따라 토성구분삼각도(soil texture triangle)를 구성한 결과가 그림 3-16이다. 각 토양의 분류는 모래, 미사, 점토의 상대적 비율로 정해지는데, 삼각도 각 변에 표시되어 있는 점토, 모래, 미사 중 두 개의 건조 무게비 함량을 찾아 각 변에 표시된 화살표 방향으로 따라가면 최소 두 점이 만나는 구역이 바로 토성 또는 토성분급(土性分級, soil texture classes)이다.

잔디토양에서는 보수력과 배수력 및 통기성 그리고 답압 등을 고려하여 토양입자 구성을 조정하고, 특히 스포츠 지반에서는 경기 종목에 따라 토성을 개량하는 경우가 많다.

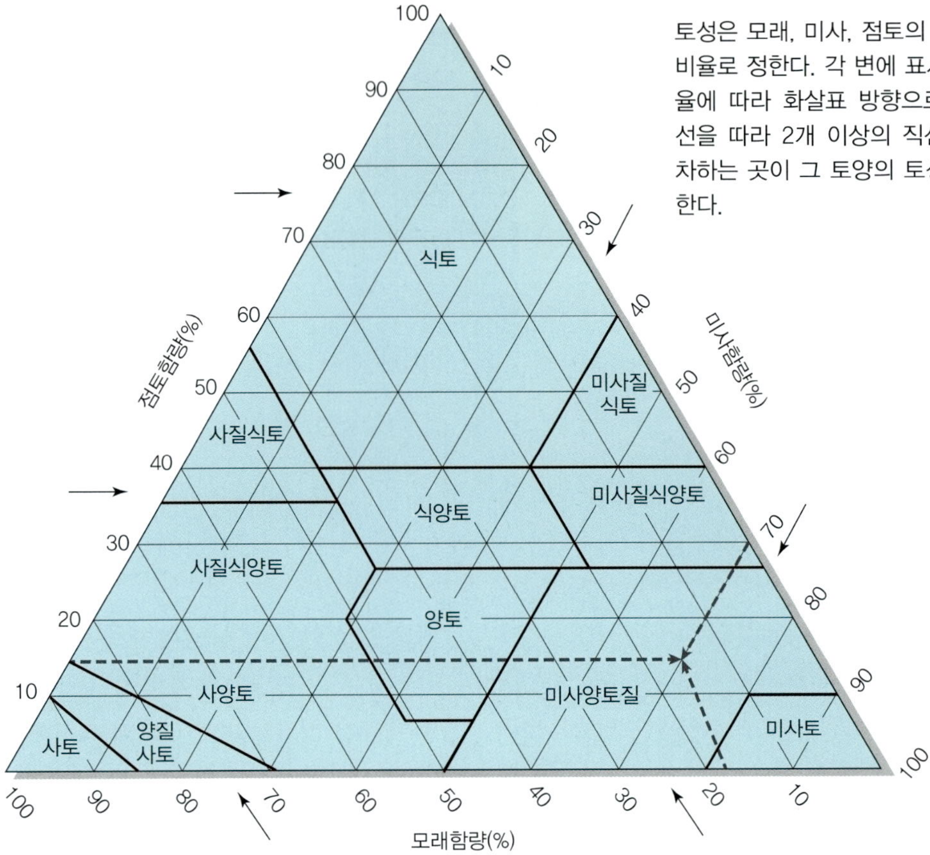

토성은 모래, 미사, 점토의 상대적 비율로 정한다. 각 변에 표시된 비율에 따라 화살표 방향으로 평행선을 따라 2개 이상의 직선이 교차하는 곳이 그 토양의 토성을 말한다.

그림 3-16 토성 삼각도. 토양을 입도 함량분포에 따라 12개로 구분

입도 분석

입도 분석이란 입경이 다양한 토양입자가 얼마만큼의 비율로 혼합 구성되어 있는가를 분석하는 방법으로 주로 실험실 내에서 이루어진다. 우선 건조된 토양시료를 2 mm체를 통과되지 못한 토양과 통과된 토양으로 나누고, 통과된 토양을 증류수와 혼합하여 현탁액을 만들어 매스실린더에 넣은 다음 비중계를 띄워 토양입자의 침강속도가 지름에 따라 다르다는 사실을 이용하여 입자 크기에 대한 무게 %를 구하는 침강 분석 시험을 실시한다.

이때 적용되는 토양 물리법칙을 스톡스 법칙(Stokes' law)이라 하며, 토양입자 크기에 따른 침강속도는 일정한 밀도와 점성을 지닌 유채에서 중력의 영향아래 침강하

는 입자의 반지름의 제곱에 비례한다.

즉, $V = kd^2$

(k는 중력가속도와 토양현탁액의 점성과 밀도에 관한 상수, d는 입자의 반지름)

입도가 큰 모래와 미립자인 미사, 점토를 구분하는 체가름 방법은 토양 시료를 건조 후 2, 1, 0.5, 0.25, 0.1, 0.05 mm체를 사용하여 기계적으로 체가름을 실시하여 무게비를 재면 모래와 미립자의 함유량을 알 수 있다.

잔디토양에서는 배수력을 우선적으로 고려하여 모래 함량이 높은 인공토양을 상토로 사용하는 경우가 많아 지반 건설 전에 토양입도를 분석하여 시방서(specification)에 맞는지 검사하는 것이 필수적이다.

토양밀도와 답압

토양 고상(soil solid)의 단위부피당 질량을 입자밀도(particle density) 또는 진비중이라 하는데 광물질의 화학적 조성과 구조에 의해 결정되며 고체 입자의 비중과 동일하다. 입자밀도는 2.6~2.75 g/cm^{3}까지의 좁은 범위이며 광물질 토양의 주성분인 석영, 장석, 운모, 규산염의 밀도와 비슷하나 유기물이 많은 토양에서는 감소한다.

전용적밀도(용적비중, bulk density)는 토양의 주어진 부피에 대한 고상의 건조 중량비(토양의 고상과 공극을 합한 전체의 부피)를 말한다. 단위는 g/cm^3 입자의 배열 상태 또는 공극량을 나타내는 중요한 성질로 토양의 치밀한 정도 또는 다짐 상태를 나타낸다. 전용적밀도는 유기물함량, 토성 및 입자 배열구조에 따라 달라지며 농기계나 답압 등에 의한 다짐, 입단의 파괴 등은 밀도를 증가시키어 배수가 불량해지며, 보통 1.6 g/cm^3 이상일 경우 뿌리의 신장이 저해된다. 현장에서는 부피를 알고 있는 코어 채취기로 구조가 파괴되지 않게 자연 상태의 토양을 채취하여 105ºC에서 완전 건조시킨 후 무게를 달아 값을 구한다.

잔디밭을 조성할 때 입자가 가는 미사나 점토가 많은 토양으로 상토를 조성하게 되면 답압(soil compaction)이나 관리 장비의 사용에 의한 답압 피해(traffic injury)로 토양 입자 사이의 공극률이 낮아져 통기나 배수가 불량한 상태로 되어 잔디의 생육에 지장을 초래하게 되므로 통기작업(aeration) 등을 통하여 다져진 상태의 토양 일부를 제거함으로써 전용적밀도를 낮춘다.

토양공기와 온도

토양의 공극은 공기나 물로 채워지며 그 정도는 수분량, 토성(soil texture), 공극의 크기 분포(pore distribution), 입자 배열 및 기후 등 환경조건에 따라 구성 비율이 달라진다. 토양공기는 잔디뿌리와 미생물 활동, 각종 산화 · 환원 반응 등 물질의 변환과 토양의 생태에 큰 영향을 끼친다. 기체의 조성은 대기와는 달리 산소농도가 낮은 반면 이산화탄소의 비율은 높은데, 특히 배수가 좋지 않고, 점토나 미사의 미세한 입자가 많거나 습윤한 토양에서는 산소의 농도가 아주 낮아 이를 혐기성(anaerobic)이라 한다.

잔디 토양이 다짐을 받아 기상이 차지하는 대공극량이 줄어들거나 배수가 나빠 과습 등이 발생하면 이산화탄소의 함량이 높아지며, 10% 이상이면 독성으로 작용할 수 있다. 특히 담수 상태에서 유기물이 분해되면서 메탄(CH_4), 황하수소(H_2S)와 혐기상태에서 뿌리와 미생물에 의해 생산되는 에틸렌(C_2H_4)은 잔디에게 현저한 독성으로 작용한다. 따라서 잔디 상토층의 원활한 배수와 통기(aeration)를 통한 토양공기 개선은 관리작업 시 필수적이다.

잔디토양의 온도는 잔디의 생육에 중대한 영향을 미친다. 토양 물리학적인 관점에서는 단위 무게 및 단위 온도당 수분이 토양에 비해 상대적으로 더 높은 열용량(volumetric heat capacity) 및 열전도도(thermal conductivity)를 가지게 된다. 대기로 부터 복사된 열은 잔디 토양의 수분을 통해 여름철에는 더 빠르게 전도되어 토양 온도는 급격하게 올라가 식물체 뿌리부위에게 많은 피해를 입힐 수 있다. 따라서 토양 온도와 수분이 토양의 물리적 특성 및 식물체 생육에 미치는 기작을 이해할 필요가 있다. 토양에서 수분이 더해짐으로써 열전도도와 열확산성은 더 높아져서 토양은 더 빠르게 온도가 올라간다. 고온기 토양이 과습한 잔디에서는 물의 열용량이 높아, 흡수한 열 에너지를 오랫동안 보유함으로써 뿌리층에 고온 피해를 증가시킬 수 있다.

잔디밭에서의 수분과 온도에 따른 열 특성의 변화를 측정한 결과는 그림 3-17과 같다. 토양 내 온도는 정오가 지나면 최고점에 다다르게 되는데, 깊이별 온도 변화를 보면 표면 5 cm에서 온도가 가장 높이 올라가고 깊이가 깊어질수록 표면보다 낮아지는 것을 확인할 수 있다. 이는 잔디의 뿌리가 표면 가까이 분포할 경우 열의 직접적인 피해를 받는다고 예상된다.

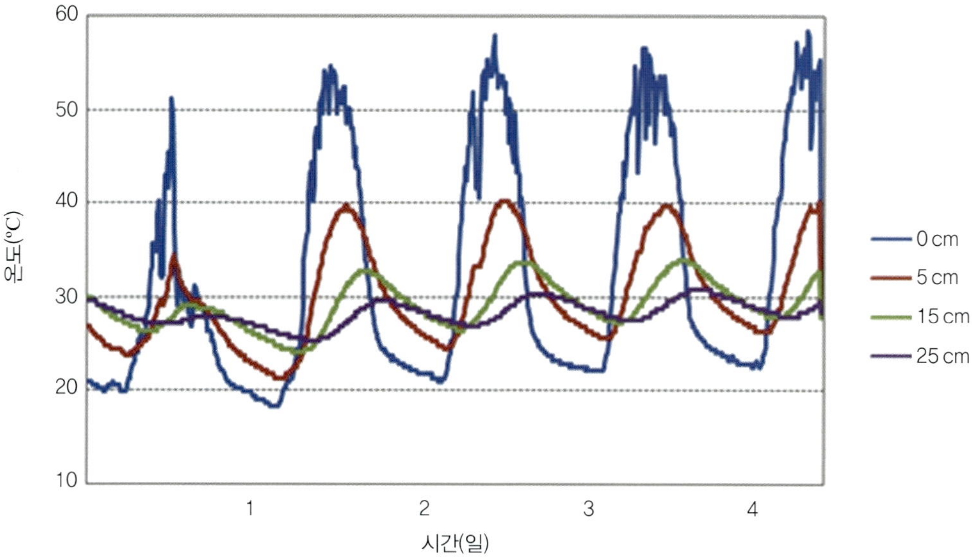

그림 3-17 벤트그래스가 식재된 모래를 주성분으로 한 USGA 그린 식재층 하부 0, 5, 10, 25 cm의 토양 온도의 일변화 (2006년 8월 16~19일)

3.2.2 토양수분

토양수분은 잔디 생육과 관리의 가장 중요한 요소 중 하나로, 토양수의 보유력, 배수력, 잔디의 수분 이용, 토양수의 이동형태 등에 직접 관계하는 특징적인 수분상태 및 수분 함량을 말한다.

토양수분의 함량

토양의 수분함량은 105°C에서 충분히 건조하여 손실된 수분의 무게를 건조토양의 무게로 나눈 값이며 토양단위 용적당 수분의 용적(용적수분함량)으로 표시한다. 이를 수분상수(soil water constants)로 나타내는데, 최대용수량(maximum retentive capacity), 포장용수량(field capacity), 위조계수(wilting coefficient), 흡습계수(hygroscopic coefficient)로 표시한다. 토양 내 물은 수소결합을 통하여 근처의 물 분자 간의 응집과 물 분자와 토양표면 간의 흡착현상도 나타난다. 이러한 응집과 흡착의 장력 때문에 토양입자가 물을 보유하고 흐름을 제어하며 그 사용을 조절하게 된다. 또한 토양 중에는 여러 종류의 크기를 달리하는 공극이 분포하며 공극의 경계면에 작용하는 모세관력(표면장력)에 의하여 물이 토양 중에 보유되며 모세공극이 작을수록 강한 장력으로 흡수된다.

모세공극에서의 물의 상승 높이는 모세관 현상으로 설명될 수 있는데(그림 3-18) 그 상승높이는 물이 모세관 벽에 흡착력과 물의 응집력의 합이 물 자체의 무게 중력과 균형을 이룰 때까지 계속된다. 물의 상승 높이는 내부 반지름(r)에 반비례하여 증가하며, 순수한 물의 경우 모세관수 상승 높이는 h(cm) = 0.15 ÷ r(반경, cm)로 계산된다.

그러나 높이 h는 용액의 밀도에 반비례하고, 용액의 표면장력과 토양 표면의 흡착인력에 비례한다. 그러나 실제 토양에서의 이동속도나 상승높이는 토양공극의 균일성이나 공극 내 포함된 공기로 인해 계산치보다 작은 것이 보통인데 토양이 소수성을 띠게 되면 토양수분의 상 · 하 이동이 차단되는 경우가 많다.

토양수의 분류

토양수분은 단위량의 토양수분 에너지, 즉 수분포텐셜(water potential) 또는 토양수분장력(soil moisture tension)을 가지는데 압력단위(bar 또는 mbar, KPa)로 표시한다. 그 장력을 물의 높이 단위(cm)로 표시하고 대수를 취하여 pF로 표시하기도 하며 이때 1기압은 약 1033 cm, 즉 이를 $\log_{10}33$ ≒ pF3으로 표시하며 국제단위체계(SI)로 약 100킬로파스칼(KPa)이다.

토양수분포텐셜은 음의 값으로 매트릭포텐셜(matric potential, Ψm), 삼투포텐셜(osmotic potential, Ψ_o), 압력포텐셜(pressure potential, Ψ_p), 중력포텐셜(gravitational potential, Ψ_g)로 이루어져 있다.

토양에서의 지점 간의 수분포텐셜 차이는 토양과 식물 내부에서 물이 움직이는 방향과 속도를 결정한다. 즉 수분이동은 이들의 합인 전포텐셜(total potential, Ψ_t)의 지점 간 차이로 일어난다. 일반 토양에서는 토성(soil texture)에 의해 나타나는 매트릭포텐셜이 전포텐셜의 대부분을 차지한다.

토양수는 토양입자와의 결합 강도에 따라 흡습수(hydroscopic water), 모세관수(capillary water)와 중력수(gravitational water)로 나누며, 식물에의 이용도에 따라 과잉수분과 유효수분으로 나눈다(그림 3-19).

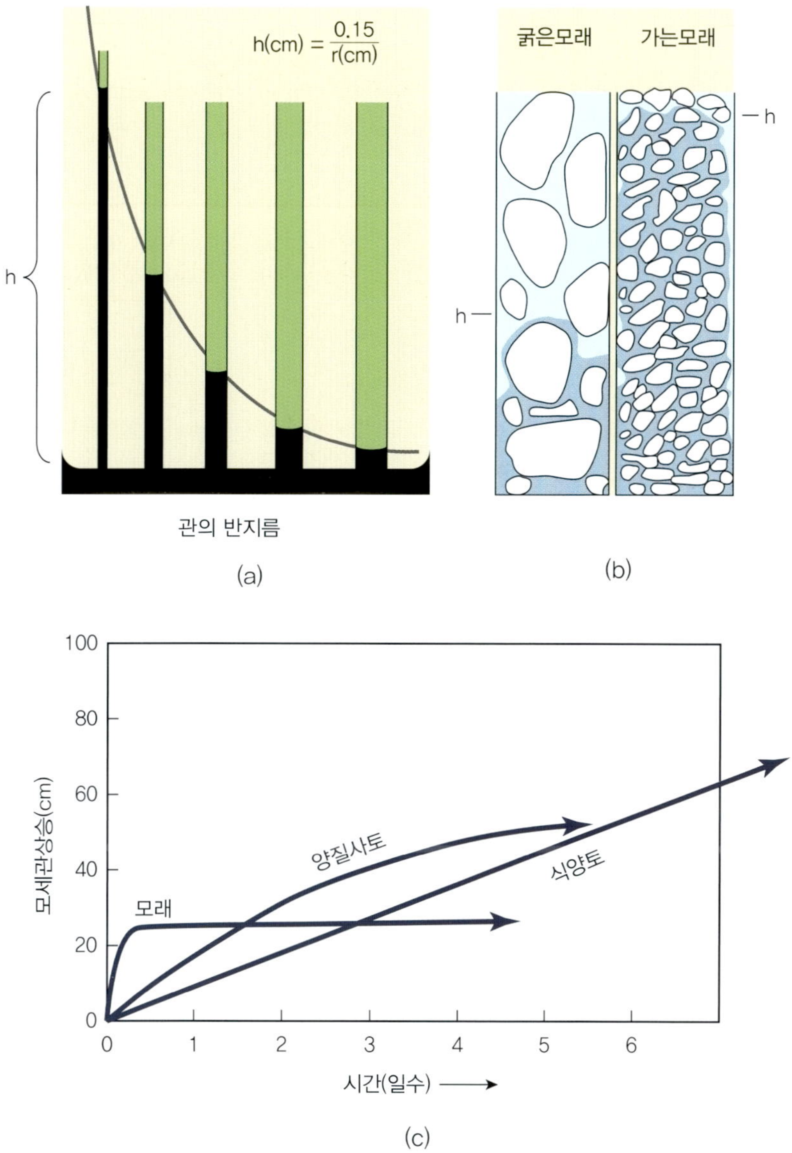

모세관수의 상승 높이(h)는 관의 반지름에 반비례한다. 따라서 입자가 미세한 토양에서는 입자가 굵은 토양 보다 지하 토양수분 상승 높이가 높다.

토성이 미세할수록 모세공극이 증가하여 모세관 상승 높이가 높아진다. 시간이 지나도 점토 성분이 많은 토성에서 모세관수가 더 오래 지속된다.

그림 3-18 모세관에 의한 수분 상승

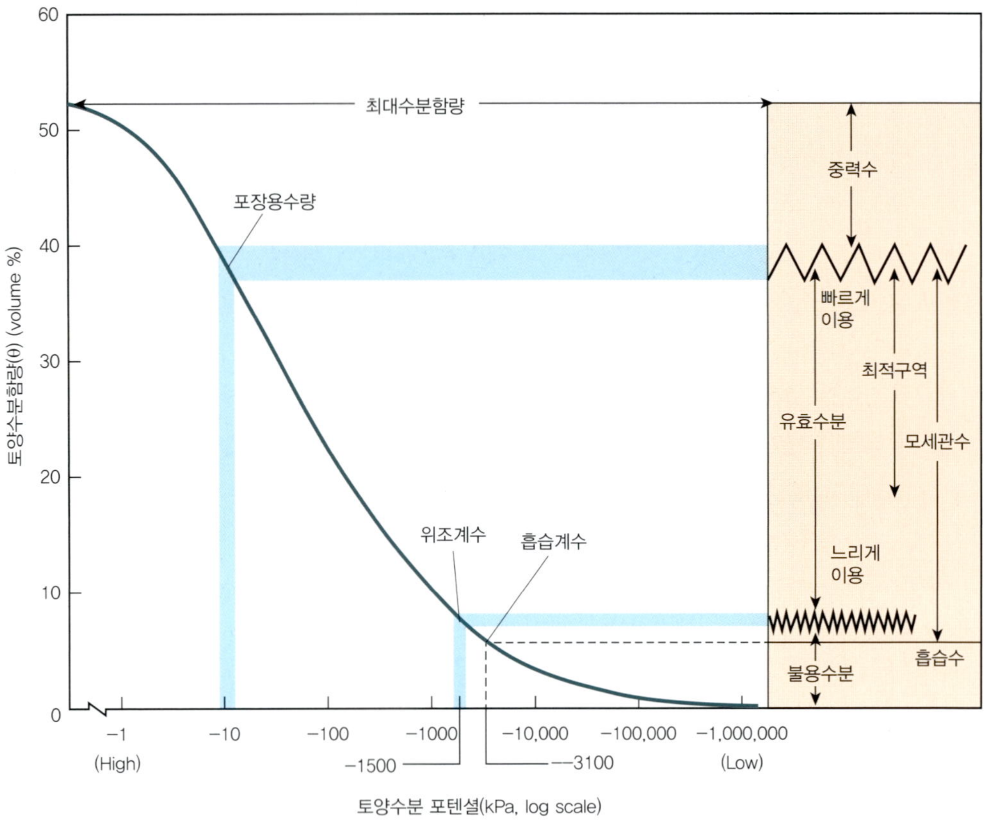

그림 3-19 토양수분포텐셜(킬로파스칼 단위의 수분장력을 로그단위로 표시)에 따른 토양수분 함량. 토양수분의 종류에 따라 물의 성질을 표시하였는데 이는 토양수분함량과 밀접한 관계가 있다.

잔디밭의 토양수분 이동

잔디토양에서 충분한 강우나 관수 시 토양수분의 이동은 수분장력이 높은 곳(포화 또는 높은 수분함량)에서 낮은 곳, 즉 보다 미세입자의 토양으로 이동하여 작은 공극들과 얇은 수막에 위치하여 토양입자에 결합되다가 토양입자가 보유할 수 있는 최대유효수분의 한계인 포장용수량(field capacity)을 유지하게 된다. 충분한 강우나 관수 후에는 잉여 포화수분이 발생하게 되며 수분포텐셜이 낮아 물 자체의 무게에 의해 토양하부층 또는 배수관을 통해 배수하게 된다. 이러한 현상을 '투수(percolation)'라 하고 토양이 보유할 수 있는 모세관수 이상을 포화하게 되면 공극을 통하여 수리구배에 의해 평행 또는 아래로 이동한다. 스포츠 잔디 같은 모래 함량이 높은 다공성 식재층에 있어서의 투수성은 수리전도도(hydraulic conductivity) 또는 투수계수(water permeability)로 표시된다. 잔디토양을 조성하기 전 토양수분의 이동을 측정하기 위하여 실험실에서 포화토양의 수리전도도를 포화수리전도도(saturated hydraulic conductivity, K_{sat})로 계산하여 물의 이동속도를 계산한다.

토양이 과습하게 되면 통기가 나빠져 잔디뿌리는 산소부족과 뿌리주변의 미생물상의 변화로 생육이 저해된다. 특히 모래함량이 높은 잔디지반에서는 이러한 과잉수분의 배수로 인해 토양양분이 유실되고 잦은 시비를 필요로 하게 된다. 토양에서의 유효수분은 토양의 포장용수량과 위조계수(wilting coefficient) 사이에 토양공극에 결합되어 있는 수분으로 상토의 입자가 굵은 토양에서는 가용한 유효수분이 일반 밭 토양보다 훨씬 낮으므로 관수에 유의하여야 한다. 이밖에 토양의 생물 · 화학적 원인에 의해 일어나는 소수성(hydrophobic)은 물 분자에 대한 친화력이 약한 토양에 의해 물의 침투가 제한되므로 토양발생 균류(fungus), 알킬기나 페닐기 등 소수성기(hydrophobic radicals)를 함유한 아미노산 비료의 사용에 주의하여야 한다.

스포츠 잔디 지반에서 모래로 조성된 잔디식재층은 그림 3-20과 같이 일반 점토질 양토와 달리 토양 단면층(soil profile)에서 수평이동보다는 하향으로의 이동이 매우 빠르나 이질층을 만나면 수평으로 이동하는 특성이 있다. 이러한 원리로 잔디스포츠

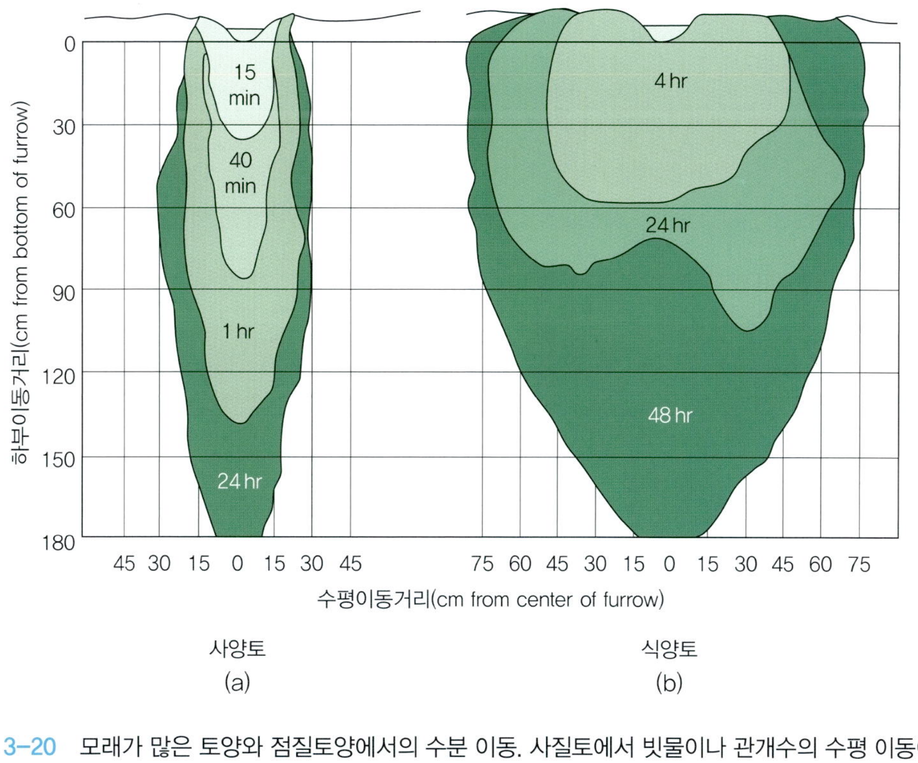

그림 3-20 모래가 많은 토양와 점질토양에서의 수분 이동. 사질토에서 빗물이나 관개수의 수평 이동이나 하부 이동이 점질토양보다 훨씬 빠르다.

지반을 다층구조(USGA 그린 등, 그림 3-24 참조)로 만들어 토양수의 배수와 보수의 적절한 균형을 이루게 하는 공법이 널리 보급되어 있다.

3.2.3 잔디밭 토양의 화학적 기본 성질

잔디밭 토양의 화학적 성질은 식재층의 토양입자 표면 또는 토양용액에서 일어나는 여러 가지 화학적 현상에 의하여 나타나는 성질로 토양산도(pH), 양이온 흡착과 치환(cation exchange), 토양비옥도, 비료반응, 토양 염분(salinity) 등이 포함된다.

토양의 산도

토양의 산도(soil acidity)란 토양이 산성인가, 중성인가, 알칼리성인가를 말하는 것으로 여러 가지 화학적 및 미생물학적 성질에 영향을 주는 가장 중요한 변수로 pH 값으로 나타낸다. 토양 pH는 토양의 비옥도와 물리적 특성에도 영향을 주고, 화학물질과 오염물질의 생물학적 분해와 용해도에 영향을 주어 이들 물질의 토양 내 이동성에 큰 영향을 준다. 토양의 산도는 토양수의 수소이온 농도로 －log값($-\log[H^+]$)을 취함으로써 양수로 전환되고 그 값이 크면 수소이온의 농도 $[H^+]$가 낮고 상대적으로 수산화이온 $[OH^-]$ 농도가 높다.

일반적으로 pH가 증가하게 되면 유효 양이온치환능력(cation exchange capacity, CEC)이 증가하게 된다. 대부분의 토양점토광물의 구성 물질인 알루미늄(Al)도 토양 산성화에 큰 영향을 미치며 잔디를 비롯한 대부분의 생물에 높은 독성을 가지고 있다. 알루미늄은 물을 가수분해시켜 수소이온과 수산화이온으로 해리시킨 후 수산화이온과 결합하여 수소이온을 남겨 놓기 때문에 토양용액의 pH를 감소시킨다. 이러한 이유로 Al_3^+와 H^+은 산성이온으로 간주된다.

그러나 토양은 pH 변화에 대한 비교적 높은 완충능력(buffer capacity)을 가지고 있어 식물, 토양미생물, 수생 생물계에 해로운 작용을 미치는 급격한 pH 변화를 방지할 수 있다. 그러나 토양유기물 함량이 낮고 조립자인 모래가 많은 토성은 완충능력이 높지 않다.

잔디밭 식재층의 pH는 토양의 모재는 물론이지만 관개수와 비료의 종류, 석회시용 등에 의해 크게 영향을 받는다. pH값이 7보다 작으면 산성, 7 부근이면 중성, 7보다 크면 알칼리성이라고 한다. 산도에 의한 토양반응은 토양 자체의 물리적 형태 및 특성 형성에 큰 영향을 끼치고, 토양에 함유된 각종 원소와 양분의 유효도, 미생물의 활성, 그리고 잔디 식물의 생육 등에 직 · 간접적인 형태로 영향을 미친다(그림 3-21).

토양 내 수소이온을 생성하는 요인은 외부에서 유입되는 비료, 농약 등의 유기물질, 강수나 관수 등에 의한 탄산과 유기산, 토양 중 유기물의 축적과 질산화작용(nitrification) 등의 토양미생물의 활동, 황의 산화와 식물뿌리의 양이온 흡수 등이 있다.

또한 토양미생물도 산도에 영향을 많이 받는데, 세균(bacteria)이나 사상균(actinomycetes)은 중성~약알칼리성에서, 곰팡이류(fungi)는 약산성에서 상대적으로 높은 활성을 보인다.

따라서 잔디 병을 유발하는 대부분의 미생물은 곰팡이이므로 토양의 산도는 잔디의 병 관리에도 큰 영향을 미친다. 강한 산성을 싫어하는 지렁이의 생육은 두더지

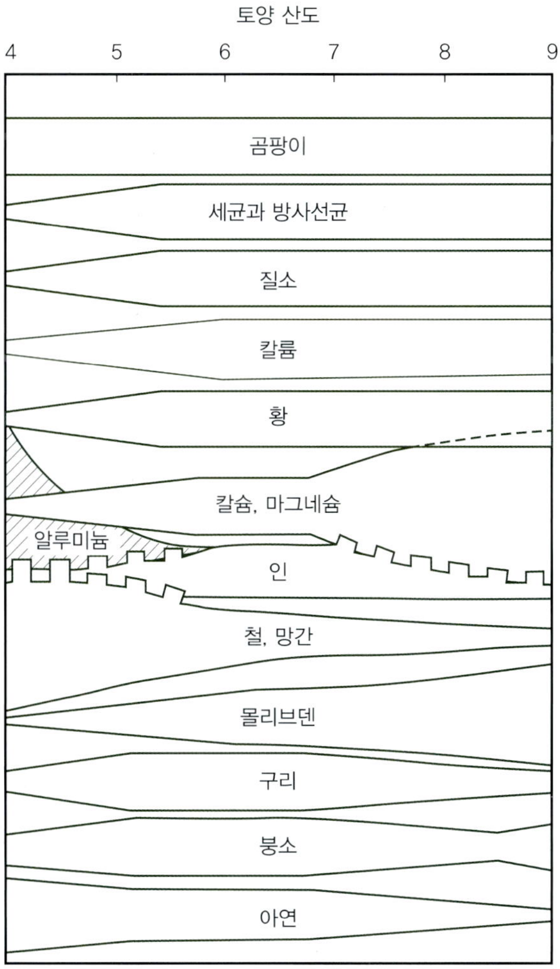

미생물과 각 원소들이 폭이 넓으면 활성이 높고, 폭이 작으면 활동이 낮아지거나 양분 이용률이 저하한다. 알루미늄과 철 등은 낮은 pH에서 활성이 높아 토양 내 독성을 일으키기도 한다.

그림 3-21 토양에서의 pH와 미생물 활성, 식물의 양분원소 이용 가능률 도표

의 먹이 활동과도 관련이 있으므로 토양산도는 잔디토양 전체의 생태적 환경에 중요한 요소이다.

토양의 산도 개선

우리나라의 농경지 중 논의 평균 pH는 5.7 정도이며 밭은 5.8로서 대체로 산성토양이다. 산성 잔디토양의 석회시용 효과는 잔디와 대취 토양표면에 살포되어 토양과의 혼합이 불충분하기 때문에 산도 교정효과가 비교적 장기간에 걸쳐 서서히 나타난다. 그러나 새로운 잔디밭을 조성할 경우 분말도가 높은 입자가 가는 석회물질을 잔디 식재 전에 필요량을 결정한 후 토양과 잘 혼합하는 것이 매우 효과적이다. 석회에 의한 산도조정 효과는 $2H^+ + CaCO_3 \rightarrow Ca^{2+} + CO_2 + H_2O$로서 칼슘과 두 분자의 수소가 치환되어 이탄화탄소와 물 분자로 바뀌어 토양이 중화되는 과정을 거친다.

토양의 산도교정은 모든 토양화학성에 앞서서 검사하여야 하고, 문제가 있을 시 반드시 교정해야 하는 것은 당연하지만, 이를 간과하게 되면 여러 가지 문제가 발생하여 잔디 조성 후에 처방하는 것은 효과가 매우 떨어진다. 특히 속효성 화학비료인 유안[ammonium sulfate, $(NH_4)_2SO_4$]과 같은 산성을 유발하는 비료는 장기간 사용 시 토양이 산성화되기 쉽다.

잔디밭의 산성토양은 석회를 처방하여 비교적 쉽게 중성화시킬 수 있지만, 알칼리성 토양인 경우는 상대적으로 주의를 기울여야 한다. 보통 황(S)을 사용하여 중성화시킬 수는 있지만 습윤하고 온도가 높아지면 황산화반응으로 황산염의 축적과 이에 따른 알루미늄의 독성발생 등 복잡한 황산염 풍화가 진행되어 잔디 생육에 큰 지장을 줄 수 있다.

이와 같이 잔디 토양의 산도개선은 화학적으로는 영양소의 활성과 비옥도, 물리적으로는 토양의 입단구조, 투수성, 생물학적으로는 잔디 병 발생 억제 등 토양미생물 생태에 영향을 주게 되므로 잔디관리에 가장 중요한 사항 중 하나이다.

토양의 이온 교환(Cation exchange)

토양의 가장 중요한 화학적 반응 중의 하나는 토양 입자의 전하 위치에 결합된 이온과 토양용액 내의 다른 이온을 치환할 수 있다는 것이다. 특히 양이온교환용량(cation exchange capacity, CEC)은 특정 pH에서 일정량의 토양에 전기적 인력에 의하여 다른 양이온과 교환이 가능한 형태로 흡착된 양이온의 총량이다. 이는 토양비옥도를 나타내는 하나의 지표이며 CEC가 높은 토양일수록 양분을 지니는 능력이 크고 비옥도가 보통 높다. 단위는 건조 토양 1 kg당 하전 센티몰 cmol c · kg^{-1}(SI 단위)이다.

우리나라의 보통 밭 토양은 점토를 구성하는 주요 광물인 카올리나이트군(kaolinite, CEC 3∼15)과 유기물(CEC 300∼600)을 약 2.5% 정도를 포함하여, CEC가 대략 10 cmol c · kg^{-1} 정도를 보인다. 물론 모래를 주성분으로 하는 잔디경기장 지반은 이보다 훨씬 낮아 양분을 지니는 능력을 올리기 위해 CEC가 높은 유기물을 토양개량재(soil amendment)로 혼합한다. 참고로 골프코스의 적정 CEC는 그린 5∼10, 티는 5∼15, 페어웨이와 러프는 10∼20 정도이다. 또한 수소와 알루미늄이온을 제외한 치환성양이온의 CEC에 대한 비율을 염기포화도(basic saturation)이라고 하는데, 다음의 공식을 사용한다.

$$\text{염기포화도}(\%) = 100 \times \text{치환성양이온 총량} \div \text{CEC}$$

전기전도도

전기전도도(electric conductivity, EC)는 토양 내에 존재하는 염류농도의 지표로 사용하며 S(siemens) 또는 dS(decisimens), mS(millisiemens)라는 단위로 다음과 같이 표기하는데, 염분농도 단위 0.1∼5.0 dS · m^{-1}의 범위 내에서는 대체로 1 dS · m^{-1} = 10 mmol(+)L^{-1} = 640 mg · L^{-1} = 0.064%이다.

토양 용액의 EC는 이온의 종류에 따라 다소 다르나, 대체로 전체 염류농도에 비례한다. 토양과 관개수의 EC는 식물에 대한 염류장해를 판단하는 데 매우 중요한 화학적 지표이다. 염류에 의한 식물의 생육장해는 토양용액의 삼투압의 증가에 의한 뿌리의 양 · 수분 흡수장해가 주원인이며, EC가 높을수록 염류농도가 높고 식물에 대한 장해 유발의 가능성이 높다는 것을 의미한다. 전기전도도를 높이는 주된 물질로는 질산이온(NO_3^-)과 염소이온(Cl^-), 그리고 염기(Na^+, K^+, Ca^{2+}, Mg^{2+})이다.

토양 포화반죽의 전기전도도(ECe)가 0∼2 dS · m^{-1}일 경우 작물생육에 대한 염류의 영향이 거의 무시되어 비염류토양(non−saline)으로 분류한다. 2∼4 dS · m^{-1}는 약염류토양, EC 4 dS · m^{-1}을 생육에 영향을 미치는 임계값, ECe가 4∼8 dS · m^{-1}이면 현저히 생육이 감소하는 중염류토양으로 분류하고, ECe가 16 dS · m^{-1} 이상인 경우에는 염류내성에 강한 식물만이 제한적으로 생육할 수 있다. 잔디의 종류에 따라 내염성(salt tolerance)은 매우 다른데, 토양 ECe 2 dS · m^{-1}에서 많은 식물들은 염분피해를 보이지 않으며, 갯잔디(*Zoysia sinica*)와 알칼리그래스(alkaligrass), 씨쇼어 파스팔룸 등은 6.5∼10 dS · m^{-1}에서도 내염성이 매우 높고, 들잔디나 버뮤다그래스, 라이그래스, 훼스큐 등 대부분의 잔디는 다른 식물군보다 높은 편이다.

관개수의 경우에는 EC 0.25 dS · m^{-1} 이하에서 염류피해가 낮은 편이며, 0.75 이상이면 염류 피해가 높아져 생육에 크게 제한을 받게 된다.

3.2.4 토양 중에서 비료의 반응

식물 생장에 필요한 원소를 가진 비료는 유기물, 무기물이 있으며, 식물이 정상적으로 생육하기 위하여 자연에서 생성되는 탄소, 수소, 산소를 제외한 필요 원소 하나 혹은 이상을 가진 모든 물질을 뜻한다. 비료의 토양 반응은 그 구성물질의 화학적 반응과 토양에 사용한 후 분해되어 식물에 의해서 흡수된 뒤에 토양에 나타나는 생리적 반응이 있다. 화학적 반응은 비료의 수용액 고유의 반응으로 산성, 염기성 또는 중성으로 구별하며 비료의 배합이나 농약과의 혼용 때 반드시 고려해야 하는 반응이다. 생리적 반응은 비료 자체의 반응이 아니라 토양 중에서 식물뿌리의 흡수작용 또는 미생물 작용을 받은 뒤에 나타나는 토양의 반응을 말한다. 생리적 반응이 토양의 산성화 및 알칼리화에 직접적인 관련이 있다.

화학적 반응

비료의 화학적 반응은 비료 수용체의 액상 pH를 말하며 화학적 산성비료는 유리산을 함유하고, 알칼리분을 함유한 비료는 당연히 염기성이다. 산성비료는 대표적으로 과인산석회(과석), 중과인산석회(중과석) 등이 있고, 중성비료는 요소, 황산칼륨, 염화칼륨, 콩깻묵, 어박 등의 유기성 비료가 있다. 염기성비료는 용성인비 및 석회를 포함한 여러 가지 무기질, 유기성 비료가 있다.

생리적 반응

토양에 시용한 비료는 액성이 생리적 반응으로 토양에 대하여 영향을 주므로 중요하다. 예를 들어 황산암모늄[유안, $(NH_4)_2SO_4$]은 화학적으로는 중성이나 토양에 시용 후 식물에 의한 흡수는 양이온인 암모늄은 크나 음이온인 황산의 흡수는 상당히 적다. 따라서 토양 중에는 과잉의 황산이 남아 토양염기를 용탈시켜 토양을 산성화한다. 암모늄은 토양 중에서 질산으로 변화되어, 음이온이 되므로 이 질산화과정에서 산을 방출하여 산성화를 가속한다. 따라서 황산암모늄은 생리적 산성비료이다. 요소[urea, $(NH_2)_2CO$]는 가수분해 직후 pH가 일시적으로 상승하나 곧 질산화과정에 의해 산성화되지만 유안보다는 덜하지만 생리적 산성 비료에 속한다.

잔디토양에서의 비료 반응

토양에서 부족한 양분은 비료시용으로 보충할 수 있지만 시용된 양분의 전체가 잔디에 의해서 흡수 이용될 수는 없다. 비료성분은 물리적 또는 화학적, 생물학적 반응에 따라 유실(loss), 용탈(leaching), 휘발(volatilization)되기도 한다. 토양 중에 남아 뿌리에 의해 양분의 일부는 잔디에 흡수되지만 다른 원소와 결합하여 침전(precipitation)되거나 미생물에 의해 고정(immobilization)되어 불용화되기도 하여 대부분은 이용되지 못하는 형태로 변화한다.

비료의 3대 요소인 질소(nitrogen), 인(phosphorus), 칼륨(kalium, potassium)의 토양 중 반응은 다음과 같다.

질소화합물은 토양에서 무기태 질소(NH^{4+}, NO_3^-)와 여러 가지 유기태 질소형태가 있으며, 유기태 질소화합물도 토양에서 미생물에 의한 질산화 작용(nitrification)으로 암모늄태 질소(NH^{4+})에서 질산태 질소(NO_3^-)로 변화하여 식물이 이를 이용한다. 이들 중 일부는 암모니아 가스(NH_3)가 되어 방출하고 음전하를 가진 질산태 질소도 쉽게 토양 중으로 용탈된다. 그림 3-22와 같이 질소 동위원소를 이용한 연구에 의하면 한지형 잔디에 시비된 요소(urea)는 5주 후 28.8%만이 잔디 식물체, 깎인 잎 부위, 잔디뿌리 지하부에서 발견되었는데 이는 상당량의 질소 성분이 토양, 대기, 지하수를 통해 유실되는 것을 잘 증명해 주고 있다. 따라서 비료의 사용은 토양 환경뿐만 아니라 잔디 종류, 사용 시기, 기후 환경여건과 살포 방법 등을 충분히 고려하고, 잔디 관리정도에 따라 비료 구성성분 비율과 사용량을 달리하여야 한다.

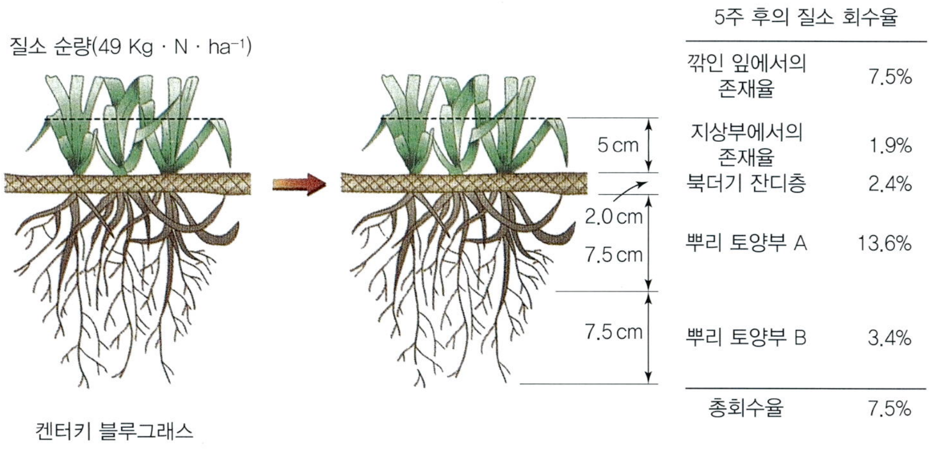

그림 3-22 비료유실시험. 한지형 잔디에 엽면 시비된 요소(urea)는 5주 후 시비량의 28.8%만이 잔디 식물체, 깎인 잎 부위, 잔디 식재층에서 발견되었다.

인산은 토양 내에서 이동이 극히 제한적인 대표적인 원소로 시비량의 15% 미만이 잔디에 흡수된다. 산성토양에서는 철, 알루미늄과 반응하여 침전 고정되며, 중성 내지 약알칼리성 토양에서는 칼슘이온(Ca^{2+})에 의해서 고정된다. 토양 중 인산의 형태는 산성토양에서는 H_2PO^{4-}로 알칼리에서는 HPO_4^{2-}의 상태로 쉽게 변환하여 pH 3～4와 pH 7 이상인 경우에서 고정되어 잔디가 흡수할 수 없게 된다.

칼륨은 알칼리금속으로 식물의 생리적, 생화학적 기능의 측면에서 가장 중요한 양이온이다. 토양 칼륨은 용액 중 칼륨, 교환성 칼륨, 비교환성 칼륨으로 나누는데, 이 중 90% 이상이 비유효성에 속한다. 잔디토양에 시용된 칼륨질 비료는 유효 교환성 칼륨이 높지만 대부분이 토양입자에 칼륨이온이 흡착되어 교환성이 낮아지지만, 교환성 칼륨은 잔디에 이용되며 일부는 수용태로 되어 식재층에서 용탈된다.

잔디 토양에 함유된 영양소 이온들은 확산작용(diffusion), 토양수 이동에 따른 집단류(mass flow)와 뿌리 세포에 의한 직접 흡수(root interception) 등 3가지 경로로 흡수된다(그림 3-23).

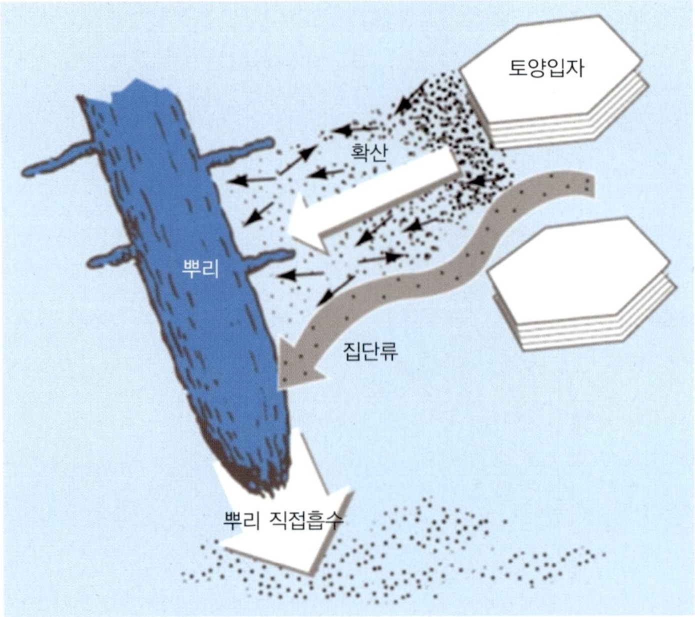

토양입자에서 용출되었거나 수분에 녹아 있던 영양소 이온들이 뿌리로 흡수되는 3가지 주요 경로로, 확산작용과 물의 흐름에 따른 집단류, 또는 뿌리의 직접 흡수로 일어난다.

그림 3-23 토양수에 녹아 있는 영양소 이온들이 뿌리로 흡수되는 3가지 주요 이동 기작

3.2.5 잔디 토양의 식재층 조성

잔디 토양 조성의 필수적인 과정 중 하나는 잔디 종류나 용도에 맞게 식재 토양층(topsoil mixture)을 조성하는 것이다. 상토의 토성(soil texture)은 일반적인 잔디밭의 경우에는 점토 비율이 높지 않아 물빠짐이 좋은 사양토나 사질 식양토가 좋다. 잔디 표면은 사용하기 적절한 탄성을 유지하여 집중적인 사용에 따른 토양 물리성 악화로 이어지는 토양 고결(soil compaction)과 답압 피해(traffic injury)를 방지하여야 한다. 따라서 식재층은 답압, 통기 및 보수와 배수 모두를 고려한 식재층을 조성하여야 한다.

특히 잔디는 토양이 과습하게 되면 생육이 몹시 약해지고 병해가 발생하기 쉬우므로 표면이나 토양 내에 물이 고이지 않도록 표면 경사나 식재층 하부에 배수시설(drainage system)을 설치하여야 한다. 따라서 경기장, 골프장 등 규모가 큰 스포츠 잔디시설 식재에는 규격에 맞는 표면 경사, 상토의 물리 · 화학적 구조, 배수 및 관수 등의 설계 기준에 맞는 전문적인 지반건설 공법이 요구된다. 배수시설을 중심으로 하여 정원과 공원 잔디밭이나 잔디 경기장 건설에 채택되고 있는 몇 가지 식재층 지반공법을 소개해 본다.

지하 배수 시설이 없는 식재층

가정 정원이나 소규모 녹지, 공원 등의 소규모 잔디밭에는 지하 배수시설을 설치할 수 없으므로 표면 경사를 주거나, 배수로를 만들어 물이 고이는 것을 방지한다. 흙에 유기물이나 유기질비료를 잘 섞어 상토에 보수력과 배수가 적절히 균형을 이루도록 지상부 15~20 cm를 개량하는데, 1 m^2 당 충분히 발효된 양질의 유기질비료 3~5 리터를 뿌린 후 경운하고 잘 고른다.

배수 시스템이 설치된 식재층

공원이나 소규모 운동시설로 보급된 기본적인 식재층 공법은 표토에 모래, 유기물을 혼합한 식재층과 배수 시스템이 설치된 식재층으로 적절한 입도의 상토를 사용하지 않으면 표토가 다져지고 물빠짐이 나빠져 잔디 생육이 저해된다.

근래에 건설되는 잔디경기장은 여러 층의 상토구조와 배수층이 설치되어 있고 경기종류에 따라 규격에 적합한 설계와 시공으로 건설된다. 그림 3-24는 모래를 상토층의 주재료로 사용하여 토양 고결과 배수, 보수를 고려한 잔디경기장 스포츠 지반공법들이다. 가장 널리 쓰이고 있는 지반공법은 골프코스 그린의 지반을 모델로 한 다층 구조로, 강화된 배수시스템(USGA putting green 공법)이다. 이 구조는 인공식재층과

그림 3-24 여러 층의 구조로 보수와 배수를 동시에 고려한 미국골프협회에서 창안한 USGA 그린 지반공법(왼쪽)과 우리나라에서 개발되어 학교운동장과 인천아시아드 경기장에 설치된 지중관수 형태로 조성된 경기장 지반 시스템(오른쪽)

자갈, 거친 모래, 배수관으로 이루어져 있는 형태인데 스포츠 잔디구장과 골프코스 등에 가장 많이 설계되고 있다. 인공 토양으로 조성된 상토층은 토양물리성을 고려하여 수분이 고르게 분포하고 배수성도 우수한 잔디지반이지만, 상토층 구성 재료의 적절성과 배수층의 정밀시공이 지반조성에 가장 중요하다.

우리나라에서 개발되어 학교운동장과 인천 아시아드 잔디경기장에 적용된 지중관수 경기장 지반시스템은 USGA 그린공법보다 설계가 단순하고 시공 정밀도가 높은 공법이다. 특히 보수와 배수 능력을 조절하고 물 사용 효율성을 높이기 위해 배수구와 배수관 대신 배수판을 사용하며 컴퓨터 시스템으로 상토층의 수분을 모니터링하여 지중급수를 제어한다.

잔디 경기장의 배수 구조(Drainage system)

경기장의 종류에 따라 다르기는 하나 주로 암거 배수시스템(subsurface drainage system)을 주요 배수체계로 하며 방식은 어골형 또는 격자형으로 설치하는 것이 일반적이다. 암거 배수시스템은 최소 지름 100 mm인 주관이 최대강우를 받아들일 수 있게 기반층의 경사를 고려하여 설치한다. 그리고 5 m 이내 간격으로 지관들이 주관 주위를 향해 뻗어 있는 형태인데 배수되는 물을 경기지역 외로 처리되도록 고려해야 한다.

유공관 사용 시 배수 터파기의 넓이는 최소 150 mm 이상, 깊이는 최소 200 mm가 되도록 하며 균일한 배수라인이 나오기 위해서는 터파기 이전에 기층을 충분히 다져야 한다. 모든 배수파이프는 자갈층 위에 설치되어 최소 0.5% 정도의 구배를 가져야 하며 유공관의 구멍이 배수공 하부(지하)로 향하도록 설치한다. 빠른 유속이 유공관 내부에 걸리면 유공관 내 압력이 감소하여 토사가 하부로부터 유입될 수가 있는데, 이를 차단하기 위하여 부직포를 자갈층과 기반 위 사이에 설치하면 배수구 경사면이 붕괴하여 토사가 배수공 내로 유입되는 것도 방지할 수 있다.

3.2.6 USGA 그린 지반

미국 USGA(United State Golf Association)에서 개발되어 세계적으로 골프코스 그린뿐만 아니라 잔디 경기장에 널리 적용되고 있는 다층구조 양식의 골프코스 그린용 지반이다.

그린은 코스 전체 잔디 면적의 2~3% 정도이나 골프경기적인 역할은 대단히 중요하다. 하지만 사용에 따른 답압(traffic), 타구 낙하에 의한 손상과 관리기계에 의한 토양 물리성의 악화에 직접적인 영향을 받아 관리요구도가 매우 높다. 따라서 표준시방서에 맞지 않게 잘못 건설된 그린은 조성 후 시간이 지남에 따라서 상토의 물리성이 점차 악화되어 잔디 면은 불균일해지고 배수도 나빠져 잔디 생육이 저하되고 그린의 퍼팅 질(putting quality)이 현저히 저하하게 된다. 따라서 그린의 조성기술은 건설 기술상 높은 정밀성이 요구된다.

그린 조성 방식의 발전

미국골프협회(USGA)에서 그린 축조시방서를 50년 가까이 연구를 거듭하여 이를 실제로 건설에 적용하고 그 결과를 다시 연구에 반영하여 표준시방서를 발표하여 왔는데, 이를 전담한 연구기관은 USGA 산하 Green Section이다.

골프경기의 활성화에 따라 초기에 조성된 골프장 그린은 답압조건에서 토양공극을 유지하기 위해 원토양에 모래 및 유기물질을 혼합 사용하였는데, 그린 상토 조성 시 토양개량재의 종류 및 배합률에 따라 상이한 결과를 보여 객관적인 표준공법의 필요성이 대두하게 되었다. 1960년대에 들어, USGA에서 표준공법을 제시하였는데 모래에 약간의 유기물질 및 점토질 토양을 혼합하는 방식이었다. 그 후 토양물리분야의 기술축적에 따라 기후에 따른 차이점을 고려하여 여러 번 개정되어 현재는 인터넷의 USGA Green Section이나 미국골프코스관리자협회(GCSAA) Homepage에 그린 축조 표준시방서와 많은 관련 건설 및 관리 기술들이 공개되어 있다(http://www.usga.org/course-care.html, https://www.gcsaa.org/dml).

그린 상토의 물리적 성질

골프코스의 그린은 경기자나 관리기계에 의한 답압이 집중적으로 가해지기 때문에 상토의 물리적 성질이 답압에 의해 저하되지 않도록 건설되어야 한다. 그린 표면에 굴곡이 있어도 건조 시의 상토의 균일한 보수율과 강우 시 물고임이 전혀 일어나지 않도록 배수력이 좋아야 한다. 집중적인 사용에도 뿌리가 잘 발달하고 토양표면의 물리적 성질이 유지되어 탄성(resilience) 등 각종 운동 역학적인 성질이 만족되어야 한다.

내답압성과 보수와 배수의 균형을 만족시키는 토양물리성은 점토(clay)나 미사(silt)가 많이 함유된 양토이나 사양토가 아니고 그린 표준시방서에 부합되는 입경의 모래로 조성되어야 한다. 해안의 천연 모래로 조성되어 지금까지도 훌륭한 그린 상태를 유지하고 있는 영국 등지의 오래된 골프코스(세인트 앤드류스 골프코스 등)가 좋은 예이다.

USGA 그린 시방서에서 권장하는 모래 입도 입경(표 3-5)은 미국표준자재시험법(ASTM F1632-95)에 의해서, 조사(0.5~1.0 mm)와 중사(0.25~0.5 mm)가 합해서 적어도 60%(무게비) 이상되어야 한다. 세사(0.15~0.25 mm)는 20% 이하, 극세사와 미사(silt)는 각각 5% 이하, 점토는 3% 이하이고 극세사, 미사, 점토 3개를 합해도 10%

표 3-5 USGA 그린 상토층의 모래 입경 분포도

사용골재	입경(particle diameter)	USGA 기준 (용적비)
가는 자갈 (fine gravel)	2.0~3.4 mm	두 골재를 합해 10% 이하가 되어야 하며 특히 가는 자갈은 가능한 없어야 하며 최대허용치 3%를 넘지 않는다.
매우 거친 모래 (very coarse sand)	1.0~2.0 mm	
거친 모래 (coarse sand)	0.5~1.0 mm	두 골재가 60% 이상이 되도록 한다.
중간 모래 (medium sand)	0.25~0.5 mm	
가는 모래 (fine sand)	0.15~0.25 mm	20%를 넘지 않도록 한다.
매우 가는 모래 (very fine sand)	0.05 mm~0.15 mm	5%를 넘지 않도록 한다.
미사(silt)	0.002 mm~0.05 mm	5%를 넘지 않도록 한다.
점토(slay)	0.002 mm 이하	3%를 넘지 않도록 한다.
총미세질량 (total fines)	매우 가는 모래 + 미사+ 점토	용적비가 전체의 10%를 넘지 않도록 한다.

가 넘어서는 안 된다. 또한 매우 거친 모래(1.0~2.0 mm)와 가는 자갈(2.0~3.4 mm)은 합하여 10% 이하이고 가는 자갈은 3% 이하로 규정하고 있다.

토양물리성에 있어서 포화투수계수(Ksat)는 일반기후대는 150~300 mm/시간, 우리나라 같이 집중호우가 발생하는 특수기후대는 300~600 mm/시간으로 규정하고 있다. 상토의 총공극률은 35~45%이며, 이중 모세공극은 15~25% 정도이며 보수성은 18%를 제시하고 있다.

USGA 그린 상토는 모래를 주재료로 하기 때문에 부수적으로 발생하는 낮은 보수력과 양분보유능력(CEC 등)의 토양물리 · 화학성을 개선하기 위하여 토양개량재(soil amendment)를 혼합하여 혼합상토층(root zone mixture)을 조성한다. 일반적으로 가장 많이 사용되는 개량재인 유기물 품질조건은 최소 유기물 함유량이 건조무게의 85% 수준이 되어야 하며 미국표준자재시험법 ASTM F167−95를 만족시켜야 한다. 이끼가 원료인 peat moss가 흔히 쓰이고 있으나 모래와 잘 혼합되지 않아 잔디생육의 불균형이나 모잘록병, 피티움블라이트 같은 병을 유발시키기도 하고 pH가 낮아 소수성을 나타내는 경우가 생기기도 한다.

그러므로 혼합상토층의 자재는 공인된 시험방법(미국표준자재시험법 ASTM 1815−97)에 따라 상토의 물리성 유사시험(simulation test)을 실시한 후 그린 조성 후의 토양물리성의 예측값을 분석하여야 한다. 상토에 포함할 기비는 혼합상토에 잘 혼합되어야 하고 석회, 인, 칼륨은 토양실험 보고서에 따라 추가해야 한다.

상토층의 모래와 토양개량재 및 기비의 혼합작업은 USGA 그린의 원리인 상토층 수분장력의 균일과 상토의 물리성을 결정하게 되는 중요한 요소가 되므로 반드시 그린 밖에서 균일하게 혼합(off−site mixing)해야 한다. 이때 혼합기(blender)를 사용하여야 하나 대형 체가름기나 믹서를 이용할 수 있다.

모래를 먼저 상토상에 포설한 후 일정량의 유기물을 투입하여 현장에서 혼합(on−site mixing)은 상토의 균일한 물리성을 기대할 수 없다. 혼합상토는 300 mm 두께로 일정하게 기계적으로 다짐하는데 허용오차는 12 mm로 어느 정도 수분을 함유해야 표면이 견고해지며 포설과정에서 혼합토가 자갈층 속으로 혼입되어 들어가는 것을 방지할 수 있다.

설계도면의 경사(contour)면은 지반에서부터 동일 구배로 작업하여 상토의 두께가 일정하도록 하여야 잔디의 생육이 균일해지고 건조점(dry spot)이 생기지 않는다. 중요부위에는 말뚝(stake)을 설치하여 높이를 표시하고 이를 기준으로 도면대로 시공하여야 한다.

자갈층과 중간층(gravel and intermediate layers)

지반 위에 짧은 간격으로 막대를 세우고 자갈층, 중간층, 상토층의 높이를 표시한다. 자갈층은 지반 전체에 깨끗하게 세척한 파쇄석이나 콩자갈(pea gravel)을 최소 100 mm 두께로 덮는데 반드시 상토층의 최종지반 높이와 평행으로 포설되어야 하며 ½인치(12.7 mm) 이내의 오차범위 안에서 일치하게 시공해야 한다.

파쇄석은 토양이 섞여 있든지 부스러기가 많거나 연약한 자재는 적합하지 않으며 의문시되는 시료는 황산조사실험(미국표준자재시험법 ASTM C-88)을 사용하여 풍화에 대한 안정성을 조사해야만 한다. 중량을 기준으로 12% 이상 감소 자재는 불합격품이다. 자재마멸 실험(ASTM C-131)은 건설 시 답압에 의한 질감의 역학적 안정성이 의심스러운 자재에 대해 수행하여야 하며 이 실험에서 얻어지는 결과가 40을 초과하면 안 된다.

자갈층과 상토층이 혼입(interlocking)되지 않게 필터층(filter, chock layer)으로 설치하는 굵은 모래 중간층(intermediate layer)의 설치(그림 3-24 참조)의 필요성은 자갈층과 혼합상토층의 상대적인 입경 크기의 분포에 기초를 두고 있다. 적합한 크기의 콩자갈이 확보된다면 중간층이 필요 없으나 적합한 입경의 자갈이 확보되지 않으면 중간층의 설치는 필수적이다.

표 3-6은 중간층을 설치할 때 자갈층과 중간층의 골재 입경 크기이며 중간층은 동일한 두께(50~100 mm)로 자갈층위에 포설하며 표면은 계획 최종 지반 등고선에 일치되도록 시공한다. 중간층을 설치하지 않으려면 표 3-7과 같은 규격의 자갈과 모래를 확보하면 그린조성에 중간층이 생략될 수 있다. 이런 경우에 시간과 비용이 절감되며 중간층 생략 여부는 콩자갈과 혼합상토층의 모래입자 크기의 상대적 분포에 기초하는데 반드시 자재검사에 합격하여야 한다.

표 3-6 중간층(intermediate layer)이 설치되어 있는 경우의 입경분포

자갈	입경 12 mm 이상의 자갈이 10% 이하일 것
	입경 6~9 mm 자갈이 65% 이상일 것
	입경 2 mm 이하의 자갈이 10% 이하일 것
중간층(굵은모래층)	입경 1~4 mm 입자가 90% 이상일 것

표 3-7 중간층(intermediate layer)이 없는 경우

지지요소(bridging factor)	D15(Gravel) ≤ 5 × D85(Root Zone)
투과요소(permeability factor)	D15(Gravel) ≥ 5 × D15(Root Zone)
균일요소(uniformity factor)	D90(Gravel) / D15(Gravel) ≤ 2.5
준수 사항	입경 12 mm 이상의 자갈은 사용하지 말 것
	입경 12 mm 이하의 자갈은 10% 이하일 것
	입경 1 mm 이하의 자갈은 5% 이하일 것

* D_{15}(gravel)은 자갈골재 중 15%(무게비)가 통과할 때의 체 크기, 즉 자갈의 입경이며, D_{85}(root zone)은 상토층의 모래 85%가 통과할 때의 체 크기, 즉 모래의 입경이다.

참고문헌

대한그린키퍼협회. 1991. 잔디 및 잔디밭의 조성과 관리.

한국잔디연구소. 1992. 개정 Golf장 관리의 기본과 실제.

日本芝草學會. 1988. 新訂 芝生と綠化. ソフトサイエンス社.

Asano, Y. and K. Aoki. 1998. Turfgrass and Cultivars. Soft Science, Inc.(in Japanese)

Beard, J.B. 1973. Turfgrass: Science and culture. Prentice Hall, Englewood Cliffs.

Beard JB. 2002. Turf management for golf courses. An Arbor Press.

Beard JB. and H.J. Beard. 2005. Beard's turfgrass encyclopedia. Michigan State University Press.

Beard JB. and Kenna MP (eds). 2006. Water quality and quantity issues for turfgrasses in urban landscapes. The Council for Agricultural Science and Technology (CAST).

Brede D. 2000. Turfgrass maintenance reduction handbook: Sports, lawns, and golf. Ann Arbor Press.

Christians NE. 1998. Fundamentals of turfgrass management. ann Arbor Press.

Daniel WH and Freeborg RP. 1979. Turf management handbook. Harvest Publishing Company.

Emmons RD 1984. Turfgrass science and management. Delmar Publishers Inc.

Hanson AA and Juska FV (eds). 1969. Turfgrass Science. American society of Agronomy.

Joo, Y. K, N. E. Christians, A. M. Blackmer. 1991. Kentucky bluegrass recovery of urea-derived N-15 amended with urease inhibitor. Soil Sci. Soc. Am. 55(2):528-530.

Madison JH. Practical turfgrass management. 1971. Van Nostrand Reinhold Ltd.

Turgeon AJ. 1991. Turfgrass management. Prentice Hall, Englewood Cliffs.

Waddington DV, Carrow RN, and Shearman RC. 1992. Turfgrass. ASA, CSSA, SSSA Publishers.

CHAPTER

4

잔디의 종류

4.1 난지형 잔디

난지형 잔디(warm season turfgrass)는 전이지역(transition zone)에서 부터 열대기후대(tropical climate zone)에 걸쳐 생육되고 있는 잔디이다. 전이지역 겨울철은 난지형 잔디가 자라기 너무 춥고, 여름철은 한지형 잔디가 자라기 너무 더운 기후지역을 말한다. 난지형 잔디는 원산지가 동남아시아, 아프리카, 서인도제도, 중앙아메리카 등이며, 생육적온이 25~35°C로 높다. 주로 사용되고 있는 난지형 잔디 종류는 버뮤다그래스(bermudagrass), 조이시아그래스(zoysiagrass), 세인트 어거스틴그래스(St. Augustinegrass), 바히아그래스(bahiagrass), 센티피드그래스(centipedegrass), 카페트그래스(carpetgrass) 등이 있다. 국토가 넓은 미국은 난지형 잔디와 한지형 잔디가 모두 생육할 수 있는 조건을 갖고 있다(그림 4-1).

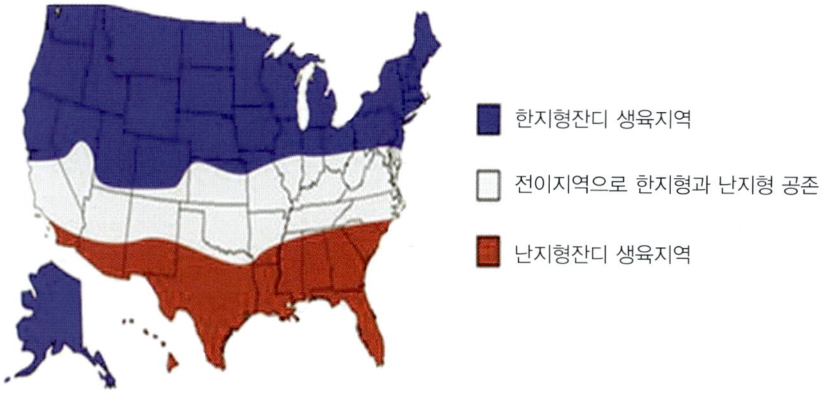

그림 4-1 미국 내 기후대별 잔디초종 분포모습

4.1.1 난지형 잔디의 전반적 특징

난지형 잔디는 주로 단 · 중일성 식물이다. 화아 분화 및 추대에 높은 밤 온도인 15℃ 이상을 요구한다. 또한 일반적으로 추대에 저온처리(vernalization)를 요구하지 않으며, 내한성이 낮다. 난지형 잔디는 광합성 기작이 C_4 식물이 많다. 대표적으로 조이시아그래스와 버뮤다그래스가 C_4형 광합성 기작을 한다. 평균온도가 10℃ 이하로 내려가면 겨울에 휴면을 한다. 평균온도가 27℃ 이상에서 잘 생육한다. 뿌리 길이가 한지형보다 길어 90 cm까지 분포한다. 종자생산이 비교적 적고, 발아시키기도 어렵다. 그러므로 주로 영양번식에 의존한다.

4.1.2 중요한 잔디들

버뮤다그래스[Bermudagrass (*Cynodon dactylon* (L.) Pers. var. *dactylon*)]

버뮤다그래스는 미국 남부지역에서 일반적으로 사용되고 있는 난지형 잔디이다. 그러나 세계적으로는 열대, 아열대, 온대기후대에 걸쳐 생육되고 있다. 화수가 4가닥으로 갈라져 있는 모양이 우산대 같다고 해서 국내에서는 우산잔디라고 하며, 대전 이남지역에 일반 버뮤다그래스가 자생하고 있다. 1700년대에 아프리카와 인도지역에서 수집된 버뮤다그래스가 미국에서 사용되기 시작하였다. 생육속도가 빠르기 때문에 운동장, 볼링장, 테니스장, 골프장, 정원 등에 사용되고 있다.

1 식별

지상포복경(stolon)과 지하경(rhizome)이 존재한다. 새잎이 나오는 모양이 접힌형과 말린형 모두 존재한다. 잎몸 끝이 뾰족하다. 잎혀(ligule)에 털이 있다. 엽폭이 세엽형부터 광엽형까지 광범위하다(그림 4-2).

2 장점

생육이 매우 왕성하여 1년에 1.5~1.8 m의 길이로 포복경이 생장한다. 내건성이 매우 좋다. 토양 적응성이 높다.

3 단점

자라는 속도가 빨라 잔디깎기 횟수가 많다. 내음성이 난지형 중 가장 낮다. 휴면기간이 길고 휴면중 색과 질이 나쁘다. 내한성이 부족하다. 흐린 기후 상황에서는 밀도가 떨어지고 지상포복경(stolon)이 위로 서서 균일하지 못한 표면을 제공한다. 대취 축적이 많다.

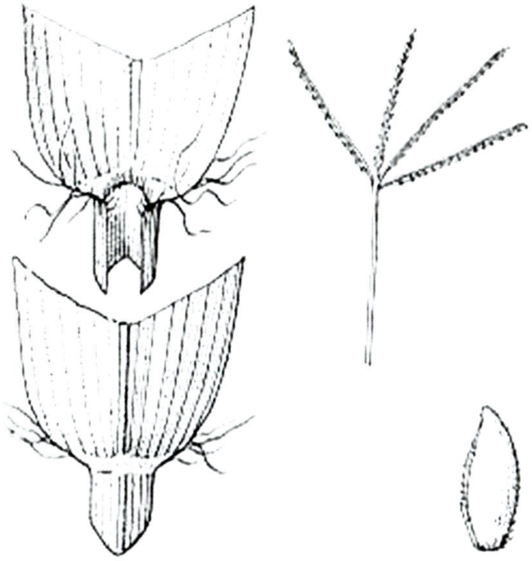

그림 4-2 버뮤다그래스 잎, 꽃대, 종자 모양

4 용도

난지형 기후대의 중, 북부지역에 주로 이용된다. 열대, 아열대지방에서 가장 빈번히 사용되며 골프장의 티, 페어웨이, 러프, 경기장, 정원 등이 있다. 국내에서는 제주도 지역 골프장에서 사용이 되고 있다.

5 품종(Cultivar)

Common, Cyan, Sahara, Savannah(seeded), Panama, Princess 등이 있다. 국내에서는 버뮤다그래스 품종 '건우'가 개발되었으나 내한성이 낮기 때문에 그 활용도는 낮다.

6 재배

재식 밀도가 높다. 파종량은 4.9~7.3 g/m^{2}이다. 깎기 높이는 13~25 mm이다. 비료 요구도는 중~상으로 많은 편이다. 온도가 16°C 이하로 내려가면 생장이 멈추고, 7~10°C 이하로 내려가면 휴면한다(Emmons, 1995). 배수가 잘되고, 토양 pH는 6~6.5 정도가 생육에 좋다.

하이브리드 버뮤다그래스[Hybrid Bermudagrass (*C. dactylon* × *C. transvaalensis* Burtt Davey)]

버뮤다그래스(*Cynodon dactylon* var. *dactylon*)와 아프리칸 버뮤다그래스(*C. transvaalensis*)의 종간교배를 통해 개발된 잔디가 하이브리드 버뮤다그래스이다. 아프리칸 버뮤다그래스는 엽폭이 1 mm 이하로 좁은 특성을 갖고 있다. 하이브리드 버뮤다그래스는 엽폭이 세엽형으로 좁고, 줄기 밀도가 높아 골프장 그린, 페어웨이 등에 사용되고 있다.

1 장점

생육이 왕성하다. 매우 좋은 질의 세엽형 잔디이다. 내건성이 높다.

2 단점

내한성이 매우 부족하다. 내음성이 매우 약하다. 종자번식이 안 된다.

3 용도

골프장 페어웨이(fairway), 그린(green), 경기장, 정원 등 다양한 분야에서 사용된다(그림 4-3).

그림 4-3 하이브리드 버뮤다그래스로 조성된 골프장 그린 및 페어웨이

4 품종

버뮤다그래스 품종 개발 시 요구되는 항목은 고품질, 내한성, 봄철 빠른 그린업, 빠른 조성속도, 세엽형, 진녹색 잎, 줄기밀도가 높은 것, 내염성, 내답압성, 내충성, 내병성 등이다.

Tiflawn는 1952년 개발된 품종으로 내병성, 내건성, 내답압성이 높으며 조성속도가 빠르다. Tifgreen은 1956년 개발된 품종으로 초기엔 골프장 그린에 사용되었으나 품질의 우수성이 알려지면서 티, 페어웨이, 러프 등에도 사용되었다. Tifway는 1960년 개발된 품종으로 세엽형, 진녹색으로 정원, 페어웨이, 티 등에 사용된다. Tifgreen은 1956년 개발된 품종으로 초기엔 골프장 그린에 사용되었으나 품질의 우수성이 알려지면서 티, 페어웨이, 러프 등에도 사용되었다. Midway는 1965년 개발된 품종으로 내한성이 있다. 1980년대부터 1996년 사이에 미국남부 골프장 그린용으로 사용된 Tifdwarf는 낮게 자라며, 세엽형이다. Tifdwarf는 Tifgreen 생육지에서 발생된 자연돌연변이체를 선발한 품종이다. 그러나 변이형(off type)이 나타나 품질의 균일화가 어렵다(Beard, 2002). 지상포복경의 수직생장이 짧아 2.5 mm까지 낮게 깎을 수 있는 품종은 Champion이다.

NorthBridge는 1998년 개발된 품종으로 계통명이 OKC1134-F1이다. *Cynodon transvaalensis* × *C. dactylon* 간의 종간교배 후대에서 선발되었으며 내한성이 높다. 일반적으로 하이브리드 버뮤다그래스는 내한성이 낮기 때문에 추위에 견디는 능력이 강한 NorthBridge 같은 품종들이 개발되고 있다.

5 재배

하이브리드 버뮤다그래스는 종자번식이 안되기 때문에 영양번식을 활용한다. 스프리그(sprig) 식재량은 1.3 L/m^{2}이다. 잔디깎기 높이는 4~25 mm로 폭이 넓다. 하이브리드 버뮤다그래스 'Ultradwarf' 품종은 3.2 mm까지도 낮게 깎을 수 있다. 비료 요구도는 높은 편이다.

버팔로그래스[Buffalograss (*Buchloe dactyloides* Engelm.)]

버팔로그래스는 멕시코 및 미국 텍사스 지역에 자생하며, 건조 지역에 생육한다. 알칼리 토양에 적응도가 높은 잔디이다.

1 식별

초장은 20~25 cm이다. 꽃은 암꽃과 수꽃이 별도로 존재하는 자웅이주 식물이다. 줄기가 강하며, 지상포복경이 굵고, 지하경은 없다(그림 4-4).

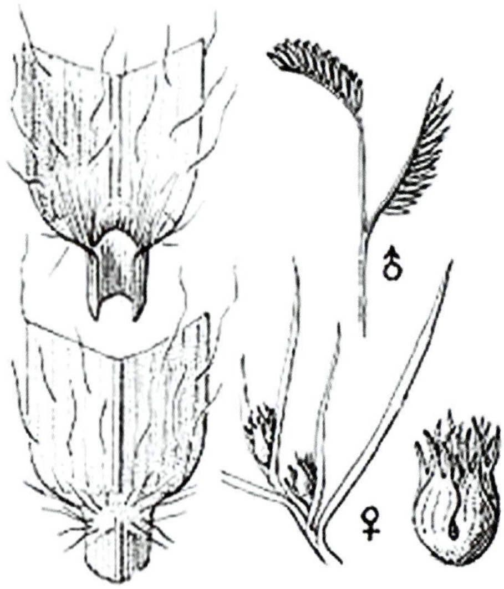

그림 4-4 버팔로그래스 잎, 꽃대, 종자모양

2 장점

건조에 매우 강하며 비료 요구도가 매우 낮다. 잔디깎기 요구도가 매우 낮다.

3 단점

건조한 곳이라야 잡초와 경쟁력이 있다. 생육속도가 매우 느리다. 밀도가 떨어진다.

4 용도

관리를 거의 할 수 없고 매우 건조한 지형에 사용도가 높다. 그러나 텍사스 지역에서는 도로변, 공원, 학교운동장, 골프코스 러프지역, 묘지 등에 사용되고 있다.

5 품종

버팔로그래스 종자형 품종으로는 Bison, Bowie, Cody, Plains, Topgun 등이 있다. 그러나 잔디 품질이 우수한 영양계 품종들로는 내한성이 다소 낮은 Prairie, 609 품종과 내한성이 다소 높은 Legacy, Prestige, Turffalo 등이 있다.

6 재배

번식은 뗏장, 포복경, 종자 등으로 가능하다. 원 종자는 발아율이 매우 떨어지므로 종자처리 후 사용한다. 재식 밀도는 중~하로 낮다. 잔디깎기 높이는 15~40 mm이다. 비료 요구도가 매우 낮다.

조이시아그래스[Zoysiagrasses (*Zoysia japonica, Z. tenuifolia, Z. matrella, Z. sinica, Z. macrostachya*)]

Zoysieae 족(tribe)에 포함된다. 원산지가 한국, 일본, 중국 및 동남아를 포함하며, 환태평양을 끼고 호주까지 분포되어 있다. 국내에서는 한국에 자생하고 있는 조이시아그래스의 우수성을 알리고자 한국잔디(Korean lawn grass)라는 명칭을 사용하고 있다. 조이시아그래스에는10개 종이 있으며, 국내에서는 5개 종이 보고되었다. 5개 종 중에서 잔디로 활용되고 있는 것은 들잔디(*Zoysia japonica* Steud.), 금잔디(*Z. matrella* [L.] Merr.), 비단잔디(*Z. tenuifolia* Willd.)의 3종류이다. 최근 문헌에서는 비단잔디의 학명이 *Z. pacifica*(Goudswaard) M. Hotta & S. Kuroki로 변경되어 보고되고 있다. 호주에서는 들잔디, 금잔디, 비단잔디 외에도 *Z. macarantha* Desv.라는 종이 해안가를 따라 자생하는 것으로 보고되고 있다. 국내 남해안과 서해안 갯벌에는 갯잔디(*Z. sinica*)가 생육하고 있다.

1 식별

지상포복경과 지하경을 갖고 있다. 새잎이 나오는 모양은 말린형이며, 잎 끝은 뾰족하다. 잎혀에는 털이 있다. 엽폭이 세엽형부터 광엽형까지 다양하다. 화수가 1개이다(그림 4-5).

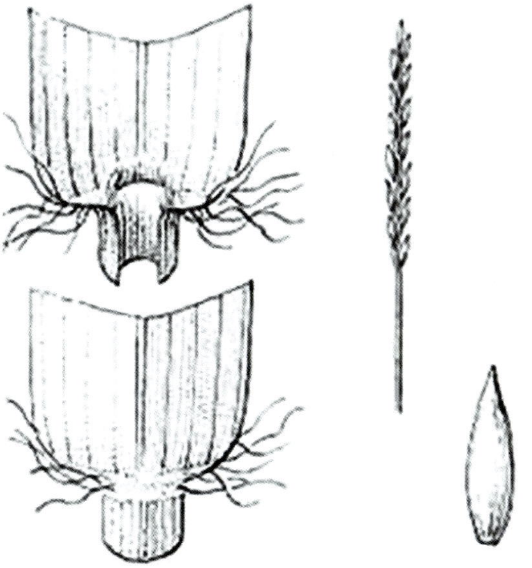

그림 4-5 조이시아그래스 잎, 꽃대, 종자모양

2 장점

고온건조에 매우 강하다. 포복형으로 지상포복경과 지하경이 있다. 병충해에 비교적 강하다. 내답압성이 강하다. 잡초와의 경쟁력이 강하다. 세엽형이 광엽형보다 그늘에 강하다. 휴면중 색이 황금색으로 다른 난지형 잔디에 비해서 아름답다. 내서성이 높다.

3 단점

겨울에 휴면을 한다(그림 4-6). 조성기간이 켄터키 블루그래스와 유사하며 길다. 또한 생육이 늦어 회복기간도 길다. 대취 축적이 높다. 잎의 질감이 거칠다. 잔디의 엽질이 강하며(stiff) 깎기가 어렵다. 날이 무딘 로터리모어로 깎으면 잎이 찢어지는 현상이 보여, 릴모어로 깎을 때 품질이 높아진다.

그림 4-6 조이시아그래스의 다양한 휴면색

4 용도

정원, 골프장 페어웨이, 티잉구역, 경기장, 공원, 사방공사, 묘소 등 사용처가 다양하다. 일본과 동남아시아 지역에서는 금잔디 계통의 세엽형 잔디가 골프장 그린에도 사용되고 있다.

5 분류

RAPD(random amplified polymorphic DNA)를 활용한 조이시아그래스의 유전적 근연관계를 보면 왕잔디와 갯잔디가 유사도가 높으며, 비단잔디와 금잔디 간의 유사도가 높다. 또한 잔디로 활용되고 있는 들잔디, 금잔디, 비단잔디가 큰 군으로 형성되어 근연도가 높은 것으로 보고되고 있다. 또한, 각 종 내에는 자연교잡종들이 존재한다(그림 4-7).

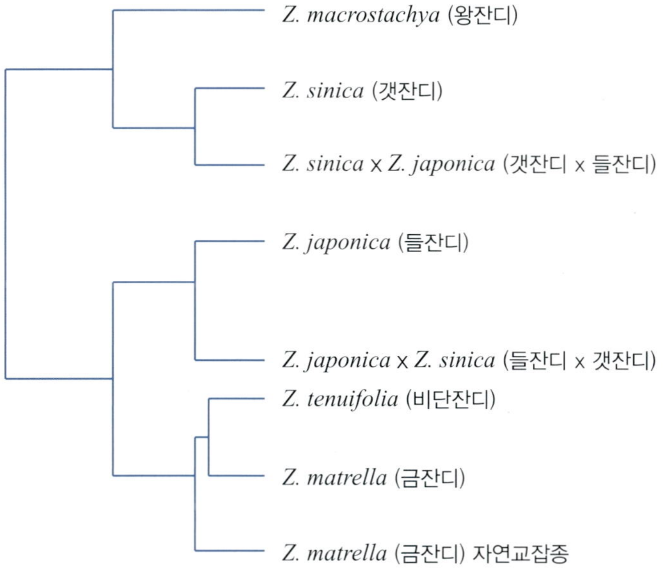

그림 4-7 조이시아그래스의 종간 유전적 유사도

조이시아그래스의 종(Species)별 형태적 특성

조이시아그래스 분류에 있어서 중요한 특성은 엽폭이다. 엽폭이 가장 넓은 것은 들잔디로 5.2 mm이다. 반면에 비단잔디는 0.4 mm로 매우 섬세하다. 입각도가 좁은 형태를 보이는 것은 갯잔디로 34도이다. 종자의 길이도 종간에 차이를 보인다. 갯잔디와 왕잔디의 종자길이가 각각 6.4 mm, 6.5 mm로 들잔디의 3.0 mm보다 길다. 들잔디의 경우 잎몸의 앞면과 뒷면에 털이 많은 특징을 보인다(표 4-1).

표 4-1 조이시아그래스 5개 종 및 3개 자연교잡종의 형태적 특성

	엽폭(mm)	잎각도(도)	종자길이 (mm)	종자 폭 (mm)	털 유무
들잔디	5.2	57	3.0	1.0	앞뒤에 많음
금잔디	2	63	2.3	0.9	없음
비단잔디	0.4	49	2.8	0.7	없음
갯잔디	3.3	34	6.4	1.2	없음
왕잔디	3.9	39	6.5	1.4	없음
갯잔디×들잔디	4.1	54	4.5	1.2	조금 있음
들잔디×갯잔디	5.1	60	3.0	1.1	조금 있음
금잔디 변이종	4.0	56	3.0	0.9	조금 있음

한국원예학회지, 38(6):786-795

조이시아그래스의 종별 농업적 특성

건조에 강한 잔디는 들잔디, 금잔디, 비단잔디이다. 잔디의 질감이 섬세한 것은 비단잔디이며, 다음으로는 금잔디이다. 생육이 왕성한 것은 들잔디, 금잔디, 갯잔디이며, 들잔디와 갯잔디의 자연교잡종인 중지류의 생육속도가 가장 빠르다(표 4-2).

중지(中芝)는 국내에서 상업적으로 사용되고 있는 용어이며, 엽폭이 들잔디보다 좁고, 금잔디보다 넓은 특성을 보여 중지로 불리고 있다. 내한성이 강한 것은 들잔디이며, 다음이 금잔디이다. 비단잔디는 가장 약하기 때문에 국내 자연 상태에서 월동이 어렵다.

표 4-2 조이시아그래스 5개 종의 농업적 특성

종류	내건성	재질	생육정도	내한성
들잔디	강	거칠다	왕성	강
금잔디	최강	양호	왕성	약
비단잔디	강	섬세	중	아주 약
갯잔디	약	거칠다	왕성	중
왕잔디	약	거칠다	약	중

6 품종

미국 내 영양계 품종으로 대표적인 것은 Meyer이다. 1951년 들잔디에서 개량한 품종으로, 미국 농무부 탐험가 Frank N. Meyer의 이름을 붙인 품종이다. Emerald는 인공교배(*Z. japonica* × *Z. tenuifolia*)를 통해 1955년에 개발된 세엽형 품종이다. Emerald는 금잔디와 형태를 구분하기 어렵지만 모본인 *Z. japonica*는 한국에서 수집된 모본이며, *Z. tenuifolia*는 괌에서 수집된 잔디를 사용하여 개발되었다. 기타 Midwest, 겨울색이 뛰어난 Victoria, 내건성이 높은 Crown, 생육속도가 빠른 Palisades 등 많은 품종이 개발되고 있다. 2000년 이후에 개발된 품종으로는 Geo, Chisholm, M85, M60 등의 품종이 있다.

미국 내에서는 종자형 품종도 개발되고 있다. Companion, Zenith 등이 있다. Zenith는 1993년 Patten Seed Co.에서 개발된 품종으로 국내에 수입되어 활용되고 있다. 일본은 1990년 초반부터 품종개발이 시작되었으며, 일본 내 품종으로는 Miyako, Winter carpet, Asagake, Asamoe, Tsukuba himae (*Z. matrella*), Tsukuba Kagoyaki (*Z. matrella*), Tsukumba Green (*Z. japonica*), Tsukuba torow (*Z. japonica*) 등이 있다. 이중 단간이며, 내답압성이 높은 츠쿠바그린 품종이 이바라키 현에서 재배되어 널리 사용되고 있다. 호주에는 18개 정도의 품종이 사용되고 있으며, 대부분은 미국에서 개발된 품종이 도입되어 사용되고 있다. *Z. macrantha* 계통인 Nara 품종은 2009년도부터 상용화되어 사용되고 있다.

국내에서 개발된 품종 및 상업종으로는 중지류(삼덕중지, 안양중지), 세녹(Senock), 밀록(Millock), 건희(Konhee), 세밀(Semil), 그린에버, 장성샛별, 장성초록, 한라그린1, 한라그린2, 스피드, M45, 늘보미, 새보미, 태지 등 다양한 품종이 있다. 세녹 품종은 녹색도가 높으며, 줄기 강직성도 높은 품종으로 갯잔디(*Z. sinica*)와 금잔디(*Z. matrella*) 간에 인공교배를 통해 개발된 품종이다.

7 재배

종자번식과 영양번식이 가능하다. 파종량은 7.3~12.2 g/m²이다. 포복경 식재량은 3 L/m²이다. 깎기 높이는 다양하다. 세엽은 5~10 mm, 중엽형은 10~20 mm, 광엽형은 20~40 mm이다. 비료요구도는 중~하이며 연간 질소 순성분량으로 12~20 g/m² 정도로 관리된다.

세인트 어거스틴그래스[St. Augustinegrass (*Stenotaphrum secundatum* [Walter] Kuntze.)]

Stenotaphrum 속 내 6개 종(species) 중에서 엽폭이 넓은 세인트 어거스틴그래스만이 잔디로 이용된다. 서인도에서 도입되었다.

1 식별

새잎이 나오는 모양이 접힌형이다. 잎혀에는 짧은 털이 있다. 줄기가 강하며, 지상포복경이 굵고, 지하경은 없다. 꽃대가 적으며, 엽폭이 5~10 mm로 넓어 질감이 거칠다. 잎각도가 90도로 넓게 펴진 모습이다. 잎끝이 보트형이다. 엽색은 밝은 연녹색이다(그림 4-8).

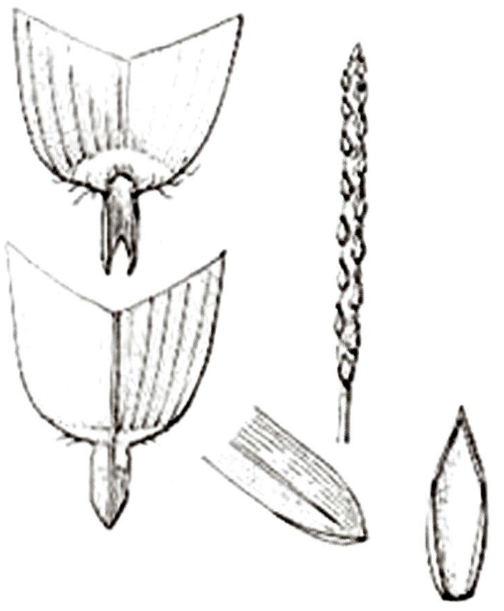

그림 4-8 세인트 어거스틴그래스의 잎, 꽃대, 종자모양

2 장점

생육이 강하고 포복형이다. 내염성이 강하다. 내음성이 강해 난지형 잔디 중에서 가장 우수하다.

3 단점

내한성이 매우 약하다. 국내에서는 월동이 되지 않는다. 밀도가 낮고 잎이 거칠다.

Virus 피해가 심하다. 답압에 매우 약하다.

4 용도

가정, 골프장 러프, 공원 등 온난 다습 기후대에서 사용된다.

5 품종

Bitter Blue, Floratine, Raleigh, Seville, Floratam 등이 있다.

6 재배

재식밀도는 중간이다. 깎기 높이는 38~76 mm이다. 비료 요구도는 중간–높음 정도이다. 모래 토양에 재배시 수분 요구도가 높다. 뗏장 또는 플러그 번식(plug propagation)을 한다.

바히아그래스[Bahiagrass (*Paspalum notatum* Fluegge)]

바히아그래스는 남아프리카 원산이며, 파스팔룸 속 내에 320개 종 중에서 *P. notatum*만이 잔디로 사용되고 있다.

1 식별

바히아그래스는 목질화된 짧은 지하경을 갖고 있다. 입혀가 막으로 되어 있다. 새

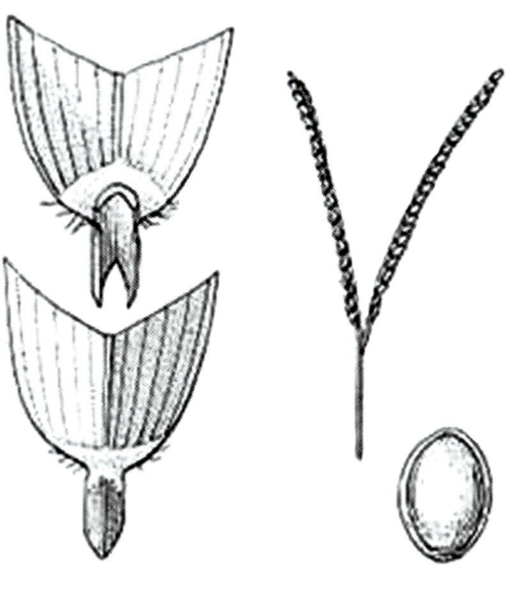

그림 4–9 바히아그래스의 잎, 꽃대, 종자모양

잎이 나오는 모양이 접혀 있는 것과 말려 있는 것이 있다. 잎몸은 부드럽고, 엽폭이 5~8 mm로 광엽형이다. 그러나 세인트 어거스틴그래스보다는 좁다(그림 4-9).

2 장점

저관리 초종이다. 종자와 뗏장이 사용되고 있으나 주로 종자파종으로 번식된다. 주로 뗏장으로 번식하는 세인트 어거스틴그래스에 비해 바히아그래스의 종자번식은 넓은 면적을 일시에 조성할 수 있는 장점이 된다.

3 단점

내한성이 약하다. 밀도가 낮다. 대취층이 두꺼워 관리하기 어렵다.

4 용도

도로변, 사방공사 등에 활용된다.

5 품종

품종으로는 엽폭이 세엽형인 Pensacola 등이 있다. Pensacola는 플로리다 지역의 도로주변에 폭넓게 사용되고 있다.

6 재배

재식밀도는 낮고, 깎기 높이는 높다. 비료 요구도가 낮다.

씨쇼어 파스팔룸[Seashore paspalum (*Paspalum vaginatum* Swarz.)]

씨쇼어 파스팔룸은 *Paspalum* 속에서 변형된 잔디로 biscuit grass, saltwater couch, silt grass, swamp couch 등 다양하게 불리고 있다. 원산지는 아시아와 아프리카, 북아메리카의 열대 및 아열대 지역이다.

1 식별

다년생으로 지하경과 지상포복경을 갖고 있다. 잎혀가 막으로 되어 있다. 새잎이 나오는 모양은 말린형이다. 잎몸은 부드럽고, 엽폭이 2~4 mm로 중, 세엽형이다. 꽃대가 2개로 갈라져 있다. 줄기 길이는 10~79 cm로 높다.

2 장점

생육이 빠르다. 세엽종에서 중엽까지 다양하다. 내염성이 높다. 염농도 34,500 ppm (3.5%)의 바닷물에서도 생육이 가능하다.

3 단점

내한성이 약하다. 국내 남해안에서 자생한다. 종자번식이 잘 안 된다. 난지형 중에서는 내음성이 낮으나 버뮤다그래스에 비해서는 강하다.

4 용도

씨쇼어 파스팔룸은 골프장 그린, 페어웨이, 정원 등에 사용된다. 특히 염도가 높은 지역에 활용된다. 염도가 높은 지역에서는 버뮤다그래스 보다 좋은 품질을 보인다.

5 품종

Sea Isle1, Sea Isle supreme, SeaDwarf 등 최근 세엽형 품종 개발이 Georgia 대학에서 활발하게 이루어지고 있으며, 골프장에 사용되고 있다. SeaDwarf 품종은 3.1 mm까지 낮게 깎을 수 있으며, 달라스팟 병에 저항성이 높다. Aloha 품종은 플로리다 대학에서 개발된 것으로 엽색이 우수해서 골프장 티, 정원 등에 사용된다. Salam 품종은 운동장용으로 사용되고 있다.

6 재배

뗏장, 스프리그, 플러그, 종자로 번식이 가능하다. 재식밀도가 높다. 깎기 높이는 10~30 mm이다. 비료 요구도는 중~상이다. 토양 pH는 3.6~10.2까지 넓은 범위에서 생육이 가능하다.

카페트그래스[Carpetgrass (*Axonopus compressus* [Sw.] P. Beauv.)]

카페트그래스는 중앙아메리카와 서인도제도 원산으로 1800년대에 미국으로 도입되었다. 속 내에 114개 종(species)이 있다. 카페트그래스는 열대지역에 생육한다. Broadleaf carpetgrass, American carpetgrass, tropical carpetgrass, Louisianagrass 등의 영명이 있다.

1 식별

새잎이 나오는 모양은 접힌형이다. 지상포복경이 있다. 엽폭이 8~12 mm로 넓다(그림 4-10).

2 장점

종자번식이 가능하다. 산성토양 및 습한 토양에 적응도가 높다.

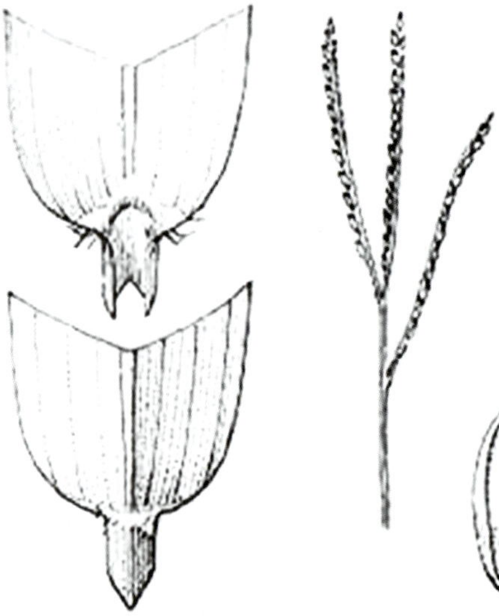

그림 4-10 카펫그래스의 잎, 꽃대, 종자모양

3 단점

내한성이 약해서 국내에서는 자생하지 않는다. 밀도가 낮다. 내염성이 낮다. 꽃대가 15~16 cm 높게 자라서 잔디깎기 요구도가 높다.

4 용도

가정정원, 도로변 등에 사용된다(그림 4-11).

그림 4-11 카펫그래스의 생육모습

5 품종

품종은 없으며, 미국에서는 common carpetgrass (*Axonopus affinis* Chase)가 사용되고 있다. Common carpetgrass는 도로변 등에 저관리 용도로 사용되고 있으며, 세인트 어거스틴그래스나 bahiagrass보다 품질이 떨어진다.

6 재배

종자, 뗏장, 플러그, 스프리그로 번식이 가능하다. 파종량은 10 g/m^{2}이다. 깎기 높이는 18~50 mm이다. 비료 요구도는 낮다.

키큐그래스[Kikuyugrass (*Pennisetum clandestinum* hochst ex chiov.)]

동남아프리카 원산의 키큐그래스는 페니세툼 속 내 80개 종 중에 한 초종이다. 오스트레일리아, 뉴질랜드, 남아프리카 등에서는 정원용으로 활용된다.

1 식별

잎이 나오는 모양은 접힌형이다. 지상포복경과 지하경이 있다. 잎혀에는 털이 있다. 잎집에 털이 있어 구별성이 높다. 엽폭은 4~5 mm이다(그림 4-12).

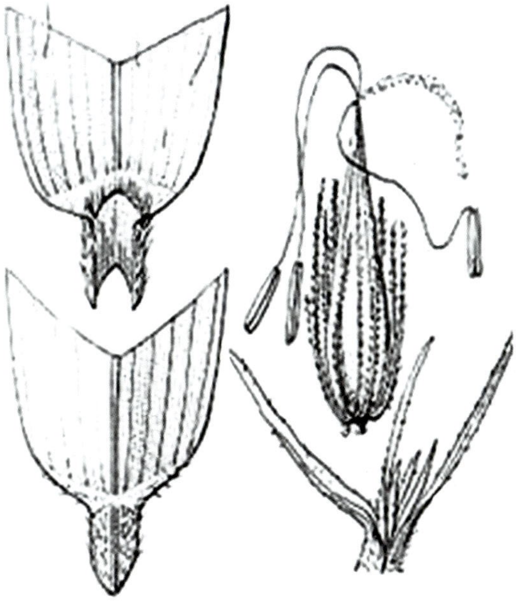

그림 4-12 키큐그래스의 잎, 꽃대, 종자모양

2 장점

고온, 다습, 그늘에 강하다. 내답압성이 높다. 종자번식이 가능하다. 파종량은 5~10 g/m^2이며, 생육속도가 빠르다.

3 단점

내한성이 약하고, 대취가 많아 버티컬모잉을 통해 대취조절이 필요하다. 국내에서는 자생하지 않는다. 미국에서는 꽃대 출현이 높아 이종잡초로 취급받는다.

4 용도

가정정원, 골프장, 운동장, 도로변 등에 사용된다.

5 품종

AZ-1 종자형 품종은 애리조나 지역에서 개발된 품종으로 버뮤다그래스보다 내한성이 높다.

센터피드그래스[Centipedegrass (*Eremochloa ophiuroides* [Munro] Hackel)]

센터피드그래스는 중국 남부 원산으로 1916년 Frank N. Meyer에 의해 미국에 도입되어 활용되었다. *Eremochloa* 속 내 10개 종이 있으나 이 중에서 센터피드그래스만 잔디로 이용된다. 미국 캘리포니아, 플로리다, 텍사스 지역에서 정원용으로 사용되고 있다.

1 식별

잎혀는 털이 있는 막을 갖고 있다. 잎이 나오는 모양은 접힌형이다. 짧은 마디 간격의 지상포복경을 갖고 있다. 엽폭은 1~4 mm 정도이다. 화서는 총상화서이다(그림 4-13).

2 장점

열대 및 따듯한 아열대 기후대에서 잘 자라며, 관리요구도가 낮다. 질소요구가 매우 적다. 꽃대가 올라오면 멋있어 골프장 러프 지역에 식재 가능하다. 사질이며, 산성토양(pH 4.5~6.5)에 적응도가 높은 저관리형 초종이다.

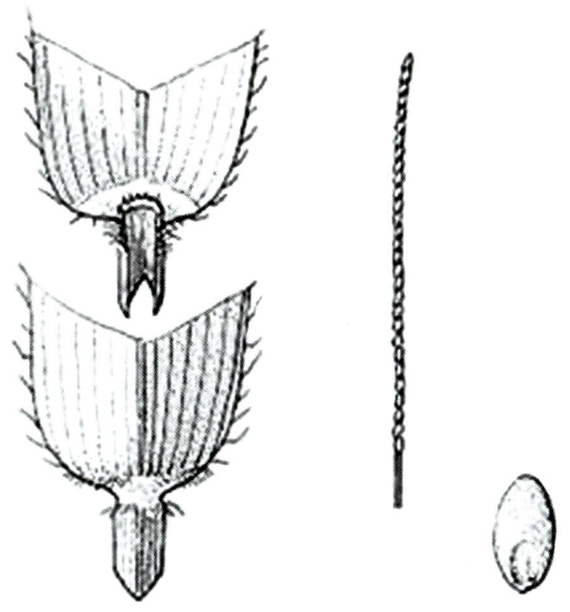

그림 4-13 센터피드그래스의 잎, 꽃대, 종자모양

3 단점

내한성이 버뮤다그래스와 세인트 어거스틴그래스의 중간 정도를 보인다. 뿌리 길이가 짧아 내건성이 낮다. 밀도가 낮은 편이다. 그늘에 약하다. 뿌리혹선충에 대해 감수성이 높다.

4 용도

가정정원, 도로변, 골프장 러프지역 등 비교적 저관리 지역에 사용된다.

5 품종

센터피드그래스는 사용 지역이 넓지 않기 때문에 품종 개발은 활발하지 않다. Covington, Santee 등이 선발되었고, 1997년 Georgia 대학에서 내한성이 높고 생육속도가 빠른 TifBlair 품종을 개발 등록하였다.

6 재배

종자, 뗏장, 플러그, 스프리그로 번식이 가능하다. 파종량은 1.2~2.4 g/m^{2}이다. 깎기 높이는 25~37 mm이다. 비료 요구도는 낮다.

4.2 한지형 잔디

4.2.1 한지형 잔디(Cool season turfgrass)

한지형 잔디는 한랭습윤, 한랭반건조, 그리고 한랭건조 기후대에 적응하여, 한지와 난지가 공존하는 지역(전이지역; transition zone)에도 분포한다. 지상부 생육 최적 온도는 16~24℃이고 근권부 생육은 10~18℃에서 활발한데, 우리나라에서는 봄철에 급속히 생육이 시작되어 여름철 고온기에 주춤하다가 가을철에 다시 생육을 회복하는 형태를 나타낸다. 한지형 잔디는 기온이 서늘하고 토양수분 함량이 높은 지역 또는 기후대에서 잘 적응하는 종류로 국내의 여름철 고온과 높은 증발산량이 적응 한계요인이 될 수 있다. 주로 장일성 개화양상을 보여 봄에 개화하여 여름에 결실하며, 공기 중의 탄소를 고정하여 처음 합성하는 유기물이 2분자의 3탄당 3-phosphoglycerate이기 때문에 C_3 형태의 광합성 작물로 분류된다.

잔디로 이용되는 주요 한지형 잔디는 블루그래스(Bluegrass), 벤트그래스(Bentgrass), 훼스큐(Fescue), 라이그래스(Ryegrass)가 있다. 기타 Beachgrass(Ammophila HOST), 브롬류(Brome), 조아재비류(Timothy), Orchardgrass, 쇠풀류(Crested wheatgrass) 및 Oatgrass 등이 있다.

한지형 잔디는 난지형 잔디에 비해 내한성은 높으나 내서성 또는 내건성은 낮은 편이며, 저온에서의 생육은 초종에 따라 다소 차이를 나타낸다. 녹색유지 기간은 난지형 잔디보다 길고, 생육 적온을 나타내는 지역(국내에서는 제주도와 일부 남해안 지역이 해당됨)에서는 1년 내내 생육하지만 휴면 시에는 갈색을 나타낸다(Brede, 2000). 겨울철 휴면 중인 난지형 잔디 위에 덧파종(overseeding)을 할 때처럼 주로 종자를 이용하여 조성하고, 대부분 포기형(bunch type)으로 자라지만 지하경 또는 지상포복경을 가진 일부 한지형 잔디에서는 잔디뗏장 형태로 생산되기도 한다.

한지형 잔디는 난지형 잔디보다 부드럽고, 거칠지 않기 때문에 골프장의 그린이나 축구장과 같은 스포츠용 잔디로 주로 이용되고, 이외에도 조경용 등으로 이용되고 있다(그림 4-14).

(a) 크리핑 벤트그라스(그린, SKY72 G.C.)

(b) 크리핑 벤트그라스(페어웨이, SKY72 G.C.)

(c) 켄터키 블루그라스(페어웨이, 캐슬파인 G.C.)

(d) 톨 훼스큐(러프 조경, SKY72 G.C.)

그림 4-14 한지형 잔디 식재 지역

블루그래스류(포아풀류, *Poa* spp.)

블루그래스류 잔디는 한지형 잔디 중에 이용률이 높고 여러 곳에 이용되는 종류이다. 전 세계적으로 200종 이상이 한랭습윤 및 전이지대에 분포하고, 형태적 큰 특징은 잎 끝 모양이 보트형이며 중륵 양편으로 평행한 엽맥을 여러 개 볼 수 있다. 고온에는 하고현상이나 발병으로 생육이 불량하고, 서늘한 시기에 생육이 왕성하다. 잔디 질감이 좋고, 지하경을 가진 잔디로 토양에서 피복이 쉬운 편이다. 엽폭은 3~4 mm이고, 초장은 30~50 cm이며, 5월에 출수하면 80 cm까지 자라므로 잔디로 관리하기 위해서는 3~6 cm 정도 자주 깎아주어야 한다. 수분요구도가 높아 관수를 자주하여야 하며, 습하고, 중성~약산성인 비옥한 토양에서 잘 자란다. 일반적으로 정원, 골프장, 경기장 및 목초용으로 이용되며, 답압과 병충해에 약하다. 연간 질소시비 수준은 9~27 g N m^{-2} 정도로 수직 생육속도가 빠르므로 자주 깎아주어야 한다. 가을에는 추파하여 난지형 잔디 식재지의 녹색연장을 위해 사용되기도 하며, 여름철 고온기에는 하고현상이 나타나 생육이 불량하다(Kim, 1991). 블루그래스 잔디에는 주로 켄터키 블루그래스(*Poa pratensis*), 러프 블루그래스(*P. trivialis*), 캐나다 블루그래스(*P. compressa*) 및 애뉴얼 블루그래스(*P. annua*) 등이 있으며 형태적, 생리적 및 유전적 특징은 표 4-3과 4-4와 같다.

표 4-3 블루그래스류 잔디의 형태적 특징(Park et al., 2005)

구분	켄터키 블루그래스 (*P. pratensis*)	캐나다 블루그래스 (*P. compressa*)	애뉴얼 블루그래스 (*P. annua*)	러프 블루그래스 (*P. trivialis*)
생육형	포기형	포기형	포기형	포기형
새잎이 나오는 모양	접힌형(V자형)	접힌형(V자형)	접힌형(V자형)	접힌형(V자형)
잎혀	짧은 막질형, 길이 0.2~0.6 mm, 평두형	막질형, 길이 0.2~1.2 mm, 평두형	막질형, 길이 0.8~3.0 mm, 길고 뾰족	막질형, 길이 2~6 mm, 길고 뾰족
잎귀	없음	없음	없음	없음
잎깃	넓이 중간, 중맥으로 약간 분리형, 털 착생	좁음, 중맥으로 분리함, 털이 없음	뚜렷함, V자형	넓고 노란색, 중맥으로 분리함
잎몸	보트모양 잎 끝, 세엽, 털이 없음, 다소 광택, 중맥 백색, 가장자리가 매끄러움	보트모양 잎 끝, 세엽, 털이 없음, 다소 광택, 중맥 백색, 가장자리가 매끄러움	보트모양 잎 끝, 세엽, 털이 없음, 다소 광택 없음, 중맥 백색, 가장자리가 매끄러움	보트모양 잎 끝, 세엽, 털이 없음, 다소 뒷면 광택, 중맥 백색, 가장자리가 매끄러움
잎집	약간 눌림	심하게 눌림	매끄러움, 기부 흰색	거칠음
지하경	있음	있음	없음	약함
화서	원추화서	원추화서	원추화서	원추화서

표 4-4 블루그래스류 잔디의 생리적 및 유전적 특징

구분	켄터키 블루그래스 (*P. pratensis*)	캐나다 블루그래스 (*P. compressa*)	애뉴얼 블루그래스 (*P. annua*)	러프 블루그래스 (*P. trivialis*)
내한성	강	강	강	강
내서성	약	약	약	약
내건성	약	약	약	약
경합력	강	강	강	강
재생력	강	깎기 후 불량	강	강
내병성	녹병에 약함	약	약	약
기후적응	한랭 기후, 온대성 기후	한랭 기후, 온대성 기후	온난지대, 저온과 겨울도 생장	한랭 기후, 온대성 기후
생식번식	단위생식, 종자, 지하경	단위생식, 종자, 지하경	자가수정(~15% 타가수정률)	단위생식, 종자
염색체 수	2n = 14~124	2n = 42	2n = 2x = 14	2n = 2x = 14

1 켄터키 블루그래스(Kentucky bluegrass, *Poa pratensis* L.)

켄터키 블루그래스의 원산지는 유라시아(Eurasia) 지역이고, 한지형 잔디 중에서 가장 많이 이용되는 종이며 한랭습윤한 지역에서 자라지만 관수시설이 갖추어져 있거나 관수가 용이한 경우 건조한 지역에서도 생육이 가능하다. 봄철 그린업이 빠르며, 가을철 색조유지가 좋다. 일광조건이 좋거나 약간의 그늘이 있는 지역에서 잘 자라고, 한랭습윤한 기후를 좋아하여 내습성이 강하지만 지나치게 습하거나 음지에서는 생육이 불량해지고 내구성도 감소한다. 잔디의 생존 연한은 길고, 단위생식을 하며, 지하경을 가지고 있어 잔디의 회복력이 우수하므로 주로 골프장의 티, 페어웨이, 러프 및 그린 주변과 스포츠 경기장에 이용되며 이외에도 공원 및 묘지 등에도 사용된다(그림 4-15).

(a) 티그라운드(렉스필드 C.C.) (b) 페어웨이(캐슬파인 G.C.) (c) 축구경기장(상암 월드컵경기장)

그림 4-15 켄터키 블루그래스 식재 지역

켄터키 블루그래스는 습윤하고, pH 6~7 정도의 중성이며, 비옥하고, 배수성이 우수한 토양에서 잘 자란다(Evans and Ely, 1933; Lapp, 1943, Musser, 1948; Sprague, 1934, Sprague and Evaul, 1930; Sullivan, 1962). 적정 깎기 높이는 2.0~5.0 cm이며(Beach, 1963; Darrow, 1939; Davis, 1958; Jackson, 1963; Sulliva, 1963; Youngner, 1957), 대부분의 품종은 1.8 cm 이하에서 생육장해가 발생한다. 일반적으로 켄터키 블루그래스의 질소시비수준은 2.0~3.0 g N m^{-2} $month^{-1}$으로 알려져 있고, 최대 4.9~6.3 g N m^{-2} $month^{-1}$까지도 가능하지만 질소시비량이 과다할 경우 대취의 발생이 증가하여 켄터키 블루그래스의 생육을 불량하게 할 수 있다.

켄터키 블루그래스는 본래 목초로 이용되면서 1960년 중반까지 일반형 품종으로 Delta, Troy, Arboretum, Kenblue, Newport 등이 선발 육종되었다. 잔디형 켄터키 블루그래스 품종의 시작은 1947년 Merion 골프장에서 선발된 Merion 품종으로 지면에 낮게 자라면서 깎기에 대한 저항력이 우수한 짙은 엽색의 특징을 가지고 있다. 그 이후 1960~1970년대 Rutgers 대학에서 개발된 Adelphi, Galaxy, Glade, Majestic 등의 품종이 일반에게 공개되기 시작하면서 대학교, 육종회사를 중심으로 최근 200여 개 이상의 품종이 개발되었다. 미국 National Turfgrass Evaluation Program(NTEP)에 따른 최근 5년간 켄터키 블루그래스 품종 간 품질평가 결과를 요약하여 **표 4-5**에 나타냈다. 품종 간 잔디품질 평가는 1(최저)에서 9(최고) 범위로 표시하고, 6 이상의 평가 결과는 양호한 품종으로 받아들여진다.

표 4-5 미국 National Turfgrass Evaluation Program(NTEP) 켄터키 블루그래스 품종 간 품질 평가 평균값(조사기간 2012~2015년)

품종	2012년	2013년	2014년	2015년	평균
Blue Note	6.1	6.8	6.5	6.5	6.48
Midnight	6.0	6.3	6.3	6.1	6.18
Skye	6.0	6.2	6.3	6.1	6.15
Keeneland	6.2	6.4	6.2	5.8	6.15
Barvette HGT	6.1	6.1	6.0	6.2	6.10
Bluebank	6.0	5.9	6.2	6.2	6.08
Nu Chicago	5.9	6.1	6.0	5.9	5.98
Endurance	5.6	5.9	6.2	6.0	5.93
Arrowhead	5.4	6.1	6.0	5.9	5.85
Cabernet	5.4	5.9	6.0	5.9	5.80
Rubix	5.4	5.9	6.0	5.7	5.75
Shamrock	5.3	5.8	5.6	5.6	5.58
Zinger	5.4	5.5	5.6	5.5	5.50
America	5.3	5.5	5.5	5.4	5.43
Baron	5.2	5.3	5.4	5.3	5.30
Kenblue	5.1	5.0	5.0	4.9	5.00
LSD 값	0.3	0.3	0.3	0.4	0.33
CV (%)	10.1	11.4	12.3	13.8	11.90

1. 가시적 품질 평가 기준: 1 = 나쁨, 9 = 아주 좋음.
2. 각 조사연도별 품종의 평균값 간에 통계적으로 유의적인 차이를 알아보고자 최소유의수준 값(LSD)을 검정하였으며, LSD 값보다 평균 간 차이가 클 경우 품종 간에 품질의 차이가 있다.
3. CV(coefficient of variation, 변이계수)가 클수록 품종간 품질 차이가 심하고 정확성에 대한 신뢰도가 떨어진다.

켄터키 블루그래스의 품종은 잎의 질감, 색조, 새싹의 밀도, 생육습성, 지하경의 발달, 내병성 등에 대한 저항성을 갖는 품종들이 선발 육종되어 왔다. 'Merion' 품종은 자연 발생 개체 또는 군락 내 단위생식 개체로부터 우량개체 선발육종을 통해 개발되었다(표 4-6). 켄터키 블루그래스는 대표적인 단위생식을 하는 잔디로 암술조직의 일부가 수정과정 없이 종자로 발달하고(배수성, 이수성 개체 출현) 이들 중 우량 개체를 선발하는 방법이다.

표 4-6 2015년 NTEP 평가에 따른 스포츠 잔디용 켄터키블루그래스 특성별 우수 품종 예시

특 성	품종 예시
진한 녹색	Nu Chicago, Bluebank, Sudden Impact, Midnight, Mazama
세엽	Kenblue, Barbette HGT, Blue Note, Rubix, Cabernet, Keeneland, Nu Chicago, Bluebank
밀도	Barbette HGT, Kenblue, Mazama, Bluebank, Blue Note
내건성^{z}	Endurance, Legend, Lunar, Baron, Keeneland
Leaf spot 저항성	Keeneland, Avid, America, Endurance, Merlot, Cabernet, Oasis
봄철 재생력	Rubix, Arrowhead, Barvette HGT, Kenblue, Cabernet

z 2013년 자료

2 캐나다 블루그래스(Canada bluegrass, *Poa compressa* L.)

캐나다 블루그래스는 서유럽.아시아가 원산지이며, 한랭습윤한 기후의 추운지역에서 널리 분포하고 있어 가뭄이나 내음성이 높고, 내구력성이 좋다. 잎은 청록색으로 잔디 밀도는 낮으며, 줄기 기부의 절간이 2 cm 정도로 자라기 때문에 생장점(stem apex)이 토양 위로 잘 들어 올려지기 때문에 예취 등에 의해 쉽게 제거되어 스캘핑 피해가 자주 발생한다. 캐나다 블루그래스는 지하경을 갖고 있으나 켄터키 블루그래스만큼 활력 있는 뗏장을 형성하기 어렵고, 심근성이며, 다년생이고, 주로 종자로 번식한다.

캐나다 블루그래스의 재배토양은 pH 5.5~6.5의 산성토양, 건조하거나 척박한 토양(배수가 불량한 점토나 배수가 잘되는 자갈이 많은 토양)에서도 잘 견딘다. 하지만 잔디밀도나 잔디 질이 좋이 않아 이용에 제한적이며 훼스큐류 잔디나 켄터키 블루그래스와 혼파되어 사용된다. 깎기 높이는 7.6~10 cm로 낮은 깎기 높이를 요구하는 스포츠용에는 이용하기 어렵고, 도로변의 녹화나 목초용 잔디로 이용된다.

3 애뉴얼 블루그래스(Annual bluegrass, *Poa annua* L.)

애뉴얼 블루그래스는 월년생 잔디이나, 한랭한 기후의 집약적인 재배 지역에서는 다년생 잔디로 유지된다. 적정 깎기 높이는 2.5 cm 이하이며, 연간 질소 시비수준은 3~9 g N m^{-2}이고, 건조하지 않도록 자주 관수하여야 한다. 애뉴얼 블루그래스는 적절한 재배환경 및 토양환경에서 섬세한 잔디 조직을 가지며, 높은 밀도와 균등성을 나타내지만 켄터키 블루그래스와 비교할 때, 엽장은 짧고, 엽폭은 넓은 편이며, 부드럽고 연한 녹색을 나타낸다. 토양 조건은 습하고, pH 5.5~6.5의 인산 함량이 높은 세립

질 토양에서 잘 자란다. 건조한 지역에서는 애뉴얼 블루그래스의 생육이 불량하나 관주 조건이 갖춰진 경우 건조한 토양에서도 잔디가 유지되며, 답압에도 강한 편이다.

일반적으로 애뉴얼 블루그래스는 일년생 잔디와 다년생 잔디로 구분된다. 일년생 잔디는 포기형의 형태로 총생을 나타내며, 소수의 부정근, 분얼경이 생성되며 종자를 생산한다(Hovin, 1957).

애뉴얼 블루그래스는 저온 발아성으로 5℃에서 95% 이상 발아하며, 토양 표면에서도 95% 정도 발아하여 예취나 건조 등으로 생육이 불량한 시기에 초종의 침입이 발생한다. 이러한 발아 조건과 2.54 cm 이하의 낮은 깎기 높이에서도 활력을 유지하지만 0.51 cm 정도의 낮은 깎기 높이에서도 생육이 가능하여 골프장의 그린에서도 발생한다. 일년생 및 다년생 잔디의 초지 중 잔디 침입이 용이하여 잔디밭에서는 잡초로 간주된다.

4 러프 블루그래스(Rough bluegrass, *Poa trivialis* L.)

러프 블루그래스는 한랭습윤한 기후를 갖는 세계 전 지역에서 분포하는 다년생 잔디이다. 러프 블루그래스는 번식은 주로 종자에 의해 이뤄지고, 근계 특성상 섬유상으로 천근성을 나타내고, 지하경의 결핍으로 활력 있는 뗏장을 형성하지 못하여 재배 이용에 제한적이다.

러프 블루그래스의 최적 깎기 높이는 1.3~2.5 cm이며, 연간 질소 시비수준은 3~6 g N m^{-2} 정도이다. 내한성과 녹색 유지시간은 우수하지만 내건성이나 내서성이 약하다(Carroll, 1943). 토양 조건은 pH 6~7 범위로 비옥한 토양에서 잘 자라지만 사질토양의 경우 수분 스트레스를 장기간 받거나 내구력이 낮아 계속되는 답압 상황에서 잔디 품질유지가 어렵다. 켄터키 블루그래스 잔디밭에 발생될 경우 이종잡초로 취급되며, 방제가 어렵다.

벤트그래스류(*Agrostis* 속)

벤트그래스는 한지형 잔디 중 품질이 가장 우수한 잔디로 주로 골프장의 그린, 티 그라운드, 또는 페어웨이나 테니스 코트에 이용된다(그림 4-16). 한지형 잔디로 봄과 가을에 생육이 왕성하고, 여름철에는 고온으로 생육이 불량하고, 병해 발생 빈도가 높다. 종에 따라 차이가 있지만 지상포복경 생장으로 피복 효과가 우수하다. 엽폭은 2~3 mm이나 초장은 20~30 cm이고 5월에 출수, 개화하면 50~60 cm까지 생육한다. 여름철 고온기에 하고현상으로 고온피해와 병해가 발생하기 쉬우므로 관수를 자주하여야 하고, 내건성과 내음성이 약한 천근성 잔디로 수분부족에 의해 건조피해가

(a) 퍼팅 그린(아시아나 C.C.) (b) 티그라운드(SKY72 G.C.) (c) 페어웨이(롯데 스카이힐 제주 C.C.)

그림 4-16 크리핑 벤트그래스 식재지역

표 4-7 벤트그래스류 잔디의 형태적 특징

구분	크리핑 벤트그래스 (*A. palustris*)	코로니얼 벤트그래스 (*A. tenuis*)	벨벳 벤트그래스 (*A. canina*)	레드탑 (*A. alba*)
생육형	지상포복경형	지상포복경형	지상포복경형	지상포복경형
새잎이 나오는 모양	말린형	말린형	말린형	말린형
잎혀	중간 막질형, 1~2 mm, 끝 뾰족	짧은 막질형, 0.3~1.2 mm, 끝 뾰족한 톱니형	짧은 막질형, 0.4~0.8 mm, 끝 뾰족	긴 막질형, 1.5~5.0 mm, 끝 뾰족
잎귀	없음	없음	없음	없음
잎깃	좁고 털이 없음	좁고 털이 없음	좁고 털이 없음	좁고 털이 없음
잎집	원통형, 매끄러움, 열림	원통형, 매끄러움, 열림	원통형, 매끄러움, 열림	원통형, 매끄러움, 열림
잎몸	편평하고 침형, 폭 2~3 mm, 표면에 뚜렷한 요선, 가장자리가 거침	편평하고 침형, 폭 1~3 mm, 표면에 뚜렷한 요선, 가장자리가 거침	편평하고 침형, 폭 1 mm 이하, 표면에 뚜렷한 요선, 가장자리가 거침	편평하고 침형, 폭 3~7 mm, 표면에 뚜렷한 요선, 가장자리가 거침
지상포복경	왕성한 지상포복경	약한 지상포복경, 지하경이 있음	왕성한 지상포복경	약한 지상포복경, 지하경이 있음
화서	원추화서	원추화서	원추화서	원추화서

쉽고, 그늘 지역에서는 생육장해가 나타난다. 답압에 약한 편이나 재생력이 강해 쉽게 회복된다. 건조, 과습, 과비 및 병해에 약하기 때문에 식재지역에 대한 유지관리 노력이 많이 소요되는 편이다(Kim, 1991). 벤트그래스 잔디의 대표 초종으로는 크리핑 벤트그래스(*Agrostis palustris*, *A. stolonifera*), 콜로니얼 벤트그래스(*A. tenuis*), 벨벳 벤트그래스(*A. canina*), 레드탑(*A. alba*) 등이 있고, 레드탑은 목초용 자원으로 사용되고 있으나 다른 벤트그래스류 잔디는 골프장의 그린이나 스포츠 경기장과 같은 집약적인 관리가 가능한 잔디밭에 사용되고 있다. 벤트그래스류 잔디의 종류별 형태적, 생리적 및 유전적 특성은 표 4-7, 4-8과 같다.

표 4-8 벤트그래스류 잔디의 생리적 및 유전적 특징

구분	크리핑 벤트그래스 (*A. palustris*)	코로니얼 벤트그래스 (*A. tenuis*)	벨벳 벤트그래스 (*A. canina*)	레드탑 (*A. alba*)
개화기	늦음	늦음	늦음	늦음
경합력	강, 침략적임	강, 침략적임	강, 침략적임	강, 침략적임
재생량	적음	적음	적음	적음
잔디형성	잘됨	잘됨	보통	중간
기후적응	한랭한 기후	한랭한 기후	한랭한 기후	한랭한 기후
적응토양	습윤지, 해변 습지	척박지, 습지, 산성 토양과 사양토	척박지, 습지, 해변, 배수불량 토양에도 생육	척박지, 습지, 내산성, 내건성, 적응범위 넓음
염색체 수	2n = 4x = 28	2n = 4x = 28	2n = 2x = 14	2n = 6x = 42

벤트그래스는 약 200여 종이 알려져 있지만 그 중 약 4~5종만이 잔디로 이용되고 있고, 종간 염색체 수 또는 상대적 교잡친화성은 차이가 있다(그림 4-17). 4배체이면 염색체 수가 동일한 크리핑 벤트그래스와 콜로니얼 벤트그래스는 다른 종들에 비하여 교잡이 상대적으로 유사하고, 콜로니얼 벤트그래스의 경우는 벨벳 벤트그래스의 C_1 게놈과 크리핑 벤트그래스의 C_2 게놈을 공유하여 교잡 친화성의 중간에 있고, 레드탑의 경우는 나머지 세 종과 배수성 또는 염색체 수에 있어 큰 차이를 보인다.

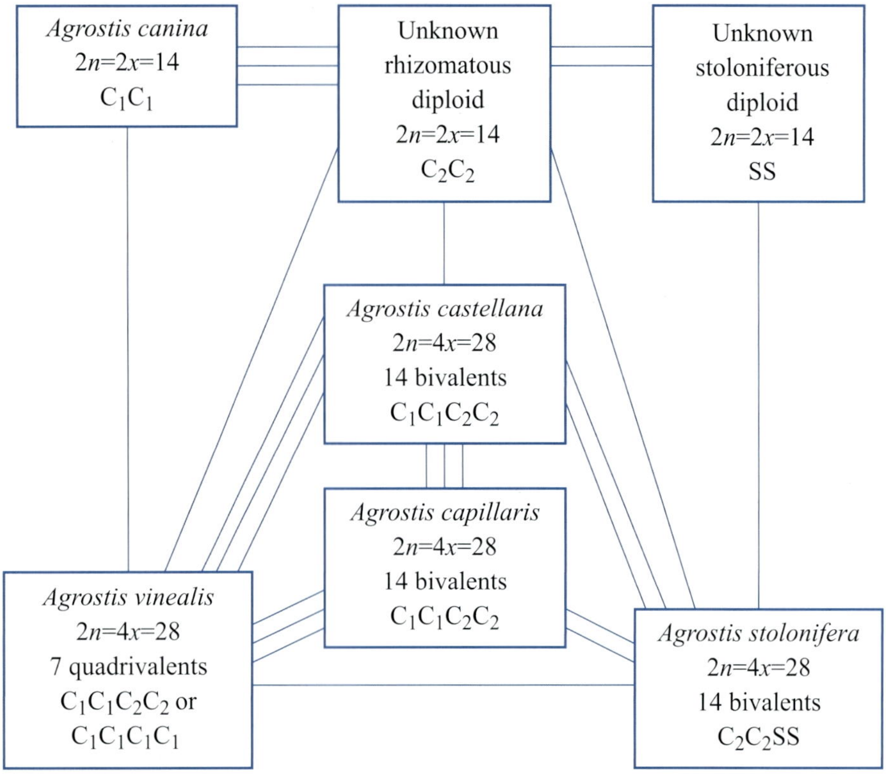

그림 4-17 벤트그래스 종간 염색체 변이 및 유전적 교잡친화성. 종간의 선의 종류는 상대적 교잡친화성 정도를 나타낸다(Michael and Duncan, 2003).

1 크리핑 벤트그래스(Creeping bentgrass; *Agrostis stolonifera* = *A. palustris* Huds.)

크리핑 벤트그래스는 유럽과 아시아가 원산지이며, 한랭습윤한 기후에서 번식하는 다년생 잔디로 골프장의 그린에 주로 이용된다. 적정 깎기 높이는 0.5~1.27 cm로 낮고, 수직예취는 새순의 발달과 포복경의 뿌리 발달에 도움을 준다. 낮은 깎기 높이에서 잔디밀도가 균질하고, 품질이 우수하다(표 4-9). 봄철 잔디 색은 그린업 비율이 늦고, 저온변색은 다른 한지형 잔디인 켄터키 블루그래스나 레드훼스큐보다 일찍 발생한다.

표 4-9 미국 National Turfgrass Evaluation Program(NTEP) 퍼팅그린용 크리핑 벤트그래스 품종 간 품질평가 평균값(조사기간 2010~2013년)

품종	2010년	2011년	2012년	2013년	평균
V8	6.7	6.5	6.7	6.0	6.48
Focus	6.6	6.3	6.7	6.7	6.58
Barracuda	6.8	6.5	6.6	6.4	6.58
Luminary	6.8	6.6	6.8	6.5	6.68
Pin-Up	6.0	6.2	6.6	6.4	6.30
Authority	6.3	5.9	6.3	6.1	6.15
Proclamation	6.6	6.3	6.4	6.2	6.38
Pure Distinction	6.9	6.4	6.5	6.2	6.50
AFM	6.2	5.8	6.1	6.2	6.08
Declaration	6.6	6.1	6.1	6.3	6.28
Penn A-1	5.7	5.4	5.8	5.9	5.70
Alpha	5.9	5.4	5.5	5.7	5.63
T-1	6.2	5.4	5.6	5.7	5.73
Penn A-2	5.5	5.3	5.5	5.7	5.50
L-93	5.3	4.1	5.0	5.4	4.95
SRP-1 BLTR3	6.1	5.5	5.6	5.8	5.75
Penncross	4.2	3.8	3.8	4.3	4.03
LSD 값	1.0	1.2	1.0	0.9	1.02
CV(%)	10.4	12.9	10.6	9.4	10.83

1. 가시적 품질 평가 기준: 1 = 나쁨, 9 = 아주 좋음.
2. 각 조사연도별 품종의 평균값 간에 통계적으로 유의적인 차이를 알아보고자 최소유의수준 값(LSD)을 검정하였으며, LSD 값보다 평균 간 차이가 클 경우 품종 간에 품질의 차이가 있다.

크리핑 벤트그래스는 학명에서 보여주는 것처럼 강력한 포복경을 갖고 있으며, 이 포복경으로 초기 조성률은 높지 않지만 피해에 대한 회복력이 우수하다. 지나치게 많은 포복경의 발생은 대취층을 형성하여 토양의 물리성이 악화되고, 스켈핑 등이 발생하여 잔디의 엽색이나 품질을 저하되므로 배토를 통해 대취를 줄여 주어야 한다.

연간 질소 시비수준은 6.0~12 g N m^{-2}이지만 골프장의 그린에서는 20~40 g N m^{-2}으로 다소 높은 편이다. 잔디 엽색은 녹황색에서 암녹색을 나타내고, 품종에 따라 직립성이나 밀도에 차이를 나타낸다. 수분 요구도가 높고, 내건성이 약해 건조해가 자주 발생하므로 관수는 자주 해주어야 한다.

크리핑 벤트그래스 재배지의 토양조건은 pH 5.5~6.5 토양산도와 비옥하고, 보수력과 통기성이 좋은 토양을 선호하지만 적응 토양의 범위는 넓은 편이다. 또한 약간의 내염성을 갖고 있어 염분이 있는 토양에서는 생육이 가능하지만 답압지역이나 토양물리성이 불량한 지역에서는 생육이 불량하므로 통기작업이나 스파이크작업과 같은 토양갱신작업을 통해 투수성을 높이고, 토양고결을 완화할 수 있다. 미국 내에서는 품종별 녹색정도, 엽폭, 밀도, 내한성 등을 매년 평가하여 우수품종을 선정 발표하고 있다(표 4-10).

표 4-10 미국 NTEP 평가에 따른 스포츠 잔디용 크리핑 벤트그래스 특성별 우수 품종 예시 (2009~2013년 평균값)

특성	품종 예시
녹색 정도(유전적)	T-1, Pin-Up, Alpha, Focus, Luminary, V8
겨울철 녹색지수	Declaration, Luminary, Barracuda, Pin-Up, SRP-1 BLTR3
세엽	Pure Distinction, V8, Luminary, Barracuda
밀도(가을철)	Pure Distinction, Luminary, Barracuda, V8, Focus
내한성	Pure Distinction, Barracuda, V8, Luminary
Dollar spot 저항성	Declaration, Focus, Barracuda, V8, Luminary, Proclamation, Pin-Up, L-93
봄철 재생력	Barracuda, Luminary, Declaration, Pin-Up, AFM, Proclamation, V8, Focus

2 콜로니얼 벤트그래스(Colonial bentgrass; *Agrostis tenuis* Sibth. = *A. capillaris* L.)

콜로니얼 벤트그래스는 유럽이 원산지이며 한랭습윤한 지역에서 서식한다. 이 잔디는 직립으로 섬세한 조직을 가지며 낮은 깎기 높이에서도 밀도가 높다. 줄기와 잎은 약한 편이고, 엽색은 녹황색에서 암녹색을 나타낸다. 콜로니얼 벤트그래스는 종자로 번식하기 때문에 파종에 의한 잔디밭 조성능력은 우수하나 지하경과 포복경이 약하여 피해 회복성은 약한 편이다.

콜로니얼 벤트그래스는 엽신이 단단하고, 초장이 길어 품질이나 내병성이 크리핑 벤트그래스보다 약하여 골프장의 그린에 제한적으로 사용한다. 연간 질소 시비수준은 1.5~30.0 g N m^{-2} 정도이고, 적정 깎기 높이는 0.72~2 cm이며, 적정 깎기 높이보다 높거나 배토량이 적은 경우 대취를 생성한다. 봄철의 그린업 비율은 낮고, 내서성과 내건성이 약하므로 건조하지 않도록 자주 관수해 주어야 한다. 생육에 적합한 토양은 비옥하고, 보수성과 배수성이 좋은 pH 5.5~6.5의 약산성 토양이다.

3 벨벳 벤트그래스(Velvet bentgrass; *Agrostis canina* L.)

벨벳 벤트그래스는 유럽이 원산지이고, 한랭습윤한 지역에서 서식하는 다년생 잔디로 고온이나 저온에 대한 저항성이 크고, 그늘에서도 잘 자란다. 바늘 같은 잎을 가지고 있고, 직립성이며, 밀도가 높고 균등한 품질을 나타내며, 연하고 촉감이 부드럽다. 번식은 종자나 포복경에 의한 영양번식에 의해 이뤄지고, 포복경 생육 속도는 콜로니얼 벤트그래스보다는 빠르지만 크리핑 벤트그래스보다는 낮아서 잔디밭 조성률이나 피해 회복능력 모두 낮다.

적정 깎기 높이는 0.5~1.0 cm 정로를 유지하도록 깎기작업을 수행해야 양질의 잔디품질을 나타내고, 대취가 잘 형성되므로 일정 간격으로 배토작업이 진행되어야 한다. 연간 질소 시비수준은 10~20 g N m^{-2} 정도이며, 철이 부족한 경우 황화현상이 일어난다. 생육에 적합한 토양은 pH 5.0~6.0의 약산성 토양으로 비옥하고 습윤하며, 배수가 잘되는 조립질 토양에서 생육이 왕성하고, 산성 토양에서도 견디는 힘이 좋다. 벨벳 벤트그래스는 골프장의 그린(퍼팅그린, 볼링 그린)에서 주로 이용하지만 관상용으로도 이용한다.

4 레드톱(Redtop; *Agrostis alba* L.)

레드톱은 종자의 이삭으로부터 유래하여 붙여진 이름으로 유럽이 원산지이며, 줄기가 많지만 밀도가 조밀하지 못하고 잔디 질감은 좋지 않다. 주로 종자로 번식하기 때문에 잔디 조성률은 좋은 편이다. 짧은 지하경을 갖지만 뗏장을 형성하지 않기 때문에 피해 회복률은 다른 벤트그래스류 잔디에 비해 낮은 편이다.

레드톱은 잔디의 적정 깎기 높이는 3.8~5.1 cm로 높고, 낮은 깎기 높이에 대한 저항성이 약하다. 고온에 대한 스트레스가 많아 갈색으로 변색되고, 내구성이 약하다. 레드톱은 가장 폭넓게 적응한 잔디 종으로 연간 질소 시비수준은 8.9~17.8 g N m^{-2} 정도이며, 축축하고, 불완전한 배수지 및 척박한 토양에서도 잘 견딘다. 레드톱으로 조성된 잔디밭은 잔디 밀도와 품질이 낮기 때문에 스포츠용보다는 침식방지를 위해 도로변, 배수구, 수로 등으로 사용된다. 과거에는 난지형잔디 지역에 추파하거나 잔디밭 조성 시 혼파하였으나 현재는 잔디 조성속도가 비슷한 화인 훼스큐나 라이그래스를 주로 이용한다.

훼스큐류(Fescues, *Festuca* spp.)

유럽과 아시아의 온 · 한대지방에 걸쳐 여러 종이 자생한다. 비교적 고온에 대한 내성이 강한 편이어서 한지형과 난지형 잔디의 중간 지역 기후대에 적절한 초종이다.

크게 톨 훼스큐(tall fescue)와 세엽 훼스큐(fine fescue)로 구분하고, 세엽류들은 다시 크리핑 레드 훼스큐(*Festuca rubra*), 츄잉스 훼스큐(*F. rubra* spp *commutata*), 쉽 훼스큐(*F. ovina*), 하드 훼스큐(*F. longifolia*) 등으로 나누어진다. 대부분 포기형 잔디로 분얼에 의해 포기수가 증가하지만, 지하경을 가지고 있는 크리핑 레드 훼스큐는 지하경 생육형으로 수평으로 개체 번식을 한다. 이들은 3~12월까지 녹색이 유지되나 1~2월에는 황색으로 휴면한다. 다만 블루그래스류나 벤트그래스류 잔디와는 달리 내음성이 있어 그늘에서도 잘 자란다. 훼스큐는 블루그래스류나 라이그래스류와 혼파하여 경기장을 조성하는 경우도 있으나 국내에서는 경사면의 녹화를 위해 많이 사용한다(그림 4-18). 훼스큐류 잔디의 형태적 특징은 표 4-11과 같다.

(a) 경사지 파종

(b) 경사지 녹화 후

(c) 플러그묘

(d) 훼스큐 조경지역(SKY72 G.C.).

그림 4-18 훼스큐 잔디의 경사지 녹화 및 조경적 이용

표 4-11 훼스큐류 잔디의 형태적 및 유전적 특징

구분	톨 훼스큐 (*F. arundinacea*)	크리핑 레드 훼스큐 (*F. rubra*)	쉽 훼스큐 (*F. ovina*)	츄잉스 훼스큐 (*F. rubra* var. *commutata*)
생육형	포기형	지상포복경형, 포기형	포기형	포기형
새잎이 나오는 모양	말린형	접힌형	접힌형	접힌형
잎혀	짧은 막, 0.5~1.2 mm 길이, 끝이 잘린 원통형	짧은 막, 0.5 mm 길이, 끝이 잘린 원통형	아주 짧은 막, 0.3 mm 길이, 원통형	짧은 막, 0.5 mm 길이, 끝이 잘린 원통형
잎귀	짧음, 털 있음	없음	없음	없음
잎깃	주맥으로 나뉨, 넓음, 가장 자리에 짧은 솜털	좁음, 털은 없음	주맥으로 나뉨, 넓음 털은 없음	좁음, 털은 없음
잎몸	반짝거림 5~10 mm 폭, 윗면 이랑, 편평, 끝 뾰족	엽맥 뚜렷, 1.5~3 mm 폭, 윗면 이랑, 끝 뾰족	엽맥 뚜렷, 0.5~1.5 mm 폭, 윗면 이랑, 편평, 끝 뾰족	엽맥 뚜렷, 1~2.5 mm 폭, 윗면 이랑, 편평, 끝 뾰족
지하경	없음	있음	없음	없음
화서	원추화서	원추화서	원추화서	원추화서
염색체 수	2n = 6x = 42, 2n = 4x = 28, 2n = 2x = 14	2n = 6x = 42, 2n = 8x = 56	2n = 4x = 28	2n = 6x = 42

Festuca 속에는 약 100여 종이 전 세계에 분포하는 것으로 알려져 있다. 톨 훼스큐 잔디형 품종으로 초기 Kentucky-31 선발계통이 강한 근권부 생육과 뗏장 형성능을 가지고 있어 품종으로 개발되었고, 우수한 척박지 생육 또는 내충성 등으로 다른 한지형에 비하여 기후 전이지대(transition zone)에 활용되었다. 현재는 잔디형 톨 훼스큐의 주요 육종 목표는 브라운패취 저항성, 고밀도, endophyte 공생, 산성토양 내성 등이다. 유럽지역에서는 주로 세엽형 훼스큐가 많이 이용되었고, 주로 내마모성, 내병해충성, 뗏장 형성능, 낮은 비료, 수분 및 깎기 높이 요구도, 우수한 내서성 및 내한성 등이 육종의 목표이다.

훼스큐류의 잔디는 모두 타식성 및 자가불화합 작물로 여러 유전자형을 함께 식재한 후 조합능력 및 후대 종자를 육종포장에서 특성검정을 거쳐 선발한 후, 최종 숙기와 표현형 특성이 유사한 개체군들을 함께 식재하여 상호교잡된 종자를 수확하여 신품종으로써 최초 육종가 종자(breeder seed)로 이용한다. 표 4-11에 나타낸 것처럼 훼스큐 잔디는 모두 기본 염색체 수 x = 7을 가지고 있고, 종에 따라서 2~8배체까지 다양한 염색체 쌍을 가지고 있고 이에 따라 14~56개의 염색체 수를 보이고 있다. 최근에는 속간교잡(intergeneric hybridization) 방법을 이용하여 실생묘 조성속도, 분지력 등을 개선하기 위하여 이탈리안 라이그래스 또는 퍼레니얼 라이그래스와의 교잡품종도 개발되고 있다.

1 톨 훼스큐(Tall fescue; *Festuca arundinacea* Schreb)

톨 훼스큐는 유럽이 원산이며, 각종 토양과 기후의 적응범위가 넓은 포기형 한지형 잔디이다. 잔디밀도가 낮고, 잎이 조악하고 거칠다. 번식은 종자로 이뤄지기 때문에 잔디 조성능력은 우수하나 피해 회복능력은 중간정도이다. 고온에서 잎의 생육에 제한을 받기는 하나 내서성이 강해서 엽색과 외관을 유지하고, 내음성은 보통이다.

적정 깎기 높이는 4.3~5.6 cm이고, 3.0 cm 이하에서는 밀도를 유지하지 못하기 때문에 골프장의 페어웨이에는 이용하기 어렵다. 연간 질소 시비수준은 7~18 g N m^{-2} 정도이며, 저온 시 질소 시비량이 많으면 피해가 발생한다(Miller, 1966). 생육이 가능한 토양범위는 넓지만 비옥하고, 습하며, 유기물함량이 적은 pH 5.5~6.5의 약산성 토양에서 잘 자라지만 pH 4.7~8.5의 토양에서도 잘 견딘다. 다양한 톨 훼스큐 품종이 개발되어 평가되고 있으며(표 4-12), 특성별로 우수품종이 선발되어 이용되고 있다(표 4-13).

표 4-12 미국 National Turfgrass Evaluation Program(NTEP)에 따른 한대~열대 중간전이지역 적응성 톨 훼스큐 품종 간 품질평가 평균값(조사기간 2010~2013년)

품종	2013년	2014년	2015년	2016년	평균
TRAVERSE 2 SRP	6.8	7.0	7.3	6.9	7.0
RAPTOR III	6.9	6.9	7.2	6.8	7.0
AMITY	6.8	6.9	7.2	6.8	6.9
REFLECTION	6.6	6.6	7.0	6.6	6.7
MAESTRO	6.7	6.6	6.9	6.5	6.7
FIREWALL	6.7	6.7	7.0	6.4	6.7
HOVER	6.4	6.4	6.6	6.4	6.5
FAITH	6.6	6.5	6.7	6.3	6.5
CATALYST	6.7	6.5	7.0	6.1	6.6
FALCON V	6.5	6.4	6.6	6.0	6.4
INSPIRATION	6.3	6.1	6.1	5.9	6.1
FRONTLINE	6.3	6.0	6.0	5.6	6.0
KY-31	4.4	4.2	4.5	4.4	4.4
LSD 값	0.3	0.3	0.3	0.3	0.3
CV (%)	6.8	7.3	6.5	6.4	6.8

1. 가시적 품질 평가 기준: 1 = 나쁨, 9 = 아주 좋음.
2. 각 조사연도별 품종의 평균값 간에 통계적으로 유의적인 차이를 알아보고자 최소유의수준 값(LSD)을 검정하였으며, LSD 값보다 평균 간 차이가 클 경우 품종 간에 품질의 차이가 있다.

표 4-13 미국 NTEP 평가에 따른 한대~열대 중간전이지대 적응 잔디용 톨 훼스큐 특성별 우수 품종 예시(2007~2011년 평균값)

특성	품종 예시
녹색 정도(유전적)	Sunset Gold, Renovate, Darlington, Corona, Golf Medallion
겨울철 녹색지수	LS 1200, Braveheart, Catalyst, Rhambler SRP, Monet
세엽	Cannavaro, Catalyst, LS 1200, Falcon V, Faith, Bullseye
밀도(가을철)	Honky Tonk, Bladerunner 2, Falcon NG, Speedway, Escalante
내한성(서리 저항성)	Faith, Monet, Ninja 3, Rhambler SRP, Speedway, Bladerunner 2
내건성(위조	Catalyst, Titanium LS, KY-31, Honky Tonk, Bladerunner 2, Cochise IV, Falcon V, HEM 1, Mustang 4, Traverse SRP
Brown patch 저항성	Talladega, Firenza, Titanium LS, Wolfpack II, 3rd Millemium SRP, Mustang 4, KY-41, Cochise IV, Faith, Traverse SRP
봄철 재생력	Escalante, Falcon V, KY-31, Shenandoah III, Ninja 3, Greenbrooks, Wolfpack II, Einstein, Aristotle

2 레드 훼스큐(Red fescue; *Festuca rubra* L.)

레드 훼스큐는 유럽이 원산지이며, 북미, 유럽, 아시아, 북아프리카 및 호주 등의 한랭습윤한 지역에 폭넓게 분포하는 다년생 잔디이다. 잔디 밀도가 높고, 균등하고 질감이 좋은 잔디밭을 형성하며, 엽색은 녹색에서 암녹색을 나타낸다. 주로 종자로 번식하며 정착률도 좋아 잔디 조성능력은 우수하나 지하경 발달이나 뗏장형성 정도는 켄터키 블루그래스보다 약하다. 레드 훼스큐의 엽초형은 외부 돌출형으로 내부 돌출형인 츄잉스 훼스큐나 쉽 훼스큐와 구별된다. 수분요구도가 낮아 내건성이 강하고, 내음성은 다른 한지형 잔디류보다 우수하지만 내서성이 약하고, 내구력은 중간 정도이다. 내음성이 있어 그늘에서 생육이 가능하나 일광조건하에서 잔디 품질과 밀도가 향상된다.

잔디의 깎기 높이는 2.5~6.4 cm의 범위로 적정 깎기 높이는 3.5~5 cm이지만 골프장의 페어웨이에서는 1.2~2.5 cm이고, 그린의 경우 0.75 cm 정도도 가능하다. 잔디의 재배 토양조건은 배수가 용이하고 그늘이 있고, 건조한 pH 5.5~6.5의 약산성토양에서 생육하지만 염분을 함유한 사질토양이나 배수가 불량한 토양에서는 생육하기 어렵다. 연간 질소 시비수준은 8~9 g N m^{-2} 정도이며, 시비나 관수가 과하게 이뤄지면 잔디품질이 저하된다. 대취는 벤트그래스나 켄터키 블루그래스에 비해 적지만 잎에 리그닌 함량이 높아 북더기가 형성되면 쉽게 분해되지 않는다.

레드훼스큐는 켄터키 블루그래스와 잔디 조성 시 혼파하면 초기 정착률이 높지만 조성 후 시간이 경과할수록 켄터키 블루그래스가 우점하게 되므로 조성기간에는 혼파하지 않는다. 지하경 생육이 느리고 회복력이 낮아 경기장보다는 공원, 정원, 묘지, 페어웨이, 러프 및 도로변 등에 이용된다.

3 쉽 훼스큐(Sheep fescue; *Festuca ovina* L)

쉽 훼스큐는 유럽과 아시가가 원산지이며, 포기형 다년생 잔디이다. 잔디 잎은 뻣뻣하며, 푸른 빛을 띤 녹색 잎을 가지고 있고, 줄기 신장 형태는 내부잔류형이다. 한랭습윤한 기후에서 잘 자라고, 내건성과 내구성 및 내음성이 강하지만 내서성이 약해 고온에서 생육이 불량해진다. 적정 깎기 높이는 다른 훼스큐종과 유사하고, 1.3 cm 이하에서는 생육장해가 나타난다. 잔디의 품질이 낮아서 이용에 제한이 있기 때문에 관상용 잔디보다는 도로변이나 잔디의 품질을 요구하지 않는 지역에 식재되고, 면양이나 소의 방목지역의 목초지에 이용한다.

4 츄잉스 훼스큐(Chewings fescue, *Festuca rubra* Var. *commutata* Gaud)

츄잉스 훼스큐는 한랭습윤한 지역에 적합한 초종으로 줄기 신장 형태는 내부잔류형이며, 포기형 생장을 하고, 레드 훼스큐와 유사한 특성을 갖고 있다. 생육 특성은 레드훼스큐와 비슷하여 레드 훼스큐와 같은 방법으로 관리하면 된다. 깎기 높이는 3.8~5 cm이며 고온에 약하다.

라이그래스류(Ryegrasses, *Lolium* spp.)

라이그래스류 잔디는 온대지역에 분포하는 종으로 서늘한 기후에 잘 자라고, 여름철 고온기에는 생육이 정지되는 포기형 잔디로 포복경이 없다. 한지형 잔디 중에서 종자파종 후 조성속도가 제일 빠른 장점을 가지고 있다. 건조한 토양에서도 잘 자라고, 음지에서도 비교적 잘 견딘다. 8월 말경 난지형 잔디에 추파(overseeding)하여 겨울기간 동안 녹색을 유지하기 위해 이용하고 있다(그림 4-19). 라이그래스류 잔디의 종류는 크게 퍼레니얼 라이그래스(perennial = English ryegrass)와 이탈리안 라이그래스(annual = Italian ryegrass)가 있으며, 그 형태적 특징은 표 4-14와 같다.

그림 4-19 난지형 잔디 식재지역에 추파된 라이그래스 페어웨이(중문 C.C.)

표 4-14 라이그래스류 잔디의 형태적 및 유전적 특징		
구분	페레니얼 라이그래스 (*Lolium perenne*)	애뉴얼 라이그래스 (*Lolium multiflorum*)
생육형	포기형(bunch type)	포기형(bunch type)
새잎이 나오는 모양	접힌형	말린형
잎혀	짧은 막, 0.5~2.0 mm 길이, 끝이 잘린 원통형	얇은 막, 0.5~2.0 mm 길이, 원통형
잎귀	짧은 발톱형	긴 발톱형
잎깃	넓고 마디없는 모양	넓고 마디없는 모양
잎몸	편평하고 이랑 모양 엽맥, 2~5 mm 폭, 끝이 뾰족, 단면은 보트형	편평하고 이랑 모양 엽맥, 3~7 mm 폭, 끝이 뾰족, 단면은 보트형
화서	수상화서	수상화서
	2n = 2x = 14	2n = 2x = 14
생식특성	자가 불화합, 타식성	자가 불화합, 타식성

두 개의 유전자좌(S와 Z loci)에 위치한 배우자체 자가불화합성(gametophytic self incompatibility)을 보이나, 자식성을 통해 최고 32%까지 종자가 발생할 수 있으며 주로 단일성 저온(< 7°C)에서 화아형성이 된 후 장일성 조건에서 많은 종자발생이 일어난다. 대부분 라이그래스 육종은 격리포장에서 여러 선발 계통간의 상호교잡(poly−cross method)을 통해 자식열세를 극복하여 개발된 합성품종(synthetic cultivar)이고, 신품종이 많이 출시되면서 이 들 우수품종과 선발 계통간의 조합능력 및 특성 평가를 통해 우량품종 대비 더 우수한 표현 특성을 보이는 계통을 선발하는 효율적인 방법(Top−cross method)이 이용되기도 한다. 훼스큐류 잔디와의 속간교잡을 통해 높은 신초밀도, 늦은 생육속도, 높은 내마모성 품종 개발이 시도되고 있다. 기타 라이그래스에서 중요시 되는 육종 목표는 잔디생육형 및 형태, 내병성, 환경내성 등이 있다.

1 퍼레니얼 라이그래스(Perennial ryegrass; *Lolium perenne* L.)

퍼레니얼 라이그래스는 아시아와 북아프리카가 원산지이고, 질감이 부드러운 포기형 잔디이다. 초장은 50~60 cm 정도로 높이 자라고, 잎은 윤기가 있고, 밝은 황록색이며, 밀도가 균등하다. 잔디 목적으로 가장 폭 넓게 이용되는 *Lolium* 속으로 번식은 종자에 의해 이뤄져 잔디 조성속도가 빠르고 생육이 좋지만 포기형으로 번식력이나 피해 회복능력은 약하다. 내한성이나 내서성 및 내건성이 약해 저온이나 고온 및 건조한 지역에서는 생육이 불량하지만 내마모성 및 내답압성이 우수하다.

추운 날씨에 잘 자라고, 중~약산성의 토양으로 적정 깎기 높이는 4~5 cm 정도가 적정하며, 2.5 cm 이하에서는 생육이 불량해진다. 연간 질소 시비수준은 9~27 g N m^{-2} 정도이다. 퍼레니얼 라이그래스는 가정정원, 공원, 표지, 도로변, 비행장, 골프장의 페어웨이나 러프 및 경사지 등에 이용되며, 다른 한지형 잔디 종자와 혼파한다. 난지형 잔디(조이시아그래스, 버뮤다그래스 등)가 식재된 골프장이나 경기장에서 겨울철 운동경기나 녹색유지를 위해 추파하며 종자 혼파 시 퍼레니얼 라이그래스는 20~25% 정도가 적당하다.

미국에서 다수의 페레니얼 라이그래스 품종이 평가되고 있으며(표 4-15), 다양한 특성별 우수품종이 선발되어 이용되고 있다(표 4-16).

표 4-15 미국 National Turfgrass Evaluation Program(NTEP) Perennial ryegrass 품종 간 품질평가 평균값(조사기간 2011~2014년)

품종	2011년	2012년	2013년	2014년	평균
Pangea GLR	6.4	6.2	5.8	6.4	6.2
Wicked	6.4	6.2	5.8	5.9	6.0
Benchmark	6.2	6.0	5.9	5.9	6.0
Banfield	6.3	6.0	5.9	5.8	6.0
Green Supreme	6.2	5.9	5.6	5.6	5.8
Expedite	5.9	6.0	5.5	5.9	5.8
Sunstreaker	5.8	5.9	5.7	5.6	5.7
Uno	5.8	5.8	5.7	5.5	5.7
Plamer V	5.9	5.8	5.5	5.6	5.7
Fiesta 4	6.0	5.9	5.3	5.5	5.7
Pinnacle III	6.0	5.7	5.3	5.5	5.6
Playoff 2	5.4	5.4	5.1	5.1	5.2
Prominent	5.4	5.4	4.9	5.0	5.1
Linn	2.9	3.1	3	3.0	3.0
LSD	0.8	0.8	0.3	1.1	0.7
CV(%)	9.1	8.4	12.4	9.4	9.8

1. 가시적 품질 평가 기준: 1 = 나쁨, 9 = 아주 좋음.
2. 각 조사연도별 품종의 평균값 간에 통계적으로 유의적인 차이를 알아보고자 최소유의수준 값(LSD)을 검정하였으며, LSD 값보다 평균 간 차이가 클 경우 품종 간에 품질의 차이가 있다.

표 4-16 미국 NTEP 평가에 따른 퍼레니얼 라이그래스 특성별 우수 품종 예시 (2011~2014년 평균값)

특성	품종 예시
녹색 정도(유전적)	ASP 0112, Vintage, Seductive, Prominent, Excellence, Hancock
세엽	Sienna, Insight, Hancock, SR 4660ST, Allante, ASP 0112, Brightstar SLT
밀도(가을철)	Allante, Grand Slam GLD, Insight, Karma, Rinovo, Sienna
내한성(서리 저항성)	Dominator, Prominent, Uno, ASP 0112, Apple SGL, Aspire
뗏장조성율	Metolius, Vision, Octane, Premium, Amazing A+, Rinovo
Brown patch 저항성	Bandalore, Stamina, Karma, Insight, Deligent, Stellar 3GL
봄철 재생력	Vision, Vintage, Seductive, Pangea GLR, Banfield, Rinovo

2 이탈리안 라이그래스(Italian ryegrass; *Lolium multiflorum* Lam.)

이탈리안 라이그래스는 이탈리아 중심의 지중해 연안이 원산지로 유럽남부, 중앙아시아, 북아프리카 지역에 분포되어 있다. 일년생이고, 기후에 따라 2년생을 나타내기도 하지만 내한성, 내서성 등은 퍼레니얼 라이그래스보다 더 약하다. 종자에 의해 번식하여 잔디조성률은 빠르지만 지하경이나 포복경이 없는 포기형 잔디로 피해회복 능력은 취약하다.

이탈리안 라이스래스의 생육은 퍼레니얼 라이그래스와 유사하여 pH 6.0~7.0 사이의 비옥하고, 습기가 많은 토양을 좋아하지만 침수 시에는 생육이 불량해진다. 적정 깎기 높이는 38~51 mm이고, 연간 질소 시비수준은 7.2~18 g N m^{-2} 정도이다. 겨울철 저온 시 질소시비량이 많으면 동사하고, 대취 문제는 발생하지 않는다. 잔디밭을 빠르게 조성하고자 할 때, 종자를 혼파하여 사용하는데 늦은 봄이나 여름에 파종하면 균등한 잔디밭을 조성할 수 있다. 퍼레니얼 라이그래스와 마찬가지로 늦가을에 휴면에 들어가 변색되는 난지형 잔디가 식재된 골프장이나 목초지에서 추파하여 녹색기간을 연장하는 데 이용한다.

기타 한지형 잔디

1 휘트그래스류(Wheatgrasses, *Agropyron* spp.)

휘트그래스류 잔디는 강우량이 적은 지역에서 주로 목초로 이용되고 있으며, 관개시설이 되지 않은 지역에서도 식재가 가능한 잔디이다. 휘트그래스류는 이삭모양이 밀(wheat)과 비슷하여 붙여진 이름으로 다년생 잔디로 직립성이고, 초장이 60~90 cm

정도이며, 포복경이 있는 것과 없는 포기형으로 구별된다. 포복경이 있는 잔디는 토양 침식 방지용으로 이용되고, 포기형은 사료 생산용으로 이용된다. 한지형 잔디 중 기상 조건이나 토양 조건이 불량한 지역에서도 정착이 가능하다. 대표적으로 페어웨이 휘트그래스(크리스티트 휘트그래스, *A. christatum* L.), 웨스턴 휘트그래스(*A. smithii* Rydb.), 데저트 휘트그래스(*A. desertorum* Schult.) 등이 있다(표 4-17).

표 4-17 휘트그래스류 잔디의 형태적 특징(Park et al. 2005)

구분	페어웨이 휘트그래스 (*Agropyron cristatum*)	웨스턴 휘트그래스 (*Agropyron smithii*)
새잎이 나오는 모양	말린형	말린형
잎혀	얇은막, 0.1~0.5 mm 길이, 짧은 털을 가진 끝이 잘린 원통형	얇은막, 0.1~0.5 mm 길이, 가장자리에 털을 가진 끝이 잘린 원통형
잎귀	발톱형	짧은형
잎깃	넓고, 주맥에 의해 나누어짐	중간 폭, 주맥에 의해 나누어짐
잎몸	편평, 뻣뻣하며 2~5 mm의 폭	편평, 뻣뻣하며 1~5 mm의 폭
화서	편평한 수상화서	직립형 수상화서

페어웨이 휘트그래스(Fariway wheatgrass or Crested wheatgrass; *A. cristatum* L.)는 러시아, 시베리아, 중앙아시아 등 원산으로 건조지역 또는 대초원 및 중앙아시아 등에 분포하고 있다. 직립성으로 밀도가 높고, 부드러우며, 생육이 늦다. 포기형이며 종자에 의해 번식되어 잔디밭 조성능력은 우수한 편이나 알칼리성 토양을 싫어한다. 내건성이 강해서 강우량이 적은 지역이나 골프장의 티, 페어웨이 및 러프지역에 식재된다.

웨스턴 휘트그래스(Western wheatgrass; *A. smithii* Rydb.)는 미국 원산으로 지하경을 갖는 다년생 잔디이다. 번식은 종자로 이뤄지지만 종종 영양번식에 의해 조성되기도 하고, 강력한 지하경을 갖고 있어 뗏장을 형성한다. 페어웨이 휘트그래스보다 적응성이 넓어 가뭄과 저온에서 견디는 힘이 좋다. 봄철의 그린업이 빠르지만 한여름에 가뭄이 지속되면 휴면하기도 한다. 각종 토양 및 기후에 대한 적응력이 우수하여 도로변이나 가뭄지역에 혼파되지만 잔디초지에 이용되는 품종의 개발은 이뤄지지 않았다.

2 Bromegrass(*Bromus* spp.)

브롬그래스류 잔디는 100여 종이 존재하지만 스므스 브롬그래스(Smooth bromegrass, *Bromus inermis* L.)만이 잔디로 이용되며, 생리적 특성은 표 4-18과 같다. 스므스 브롬그래스는 내건성, 내서성 및 내한성이 좋고 비가 적은 지역에서도 잘 적응한다. 유럽, 시베리아 및 중국 원산이고, 직립성이며, 잎 질감이 조악하고, 낮은 밀도의 뗏장을 형성하는 포기형 잔디로 잔디품질을 나타내지 못한다.

3 Timothy(*Phleum pratense* L.)

티모시는 직립형의 다년생으로 북위 70도 이상의 북유럽이나 아시아의 북부지방에 분포하고, *Phleum* 속에는 약 10여 종이 있으며 형태적 특징은 표 4-18과 같다. 줄기는 직립이고, 기부에서 분얼경과 뿌리가 나온다. 토양 깊이가 5 cm 이내에 약 80%의 뿌리가 존재하는 천근성 잔디이다. 티모시는 빈약한 뗏장을 형성하는 포기형 잔디로 5 cm 이하로 깎을 경우 잔디 품질이 악화된다. 티모시는 내서성, 내건성 및 내구력이 약하여 스포츠용은 제한적이나, 잔디형으로 개량된 터프 티모시(*Phleum modosum* L.) 등이 있다.

표 4-18 기타 한지형 잔디의 형태적 특징(Park, 2005)

구분	스므스 브롬그래스 (*Bromus inermis*)	티모시 (*Phleum pratense*)
새잎이 나오는 모양	말린형	말린형
잎혀	얇은 막, 1 mm보다 짧은 길이, 끝이 잘린 원통형	얇은 막, 3~6 mm 길이, V자 모양의 뾰족한 예각형
잎귀	없음	없음
잎깃	넓고, 주맥에 의해 나누어짐	좁고, 주맥에 의해 나누어짐
잎몸	편평, 8~12 mm의 폭, 양표면이 매끄러움	편평, 4~8 mm의 폭, 다소 용골형
화서	원추화서	원추화서

참고문헌

[난지형 잔디 분야]

김경남. 2005. 잔디학개론. 삼육대학교 출판부.

Bae, E.J., Park, N.C., Lee, K.S., Lee, S.M., Choi, J.S. et al. 2010. Distribution and morphology characteristic of native zoysiagrasses (*Zoysia* spp.) grown in South Korea. Kor. Turfgrass Sci. 24(2):97–105. (In Korean)

Bae, E.J., Lee, K.S., Han, E.H., Park, Y.B., Lee, S.M. et al. 2013. Morphological variation and characteristics of native medium–leaf type zoysiagrasses (*Zoyisa* spp.) by site environment. Weed Turf. Sci. 2(2):184–190. (In Korean)

Beard, J.B. 1973. Turfgrass: Science and culture. p. 132–165. Prentice–Hall, Englewood Cliffs, NJ, USA.

Beard, J.B. 2002. Turf mangement for golf courses. 2nd. p. 138–139, 715. Ann Arbor Press, Michigan, USA.

Choi, J.S. and Yang, G.M. 2004. Development of new hybrid cultivar 'Senock' in zoysiagrass. Kor. Turfgrass Sci. 18(4):201–209. (In Korean)

Choi, J.S. and Yang, G.M. 2005. Comparison of growth rate and cold tolerance with basic species, commercial lines, and breeding lines of zoysiagrass. Kor. Turfgrass Sci. 19:131–140. (In Korean)

Choi, J.S. and Yang, G.M. 2013. Development of new hybrid cultivar 'Semil' in zoysiagrass. Weed Turf. Sci. 2(2):198–201.(In Korean)

Choi, D.K., Yang, G.M. and Choi, J.S. 2008. Flowering periods, genetic characteristics, and cross–pollination rate of *Zoysia* spp. in natural open–pollination. Kor. Turfgrass Sci. 22(1):13–24. (In Korean)

Christian, N.E. and Engelke, M.C. 1994. Choosing the right grass to fit the environment. pp. 99–113. In: Leslie, A.R. (Ed.). Integrated pest management for turf and ornamentals. CRC Press, Levis Publishers. USA.

Emmons, R. 1995. Warm season grasses. p.39–61. Turfgrass science and management 2nd Ed. Delmar Publisher, NY. USA.

Forbes, I.Jr. 1952. Chromosome numbers and hybrids in *Zoysia*. Agronomy Journal 44:194–199.

Fukuoka, H. 1997. Breeding of *Zoysia* in Japan. International Symposium of Zoysiagrass Breeding. Dankook University, Korea. pp. 1–8.

Hong, K.H. and Yeam, D.Y. 1985. Studies on interspecific hybridization in Korean lawngrasses (*Zoysia* spp). J. Kor. Soc. Hort. Sci. 26(2):169–178. (In Korean)

Kim, D.H., Lee, J.P., Kim, J.B. and Mo, S.Y. 1999. Development of narrow leaf type cultivar 'Konhee' in zoysiagrass. Kor. Turfgrass Sci. 13(3):147–152. (In Korean)

Korea Intellectual Property Rights Information Service. http://kportal.kipris.or.kr (Accessed Sep. 29, 2017).

Korea Seed and Variety Service. 2016. An official report for variety protection. 215:234–248. http://ebook.seed.go.kr (Accessed Sep. 29, 2017).

Korea Seed and Variety Service. 2017a. An official report for variety protection. 217:170–180. http://ebook.seed.go.kr (Accessed Sep. 29, 2017).

Korea Seed and Variety Service. 2017b. An official report for variety protection. 230:230–250. http://ebook.seed.go.kr (Accessed Sep. 29, 2017).

Lee, J.P., Kim, J.B., Im, S.H., Joo, Y.K. and Kim, D.H. 1997. Characteristics evaluation of a zoysiagrass line '232' in the tissue culture and field. Kor. Turfgrass Sci. 11(4):321–326. (In Korean)

McMaugh, P.E., Loch, D.S. and Harrison, P.G. 2017. Occurrence, distribution, and introduction of *Zoysia* spp. and their management and current use in Australia. ITSRJ 13:1–14.

National Forest Seed Variety Center. 2017. An official report for variety protection. www.kfsv.go.kr. (Accessed Sep. 29, 2017).

Patton, A.J., Schwartz, B.M. and Kenworthy, K.E. 2017. Zoysiagrass (*Zoysia* spp.) history, utilization, and improvement in the United States: A review. Crop Sci. 57:1–36.

Ruemmele, B.A. and Engelke, M.C. 1990. Zoysiagrass cultivars. Grounds Maintenance. April. pp. 92–126.

Stacie, Z. 2004. Suggestions for the care of Seashoer Paspalum. Environmental Turf.

Turgeon, A.J. 2005. Turfgrass management. 7th Ed. Pearson Education, Inc., Upper Saddle River, NJ.

[한지형 잔디 분야]

Arber, A. 1934. The Gramineae. Cambridge Univesity Press, London, England. pp. 1–480.

Ahn, Y.T., Kim, S.T., Kim, I.S., Kim, J.W., Kim, H.J., et al. 1992. Standard and practice for management in golf course. KTRI. Seongnam, Korea. (In Korean)

Barnes, R.F., Nelson, C.J., Collins, M. and Moore, K.J. 2003. Forages: An ingroduction to grassland agriculture. Blackwell publishing. Iowa, USA. pp125–170.

Beach, G.A. 1963. Management practices in the care of lawns, 10th Anual Rock Mountain of Regional Turfgrass Conference Proceeding. pp. 42–45.

Brede, D. 2000. Turfgrass maintenance reduction handbook: sports, lawns, and golf. Ann Arbor Press. Michigan, USA.

Caster, M.D. and Duncan, R.R. 2003. Turfgrass biology: genetics and breeding. John Wiley & Sons, Boboken, New Jersey, USA

Christians, N.E. and Lee, J.H. 2006. Development of Roundup ready bentgrass for the control of *Poa annua*. Kor. Turfgrass Sci. 20(1):77–82.

Darrow, R.A. 1939. Effects of soil temperature, pH, and nitrogen nutrition on the development of *Poa pratensis*. Botanical Gazette 101:109–127.

Davis. 1967. Population changes in Kentucky bluegrass–red fescue mixtures. Agromomy Abstracts. P. 51.

Defrance, J.A. and Simmons, J.A. 1951. Relative period of emergence and initial growth of turf grassesand their adaptability under field conditions. Proc. Amer. Soc. Hort. Sci. 57:439–442.

Duich, J.M. and Musser, H.B. 1960. Response of Kentucky bluegrass, creeping bentgrass, red fescue and bentgrass to nitrogen to fertilizers Pennsylvania Agricultural Experiment Staion Progress Report 214. pp. 1–20.

Eggens, J.L. 1980. Thatch control on creeping bentgrass turf. Can. J. Plant Sci. 60:1209–1213.

Evans, M.W. and Ely, J.E. 1933. Usefulness of Kentucky bluegrass and Canada bluegrass in turfs as affected by their habits of growth. Bulletin of USGA Green Section. 13:140–143.

Emmos, R. 2000. Turfgrass science and management. Delmar publishers a division of International Tomson Publishing, Inc. USA.Emmons, R.D. 2000. Turfgrass science and management: 4. Cool season grasses. Delmar Press. NY, USA.

Fu, J.M., Koski, A.J. and Qian, Y.L. 2005. Responses of creeping bentgrass to salinity and mowing management: growth and turf quality. HortScience 40(2):463–467.

Handoll, C. 1967. Grass variety trials. J. Sports Turf Res. Ins. 43:12–22.

Hardison, J.R. 1945. Observation on grass diseases in Kentucky. Plant Disease Rep. 29(3):76–85.

Harper, J.C. and Musser, H.B. 1950. Ethe effect of watering and compaction on fairway turf. Pennsylvania State College 19th Annual Turf conference. pp. 43–52.

Harrison, C.M. and Hodgson, C.W. 1939. Response of certain perennial grasses to cutting treatment. J. Ame. Soc. Agron. 31:418–430.

Harwell. B.L. and Damon, S.C. 1917. The persistence of lawn and other grasses as influenced especially by the effect of manures on the degree of soil acidity. Rhode Island Agricultural Experiment Station Bulletin 170. pp. 1–24.

Holt, E.C. and Payne, K.P. 1952. Variation in spreading rate and growth characteristics of creeping bentgrass seedlings. Agronomy J. 44:88–90.

Hong, B.S. and Tae, H.S. 2013. The selection of post–emergence herbicides to control of *Poa annua* in Kentucky bluegrass. Weed Turf. Sci. 2(1):76–81. (In Korean)

Honig, J.A., Averello, V. Bonos, S. A. and Meyer, W.A. 2012. Classification of Kentucky Bluegrass (*Poa pratensis* L.) cultivars and accessions based on microsatellite (simple sequence repeat) markers. HortScience 47:1356–1366

Hovin, A.W. 1957. Variation in annual bluegrass. Golf Course Reporter 25(7):18–19.

Huff, D.R. and J.M. Bara. 1993. Determining genetic origins of aberrant progeny from facultative apomictic Kentucky bluegrass using a combination of flow cytometry and silverstained RAPD markers. Theor. Appl. Genet. 87:201 - 208.

Jackson, N. 1963. Further notes on the evaluation of some grass varieties. J. Sports Turf Res. Ins. 40:67–75.

Juska, F.V. 1959. Evaluation of cool–season turfgrasses alone and in mixutres. Agronomy J. 51:597–600.

Juska, F.V. 1966. Nutritional requirements of *Poa annua* L. 1966. Agronomy Abstracts.

p. 35.

Juska, F.V., Jandso, A.A. and Erickson, C.J. 1965. Effects of phosphorus and other treatments ofn the development of red fescue, Merion and common Kentucky bluegrass. Agronomy J. 57:75–78.

Juska, F.V., Tyson, J. and Harrison, C.M. 1955. The competitive relationship of Merion bluegrass as influenced by various mixtures cutting heights and levels of nitrogen. Agronomy J. 47:513–518.

Kim, H.K. 1991. Turfgrass science. Sunjin Press. Seoul. Korea. (In Korean)

Kim, J.B., Yang, G.M. and Choi, J.S. 2009. Effects of capillary water interruption layer on the growth of zoysiagrass and cool–season turfgrasses in reclaimed land. Kor. Turfgrass Sci. 23(1):35–44. (In Korean)

Kim, T.J., Song, J.E., Choi, J.S. and Cho, K.Y. 2001. Seed dormancy and germination characteristics of annual bluegrass (*Poa annua* L.). Kor. Turfgrass Sci. 15(1):15–20. (In Korean)

Kwon, S.K., Kim, C.S., Lee, I.D. and Cho. D.S. 1997. Recently forage crop. Sunjin Press. Seoul. Korea. (In Korean)

Lantz, H.L. 1955. Cool season grasses–bluegrass, fescue, bent. Golf Course Reporter 23(2):32–37.

Lapp, W.S. 1943. A study of factors affecting the growth of lawn grasses. Pennsylvania Academy of Science. 17:117–148.

Lee, J.H., Jung, G.R., Lee, J.M. and Joo, Y.K. 2012. Analysis and improvement practise of drainage problem on soil profile at the golf course fairway. Asian J. Turfgrass Sci. 26(2):129–134. (In Korean)

Lee, S.W., Lee, J.P. and Kim, D.H. 2008. The influence of traffic times and fertilizer type on the quality of golf course putting greens. Kor. Turfgrass Sci. 22(1):65–74.

Lucanus, R., Mitchell, K.J., Pritchard, G.G. and Calder, D.M. 1960. Factors influencing survival of strains ofryegrass during the summer. New Zealand J. Agric. Res. 3:185–193.

May, J.W. 1966. new fine–leafed grass varieties. 12th Rocky Mountain Regional Turfgrass conference. pp. 55–61.

Meyer, W.A. 1982. Breeding disease–resistant cool–season turfgrass cultivars for the United States. Plant Disease 66:341–344.

Miller, R.W. 1966. The effect of certain management practices on the botanical composition and winter injury to turf containing a mixture of Kentucky bluegrass (*Poa pratensis* L.) and tall fescue (*Festuca arundinacea* Schreb.). Illinois Turfgrass Conference Proceedings 7:39–46.

Musser, H.B. 1948. Effects of soil acidity and available phosphorus on population changes in mixed Kentucky bluegrass–bent turf. J. Ame. Soc. Agronomy 40:614–620. Morrish,

R.H. and Harrion, C.M. 1948. The establishment and comparative wear resistance of various grasses and grass–legume mixture to vehicular traffic. J. Ame. Soc. Agron. 40:168–179.

National Turfgrass Evaluation Program. www.ntep.org

Park, B.H., Kim, S.D., Kim, T.H., Sung, K.I., Lee, B.H. et al. 2005. Forages. Hyangmunsa. Seoul, Korea. (In Korean)

Park, N.I., Lee, I.Y., Park, J.E., Kim, H.J., Chun, J.C. and Ogasawara, M. 2007. Herbicidal efficacy of bispyribac–sodium combined with other herbicides for annual bluegrass (*Poa annua* L.) suppression. Kor. Turfgrass Sci. 21(1):39–50. (In Korean)

Parks, O.C. and Henderlong, P.R. 1967. Germination and seedling growth rate of ten common turfgrasses. Proceedings of the West Virginia Academy of Science. 39:132–140.

Phillipson, W.R. 1937. Arevision of the British species of the genus *Agrostis* Linn. J. Linnean Soc. London 51:73–151.

Reid, M.E. 1933. Effect of shade on the growth of velvet bet and metropolitan creeping bent. Bulletin of USGA Green Section 13:131–135.

Reid, M.E. 1932. The effects of soil reaction upon the growth of several types of bent grasses. Bulletin of USGA Green Section 12(5):196–212.

Sprague, H.B. 1933. Root development of perennial grasses and its relation to soil conditions. Soil Sci. 36:189–209.

Sprague, H.B. and Evaul, E.E. 1930. Experiments with turf grasses in New Jersey. New Jersey Agricultural Experiment Station Bulletin 497. pp. 1–55.

Sprague, H.B. 1934. Utilization of nutrients by colonial bent (*Agrostis tenuis*) and Kentucky bluegrass (*Poa pratensis*). New Jersey agricultural Experiment Station Bulletin 570. pp. 1–16.

Sprague, H.B. and Burton, G.W. 1937. Annual bluegrass (*Poa annua* L.) and its requirements for growth . New Jersey agricultural Experiment Station Bulletin 630. pp. 1–24.

Stuckey, I.H. 1941. Seasonal growth of grass roots. Ame. J. Batany 28:486–491.

Sullivan, E.F. 1962. Effects of soil reaction, clipping height. and nitrogen fertilization the productivity of Kentucky bluegrass sod transplants in pot culture. Agronomy. 54:261–263.

Watkins, J.M., Gonrey, G.W. and Evans, M.W. 1940. The distribution of Canada bluegrass and Kentucky bluegrass as related to some ecological factors. J. of Ame. Soc. Agronomy 32:726–728.

Watson, J.R. 1949. compaction and irrigation studies on established fairway turf. Pennsylvania state College 18th Annual Turf Conference. pp. 88–90.

Weaver, J.E. and Albertson, F.W. 1943. Resurvey of grasses, forbs and underground plant parts at the end of the great drought. Ecological Monographs 13:63–117.

Welton, F.A. and Carroll, J.C. 1940. Lawn experiments. Ohio Agricultural Experiment

Station Bulletin 613. pp. 1–43.

Youngner, V.B. 1959. Ecological studies on *Poa annua* in turfgrass. J. Bir. Grassland Soc. 14:233–237.

Youngner, V.B. 1962. Wear resistance of cool season turfgrasses effects of previous mowing practices. Agronomy J. 54(3):198–199.

CHAPTER 5

잔디밭 조성과 번식

잔디밭 조성 방법에는 종자 파종과 영양번식에 의한 방법이 있다. 파종은 영양번식에 비해 시공비용이 저렴하고, 작업인력이 적게 요구되기 때문에 대단위 면적의 잔디밭 조성에 경제적인 식재방법이다. 또한 파종 시 잔디식재 후 완성되는 종합적인 잔디 품질도 우수하다. 왜냐하면 파종으로 잔디밭을 조성할 경우 지하부 뿌리 발달이 양호하고, 식재층 지표면의 구배를 쉽게 살릴 수가 있어 설계계획상의 선형 유지가 용이하다.

일반적으로 전체 잔디밭 품질을 고려할 때 영양번식에 비해 종자 파종이 더 우수한 방법이다. 하지만 종자가 발아해서 지표면이 잔디로 완전히 피복될 때까지 소요되는 기간이 긴 것이 단점이다. 따라서 잔디밭 조성 계획 시 공사기간이 충분해서 종자 파종과 뗏장 식재 모두 동시에 가능한 경우 잔디밭 조성은 종자번식으로 조성하는 것이 더 효율적이다.

5.1 종자번식에 의한 잔디식재

5.1.1 종자번식

종자번식이 가능한 초종

일반적으로 대부분의 잔디는 종자에 의한 번식이 가능하다. 하지만 난지형 및 한지형 잔디의 일부 초종 및 품종에 따라서 종자번식이 불가능할 때가 있다. 난지형 잔디의 경우 종자 파종이 가능한 대표적인 초종으로는 버뮤다그래스 및 한국잔디 등이 있다. 버뮤다그래스에서 종자번식이 가능한 종류는 커먼 버뮤다그래스(*Cynodon dactylon* (L.) Pers.)이다. 하지만 오늘날 전 세계적으로 따듯한 기후대에 많이 사용하고 있는 하이브리드 버뮤다그래스는 영양번식 방법으로만 조성이 가능하다. 국내에서 많이 사용하고 있는 한국잔디의 경우 종류 및 품종에 따라 번식방법이 다르다.

조이시아그래스 중 내한성이 강해 국내에서 가장 많이 사용하고 있는 종류는 들잔디(*Zoysia japonica*)이다. 들잔디 품종 중 '제니스' 등은 종자 파종이 가능하지만, '세녹' 등의 품종은 영양번식으로만 가능하다. 그리고 들잔디보다 내한성이 약해 대전 이남에서 이용되고 있는 금잔디(*Z. matrella*)와 남해안 및 제주도에 식재되고 있는 비단잔디(*Z. tenuifolia*)는 모두 영양번식만 가능한 종류이다.

난지형 잔디에 비해 한지형 잔디는 종자파종이 대부분 가능하다. 하지만 한지형 잔디 중 켄터키 블루그래스나 크리핑 벤트그래스의 일부 품종은 종자 파종 후 시간이 경과하면서 개체의 특성이 불균일하게 나타나기 때문에 종자번식이 불가능하다. 이러한 경우 영양번식을 통해서만 잔디밭 조성이 가능하다.

잔디종자의 파종시기

잔디밭 조성 시 파종은 이론적으로는 언제든지 가능하다. 하지만 양질의 잔디밭을 기대할 경우 파종 초기에 균일한 발아와 함께 왕성한 유묘 생장이 필요하다. 즉 조성 후 잔디생장과 품질을 고려한다면 파종적기에 종자를 파종하는 것이 대단히 중요하다. 왜냐하면 잔디관리는 잔디밭 전체 집단 관리가 중요하기 때문에 조성 시 초기 발아 단계에서부터 균일한 밀도를 유지하는 것이 필요하다. 따라서 정원, 공원, 경기장, 골프장 등 잔디밭을 조성할 때 작업 스케줄을 파종 적기를 참조해서 전체 공정 계획을 수립 후 진행하는 것이 중요하다(표 5-1).

표 5-1 잔디밭 조성 시 종자 파종 적기

구 분	시 기*
난지형 잔디	4월 하순~6월 중순
한지형 잔디	3월 하순~5월 중순, 8월 하순~9월 하순

*시기: 초종, 지역 및 고도 등에 따라 달라질 수 있음.

난지형 잔디의 생육적온은 27~35℃이고, 한지형 잔디는 15~24℃이므로 각 종자 파종 시 잔디의 생육적온을 참조해서 일시에 단기간에 발아가 될 수 있는 시기를 선택하는 것이 바람직하다. 그리고 종자 파종 후 2~3개월 동안은 난지형 및 한지형 잔디의 생장에 최적의 환경을 제공할 수 있는 시기가 좋다.

1 난지형 잔디의 파종 적기

난지형 잔디는 생육적온이 27~35℃로 한지형 잔디보다 더 높기 때문에 왕성한 잔디생장을 위해서는 늦봄 또는 여름에 파종하는 것이 적절하다. 물론 파종시기를 결정할 때 잔디밭 조성 속도를 촉진시키기 위해 파종 후 일정기간 내내 고온 환경을 제공할 수 있는 시기가 바람직하다. 이 파종 적기는 지역, 고도, 및 기상조건 등에 따라 달라질 수 있으며, 중부 지방의 경우 4월 하순~6월 하순이 적절하다. 하지만 여름 장마철을 고려하면 실무적으로 6월 초순까지 파종하는 것이 안전하다. 파종 후 비닐 피복으로 파종 시기를 좀 더 앞당길 수도 있다.

2 한지형 잔디의 파종 적기

국내에서 한지형 잔디의 파종 적기는 이른 봄과 늦은 여름이 바람직하다. 이 파종시기는 지역, 고도 및 기상조건 등에 따라 차이는 있겠지만, 일반적으로 중부지방을 기준으로 3월 하순~5월 중순과 8월 하순~9월 하순 사이가 적절하다. 그리고 한지형 잔디는 봄 파종보다는 가을 파종이 지하부 뿌리발달 및 전체 잔디밭 품질에 더 적합하다고 할 수 있다(그림 5-1). 왜냐하면 늦여름의 환경은 토양온도가 따뜻해서 종자 발아에 양호하며, 뿌리생장 및 지하부 조직의 탄수화물 축적이 왕성하기 때문에 잔디밭 시공에 더 유리하다. 즉 한지형 잔디를 봄 파종보다 가을에 파종하면 발아과정이 신속하게 진행되면서 유식물 생장이 왕성해서 전체 잔디밭 품질이 양호하다.

봄: 5월 하순 파종 / 395일 경과 후 뿌리상태　　가을: 9월 초순 파종 / 291일 경과 후 뿌리상태

그림 5-1 켄터키 블루그래스의 파종시기별 뿌리 발달 차이

잔디 초종별 기준 파종량

잔디종자 파종 시 파종량은 종자 품질과 크기에 따라서 달라질 수 있다. 일반적으로 기준 파종량에 비해 밀파를 하는 경우 유식물이 발달하는 과정에서 수분 및 양분의 경합으로 인해 건전한 유식물 발달이 어렵다. 또한 유묘의 밀도가 과밀해져 병 발생 가능성이 높아지면서, 유식물의 병저항성 능력이 약해질 수 있다.

반대로 파종량이 기준량보다 적은 경우에는 조성 초기 유묘의 밀도가 낮아 잔디 지표면의 피복이 완성되기 전에 잡초 발생이 용이해져서 잔디밭 품질이 떨어질 수 있다. 즉 잔디밭 조성 시 파종량은 너무 적거나 또는 너무 많은 경우 모두 품질에 문제가 될 수 있다. 잔디종자 파종 시 적정 파종량은 성공적인 잔디밭 시공에 대단히 중요한 부분이다. 따라서 잔디 파종 후 생존 가능한 종자를 일정한 수준으로 유지하는 것이 필요하다. 초종에 따라 다소 차이는 있겠지만 일반적으로 1 cm^2 단위 면적에 1.5~5.0개의 살아 있는 종자를 파종하는 것이 좋다.

성공적인 잔디밭 조성에 필요한 적정 파종량은 초종, 생육형, 조성속도, 생존율, 비용 및 관리시스템 등 여러 가지 요인에 따라서 달라질 수 있다. 잔디초종은 줄기의 생장습성에 따라서 4가지 생육형이 있다(그림 1-7 참조).

지상포복경형, 지하경형 및 포복 · 지하경형 초종은 파종 후 일정한 시간이 지나 충분히 자라면 지상포복경 및 지하경 발달이 활발해져 번식력이 대단히 왕성해진다. 일반적으로 이러한 생육습성을 갖는 버뮤다그래스, 크리핑 벤트그래스 및 켄터키 블루그래스 등의 초종은 파종량이 2.5~15 g/m^2 사이로 포기형 초종인 퍼레니얼 라이그래스와 톨 훼스큐의 파종량 30~50 g/m^2에 비해 파종 기준량이 낮다(표 5-2).

표 5-2 잔디밭 조성 시 초종별 기준 파종량

종 류	생육형	파종량(g/m^2)
버뮤다그래스	포복 · 지하경형 생장	10~15
조이시아그래스	포복 · 지하경형 생장	5~15
크리핑 벤트그래스	지상포복경형 생장	2.5~10
켄터키 블루그래스	지하경형 생장	10~15
퍼레니얼 라이그래스	주형 생장	30~40
톨 훼스큐	주형 생장	40~50

대면적의 잔디 식재가 필요한 골프장 조성 시 퍼팅 그린과 페어웨이를 동일 초종으로 식재할 경우 그린의 종자 파종량이 페어웨이 파종량보다 훨씬 더 높아야 한다. 왜냐하면 그린 지역의 잔디밭은 볼이 쉽게 구를 수 있을 정도로 낮게 깎으면서 고밀도로 유지해야 하기 때문이다. 또한 퍼팅 그린은 페어웨이에 비해 잔디기대품질 수준이 더 높고, 잔디관리시스템이 페어웨이보다 훨씬 더 강한 수준이 요구되기 때문이다. 즉 잔디밭 조성이 완료된 후 정상적인 잔디관리 시 그린은 더 낮게 깎으면서 잔디 밀도는 더 높게 유지할 필요가 있기 때문에 초기 파종량이 페어웨이보다 높은 편이다.

초종에 따라 종자크기, 발아세, 조성속도, 생육형 등이 다르기 때문에 파종 기준량도 다를 수밖에 없다. 또한 실무에서 초종별 파종 기준량은 치사율, 비용, 잡초 출현, 병 발생 가능성 및 관리시스템 등 여러 가지 요인에 따라서도 달라질 수 있으며, 이러한 여러 가지 요인을 고려한 초종별 기준 파종량은 표 5-2와 같다.

잔디종자의 파종방법

잔디종자 파종방법은 식재면적의 규모 및 시공현장 조건에 따라 적절한 방법을 선택하는 것이 필요하다(표 5-3). 종자파종 시 작업의 핵심은 균일하게 종자를 파종하는 것이다. 조성할 식재면적이 소규모인 경우 인력 파종과 종자 파종기를 둘 다 사용할 수 있다. 인력 파종은 손으로 실시하는 간단한 파종방법으로 시공비용이 적게 든다. 하지만 균일한 파종을 위해서 숙련도가 높은 고급 기술 인력이 필요하다. 소형의 종자 파종기에는 회전식과 낙하식이 있다. 회전식 파종기는 종자 크기와 풍속 및 풍향에 따라서 살포 패턴이 달라질 수 있다. 이런 이유로 종자파종 시 파종기를 사용할 경우 회전식보다는 낙하식 종자 파종기가 더 효과적이다.

표 5-3 소규모 및 대규모 면적에 사용할 수 있는 파종방법

파종방법	내 용
인력파종	소규모 면적에 수작업으로 실시하는 방법으로 숙련도가 높은 인력이 필요함.
소형 파종기	소규모 면적에 활용할 수 있는 파종기로 회전식과 낙하식이 있음.
대형 파종기	트랙터에 부착해서 대규모 면적의 종자 파종에 사용할 수 있으며 파종과 함께 다짐작업도 가능함.
고압분사파종기 (하이드로씨딩)	대규모 면적과 경사지에 종자, 비료, 멀칭 재료를 혼합해서 고압 분사로 실시하는 방법으로 균일 파종이 가능함.

대규모 면적에 종자를 파종 시에는 대형 파종기와 고압분사 파종기를 이용할 수 있다. 대형 파종기는 롤러까지 부착된 장비로 파종과 함께 지표면을 다져줌으로써 종자를 토양에 밀착시켜 1 cm 정도 깊게 파종을 할 수 있는 장점이 있어 지하부 뿌리발달이 양호하다. 하지만 파종작업 시 식재층에 골이 만들어지면서 파종 후 3~4개월 정도 잔디밭 표면에 1 cm 정도 깊이의 골이 지속되기 때문에 골이 없는 경우에 비해서 골과 골 사이 피복이 지연되므로 전체 잔디밭의 조성속도가 3~6주 정도 지연되는 단점이 있다(그림 5-2).

그림 5-2 대형 파종기로 종자 파종 시 잔디생장 및 피복 모습

고압분사파종법(hydroseeding)은 대규모 식재지역의 파종과 종자 파종이 어려운 경사지에 효율적인 식재방법이다. 이 방법은 파종 시 종자, 색소, 비료 및 멀칭 재료를 혼합해서 고압 분사 방식으로 파종을 할 수 있기 때문에 신속하게 균일 파종이 가능하다. 하지만 파종 후 지표면 위에 종자가 노출되기 때문에 화이버 같은 멀칭 재료를 반드시 사용해서 파종 초기 피해를 예방하는 것이 필요하다(그림 5-3).

그림 5-3 고압 분사식의 하이드로씨딩 공법으로 파종하는 장면

잔디종자 파종 및 초기관리

잔디밭 식재 시 종자 파종의 기본 컨셉은 식재지에 종자를 균일하게 살포하는 것이다. 파종 깊이는 초종에 따라 잔디밭 표면에서 3~6 mm 전후 묻히도록 하는 것이 좋다. 파종 깊이가 부적당하면 발아 후 유식물의 밀도가 크게 감소할 수 있다. 또한 파종 직후에는 반드시 다짐 작업을 해주는 것이 필요하다. 다짐작업 후 배토작업과 함께 멀칭 작업을 실시해서 수분 손실 및 토양 유실을 방지해서 종자를 보호하는 것이 필요하다(그림 5-4).

그림 5-4 잔디밭 조성 시 종자파종 프로세스(김경남. 2013. 최신잔디조성론)

잔디 종자 파종 후 초기관리는 잔디밭 완성 후 실시하는 관리방법과는 상당히 다르다. 파종 후 초기 단계에서 가장 중요한 작업은 물관리이다. 초기 물관리의 중요성은 종자파종이나 영양번식으로 조성한 경우 모두 해당된다. 조성 초기 관수관리의 컨셉은 소량으로 자주 관수하는 것이다. 특히 파종 후 초기 잔디밭의 특징은 근계 형성이 천근화로 나타나서 뿌리발달이 약하다. 즉 수분 흡수 능력이 낮기 때문에 관수량은 적게 자주 공급하는 것이 적절하다. 이때 1회 관수량은 초종, 토양, 기후 등에 따라 달라지겠지만, 평상시 관수량의 30~60% 정도 수준에서 관리하는 것이 좋다. 하지만 잔디생장 및 발육이 진행되면서 잔디 발육 상태를 확인하면서 1회 관수량은 점점 더 증가시키는 것이 필요하다.

초기 깎기관리의 기본은 최초의 잔디깎기 시기와 깎기 높이를 정확하게 판단하는 것이다. 일반적으로 적기에 파종해서 관리를 할 경우 첫 번째 잔디깎기 시기는 보통 2

주~4주 사이로 보면 된다. 물론 초종 및 잔디밭 용도에 따라서 달라질 수 있다. 발아속도가 빠른 퍼레니얼 라이그래스의 경우 2주~3주, 크리핑 벤트그래스의 경우 2~4주, 발아속도가 느린 켄터키 블루그래스의 경우 4~6주 사이를 기준으로 해서 유묘에 피해가 발생하지 않는 시기에 시도하면 된다.

종자 발아 시 유묘는 배유에 저장된 양분에 의지해서 생장을 하는데 어느 단계에 이르면 종자에 저장된 양분이 모두 소멸하게 된다. 따라서 외부에서 비료를 적절한 시기에 공급해 주는 것이 필요하다. 파종 후 초기 시비관리는 소량 및 다회 기준으로 실시해야 한다. 소량 살포 시 질소를 포함한 필요한 영양분은 적당한 간격으로 충분하게 공급되도록 해야 한다. 하지만 새로 발달하는 줄기 및 뿌리발육에 지장을 줄 정도의 과다한 시비는 피해야 한다.

5.1.2 종자의 수명과 퇴화

종자의 수명

종자의 수명은 작물의 종류에 따라 매우 다르다. 종자는 다음 세대를 이을 수 있는 적당한 시간이나 장소가 마련될 때까지는 생명을 유지할 수 있는 능력이 있지만 장기간 살아남을 수 없어 결국에는 퇴화되어 죽는다. 다행히도 종자는 적당한 주위 환경만 주어지면 상당한 기간 살아남을 수 있기 때문에 억지로 종자의 수명을 연장시킬 필요는 없다.

종자의 수명에 관여하는 요인

1 내부요인

물리적 또는 생리적 상태에 따라 종자의 수명은 영향을 받는다. 물리적으로 종자 파열이나 손상을 입었을 경우 건전한 종자보다 빨리 퇴화된다. 물리적인 증상은 없지만 종자가 생리적인 피해를 받아 빨리 퇴화될 수도 있다. 또한 종자가 발육중이거나 완숙하기 전에 질소나 칼륨 또는 석회의 결핍, 과다한 습기, 높은 온도 등 나쁜 환경에 놓이게 되면 종자의 수명이 짧아진다.

2 종자의 수분함량과 저장온도

종자의 수명은 수분함량이 1% 증가함에 따라 절반으로 단축되고(5~14% 범위 내), 저장온도가 0~50°C 범위 내에서 5°C 올라감에 따라 종자의 수명이 반감된다고 하였는데 이를 일률적으로 그대로 모든 작물에 적용할 수는 없지만 수분과 온도 중,

특히 종자 내 수분함량이 종자의 수명에 크게 영향을 미친다.

종자의 수명을 연장하기 위해서는 종자의 수분함량이 낮아야 하고, 시기적으로 일정하게 유지하는 것이 중요하다. 수명 연장에 가장 효과적인 종자의 수분함량은 4~6%이다. 그러나 저장온도가 낮다면 수분함량이 다소 높아도 무방하다.

3 상대습도와 온도

상대습도와 온도는 종자의 수명을 좌우하는 가장 중요한 외적요인이다. 대부분의 식물 종자는 80%의 상대습도와 25~30℃의 온도에 저장하면 발아력이 빨리 저하된다. 그러나 종자를 50% 이하의 상대습도와 5℃ 이하의 온도조건에 저장하면 10년 이상 발아력을 유지할 수 있다.

일반적으로 대기 중의 상대습도가 20~25%에서 저장할 때 수명이 가장 길어진다. 그러나 종자의 양이 많아서 저장시설 내의 온 · 습도 조절이 안 될 경우에는 수분밀폐용기나 자루(백)에 밀봉 저장하는 것이 효과적이다.

4 저장온도

저장온도는 종자의 수명에 영향을 미친다. 외부온도가 0℃가 되면 종자의 세포 사이에 있는 물이 얼어 세포막에 기계적 상처를 줌으로써 종자의 퇴화를 조장한다. 그러나 종자의 수분함량이 14% 이하가 되면 온도가 0℃가 되어도 결빙되지 않는다.

그러나 저장고에 저장하기 전 종자의 수분함량이 14% 이하라 하더라도 이 종자를 0℃ 이하의 저장고에 넣으면 종자가 수분을 흡수한다. 대개의 저온저장고는 상대습도가 비교적 높기 때문에 이와 같은 저장고에 종자를 두면 얼마 되지 않아 종자가 수분평형을 이룬다.

따라서 저온에 종자를 저장할 경우에는 저장고 내의 상대습도를 조절할 수 있도록 하거나, 아니면 저장할 종자가 더 이상 수분을 흡수하지 못하도록 별도의 저장용기에 넣어 저장고에 저장하는 것이 좋다.

5 유전적인 요인

같은 조건하에서도 어떤 종자는 저장력이 다른데 대개 장명종자들은 종피가 단단하고 불투과성으로 저장력이 크다.

종자의 화학적 성분이 비슷하더라도 종이 다르면 저장력이 다른데, 이는 저장력에 대한 유전적인 요인이라고 할 수 있다. 예를 들어 츄잉스 훼스큐와 라이그래스 속 잔디(이탈리안 라이그래스, 퍼레니얼 라이그래스)가 훼스큐 속 잔디(톨 훼스큐, 메도우 훼스큐)보다 저장력이 훨씬 높다. 저장력에 대한 유전적 차이는 같은 종 내에서도 있을 수 있다.

6 침해균의 존재

진균이 종자를 침해하는 현상은 포장상태에서도 볼 수 있고, 저장 중에도 볼 수 있다. 포장에서 균이 침해할 때에는 종자를 수확하기 전이기 때문에 종자의 수분함량이 30~35%로 매우 높고, 또 대기의 상대습도도 90~95%로 높다. 포장에서 균이 침해할 때는 종자가 성숙할 때이므로 이때의 침해가 종자의 퇴화에 직접 영향을 미치는 경우는 드물다. 그러나 저장 중에 종자를 침해하는 균은 상대습도가 높지 않아도 번식하는 특징이 있기 때문에 이들 균은 상대습도가 65~90%이면 언제나 종자를 침해할 수 있다. 저장 중에 균이 종자를 침해할 수 있는 온도는 30~33°C이다.

7 기계적 손상

종자는 수확, 정선, 포장하거나 운송할 때 기계적 손상을 입는다. 기계적 손상은 즉시 종자의 수명에 영향을 주지는 않지만, 저장기간 중에 서서히 종자의 퇴화를 촉진시킨다. 종자의 퇴화는 되돌릴 수 없는 것이고, 또 점진적인 생리적 과정이기 때문에 작은 기계적 손상이라도 처음에는 별로 큰 영향을 미치지는 않지만 저장기간 중에 서서히 그 피해가 나타나기 시작하여 결국은 종자퇴화의 큰 원인이 된다. 기계적 손상 중에서도 종자의 배 부위에 대한 손상은 종자의 수명에 치명적인 영향을 미친다. 기계적인 손상은 균의 침해를 도와 직접적으로 종자의 퇴화를 촉진시킨다.

8 종자의 성숙도

포장에서의 대기온도, 토양수분, 식물의 영양상태 및 품종의 유전적 차이는 종자의 성숙 및 성숙기에 영향을 주고, 나아가 종자의 저장력에 영향을 미친다.

대개 환경조건이 양호한 경우 종자의 저장력은 종자가 생리적 성숙기에 있거나 또는 종자의 건물중이 최고에 달할 때 가장 높다. 그러나 종자의 생리적 성숙기나 무게는 한 개체에서는 물론 동일한 종에서도 다르다.

종자 퇴화

1 종자 퇴화의 개념

- 종자의 퇴화는 어쩔 수 없는 생리현상으로서 모든 생물은 결국 퇴화되어 죽기 마련이지만 저장관리를 잘 하면 퇴화의 속도를 어느 정도 줄일 수 있다.
- 종자의 퇴화는 불가역적 생리현상이다. 일단 종자가 퇴화되면 이는 되돌릴 수

없다. 즉, 퇴화된 종자는 퇴화되기 전의 건전한 종자로 만들 수 없다. 때로는 퇴화된 종자에 살균제를 처리함으로써 발아시킬 수도 있지만, 이는 다만 퇴화된 종자가 지니고 있는 발아력이 잘 표현되도록 도와줄 뿐이지 퇴화된 종자의 근본생리를 변화시키는 것은 아니다.

- 종자의 퇴화는 종자에 따라 다양하다. 즉, 어떤 품종의 종자는 다른 품종의 종자보다 퇴화되는 속도가 느리다. 같은 품종 중에서도 수확한 장소에 따라 저장성이 다르고, 한 개체에서 수확한 종자라도 개개 종자에 따라 저장력이 다를 수 있다.

2 종자의 퇴화증상

종자의 확실한 퇴화는 발아중 또는 유묘가 성장할 때 알 수 있다. 이와 같은 경우에는 복잡한 방법에 의하여 퇴화의 증상을 확인할 수 있다.

퇴화하는 종자에서 볼 수 있는 변화과정은 생장시험이나 생화학적 분석법에 의하여 확인할 수 있다. 퇴화하는 종자에서는 호흡감소, 유리지방산 증가, 발아율 저하, 성장 및 발육 저하, 저항성 감소, 포장출현율 감소, 비정상묘 증가, 효소활동 감소, 종자침출물 증가, 발아조건 감소, 저항력 감소, 균일성 감소, 수량감소 등이 나타나고 변색되어 결국 종자의 활력을 잃게 된다.

종자의 휴면

휴면현상은 자연에 적응하기 위한 식물체의 중요 생존수단의 하나이다. 즉, 온대지역이나 한대지역의 추운 겨울 또는 열대지역의 건조기 등에 식물체의 휴면현상이 없다면 이 시기를 살아 넘길 수 없다. 휴면은 그 발현 양상에 따라 1차 휴면과 2차 휴면으로 구분될 수 있다.

1 1차 휴면

1차 휴면은 가장 일반적인 휴면 형태로서, 이는 다시 자발휴면과 타발휴면으로 나누어진다.

자발휴면

자발휴면은 배나 종피에 그 원인이 있어서 유발되는 휴면으로서 미숙배, 휴면배, 각종 종피관련 원인들에 의해 유발된다. 미숙배란 모식물에서 분리될 때 아직 형태적으로 미숙한 상태여서 발아하지 못하는 것을 의미하며, 이와 같은 종자가 정상적으로 발아하기 위해서는 후숙이 필수적이며 그 기간이 수일에서 수개월 정도 걸릴 수 있다.

배휴면이란 종자 자체는 형태적으로 완전히 발달해 있지만 발아에 적합한 환경조건에서도 발아하지 않는 현상을 뜻한다. 생리적 휴면이라고도 한다. 이러한 종자들은 겨울의 저온에서 후숙이 진행되면서 휴면이 타파되고 이듬해 봄에 발아한다. 이 현상에는 특히 내생 식물호르몬의 역할이 매우 큰 것으로 알려져 있는데 지베렐린이나 시토키닌류는 발아를 촉진하고 아브시스산은 억제한다. 종피에 의한 휴면도 중요한 자발휴면의 하나로서 경피종자 또는 경실종자가 이에 속하며, 종피가 물이나 산소를 투과시키지 않아서 발생하는 휴면도 있다.

타발휴면

타발휴면은 종자 자체는 정상이나 환경조건이 부적합하여 나타나는 휴면으로 주로 종피의 특성과 관계가 깊다. 타발휴면을 유발하는 대표적인 요인으로 수분, 공기, 온도를 들 수 있으며, 이밖에 종피가 지나치게 단단하여 흡수하더라도 배가 자라 나오지 못하고 흡수상태로 휴면하는 기계적 요인이 있다.

2 2차 휴면

성숙한 종자에는 존재하지 않던 휴면이 차후 여러 요인에 의하여 발생하는 것을 2차 휴면이라고 한다. 발아에 부적합한 환경이 주어질 경우, 즉 지나친 고온이나 저온, 과습, 과건, 광선의 유무 및 광질, 산소 부족 등이 주 유발요인이다.

3 휴면타파

자발휴면의 경우에는 즉각적인 휴면타파가 어렵거나 불가능한 경우가 많으나 타발휴면의 경우에는 비교적 쉽게 타파하거나 회피할 수 있다. 자발 또는 타발을 불문하고 일반적으로 자연상태에서는 종자가 떨어져 땅에 묻힌 후 마르지 않고 겨울을 나게 되면 대개 휴면이 타파되며, 조류나 인축의 창자를 통과한 뒤에 타파되는 것들도 있다. 이밖에 미생물이나 산불, 토양산도 등에 의하여 휴면이 타파되기도 한다.

종피파상법

- **기계적 파상**: 종자끼리 서로 섞거나 또는 모래 등과 섞어서 비비거나 흔들어서 상처를 주어 처리하기도 하는데 이와 같은 목적으로 개발되어 이용되고 있는 기계들도 있다.
- **화학물질을 이용한 종피파상**: 황산이 대표적으로 가장 많이 쓰이고, 염산, 수산화나트륨, 아세톤, 알코올, 락스 등과 같은 화학물질로 종피 일부를 녹여서 처리한다.

- **생물학적 처리**: 탈종 후 발효과정에서 미생물을 이용하여 교질물질을 없애고 종피의 일부분을 녹이는 것으로 과채류에서 흔히 이용된다.

유전적인 방법

유전적인 방법은 전형적인 경실종자여서 흔히 휴면현상을 보이는 작물의 종자에 대하여 육종적 조작을 가하여 종피를 얇게 하여 휴면을 약화시키는 방법이다.

등숙환경의 조절

수확 전에 과실과 종자 발달기간의 환경을 조절하여 휴면을 타파시키거나 약화시키는 것이다. 즉, 종자 등숙기에 이상적인 환경조건이 주어지면 채종되는 종자도 휴면이 매우 짧거나 거의 없는 종자를 생산할 수 있다.

광선

광선의 유무에 따라 종자발아도 상당한 영향을 받는데 광발아 종자, 즉 광선이 있어야 종자발아가 촉진되는 식물의 종자들은 암상태에서는 거의 발아하지 못하므로 광조건을 주어 발아시킨다. 반대로 암발아 종자들은 광선이 있으면 오히려 종자발아가 억제되는데 일반적으로 온도조건이 부적합한 경우 광반응이 더 확실하게 나타난다.

온도

- **저온처리**: 국제종자검사규정에서 종자발아를 촉진하기 위하여 가장 흔하게 쓰이는 방법 가운데 하나가 저온처리이다. 즉 채소, 화훼, 향신채 및 약용작물의 경우에 흡수한 종자를 5~10℃의 온도에서 7일 정도 처리한다. 수목류의 종자는 1~5℃의 온도에서 2주~12개월까지 예냉을 하는데, 이때 종자가 마르거나 얼지 않도록 주의해야 한다.
- **층적저장**: 온대지역 수목의 많은 종자에 대해서는 휴면을 타파하기 위하여 층적저장을 한다. 즉, 종자를 채취하여 완전히 말리지 않고 축축한 모래 등과 섞어서 겨울 동안 지중에 묻어두거나 또는 냉장고에서 저온처리를 하는 것이다. 이 처리에 의하여 다양한 휴면요인들이 제거되어 발아할 수 있게 된다.
- **고온처리**: 작물에 따라서는 발아실험에 들어가기 전에 30~50℃를 넘지 않는 범위 내에서 최장 7일까지 고온처리를 해준다.

생장조정제 처리

흔히 많이 쓰이는 생장조정제는 지베렐린으로 땅콩, 앵두나무, 셀러리 등에 처리되고 있다. 사이토키닌은 불량한 환경에서 상추 종자의 발아를 촉진하는 데 효과적이다.

기타 화학물질

다양한 화학물질들이 휴면타파 내지는 발아촉진 또는 맹아촉진용으로 쓰이고 있다. 즉, 과산화수소는 호흡촉진제로 발아를 촉진시키고, 종자소독까지 할 수 있다. NO_3나 NO_2도 많이 쓰이는데, 대표적인 것이 KNO_3와 HNO_3이다. Thiourea는 발아촉진 및 광선을 대체하는 효과가 있어서 비교적 많은 작물에 이용되고 있다.

5.2 영양번식에 의한 잔디식재

잔디밭 조성을 영양번식 방법으로 할 경우 종자파종에 비해 잔디피복을 빠르게 완성할 수 있다. 영양번식 방법에는 뗏장 이식, 플러깅 공법, 스프릭 공법 및 스톨론 공법이 있다. 플러그, 스프릭 및 포복경을 이용한 식재 방법은 실무적으로 생육형이 S-type, 또는 S/R-type 초종에서만 이용할 수 있는 방법이다. 플러깅 공법은 사용하는 플러그의 크기에 따라 대상 잔디의 종류 및 공법 특성이 다르며, 스프릭 공법과 스톨론 공법은 포복경 소재를 이용하는 식재방식이다. 그리고 국내에서 영양번식 방법으로 잔디밭 조성 시 가장 많이 이용하는 방법은 뗏장 번식에 의한 잔디식재 방법이다. 하지만 뗏장 식재는 공사기간이 짧고 잔디면 피복을 빨리할 수 있어 초종에 관계없이 언제든지 적용할 수 있는 방법이지만, 시공비용이 가장 비싼 단점이 있다.

5.2.1 뗏장번식의 특성

영양번식 방법 중에서 뗏장에 의한 잔디밭 조성은 시공성과 공기성이 가장 우수한 방법이다. 즉 뗏장 식재는 B-type, S-type, R-type 및 S/R-type 등 잔디 생육형과 관계없이 시공성이 우수해서 대상 장소에 관계없이 어느 곳에서든지 뗏장을 식재할 수 있다. 또한 잔디피복이 빠르게 진행되기 때문에 계절에 관계없이 식재할 수 있는 방법이다. 왜냐하면 뗏장 식재는 생산지에서 사전에 충분히 양생시킨 소재를 이용하기 때문에 전체 잔디밭 피복 속도가 빠르고 급속 녹화가 가능하기 때문이다. 따라서 시공 기간이 짧고 잔디밭 조성을 단기간에 완성할 수 있다(표 5-4).

표 5-4 뗏장 번식의 장점 및 단점

구 분	내 용
장점	• **시공성**: 장소에 관계없이 식재 가능 • **공기성**: 계절에 관계없이 조성 가능 • **잔디피복**: 조기 급속 녹화가 가능 • **조성기간**: 잔디밭 조성이 단기간 내 완료
단점	• **경제성**: 고비용의 조성방법 • **잔디면**: 잔디밭 표면의 균일도가 불량 • **표면구배**: 평탄성 불량으로 선형이 크게 훼손됨 • **내구성**: 답압 및 정상적인 게임에 적응하려면 평균 3~5개월 정도 소요됨 • **잔디생육**: 뗏장 형성 시 형성된 대취층으로 인해 뿌리 발육이 저하

하지만 생산지에서 사전에 충분히 자란 뗏장을 소재로 이용하기 때문에 시공비용 증가로 경제성은 떨어진다. 즉 이 방법은 실무적으로 잔디밭 조성비용이 가장 비싼 고비용의 식재방식이 단점이다. 또한 국내 뗏장 생산지에서 수확하는 뗏장의 두께가 불균일해서 뗏장으로 조성하는 잔디밭 표면에 요철이 생길 수가 있다. 즉, 잔디밭 지표면의 균일도가 불량하고 평탄성이 훼손되면서 설계도의 선형 및 구배가 불량해질 수 있다. 이밖에 동일한 조건에서 종자번식으로 조성한 잔디밭에 비해 내구성이 떨어지는 것도 단점이다. 장기적으로 뗏장 재배 및 생산 시 형성된 대취층으로 인해 종자번식 잔디밭에 비해 근계 형성이 떨어진다.

5.2.2 뗏장의 두께

잔디 뗏장 시공 시 사용할 뗏장의 두께는 초종, 식재층 및 뗏장의 강도에 따라 그 두께를 다르게 하는 것이 바람직하다. 일반적으로 잔디생육 측면에서 뗏장 두께는 가능한 얇을수록 좋다. 두께가 얇은 뗏장은 두꺼운 뗏장에 비해 발근 속도가 빨라 근계 형성이 빨리 되므로 뗏장의 활착에 좋다. 또한 두께가 얇은 뗏장은 무게가 가벼워서 취급이 용이하고, 묻어있는 토양이 적어 잔디밭 조성 후 이질층 등의 문제 발생이 감소할 수 있다.

하지만 뗏장의 두께가 너무 얇은 경우 공사 전 유통 및 보관과정에서 쉽게 건조될 수 있어 건조 피해 가능성이 크다. 그리고 뗏장의 밀도가 낮은 경우 뗏장의 뿌리 엉김이 약해질 수 있다. 뗏장 강도가 낮은 경우에는 평상시 기준보다 뗏장을 좀 더 두껍게 수확하는 것이 필요하다.

한지형 잔디 중 뗏장의 기준 두께가 가장 두꺼운 초종은 퍼레니얼 라이그래스이고, 가장 얇은 초종은 크리핑 벤트그래스이다. 생육형이 B-type인 퍼레니얼 라이그래스는 2.0~3.3 cm로 가장 두껍다. 반대로 S-type인 크리핑 벤트그래스는 0.8~1.5 cm 사이로 가장 얇다. R-type인 켄터키 블루그래스의 경우 1.3~2.0 cm 사이로 중간 정도의 뗏장 두께이다.

5.2.3 잔디뗏장 식재 과정

뗏장 시공 전 준비

잔디밭을 뗏장번식으로 조성 시 사전에 지반의 토양 및 뗏장 소재에 대해 사전 점검을 실시하는 것이 적절하다. 즉 뗏장 시공 전 대상지 식재층의 토양수분 함량, 뗏장 두께 및 뗏장 취급 시 주의사항 등을 확인하는 것이 바람직하다(표 5-5). 뗏장 시공 3~4일 전에 뗏장을 이식할 식재층 지반에 충분한 관수를 실시해서 토양수분 함량을 적절한 수준으로 높여주는 것이 필요하다.

표 5-5 양질의 잔디 뗏장 확보 시 기본 숙지 사항

구 분	항 목	내 용
뗏장규격	크기	일반 잔디: 18×18 cm, 21×21 cm, 30×30 cm
	두께	뿌리 조직 등을 포함해서 3 cm 이하가 바람직
뗏장품질조건	균일도	잔디 줄기의 밀도가 균일한 뗏장 확보
	병해충잡초	잡초 및 병충해 발생이 없는 뗏장 확보
	뗏장인장력	뗏장 수확 및 이동 시 원래 형태가 유지되는 인장력이 강한 뗏장 확보
	발근력	뗏장 식재 후 1~2주 안에 발근이 잘 될 수 있는 뗏장 확보
	대취층	대취층 발달이 없거나 거의 없는 뗏장 확보

김경남. 2016. 조경시공학습모듈: 03.잔디식재공사

성공적인 뗏장 식재를 위해서는 뗏장 규격 및 식재기준을 참조해서 뗏장식재 방법에 따라 유형별 잔디 소요량을 충분히 계산해서 확보해야 한다(표 5-6, 표 5-7). 뗏장의 품질은 잔디생육 측면에서 두께가 얇을수록 조기 발근에 좋다. 뗏장 생산지에서 수확 후 현장으로 이동하는 일련의 수송 및 보관과정에서 뗏장이 훼손되지 않도록 조심해서 다루어야 한다. 또한 뗏장 식재 시 뗏장 사이의 이음매를 채우는데 필요한 양질의 배토사도 사전에 체가름을 해서 충분히 확보하는 것이 바람직하다.

표 5-6 잔디 뗏장의 규격 및 식재 기준

구 분	뗏장규격	식재기준
평떼	30×30×3 cm	1 m^2 단위면적당 11매 식재
줄떼	10×30×3 cm(1/2 줄떼)	10 cm 간격으로 식재
	10×30×3 cm(1/3 줄떼)	20 cm 간격으로 식재

김경남. 2016. 조경시공학습모듈: 03.잔디식재공사

표 5-7 뗏장 식재 유형별 잔디 소요량 기준

구 분	유 형	잔디 소요량
평떼	전면 붙이기	1 m^2 단위면적당 11매(100%)
	이음매 붙이기(4 cm 간격)	평떼 전면 붙이기의 77.8%
	이음매 붙이기(5 cm 간격)	평떼 전면 붙이기의 73.4%
	이음매 붙이기(6 cm 간격)	평떼 전면 붙이기의 69.4%
	어긋나게 붙이기	평떼 전면 붙이기의 50.0%(1 m^2 단위면적당 5.5매)
줄떼	1/2 줄떼(10 cm 간격)	평떼 전면 붙이기의 50.0%(1 m^2 단위면적당 5.5매)
	1/3 줄떼(20 cm 간격)	평떼 전면 붙이기의 33.3%(1 m^2 단위면적당 3.6매)

김경남. 2016. 조경시공학습모듈: 03.잔디식재공사

뗏장 시공 프로세스

양질의 잔디밭 조성을 위해서는 시공 시 뗏장 내려놓기, 뗏장 맞추기 및 이음매 처리 등 일련의 작업이 유기적으로 이뤄져야 한다. 뗏장 내려놓기 작업은 수작업 또는 자동 기계장치를 이용할 수 있다. 뗏장 하차 후 맞추기 작업은 뗏장을 서로 엇갈리게 맞추어서 뗏장 사이에 틈이 발생하지 않도록 주의한다. 이때 뗏장 사이 이음매는 서로 잘 맞추어서 토양에 밀착시키는 것이 바람직하다.

기타 주의사항

잔디 뗏장 식재과정에서 유의해야 할 점은 취급 시 건조 피해가 발생하지 않도록 해야 한다는 것이다. 이를 위해서는 뗏장과 뗏장 사이의 이음매를 배토사로 적절하게 채워주는 것이 필요하다. 배토사는 시공 전에 미리 체가름해서 준비한 입자가 균일하고 잡초가 없는 양질의 배토사를 이용하는 것이 좋다(그림 5-5).

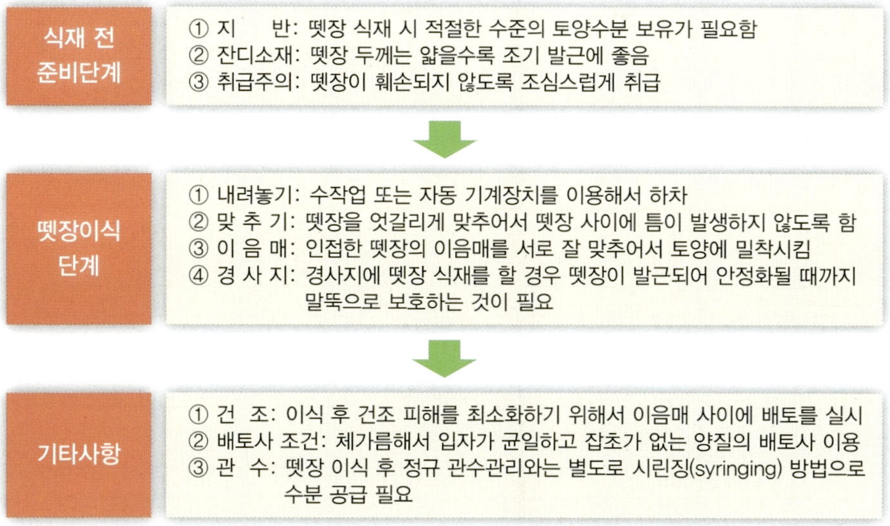

그림 5-5 잔디밭 뗏장 이식 프로세스(김경남. 2013. 최신잔디조성론)

5.2.4 잔디뗏장 식재 방법

뗏장으로 식재하는 방법에는 평떼 식재, 어긋나게 붙이기 및 줄떼 붙이기가 있다(그림 5-6). 잔디 전면 붙이기(전떼 식재)는 토양 개량과 정지 작업이 완료된 지면을 롤러로 다진 후 잔디 표면 전체를 사전에 준비한 뗏장으로 붙이는 방법이다. 실무현장에서 잔디밭 전면붙이기 방법을 평떼 또는 전떼라고도 한다. 어긋나게 붙이기 방법은 준비한 뗏장을 20~30 cm 간격으로 어긋나게 놓거나, 서로 맞물려 여유 있게 배열하여 식재하는 방법이다. 전면 붙이기와 어긋나게 붙이기 방법 시 사용할 수 있는 일반적인 뗏장의 규격은 18×18×3 cm, 21×21×3 cm, 30×30×3 cm 등이 있다.

잔디밭 줄떼 붙이기 방법은 준비한 뗏장을 10~15 cm 정도의 폭으로 잘라 10~20 cm 간격으로 붙이는 방법이다. 이 방법은 실무에서 1/2 줄떼 또는 1/3 줄떼로 실시한다. 줄떼 식재 시 사용할 수 있는 뗏장의 규격으로는 10×30×3 cm, 15×30×3 cm 등이 있다.

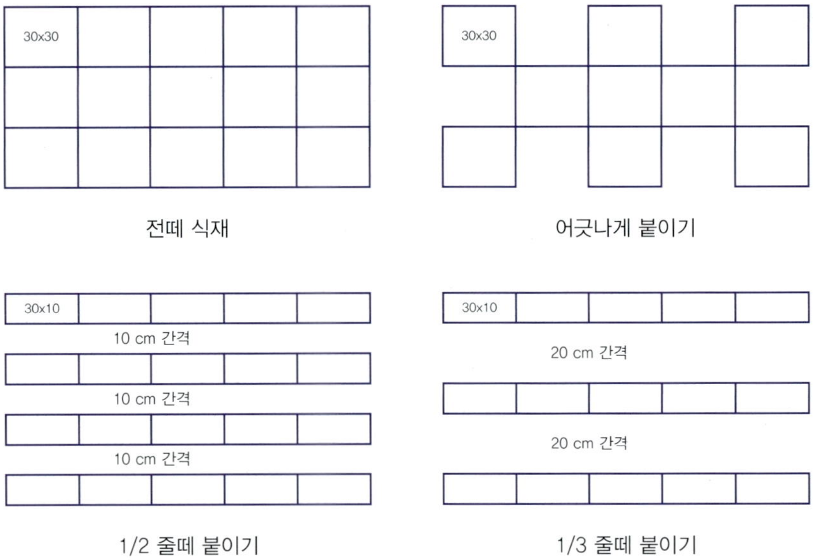

그림 5-6 잔디밭 뗏장 식재방법(김경남. 2016. 조경시공학습모듈: 03.잔디식재공사)

5.3 종자번식과 영양번식의 특성 비교

잔디식재 방법을 결정할 때 종자번식 또는 영양번식의 선택은 식재시기를 포함해서 잔디생육측면, 환경측면, 품질측면 및 시공측면 등 여러 가지 요인을 고려해서 판단하는 것이 바람직하다. 잔디밭 조성 시 종자파종과 영양번식의 특성을 비교한 내용은 표 5-8과 같다. 이때 실무적으로 장점 및 단점을 종합적으로 분석 후 잔디밭 조성 현장의 실무 컨셉에 최적인 식재방법을 선택하면 된다. 일반적으로 두 가지 방법 모두 가능하거나 또는 여러 가지 조건이 비슷하다면 종자파종이 훨씬 바람직하다.

하지만 앞에서 설명한 것처럼 잔디밭 피복을 신속하게 해야 한다면 뗏장을 준비해서 영양번식 방법으로 평떼 피복을 해야 할 것이다. 뗏장을 이용할 경우 조기 피복의 장점은 지상부 엽 조직만 해당된다. 왜냐하면 파종 및 뗏장으로 동시에 식재하고 일정 기간이 지난 후 지하부 뿌리 생장을 비교해보면 종자파종한 것이 뗏장 식재보다 왕성하게 자란 것을 알 수 있다(그림 5-7).

표 5-8 종자파종과 영양번식의 특성비교

구 분	종자파종	영양번식
초 종	대부분 한지형 및 난지형 잔디	• 크리핑 벤트그래스 및 켄터키 블루그래스의 일부 품종 • 들잔디 '중지', '세녹', 금잔디 등, 하이브리드 버뮤다그래스
파종시기	• **한지형**: 3월 하순~5월 중순 8월 하순~9월 하순 • **난지형**: 5월 중순~6월 하순	언제나
잔디밀도	높음	매우 높음
근계형성	깊음	얕음
환경적응성	강	약
잔디품질	고	중~고
대취축적	느림	빠름
평탄성	매우 양호	낮음
조성비	저렴	비쌈
인력소요	최소	최대
조성속도	가장 느림	가장 빠름

김경남. 2013. 최신잔디조성론

그림 5-7 종자파종(왼쪽 · 오른쪽)과 뗏장식재(가운데)에 따른 뿌리생육 비교

5.4 잔디번식 시 주의사항

5.4.1 종자파종 시 주의사항

종자 파종으로 잔디밭을 조성할 경우 주의할 사항을 정리하면 다음과 같다.

- 잔디종자를 균일하게 파종하기 위하여 말뚝과 끈을 이용하여 식재 대상지를 일정간격으로 나눈 후, 전체 파종량의 반을 가로 방향으로 파종하고 나머지 반은 세로 방향으로 파종한다.
- 종자 파종 깊이는 초종에 따라 3~6 mm 정도 묻히도록 해야 정상적인 유묘 출현과 뿌리 발달이 양호하다.
- 파종 직후 롤러 다짐 작업을 통해 종자를 밀착시켜 지하부 뿌리 생장 및 근계 발달이 원활하게 되도록 유도한다.
- 호광성 종자의 특성상 파종 후 모래로 2~3 mm 정도 배토를 실시한다.
- 발아를 위한 적절한 수분과 토양 온도 유지를 위하여 난지형 잔디는 폴리에틸렌 필름(두께 0.03 mm), 한지형잔디는 볏짚, 황마천, 차광막 등으로 피복한다.
- 피복면 아래 토양이 젖을 정도로 물을 주되 파종면이 너무 젖어서 흙이 뭉치거나 쇄골이 나지 않도록 한다.
- 발아 시 2~3주 동안 흙이 젖어 있어야 하므로 1 cm 정도 발아할 때까지 물을 자주 준다. 하지만 파종 전 충분한 관수를 통해 토양 수분이 높은 경우 1~2주 관수작업을 생략할 수 있다.
- 종자가 발아하면 웃자라거나 고온으로 인하여 피해가 발생하지 않도록 피복망을 수시로 개폐하면서 통풍과 온도를 조절한다.
- 파종 후 1~2개월 사이 잔디 상태를 확인하면서 시비를 시작하되 한국잔디의 경우에는 순수 질소(N) 성분량 기준으로 5 g N/m^2 정도를 1개월 간격으로 시비한다.
- 파종 후 20일 이내에 발아하지 않을 경우, 부분적으로 발아하는 경우에는 처음과 동일한 방법으로 보파를 실시한다.

5.4.2 뗏장 식재 시 주의사항

잔디밭 조성을 뗏장으로 할 경우 주의할 사항을 정리하면 다음과 같다.

- 뗏장의 이음새와 뗏장의 가장자리 부분에 흙을 충분히 채워야 하며, 뗏장 위에

도 배토를 한다.

- 특히, 흙털이 잔디는 배토 시 잔디 사이사이에 배토사 충전을 잘 해야 한다.
- 뗏장을 붙인 후 잔디 면을 소형 롤러(100~120 kg/m^2)로 전압하여 주고, 관수를 충분히 하여 흙과 밀착되도록 한다.
- 경사지에 잔디를 식재할 경우에는 경사면의 수직 방향으로 위에서부터 아래방향으로 식재하며, 뗏장 1매당 2개의 떼꽂이를 박아 뗏장을 고정해준다.
- 일반적으로 절토 비탈면은 평떼 식재, 성토 비탈면은 줄떼 식재를 한다.

참고문헌

강정화, 김경남, 김광두, 박형순, 오한나, 이병철, 이승제. 2016. 경기도지사 인증 시민정원사매뉴얼. 경기농림진흥재단.

김경남. 2006. STM 총서 II: 잔디관리론. 삼육대학교 출판부.

김경남. 2009. 자연 실온 및 변온 환경에서 광엽형 톨 훼스큐 품종의 발아특성 및 일일 발아패턴 비교. Kor. Turfgrass Sci. 23(1):23-34.

김경남. 2012. STM 총서 I: 최신잔디학개론. 삼육대학교 출판부.

김경남. 2013. 발아환경에 따른 퍼레니얼 라이그래스 품종간 발아력, 초기발아속도 및 발아피크기간 비교. Weed Turf. Sci. 2(3):274-282.

김경남. 2013. STM 총서 III: 최신잔디조성론. 삼육대학교 출판부.

김경남. 2015. 발아환경에 따른 켄터키 블루그래스의 종자 발아력, 발아세 및 발아피크 비교. J. Korean Env. Res. Tech. 18(3):23-38.

김경남. 2015. NCS 조경관리학습모듈: 03.잔디관리. 한국직업능력개발원 · 교육부.

김경남. 2016. NCS 조경시공학습모듈: 03.잔디식재공사. 한국직업능력개발원 · 한국조경사회 · 교육부.

김경남. 2017. 자연 실온 및 변온환경에서 광엽 및 세엽 훼스큐 9종류의 종자 발아력, 발아세 및 발아피크기간분석. Weed Turf. Sci. 6(3):235-248.

김경남, 권오달, 심상렬, 윤중서, 박소향. 2011. 자연실온 및 변온조건에서 제3세대 크리핑 벤트그래스 신품종의 발아특성 및 일일 발아패턴 비교. Asian J. Turfgrass Sci. 25(1):1-10.

김경남, 박소향. 2010. 세엽형 훼스큐속 잔디의 발아특성 및 일일 발아패턴 비교. Kor. J. Hort. Sci. Technol. 28(4):567-573.

한국체육과학연구원. 1998. 잔디구장의 조성과 관리. 동원사.

Beard, J.B. 1973. Turfgrass: Science and culture. Prentice-Hall, Englewood Cliffs, NJ.

Beard, J.B. and Beard, H.J. 2005. Beard's turfgrass encyclopedia for golf courses, grounds, lawns and sports fields. Michigan State Univ. Press, East Lansing, MI.

Fry, J. and Huang, B. 2004. Applied turfgrass science and physiology. John Wiley & Sons, Inc., Hoboken, NJ.

Turgeon, A.J. 2005. Turfgrass management. 7th ed., Upper Saddle River, NJ: Prentice–Hall, Inc.

Vengris, J. and Torello, W.A. 1982. Lawns: Basic factors, construction, and maintenance of fine turf areas. Fresno, CA: Thomson Publications.

CHAPTER

6

잔디 기본관리

지피식물로서의 잔디는 여러 가지 재배 목적에 따라 그 관리 형태가 다르다. 골프코스를 비롯한 스포츠그라운드용 잔디밭에서부터 정원, 공원, 도시 조경용, 도로변, 법면, 그리고 생산 재배지 등 그 이용 목적에 따라 여러 가지 형태로 재배되고 있으며 각각의 목적에 맞도록 관리되어야 한다.

잔디밭 관리는 관리의 수준에 따라 크게 3가지 형태로 구분하고 있다.

- 골프장, 축구장, 테니스 경기장 등과 같은 고관리 수준의 잔디
- 가정 정원, 묘지, 공원 잔디 등과 같은 중관리 수준의 잔디
- 도로변, 고속도로 법사면, 공항 활주로 에어사이드 지역과 같은 저관리 수준의 잔디

각각의 관리 수준에 따라 소요되는 관리 비용은 물론이고, 필요 인력과 장비, 관리 시간 등은 관리 수준과 비례하기 때문에 잔디밭 조성 시 사용 목적을 명확히 결정한 후에 잔디 초종을 적절하게 선정해야 올바른 잔디관리를 할 수 있다.

잔디 관리는 크게 관수관리, 잔디깎기 관리, 시비관리, 병해충관리, 갱신관리, 잡초관리, 보식관리 등으로 구분하고 있다. 각각의 관리를 위해서는 잔디의 종류와 생리, 생태적 특성을 알고, 식재지의 토양, 기후 변화 등 주변 환경 상태, 비료, 농약 사용 방법, 관리 장비의 운용 방법 등에 대한 기초적 지식과 실무 능력이 필요하다. 잔디밭 관리는 여러 관리 중 한 가지라도 소홀히 하거나, 미흡하다면 좋은 품질의 잔디밭을 조성하는 데 실패할 수 있기 때문이다.

6.1 잔디 물관리

잔디의 물관리는 크게 관수(irrigation)와 배수(drainage)로 나눌 수 있다. 관수는 잔디가 기본적으로 생육할 수 있도록 물을 공급하는 것이고, 배수는 공급된 물 중에서 잔디 생육에 사용되고 남은 물들이 경사면을 통해, 또는 하부지반으로 빠지는 것을 말한다.

잔디의 생육에 있어서 물은 없어서는 안 되는 필수 요소이며, 이러한 물관리에 따라 잔디의 생육 상태가 크게 지배된다. 잔디밭에서의 관수는 단순히 물을 공급하여 주는 것이 아니라, 필요한 시기에 필요한 양을 잔디가 식재된 토양으로 침투시키는 것이 매우 중요하다.

잔디 생체 구성의 약 80%가 물로 이루어져 있기 때문에 잔디 생체 내에서 이루어지는 대부분의 생리작용은 물에 의해 조절된다. 광합성 뿌리에서의 양분흡수와 이동, 경엽에서의 증산에 의한 온도조절, 각종 신진대사 등이 모두 물에 의해 조절되기 때문에 물의 공급 및 이용이 원활하지 않으면 각종 생리 장해, 병해 발생이 조장되어 잔디가 고사하게 된다. 반대로 잔디밭에 수분이 과잉 공급되면 토양 내 산소 부족으로 뿌리 호흡이 불량하게 되어 잔디 생육을 저해하기 때문에 관리를 통해 적절한 물의 공급과 배수가 원활하게 이루어져야 한다.

6.1.1 잔디의 수분 요구도

잔디의 종류에 따라 필요로 하는 수분 요구량이 다르다. 안 등(1992)에 따르면 일반적으로 한국잔디의 경우 1 g의 유기화합물을 생성하는 데 약 0.6 g의 수분이 필요하지만 증산작용으로 인해 약 500 g의 수분이 소모되므로 실제 잔디의 생육에 필요한 수분은 광합성에 직접적으로 사용되는 수분보다 1,000배 가량 필요하다. 한국잔디의 연간 건물생산량을 약 200~600 g/m^2 정도로 추산하여 계산하였을 때 잔디 생육에 소요되는 수분량은 연간 200~240 kg/m^2 정도라고 볼 수 있다.

한지형 잔디는 난지형 잔디에 비해 수분 요구량이 더 높다. 이른 봄(3월) 봄철 그린업(green-up)부터 초여름까지 생육이 매우 왕성하기에 필요로 하는 수분량 또한 매우 많다. 또 하절기에는 하고현상을 방지하기 위해 관수가 반드시 필요하고, 혹서기에는 고온장해로 인한 고사를 방지하기 위해 시린징을 해야 하기 때문에 필요로 하는 수분량이 많아지게 된다.

잔디의 최대 소비 물량을 하루 4~5 mm 정도로 추정한다면, 이 물의 요구를 100%

채우기 위해서는 1,000 m^2의 잔디밭에 4~5톤의 물이 필요하게 된다. 또한 생육속도가 빠른 잔디의 경우에는 늦은 잔디보다 더 많은 물을 필요로 한다. 잎에서 발생하는 증산작용 또한 잔디가 사용하는 물의 양에 큰 영향을 주며, 잔디가 식재되어 있는 주변 환경의 습도, 온도, 일조, 바람 등의 기상요소 또한 잔디의 물 사용량을 결정하는 아주 중요한 요인이다. 또 잔디의 종류, 생육 방법, 뿌리의 깊이, 잔디 밀도, 잔디의 깎기 높이 등에 의해서도 필요한 소비수량이 달라지기 때문에 관수 계획에서 반드시 고려되어야 할 요소들이다.

잔디 수분 요구에 영향을 주는 요인은 다음과 같다.

- 잔디 초종(잔디의 종류)
- 잔디 식재 토양의 종류(토성) 및 토양 내 존재하는 수분함량
- 잔디밭의 밀도, 뿌리 깊이, 잔디깎기의 높이
- 온도, 강우, 습도, 일조 등의 증산작용에 영향을 주는 환경요인
- 잔디의 건강상태

잔디의 수분 소요량은 자체의 생육을 위해 필요한 수분의 양 외에도 증발산을 통해 잔디의 조직을 그냥 거쳐나가는 모든 수분을 총망라하는 것으로 여름의 경우 한국잔디는 4.8~7.6 mm/일, 한지형 잔디는 5.0~9.7 mm/일이 사용된다. 전체적으로 난지형 잔디가 한지형 잔디에 비해 수분 소요량이 적다(표 6-1).

표 6-1 잔디의 수분 소요량

구분	극소	소	중	대	극대
일일 수분소요량	6 mm 이하	6~7 mm	7~8.5 mm	8.5~10 mm	10 mm 이상
난지형 잔디	Buffalograss	Bermudagrass Centipedegrass Zoysiagrass	Bahiagrass St. Augustinegrass		
한지형 잔디			Hard fescue Chewings fescue Red fescue	Perennial ryegrass	Tall fescue Creeping bentgrass Kentucky bluegrass

6.1.2 수분 부족과 수분 과다 현상

수분 부족 현상

잔디가 요구하는 만큼의 만족스러운 수분 흡수가 이뤄지지 않을 경우 잔디는 생리적으로 여러 가지 증상을 수반하게 된다. 즉, 뿌리를 통한 수분 흡수량보다 증발산에 의한 수분 손실량이 많을 경우 식물체 내에 수분 부족현상이 심화되어 잔디 생육과 생명 유지에 큰 어려움이 발생한다. 이러한 현상을 위조(wilt)라고 하며 위조는 그 정도에 따라 초기위조(incipient wilting), 일시적 위조(temporary wilting) 그리고 영구위조(permanent wilting)로 구분한다.

각각의 위조 상태에 따른 잔디의 증상을 요약하면,

- **초기위조**: 잎의 수분 함량이 저하되어 세포가 팽압을 잃기 시작하는 상태로, 외관상으로는 쉽게 발견하기 어렵다. 엽신 부위가 살짝 말려 잎에서의 증산작용이 억제된다.
- **일시적 위조**: 초기 위조가 더 진행된 상태로 잎이 접히거나 더 말리며, 잎 색깔이 회녹색 또는 청록색으로 변화하기 시작하는 시점으로 관수 또는 강우에 의해 다시 회복이 가능한 상태이다.
- **영구위조**: 식물체 내 수분 함량이 일시적 위조 상태보다 더 낮아져서 식물체에 수분을 공급하여도 회복이 불가능한 상태를 말한다. 더 심해지면 잔디가 고사하게 되고 생리적인 모든 작용이 중지되어 결국 잔디가 죽게 된다.

일단 수분 부족 상황이 되면 잔디는 본능적으로 잎에서 일어나는 증산작용을 억제하여 수분 손실을 최소화한다. 수분 부족 현상이 심해질수록 식물체 내 가용수분을 분열조직이 있는 생장점 부위로 우선 공급하게 되고 오래된 잎들부터 말라서 죽게 된다. 그리고 식물체 내 삼투압이 증가하여 뿌리로부터 물을 흡수하고자 하는 힘이 증가하는 반면, 광합성 능력이 감소하고, 가용성 탄수화물의 증가, 단백질의 감소 등 생리적인 현상이 동반된다.

수분 과다 현상

수분이 필요 이상으로 과다하게 공급되었을 때 또한 잔디의 생리작용에 영향을 주어 잔디 품질이 저하될 수 있다. 과한 수분 공급으로 인해 잔디가 사용해야 할 토양 내 영양분들이 용탈되어 영양분 결핍 증상이 발생되고, 시각적으로도 잔디 색이 녹색에서 황록색으로 변하여 잔디 품질이 악화될 수 있다. 또한 과다한 수분 공급으로 인해 토양 내 뿌리가 호흡에 필요한 산소의 양이 감소하여 뿌리 생육이 불량하게 되고, 이로 인해 잔디의 뿌리를 통한 수분 흡수율이 떨어지고, 식물 대사작용에 필요한 에너지 발생이 감소하여 토양 내 물이 많음에도 불구하고 잔디가 말라죽게 되는 습윤 위조(wet wilt) 현상이 발생하여 잔디가 고사하기도 한다.

6.1.3 관개용수

수원

양질의 잔디밭을 유지 관리하기 위해서는 잔디밭에서 가까운 곳에 충분한 수원을 확보해야 한다. 관개용수의 수원으로는 상수도, 지하수, 하천, 댐, 호수, 연못 등의 물을 사용할 수 있다. 하지만 상수도에 의한 관수는 경제성과 사용량을 고려하였을 때 가정 정원과 같은 소면적의 잔디밭에서만 가능하고 골프장과 같은 넓은 면적의 잔디밭 관수를 위해서는 충분히 그 양을 소화할 수 없고 경제성이 없다. 또한 하천, 댐 등의 물은 농업용수로 많이 쓰이기 때문에 주변 농가와 그 사용량을 적절하게 조절할 필요가 있다. 그렇기 때문에 골프장과 같은 대단위 면적의 잔디밭 유지 관리를 위해서는 지하수, 저류지물, 코스 내 워터해저드의 수원을 주로 이용하게 된다. 이밖에도 최근 하수나 오폐수를 정화한 중수를 재활용해서 관수하기도 한다.

잔디밭 조성 시 잔디의 초종을 선택하는데 고려해야 할 매우 중요한 요소 중 하나가 수원의 용량이다. 그러므로 잔디밭을 조성하기 전에 반드시 1일 관수 가능한 가용 관수용량을 조사해야 하며, 지속적인 공급 여부를 확인한 다음 잔디밭을 조성해야 원활한 잔디밭 유지 관리를 할 수 있다. 또한 충분한 수원이 확보된다 하더라도 잔디 관수용수로 사용 가능한지 그 수질에 대한 조사가 반드시 수행되어야 한다. 충분한 물량이 확보되어 있더라도 잔디에 유해한 성분을 함유한 물이라면 있으나마나한 물이기 때문이다.

수질

잔디밭 관수용 물은 양질의 물을 사용해야 하며 악취가 나거나 염류가 많은 물은 피해야 한다. 우리나라는 지하수의 수질이 매우 좋은 편이라서 대부분이 관개수에 적합하지만, 탄광지역이나 광공업지역의 폐수가 섞인 하천수의 경우에는 수질이 매우 나쁘기 때문에 사용을 피해야 한다. 그러므로 정상적인 잔디 생육을 위해 사용되는 물에 대한 수질 분석은 반드시 수행되어야 한다. 일반적으로 잔디밭에 사용가능한 물에 대한 수질 분석 항목으로는 전기전도도(EC, electrical conductivity), 수소이온 농도(pH, hydrogen ion activity), 염류농도(TDS, total dissolved salt), 나트륨 흡착률(SAR, sodium adsorption ratio), 나트륨이온농도(SIC, sodium ion concentrations), 총인산(T-P, total phosphorus), 중금속(heavy metal) 등이 있다. 독성이온 성분은 잔디의 정상적인 생장을 방해하여 품질을 저하시키며, 수질의 이온불균형도 잔디의 정상적인 생육을 방해하여 잔디 품질을 떨어뜨리기 때문에 잔디 관수용 수원에 대해서는 주기적으로 반드시 수질분석을 해야 한다(표 6-2).

표 6-2 잔디밭 관개용수 수질기준

항목	기준	항목	기준
수소이온농도(pH)	6.5~7.5	총인산(T-P)	< 0.4 pm
전기전도도(EC)	< 0.7 ds/m	카드뮴(Cd)	< 0.01 pm
염류농도(TDS)	< 450 mg/L	비소(As)	< 0.05 ppm
Na 흡착율(SAR)	< 3 meg/L	페놀(Phenol)	< 0.005 ppm
붕소(B)	< 1 meg/L	납(Pb)	< 0.1 ppm
염소(Cl)	< 1 meg/L	6가 크롬(Cr^{6+})	< 0.05 ppm
대장균수	< 5,000 MPN/100 ml	트리클로로에틸렌	< 0.03 ppm
화학적 산소요구량(COD)	< 6 pm	테트라클로로에틸렌	< 0.01 ppm
질산태질소(NO_3)	< 20 pm		

출처: 김경남, 2006, 잔디관리론

6.1.4 관수계획

일반적으로 관수계획을 세울 때 1회당 관수량, 관수강도, 관수 시간 등을 정하지만 그 기준은 대부분 관수 시기의 기후적 통계에 따른 관리 계획에서 비롯된다. 하지만 가장 주목해야 할 것은 현 상황을 중심으로 앞뒤 최소 3일간의 기상현황과 기상예보에 의해 관수계획이 재수립되어야 한다.

용수 계획

용수 계획은 잔디밭의 품질 유지를 위해 반드시 필요하다. 잔디밭 조성 시 사용할 잔디 초종과 식재 토양의 종류, 잔디밭 면적에 따른 용수 계획을 수립한 후 관수

설비를 설치하여야 잔디 관리에 어려움이 없다. 잔디밭에서의 물은 대부분 증산작용에 의해 소비되며, 그 다음으로 토양 수분의 증발로 인한 수분 손실이다. 그러므로 관수량은 최소한 해당 잔디밭에서의 증산량과 증발량으로 소비된 물의 양을 공급해 줄 필요가 있다.

관수 시기와 시간

관수 시기와 시간 또한 잔디밭 초종과 식재 토양의 종류, 그리고 기후 등에 영향을 많이 받는다. 일반적으로 하루 중 관수 시기는 오전 10시 이전이 가장 적당하다고 알려져 있다. 이 시간대가 하루 중 바람이 온화한 시간으로 살수 시 바람의 영향을 받지 않고 골고루 잔디밭 전면에 균일하게 살수할 수 있기 때문이다. 또한 관수 시기는 잔디병 발생 환경과 밀접한 연관이 있다. 고온 다습한 환경은 잔디밭에서의 발병률을 높이기 때문에 잔디밭에 수분의 체류시간이 길어지면 길어질수록 병 발생 확률이 높아진다. 그러므로 이른 아침의 아침이슬이 맺히는 시점을 주 관수 시기로 잡고, 잔디밭 토양의 수분함량과 잔디 위조 상태 등에 따라 적절하게 관수를 실시하여 잔디가 건조 피해를 받지 않도록 해야 한다. 반면 필요 이상의 물은 장해의 원인이 되기 때문에 과잉공급되지 않도록 주의해야 한다.

관수량과 빈도

잔디밭에 살수되는 관수방법은 적은 양을 자주 관수하는 방법(Light and Frequent; LF)과 많은 양을 일정 주기 또는 필요시 관수하는 방법(Deep and Infrequent; DI)으로 제시되고 있다. 잔디밭의 뿌리 신장을 극대화하여 건조피해를 견디는 능력을 높이는데 좋은 관수 방법으로 DI 관수방법이 이용되고 있다. DI 관수방법은 잔디밭 뿌리층이 충분히 포화될 정도로 일주일에 2회 정도 관수해 주는 방법으로 LF 관수 방법보다 잔디의 시각적 품질, 지상부의 생육 및 뿌리길이 등에서 월등하게 유리한 것으로 알려져 있다. 하지만 골프장 그린에 이용되는 크리핑 벤트그래스와 같이 수분요구량이 많은 초종이 모래지반과 같이 배수가 잘되는 지반에 식재되어 있을 때는 건조피해가 발생할 수 있기 때문에 LF 관수방법이 사용되기도 한다.

6.1.5 난지형 잔디의 관수관리

조이시아그래스 같은 난지형 잔디는 온난습윤 또는 온난반건조한 기후에서의 생육이 매우 좋기 때문에 우리나라 여름철에 생육이 매우 좋다. 한지형 잔디에 비해 수분 요구 정도가 낮고 건조 스트레스에 견디는 능력이 높기 때문에 관수방법 중 DI 방법을 이용한 관수 관리를 주로 이용한다. 주의할 것은 봄철 신초 발생 시기의 관수 시점을 놓치거나 동절기 무리한 제설작업으로 인한 관부 손상 및 건조해로 봄철 그린업이 불량할 경우 좋은 품질의 잔디밭 조성에 어려움이 있을 수 있기 때문에 주의할 필요가 있다. 또한 하절기 고온과 강한 햇빛에 의한 증발산량이 많아져 위조가 심하게 진행되었을 경우 회복하는 데 어려움이 있기 때문에 잔디 잎이 말리고 잔디 잎색이 회녹색으로 변하기 시작하면 즉시 관수하여 건조피해를 방지해야 한다.

6.1.6 한지형 잔디의 관수관리

한지형 잔디는 대체적으로 난지형 잔디에 비해 수분 요구도가 높기 때문에 한지형 잔디 생육을 위해서는 항상 가용할 수 있는 충분한 수원이 확보되어야 한다. 한지형 잔디는 높은 수분 요구도에 의해 많은 양의 물을 관수하기 때문에 뿌리 생육을 위한 배수를 고려하여 물빠짐이 좋은 사질토양에 조성되어 관리되는 경우가 대부분이다. 그렇기 때문에 충분한 관수를 했음에도 불구하고 식재 토양층의 잔디가 가용할 수 있은 수분이 하부지반 또는 배수층으로 쉽게 침투되기 때문에 더 자주 관수를 해야 한다.

특히 여름철 기온이 30℃ 이상 올라가면 한지형 잔디의 생육속도가 급격하게 느려지고 잔디 조직이 약해지면서 스트레스를 받아 심하면 잔디가 고사하기 때문에 일반적으로 관수 관리를 통해 이러한 문제점을 해결한다. 또한 여름철 한낮의 강한 햇빛으로 인한 위조(wilting)로 인해 잔디가 타지 않도록 시린징 관수를 실시하여 잔디 표면 온도를 조절해야 한다. 하지만 잦은 관수와 시린징은 잔디밭을 습하게 하고 각종 병해 및 조류 발생을 조장하고 뿌리가 천근화될 수 있기 때문에 되도록이면 잔디밭 표면 온도 및 토양온도와 토양 수분 함량에 따라 실시하는 것이 좋다.

넓은 지역의 잔디밭일 경우는 스프링클러를 이용하여 관수해야 하지만 적은 면적의 잔디밭이라면 QC 밸브(quick coupler valve) 등을 이용하여 마운드 지역이나 상습 드라이스팟 지역 위주의 손관수하는 것이 잔디밭을 습하지 않도록 관리하는 데 도움이 된다.

6.1.7 관수 시스템

잔디밭에서의 관수는 살포하는 관수량도 중요하지만 균일하게 관수하는 것 또한 매우 중요하다. 균일하지 못한 관수는 부분건조 스트레스를 동반하는 드라이스팟 증상을 유발할 수 있으며, 특히 비료 시비 후 잔디 잎의 색조가 고르지 못하게 되고 전체적으로 균일한 잔디 생육을 저해하게 된다. 그러므로 균일한 관수를 위해서는 스프링클러(sprinkler) 시설과 그에 적합한 적정수압의 시설이 갖추어진 상태에서 바람이 없는 조건으로 관수 관리가 되어야 한다.

관수시스템은 스프링클러, 배관, 밸브, 펌프, 제어시스템으로 구성되어 있으며 각각의 자재들은 관수 효율성과 성능을 높이는 각종 기술들이 지속적으로 개발되어 잔디밭 관수관리가 점점 편리해지고 있다.

6.1.8 잔디밭에서의 배수

수분이 잔디 생육에 필요한 가장 중요한 요소임에도 불구하고 물이 잔디밭 표면에 정체하면 지피식물인 잔디의 생육에 있어서 매우 불리하다. 잔디밭 표면뿐만 아니라 잔디 뿌리층이 형성되어 있는 토양층에 과잉의 물이 빠지지 않고 오랫동안 흡착되어 있는 것도 영양분의 흡수와 뿌리 호흡을 방해하는 요인이 되기 때문에 잔디밭 조성 시 관수시설 못지않게 중요한 것이 바로 배수 설비이다.

배수불량이 잔디에 미치는 영향

배수가 불량하여 토양 내 수분이 과잉으로 존재할 때에는 토양 중의 공기가 부족하게 되어 잔디의 에너지 생산에 필요한 뿌리의 호흡도 불량하게 된다. 또 잔디의 생육에 유리한 토양 미생물의 발달을 억제하여 혐기성 미생물의 증식이 증가하게 되어 메탄가스와 같은 잔디 생육에 좋지 않은 여러 요소들이 발생하게 된다. 또한 배수불량으로 인해 잔디 뿌리 심도가 얕아져서 잔디가 덥고 건조한 기상조건에서 쉽게 위조될 수 있다.

여름철 장마기와 같은 집중 강우기에 배수불량으로 인해 잔디밭이 침수되면 강한 햇빛에 의해 급격하게 토양 온도가 40℃ 이상 오르고 일소(scald) 현상이 발생하여 잔디의 식물체 단백질 변성으로 잔디가 고사하게 된다. 이렇듯 배수불량은 잔디 생육에 매우 불리한 환경을 제공한다. 특히 경기장 잔디에서의 습한 잔디 표면은 스포츠경기를 하는 플레이어들에게 보행 및 러닝에 불편을 주거나 샷 또는 공구름을 방해하므로 경기력에 나쁜 영향을 준다.

또 배수가 불량한 잔디밭에는 습지를 좋아하는 잡초가 만연하게 된다. 예를 들면 피막이, 새포아풀, 뚝새풀, 바랭이, 방동사니류의 잡초는 배수가 불량한 잔디밭에 많이 발생하여 잔디밭 품질을 훼손한다.

잔디밭의 배수방법

강우 또는 관수에 의해 과잉 공급된 수분을 제거하는 방법으로 잔디밭 표면의 경사를 이용한 표면배수와 식재층 하부로 침투시켜 수분을 제거하는 지하배수로 크게 나누어진다.

1 표면배수

표면배수는 잔디밭의 표면 경사를 이용해서 물을 흘려보내는 것을 말하며 강우나 관수에 의해 공급된 물이 1차적으로 가장 먼저 유출되어 제거되는 방법이다. 잔디밭의 지반 토양에 따라 지하로 침투되는 정도가 다르기 때문에 표면배수되는 물의 양도 잔디밭에 따라 조금씩 차이가 있다.

골프장 그린이나 축구장 같은 경기장 잔디는 대부분 식재토양으로 모래를 이용하기 때문에 표면배수되는 물의 양이 많지는 않지만 종종 강우강도가 심한 경우 또는 답압, 부적절한 관리방법에 의해 식재지반층에 불투수층이 형성된 경우 잔디밭에 물이 고일 수 있어 표면배수의 의존도가 높아질 수 있다. 특히 오래된 잔디 식재지역일수록 이러한 현상이 많이 발생하기 때문에 재조성 또는 갱신작업을 통하여 식재지반층을 재정비할 필요가 있다.

표면배수에 의해 유출되는 물은 다시 배수구 또는 맨홀로 배출할 수 있도록 잔디밭 경사를 고려하여 맨홀 및 배수구를 설치하는 것이 유리하다.

2 지하배수

잔디밭 토양이 항상 습한 지역은 반드시 지하배수를 실시하여 토양 수분 관리를 할 필요가 있다. 잔디 식재 지반에 과잉수분이 정체되어 잔디 생육이 불량해지는 것을 방지하기 위해 수행되는 방법으로 명거법과 암거법에 의한 방법들이 이용된다.

명거법

배수구나 도랑을 파서 물이 유입되어 배수될 수 있도록 하는 방법이다. 주로 표면배수된 물이 맨홀로 배출될 수 있도록 통로역할을 할 수 있도록 설치하는 경우가 많다. 배수구 위쪽이 열려 있기 때문에 물 외에도 이물질 등이 유입될 수 있는 단점이 있고, 잔디 운동장에서는 운동 경기 중 플레이에 지장을 초래할 수 있기 때문에 많이 사용되진 않지만 골프코스의 러프지역에 설치하여 법면으로부터의 유출수가 골프코스 내로 유입되는 것을 방지하는 목적으로 많이 사용되고 있다.

암거법

잔디밭 식재 토양 하부에 설치하여 침투된 수분이 배수되어 맨홀 등으로 배출될 수 있도록 하는 방법으로 주로 경기장에 많이 사용된다. 암거 배수통로는 잔디밭 조성 전 하부지반에 설치해야 하며, 설치비용이 많이 소요되지만 유지기간이 길고 관리비용이 적게 든다.

암거배수는 흡수거, 집수거, 배수구, 수공, 배수정, 물넘이와 물막이로 되어 있다. 흡수거는 토양 중의 중력수를 흡수하고, 집수거는 흡수거에서의 물을 모아 배수구로 연결하여 보내는 일을 한다. 배수구는 집수구로 운반된 물을 배출하는 출구로 배수지역 부근의 배수로에 설치된다. 배수지역 내의 지하수위를 조절하여 잔디밭의 배수, 관개에 지장을 일으키지 않도록 통제하는 것이 수공이다. 배수정은 배수관끼리의 접합, 심사, 암거 유지관리 등에 유용하다. 물넘이는 배수거의 급경사부의 시작점에 설치되고, 물막이는 그 급경사부의 말단에 설치된다. 물넘이는 배수관 내의 흐름을 순조롭게 하고 관의 위치를 명확하게 한다. 물막이의 주요한 목적은 배수관 내의 수압에 의한 압력을 저하시키는 데 있다.

잔디밭에서의 암거 설치형태는 어골형과 부채형, 빗살형, 자연형 등이 사용된다(그림 6-1). 이것은 잔디밭의 지하배수관을 설치하는 형태에 따라 나누고 있으며, 지형 및 목적에 따라 한 가지 또는 두 가지 이상을 혼합한 형태로 배열하여 설치할 수 있다.

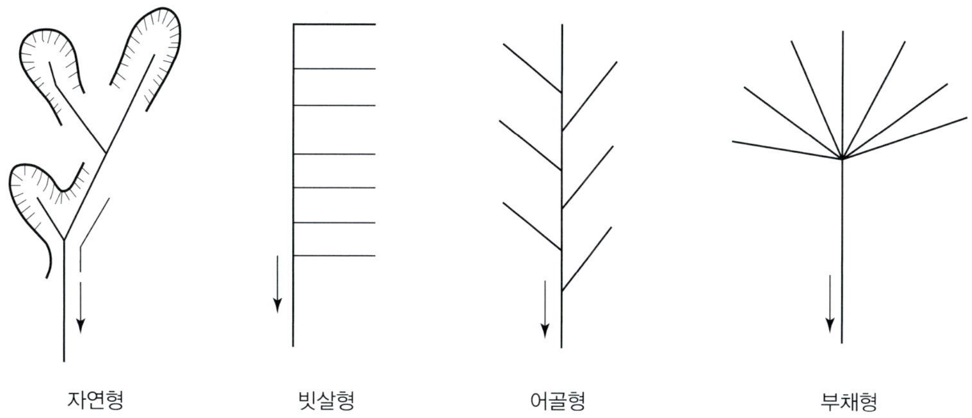

그림 6-1 배수관 설치 형태

어골형은 물고기 가시 형태의 배수관 배열을 말하며, 가운데 주관을 설치하고 그 주관을 중심으로 지관을 일정한 각도를 주어 배치하여 설치한다(그림 6-2). 골프코스

그림 6-2 어골형 배수관 설치 사진

그린과 같이 균일한 배수가 요구되는 평탄한 장소에 적합한 배수법이다. 부채형은 한 개의 주관에 총채 모양 또는 우산살 모양으로 여러 개의 배수관을 연결하여 배치하는 방법으로 배수관을 통해 모인 물이 한곳으로 집중적으로 배출될 수 있도록 하는 데 유리하다. 빗살형은 하나의 주관을 중심으로 한쪽 편의 지관들을 경계를 나누듯 일정간격으로 나란히 배열하여 설치하는 방법으로 잔디밭 전체에 균일한 배수효과를 얻을 수 있다. 자연형은 자연적으로 형성되어 있는 등고선에 따라 배수관을 배치하는 방법으로 큰 정원의 잔디밭에 가장 많이 이용된다.

지반의 유공관 설치 간격과 규격 및 경사도

지반의 배수를 위한 유공관의 설치 간격을 구하기 위해서 토목공학에서 사용하는 Hooghoudt(Castle et al., 1984)와 Luthin(Luthin, 1966)의 공식을 적용해 보면,

$$\text{배수관간격} = \sqrt{\frac{4 \times \text{자갈층 포화투수계수} \times \text{수분상승고}(H)^2}{\text{배수관 상층부 배수강도}(V)}}$$

이때, L_1 = 식재층 두께(300 mm), L_2 = 중간층 두께(100mm), 그러므로 L_3 = $L_1 + L_2$(400mm), 배수강도(V) = $L_3 \div [(L_1 \div K_1) + (L_2 \div K_2)]$이므로, 상부층 배수강도 = 171.4 mm/시간임.

K_1 = 식재층 포화투수계수(150 mm/hr, 시방서 상 최소투수율 적용),

K_2 = 중간층 포화투수계수(300 mm/hr)

자갈층의 포화투수계수 = 10^5 mm 적용(Adams and Gibbs, 1994)

H = 배수관 최소직경(100 mm) + 배수구 자갈층 최소높이(50 mm)

= 150 mm로 계산

그러므로 배수관의 간격(spacing) $S = \sqrt{\dfrac{4 \times 10^5 \times 150^2}{171.4}} = 725[\text{m}]$

따라서 USGA 시방서에서는 스포츠 잔디그라운드에서 배수구 막힘 현상을 고려하여 지선 유공관의 간격을 5 m로 제시하였다. 또한 플라스틱 유공관의 수분유출량 자료를 근거로 유공관경 및 경사도를 제시하였는데, 유공관의 직경 100 mm에서 배수관의 경사 최소 0.5%가 유지되면 초당 4.5리터의 유속을 유지할 수 있다. 이는 시간당 강우강도가 100 mm 이상이 되더라도 5 m 간격의 유공관이 투수할 수 있는 유속이다. 현장에서 공사 시 그린과 주변 모래 벙커의 배수관 설계는 그림 6-3과 같이 배수 구조를 배치하는 것이 일반적인데, 이때 그린 지반과 모래 벙커의 배수관과 배수구의 구배가 정확히 시공되어야 시공 후 배수능력과 막힘현상이 발생하지 않는다.

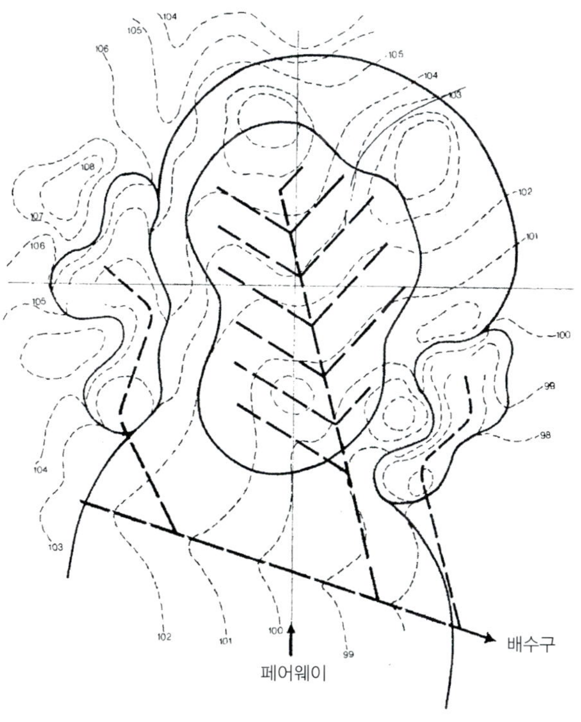

그림 6-3 골프코스 그린의 암거배수의 배수구조. 그린 암거배수와 그린 벙커의 배수관을 분리하여 페어웨이 집수구로 연결할 수 있다.

6.2 잔디깎기

잔디깎기, 즉 예초(刈草)는 잔디밭 관리 중에서 가장 중요한 관리요소 중 하나이며, 잔디를 자주 짧게 자를 수 있다는 것은 잔디 재생력이 매우 왕성하기 때문에 할 수 있는 관리 행위다. 실제로 잔디는 주기적이며 빈번한 예지와 재생의 반복에 의해 분얼이 증가하여 밀도가 높아지고, 평탄한 표면을 형성할 수 있으며, 잡초를 방제하여 보다 좋은 품질의 잔디밭이 유지될 수 있다(그림 6-4).

그림 6-4 잔디깎기

6.2.1 잔디의 재생력

잔디의 생장점은 지표면 가까이에 위치하고 있는 관부(crown)에 있기 때문에 이 생장점이 훼손되지 않는 높이에서의 잔디깎기 관리로 잔디밭을 지속적으로 유지 관리할 수 있다. 즉, 이 생장점이 훼손되지 않고 보호됨으로써 잔디깎기 후에도 분얼이 촉진되고 신초가 발생하여 잔디는 계속 생육할 수 있다. 그렇기 때문에 골프장 그린과 같이 연간 100~150회 정도의 낮은 잔디깎기에도 불구하고 아름다운 잔디밭을 유지할 수 있는 것이다.

잔디를 깎은 후에 남아 있는 잎들과 생장점(관부)에 생육을 위해 필요한 양분이 저장되어 있어 잔디의 재생에 사용된다. 잔디의 재생 초기에는 잔디의 잎과 줄기, 포복경(지상경과 지하경)과 뿌리에 저장되어 있는 물질이 직접 신엽으로 이동되어 잔디 잎 형성에 쓰이며, 호흡에도 사용되는데 이러한 저장 물질은 대개 탄수화물이다. 이 탄수화물은 가용성 탄수화물로 난지형 잔디는 전분, 한지형 잔디는 프락토산으로 광합성에 의해 합성되어 줄기 및 뿌리, 관부에 저장되었다가 잔디의 재생 및 생장의 에너지원으로 사용된다.

6.2.2 잔디깎기 관리

깎기 높이 관리

잔디의 깎기 높이란 토양표면에서 잔디가 잘려진 부위까지의 높이를 말하며 대체적으로 잔디깎기 장비의 자르는 날의 지면으로부터의 높이를 조정하여 맞춰진다. 실제적인 깎기 높이는 토양표면에서 잔디가 잘려진 부위까지의 높이로, 이 높이는 대취층의 두께 및 절단면의 뜨는 정도가 다양하므로 날의 조정에 의해 변화될 수 있다(그림 6-5). 또한 잔디의 품질 상태 및 견고성, 질감, 장비의 정비 상태에 따라 깎이는 정도가 조금씩 달라질 수 있기 때문에 실제적으로 깎이는 높이는 설정된 장비의 깎기 높이보다 높게 된다.

잔디의 깎기 높이 기준은 잔디 초종의 유전적 요인, 잔디의 생육 습성, 잔디의 생리적 조건, 잔디의 이용 목적 등에 따라 달라지므로 복합적으로 결정된다.

그림 6-5 잔디깍기 높이

1 잔디 초종에 따른 깎기 높이 결정 요인

잔디 깎기 높이를 결정하기 위해서는 잔디 초종에 따라 낮은 깎기에 대한 유전적 적응성이 다르기 때문에 깎기 높이 결정시 반드시 고려되어야 한다. 대표적 난지형 잔디인 조이시아그래스의 경우 그 초종에 따라 조금씩 다르지만 엽폭이 가장 넓고 거친 들잔디(*Zoysia japonica* Steud.)의 경우 건강한 잔디 생육을 위해 최소 20 mm 이상으로 관리해야 하며, 들잔디보다 조금 엽폭이 세엽인 금잔디(*Z. matrella* Merr.)는 최소

15 mm 이상으로, 비단잔디(*Z. tenuifolia* Willd.)와 같이 잔디 잎이 섬세하고 잎이 유전적으로 짧은 잔디는 5 mm 내외로 관리가 가능하여 골프장 그린 잔디로 사용이 가능하다(그림 6-6).

우리나라 대부분의 골프장 그린에 사용되고 있는 크리핑 벤트그래스는 유전적으로 낮은 깎기 조건에서도 잘 자라기 때문에 골프장 그린과 같이 3~4 mm로 관리하여 사용할 수 있다. 반면 같은 한지형 잔디이지만 켄터키 블루그래스나 훼스큐류의 잔디는 벤트그래스에 비해 낮은 깎기에 대한 내성이 약하기 때문에 건강한 잔디 생육을 위해 최소 10 mm 이상을 유지하며 관리해야 한다.

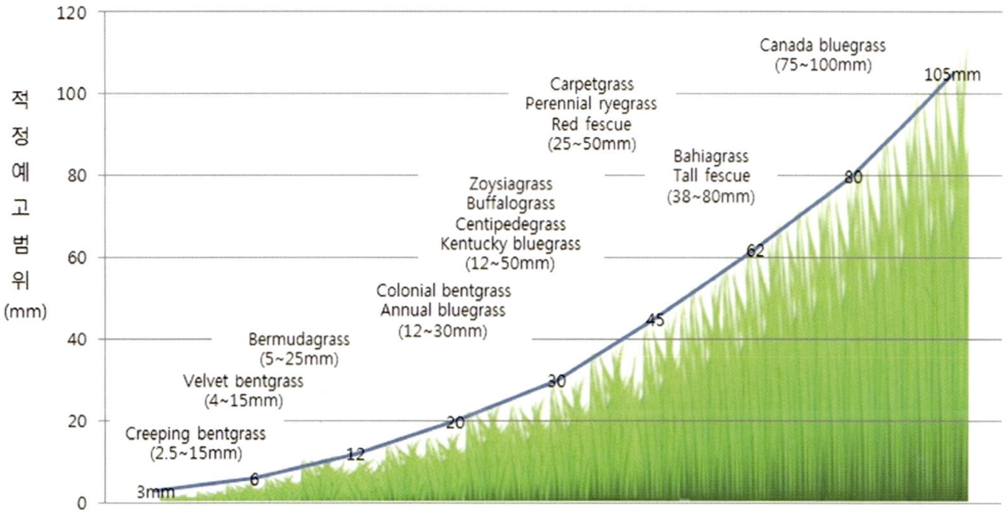

그림 6-6 잔디 초종에 따른 적정 깎기 높이 범위

2 잔디의 생육 습성 및 생리적 요인

같은 초종의 잔디라도 그 잔디의 질감, 즉 엽폭에 따라 낮은 깎기에 대한 내성이 차이가 있을 수 있다. 일반적으로 세엽형 잔디의 경우 광엽형 잔디에 비해 더 낮게 깎을 수 있다. 그리고 잔디의 생육습성 면에서도 일반적으로 포기형생장 잔디에 비해 포복경생장, 지하경 생장형 잔디가 낮은 깎기에 대한 내성이 강하며, 수평방향으로 자라는 초종 및 품종이 수직방향으로 자라는 종류에 비해 낮은 깎기에 대한 내성이 강하다.

생리적 요인으로 잔디가 생육하고 있는 지역의 기후 환경의 영향을 고려해야 한다. 우리나라와 같이 사계절이 뚜렷한 지역에서 한지형 잔디는 3월 초에 신초가 나오고 4~6월 초, 9~11월 초까지 생육 적기로 이 시기에는 깎기 높이를 낮춰도 생육이 좋고 회복력이 좋아 생장에 큰 영향이 없지만 7~8월에는 고온으로 인해 잔디 생육이 급격히 줄어들기 때문에 회복력도 감소하여 잔디 깎기 높이를 높여 잔디 회복 및 활력이 증진되도록 관리해야 한다. 반면 난지형 잔디는 4월 말부터 신초의 생육이 활발해 지고 5~9월까지 생육적기이기 때문에 깎기 높이를 낮게 관리할 수 있다.

3 잔디 이용 목적 및 관리 체계 수준

동일한 초종이라도 이용 목적에 따라 깎기 높이가 달라진다. 일반적으로 법사면용보다 정원용이, 정원용보다는 스포츠용 잔디가 낮은 깎기로 관리된다. 골프코스의 경우 티잉구역(티잉그라운드), 페어웨이, 그린, 러프의 잔디 깎기 높이를 달리 해야 하는데 이것은 각 지역에서의 플레이 목적이 다르기 때문이다. 관리체계 수준에 따라서 잔디 깎기 높이가 달라질 수 있는데 고관리 체계 지역일수록 낮은 깎기로 관리할 수 있다.

잔디깎기의 효과

잔디깎기는 그 목적에 따라 매우 다양하게 진행된다. 잔디깎기의 목적은 깎기 높이와 빈도, 잔디깎기 장비의 종류 등 깎기작업을 진행하는 여러 요소를 결정하게 되는 근본적인 이유가 된다. 이러한 깎기작업을 통해 그 목적과 작업 진행에 따라 아래와 같이 여러 가지 잔디깎기의 이로운 효과가 발생된다.

- 잔디의 표면을 평탄하게 한다.
- 잔디의 미관을 높이고, 잔디 고유의 쾌적한 감촉을 얻을 수 있다.
- 분얼과 포복경 발생을 촉진시키므로 피복 밀도를 높여 치밀한 잔디밭을 형성한다.
- 잔디의 도장을 방지하고 낮은 잔디 생육을 유도한다.
- 잡초의 침입을 방지한다.

하지만 깎기작업으로 인해 이로운 효과만 발생되는 것은 아니다. 깎기작업으로 인해 발생되는 손실도 간과해서는 안되기 때문에 깎기작업 시 반드시 다음과 같은 사항을 고려해야 한다.

- 양분이 잘려나가므로 잔디를 양호한 상태로 유지하려면 시비관리가 동반되어야 한다.
- 낮게 잘린 잔디는 조직을 축소시키고, 뿌리를 천근화한다.
- 무리한 사용 조건에서 빠른 쇠퇴현상을 나타낸다.

- 잔디깎기에 의해 병해 발생이 조장되는 경우가 있다.
- 건전한 생육을 하지 못하는 잔디를 깎을 경우 스트레스를 증가시킨다.
- 잔디깎기 시 예지물의 발생으로 대취가 쌓인다.
- 잔디깎기 작업을 통해 시간적, 비용적 손실이 초래된다.

잔디깎기에 의한 잔디의 생리 및 생태적 영향

잔디깎기 작업은 잔디의 생리적 생태적 측면에서 생장에 많은 영향을 준다. 특히 그 반응은 깎기 높이를 낮췄을 때 더 크게 나타나기 때문에 깎기 높이 조절 시 반드시 이를 고려하여 작업 계획을 세워야 한다. 잔디깎기에 의한 잔디의 생리, 생태적 영향은 다음과 같다.

- 탄수화물의 합성과 저장이 줄어든다.
- 단위 면적당 직립경의 생장이 증가한다.
- 직립경의 밀도가 증가한다.
- 엽폭이 감소한다.
- 직립경 조직의 엽액이 증가한다.
- 단위 면적당 엽록소 함량이 증가한다.
- 지하경 생장이 감소한다.

스캘핑(Scalping)

스캘핑이란 잔디깎기를 할 때 녹색 잎을 과다하게 제거할 경우 잔디의 관부를 포함한 줄기 부위가 나타나고 갈변하는 것을 말한다. 스캘핑은 잔디 면이 불규칙한 경우, 과도한 대취의 축적, 불규칙한 깎기 간격, 잔디깎기 장비의 정비 불량 및 깎기 기술의 부족 등으로 인해 발생될 수 있다. 스캘핑이 심하게 일어나면 잔디 정단부의 분열조직의 일부가 제거되면서 일시적으로 잔디 밀도가 떨어지게 된다. 잔디의 밀도가 떨어지면 잡초의 발생을 허용하게 되고 여름철에는 조류가 발생하여 잔디 관리에 어려움을 겪게 될 수 있다. 그리고 스캘핑으로 인한 상처를 통해 병원균이 침입하여 병 발생의 원인이 될 수 있다.

잔디깎기 빈도

잔디깎기의 빈도는 예초빈도라고 표현하기도 하며, 일정기간 동안 잔디를 깎는 횟수 또는 깎는 시기 사이의 기간을 말한다. 잔디깎기 빈도는 전반적인 생리적, 발육 상태에 있어서 깎기 높이만큼이나 중요한 요소이다. 일반적으로 잔디가 가지고 있는 본연의 생태적 활력과 품질을 개선하기 위해서는 너무 자주 잔디를 깎는 것보다 잔디 잎이 생장할 수 있는 기간을 주는 것이 좋지만, 사용 목적에 따른 잔디깎기 높이를 맞추기 위해서는 잔디깎기 주기를 일정하게 하는 것이 좋다. 또한 1회 깎기 시 잔디 엽조직의 30% 이상 제거되지 않도록 하여 잔디의 정상적인 생육에 문제가 없도록 하는 것이 좋다. 잔디깎기 빈도는 신초의 생장률, 환경조건, 깎기 높이, 잔디의 사용 목적에 따라 복합적으로 결정된다. 여러 가지 스트레스로 인해 잔디 생육이 저조할 때는 잔디깎기 휴지기를 통해 잔디 재생력 및 회복력이 증진될 수 있도록 해야 한다.

1 잔디깎기 빈도에 영향을 미치는 요인

신초 생장률

줄기의 수직 생장 속도가 빠른 잔디는 더 자주 깎아 주어야 한다. 같은 잔디라도 주위 환경요인이나 관리 조건에 따라 생육속도가 달라지므로 잔디깎기 빈도 또한 그 생육속도에 맞춰 진행되어야 한다. 질소 시비 후에는 잔디의 생육이 왕성해지기 때문에 더 자주 깎아 주어야 한다.

환경조건

강우 또는 관수 정도, 잔디의 영양상태, 일조량, 생육 최적 온도 등에 따라 잔디 생육 상태가 달라지기 때문에 잔디깎기 빈도도 달라진다. 난지형 잔디의 경우 우리나라에서 생육 최적기는 5월 말에서 9월 중순까지로 그 시기의 잔디깎기 빈도는 다른 시기보다 높아지게 된다. 반면 한지형 잔디는 3월 말부터 5월 말, 9월 말에서 11월 중순까지가 우리나라에서의 생육 최적기로 그 시기에는 잔디깎기 빈도가 높아지며 하고현상이 발생할 수 있는 7~8월에는 잔디깎기 빈도를 줄여서 고온에 의한 잔디 스트레스를 줄여줄 필요가 있다.

깎기 높이

낮은 깎기로 관리되는 잔디밭은 그 생장 속도가 빠르기 때문에 더 자주 깎아야 한다. 골프장 그린과 같이 3.0 mm~4.0 mm로 관리되는 벤트그래스의 경우 퍼팅에 의한 볼 구름 기능을 올바로 유지하기 위해서는 매일 잔디깎기 작업이 수행된다. 하지만 건강한 품질의 잔디밭 상태를 유지하기 위해서는 잔디깎기 작업으로 인해 잔디가 스트레스를 받지 않도록 깎기 높이를 관리할 필요가 있다. 또한 1회 깎기 시 전체 초장 또는 깎기 높이의 30% 이상 깎이지 않도록 깎기 높이를 설정해야 한다.

잔디 이용 목적

경기장용 잔디는 그 기능적인 부분을 충족시키기 위해 잔디밭 깎기 높이 기준을 두고 깎기작업을 진행한다. 반면 관상용 또는 생산용 잔디밭은 잔디 생육에 문제가 되지 않는 한 그 잔디깎기 작업의 빈도를 최소화해서 잔디가 건강하게 관리될 수 있도록 한다.

2 잔디깎기 빈도에 따른 잔디 생육 반응

잔디는 깎기 간격, 즉 예초 빈도를 너무 짧게 하면 다음과 같이 잔디 생육에 불리한 영향을 받을 수 있다.

- 저장 탄수화물이 감소한다.
- 뿌리 발육이 감소한다.
- 지하경 생육이 감소한다.
- 신초의 생장이 감소한다.
- 엽록소 함량이 감소한다.
- 엽액이 증가한다.

하지만 깎기 빈도의 증가가 잔디 생육에 불리하게만 작용하는 것만은 아니다. 잔디깎기 빈도가 증가하게 되면 신초의 밀도가 증가하게 되고, 포복생장을 하는 잔디의 경우 뗏장형성 속도가 빨라져 잔디밭이 빠르게 형성될 수 있다.

잔디 예지물 제거

예지물은 잔디깎기 작업의 부산물로서 장기간 예지물을 방치하게 되면 집약적인 잔디밭 관리 시 잔디의 품질을 저하시키게 된다. 소량의 잔디 예지물은 오히려 잔디밭에 유기물을 공급하는 공급원으로의 역할을 하기도 하지만, 예지물이 지나치게 많이 쌓였을 때는 병을 유발시킬 염려가 있으며, 시비와 시약 효과를 감소시키는 요인이 되기도 한다. 특히 공구름 기능이 중요한 골프장 그린의 경우 예지물로 인해 공구름 속도와 방향성에 방해가 될 수 있기 때문에 반드시 제거되어야 한다.

6.2.3 잔디깎기 장비

최초의 기계적인 깎기 장비는 목초지에서 사용하던 큰 낫이었다. 하지만 낫질로 잔디밭을 고르고 평탄하게 조절하는 데는 숙련된 기술과 상당한 노동이 필요했다. 그 이후 산업이 발달하게 되면서 1830년대에 릴 방식의 깎기 장비가 개발되었고 1900년대 이후 동력에 의해 구동되는 잔디깎기 장비가 개발되었으며, 현재는 사람이 타고 잔디를 매우 세밀하고 안전하게 깎을 수 있는 승용식 잔디깎기 장비가 개발되어 사용되고 있다(그림 6-7).

잔디를 경제적, 효과적으로 관리하는 데 필요한 예초 장비의 형태, 크기, 수는 관리면적의 크기, 잔디의 종류, 잔디의 이용 목적, 관리의 집약도, 지형 및 노동력 등에 따라 달라진다.

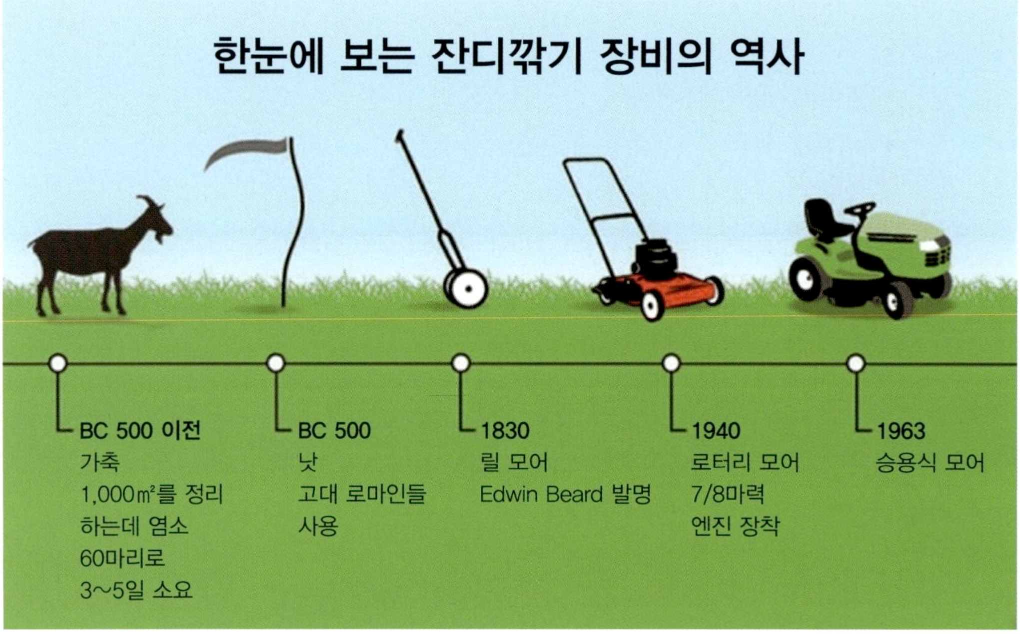

그림 6-7 잔디깎기 장비의 역사

잔디깎기 장비의 형태

잔디깎기 장비는 기본적으로 3가지 방식으로 나뉜다. 즉, 릴(reel) 타입, 로터리(rotary) 타입, 버티컬(vertical) 타입의 방식으로 구분되며(그림 6-8), 각각의 깎기 방식에 따라 잔디깎기 후의 잔디 품질 상태가 달라진다. 이러한 장비를 선택하는 것은 잔디밭 면적, 지형, 잔디의 품질상태에 따라 달라진다.

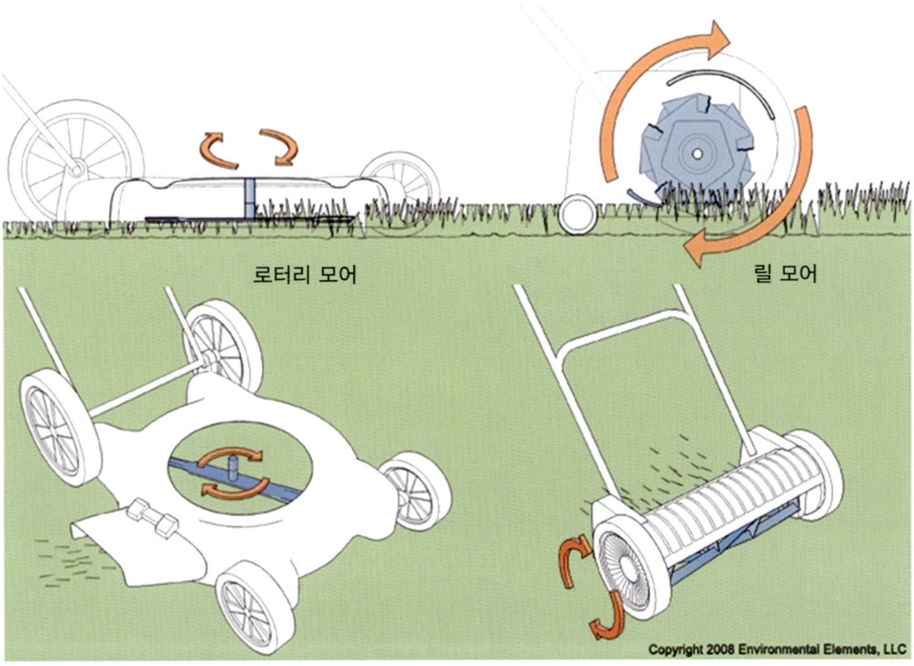

그림 6-8 로타리모어와 릴모어의 형태와 구동 방식

또한 인력에 의한 구동방식에 따라 자주식 장비(핸드모어)와 승용식 장비로 구분되며(그림 6-9), 승용식 장비는 장착되어 있는 릴의 개수에 따라 3갱모어, 5갱모어, 7갱모어 등으로 지칭되어 사용된다.

그림 6-9 자주식 그린모어(핸드모어)와 승용식 5갱 페어웨이모어

그린에서의 실제 잔디깎기 작업을 위해 작업원이 장비 운영 및 운전에 충분히 숙달되어 있는 것은 물론 다음과 같은 주의 사항에 대하여 항상 인지하면서 작업에 임해야 한다.

- 잔디깎기 작업 전 장비에 사용되는 연료, 엔진오일, 윤활유를 반드시 점검할 것. 특히 엔진 오일이 새는 곳이 없는지 확실하게 점검한다. 유압 계통의 장비는 유압 호수의 상태를 체크하여 작업 중 유압 오일이 새어 큰 사고가 발생되지 않도록 사전에 꼼꼼하게 점검해야 한다.
- 깎기장비의 릴은 올바르게 세팅되어 있는지 확인할 것. 잔디밭에서 일정 거리 동안 잔디깎기를 실시하고 예지 상태를 확인한 후 문제가 없으면 본격적인 잔디깎기 작업을 진행해야 한다.
- 잔디깎기 작업 전 장비를 손상시킬 수 있는 돌, 금속조각, 나뭇가지 등의 이물질은 반드시 제거해야 한다.
- 장비의 방향 전환은 잔디밭이 손상되지 않도록 잔디밭 밖에서 진행하거나 잔디밭 상태가 좋은 곳에서 진행한다.

6.3 영양관리

6.3.1 무기 영양소

잔디는 수분함량이 75~80%인 식물로 상대적으로 다른 식물에 비해 수분함량이 적다. 잔디는 분류상으로 벼과 식물로 수분 이외의 여러 유기화합물로 구성되어 있다. 유기화합물은 광합성 과정에서 만들어진 탄수화물을 비롯하여 생명유지에 필수적인 영양원소로 구성되어 있다.

잔디는 다른 식물과 동일하게 대기 중의 이산화탄소를 흡수하고 뿌리에서 흡수한 물이나 대기 중의 수분을 얻어서 광합성을 함으로써 얻어지는 탄수화물과 뿌리에서 흡수하는 14개 필수원소로 대사작용을 통해서 잔디생장에 필요한 식물호르몬이나, 단백질, 각종 효소 및 생명유지에 필요한 물질을 합성하여 낸다.

잔디에 필요한 필수영양원소는 필요한 시기에 반드시 적정량 흡수되어야 생장에 장해를 받지 않고 건강하게 자랄 수 있으나 부족할 경우에는 부족한 원소에 의한 장해가 외관상으로 나타나게 된다.

필수영양소(원소)는 다량원소와 미량원소로 구분하는데, 생장기간 동안 많은 양을 흡수하는 영양소를 다량원소라고 하며, 이들 원소의 종류는 질소(N), 인산(P), 칼륨(K), 마그네슘(Mg), 황(S) 및 칼슘(Ca)이 있다. 미량원소는 다량원소에 비해 상대적으로 아주 적은 양이 필요하지만, 부족하면 생장에 장해를 일으키는 원소로서 철(Fe), 망간(Mn), 동(Cu), 아연(Zn), 몰리브덴(Mo), 붕소(B), 염소(Cl) 및 니켈(Ni) 등이 있다.

잔디는 17개의 필수원소 이외에도 규소를 많이 흡수하여 이용하는 식물로 규소(Si)의 중요성에 대한 많은 연구가 이루어져 있으며, 그 외 알루미늄(Al), 비소(As), 코발트(Co), 불소(F), 요오드(I), 납(Pb), 셀레늄(Se), 나트륨(Na) 등을 포함하여 적어도 40여 개의 기타 원소들의 뿌리를 통해 흡수되고 있다는 것을 식물체를 분석하면 알 수 있다.

토양에 존재하는 이들 원소는 토양에 용해되거나 불용상태로 존재하면서 토양환경에 따라서 때때로 필수원소의 흡수를 방해하거나 식물독성으로 작용하기도 한다.

필수영양소

필수영양원소란 식물의 일생을 완성하는 데 없어서는 안되는 필수원소로서, 부족한 경우에만 장해를 초래하는 것이 아니라 과다할 경우에도 장해를 초래하여 식물체의 정상적인 생육이 이루어지지 않게 되는 중요한 원소이다.

식물체의 번식과 생장과정에 영양원소가 많이 존재한다고 하여 반드시 그 원소가 식물 생육에 필수적인 원소를 의미하는 것은 아니다. 식물의 종류에 따라서는 필수원소가 아니더라도 많은 양의 원소인 나트륨(Na)과 규소(Si)인 영양소를 함유하고 있다. 그러나 어느 식물이든지 아주 적은 양으로 존재하는 영양소인 동(Cu)과 몰리브덴(Mo) 등은 식물에 반드시 필요한 원소이다.

식물의 생장과 번식에 필요한 원소는 뿌리로부터 흡수되고 있지만, 이들 원소는 식물의 물질대사과정에서 반드시 필요한 필수원소 또는 필수영양소라고 하며 그렇지 않은 비필수원소 또는 비필수영양소로 나눌 수 있다.

필수원소란 식물 생육과 번식 등 식물의 생활사를 완성하는 데 절대로 필요한 원소지만, 비필수원소는 필수원소를 제외한 나머지 원소로 식물체 내에 보편적으로 검출되지만 아직 필수성이 증명되고 있지 않은 원소를 말한다. 지금까지 고등 식물에 필요한 필수 원소는 17개원소로 규정하고 있다.

필수영양소란 아래 세 가지 기준을 충족할 때 필수영양소라고 하고 있으며, Aron과 Stout(1939)이 제시한 두 가지 기준과 더불어 2000년에 Epstein이 다시 정립한 것이 아래와 같다.

- 이 원소가 결핍되면 식물이 생활사 중 영양생장이나 생식생장을 완성할 수 없으며,
- 이러한 결핍증상은 그 원소에 대해 특이적이며, 그 원소를 공급함으로써 예방되거나 회복이며 되며,
- 어떤 원소가 식물의 물질대사과정에서 직접적으로 영향을 미쳐야 하고, 영양배지 속에서 나쁜 미생물 환경이나 화학적인 환경을 단순히 좋게 만드는 것이어야 한다고 하였다.

2000년에 Epstein이 위 내용을 바탕으로 정립한 가설은 특정원소가 하나 또는 두 가지 기준을 만족시키면 그 원소는 필수원소라고 정의하였다.

- 그 원소는 식물의 구조나 대사에 필요한 구성요소인 특정 분자의 일부분이다.
- 식물에서 그 원소가 심각하게 부족하면 심각하게 부족하지 않은 식물과 비교할 때 식물의 생육, 발달, 생식활동에 장해가 나타난다.

그러므로 필수원소는 식물의 생장과 발달에 있어서 각각의 영양소의 역할은 매우 특이적이지만 어느 하나의 부족도 전체적인 식물생장과 발달과정에 심각한 장해를 줄 수 있다. 탄소, 수소, 산소는 공기와 물로부터 얻으며 탄수화물, 단백질, 지질 및 관련 복합물의 합성에 필요하다. 이 세 가지 필수원소는 식물의 대부분의 유기화합물에 포함되어 있으므로 정상적인 식물의 생장과 발육에 주요한 기능을 갖는다. 나머지 14개 필수원소는 각각 식물체 내에서 특정한 기능을 갖는데 이러한 양분이 결핍되면 시비나 엽면살포로 보충될 수 있다. 또한 필수 17개 원소는 아니지만 벼과 식물에 있어서 필수성분인 규소는 한국잔디와 금잔디에서 함유량이 높고 잔디의 내마모성에 관여한다.

필수영양소의 종류

식물이 생활사를 완성하기 위해서는 필수적인 영양소를 필요로 한다. 고등식물의 필수영양소로 증명된 원소는 현재까지 17종이다. 이들 필수영양소는 식물이 생활사를 완성하는 데 필요한 요구량이 많고 적음에 따라서 다량원소와 미량원소로 분류하고 있다.

1 다량원소

식물이 생활사를 완성하는 동안 많은 양을 필요로 하는 원소를 말하며 이들 원소는 다음과 같다. 물과 공기를 통하여 흡수하는 3종류의 영양소는 탄소(C: Carbon), 수소(H: Hydrogen), 산소(O: Oxygen)이다. 나머지 필수 원소들은 유기물이나 무기화합물인 화학비료를 통해서 공급하는데, 그 종류는 질소(N: Nitrogen), 인산(P: Phosphorus), 칼륨(K: Potassium), 황(S: Sulfur), 칼슘(Ca: Calcium), 마그네슘(Mg: Magnesium) 등이 있다.

2 미량원소

미량원소는 식물이 생활사를 완성하는 데 있어 비교적 적은 양을 흡수하여 이용하는 원소로 이들 원소는 대부분이 토양에 많이 존재하는 원소이지만 토양모재의 종류에 따라서 거의 없는 경우도 있다. 미량원소의 종류로는 철(Fe: Iron), 망간(Mn: Mangganese), 구리(Cu: Copper), 아연(Zn: Zinc), 몰리브덴(Mo: Molybdenum), 붕소(B: Boron), 염소(Cl: Chlorine)와 1980년에 가장 늦게 필수영양소에 포함된 니켈(Ni: Nickel) 등이 있다.

필수영양소의 기능

필수영양원소는 식물에 흡수되어 생화학 및 생리적인 역할을 하는데, 이들 원소를 기능별로 다음과 같이 4개 그룹으로 구분할 수 있다(표 6-3).

- 다량영양소로 제1그룹에 해당하는 영양소는 C, H, O, N, S이며, 이들 영양소 중에서 C, H, O는 식물체에서 유기물을 구성하는 데 이용되며, N, S 원소는 여러 종류의 아미노산과 주성분으로 단백질을 만들 뿐만 아니라, 여러 가지 효소작용에 관여한다. C와 O는 카르복시기를 형성하는 주성분이고, H와 O는 산화-환원작용에서 중요한 역할을 한다. C는 CO_2의 형태로 카르복시화 작용에 의해 식물체 내에서 동화되어 광합성작용에 관여한다. 식물체 내에서는 탈카르복시화 작용도 일어난다. N는 NH_2^-, $NH^=$, $-NH^{+-}$ 등의 형태로, S는 SH^-의 형태로 여러 가지 생화학적 기능을 하는데 기본적으로 작용하는 원소이다.
- 음이온으로 이루어진 제2그룹의 원소는 P, B, Si로 생화학적인 면에서 모두가 음이온을 띤 무기 화합물의 형태 또는 무기산의 형태로 흡수된다. 식물체에서 에너지 저장이나 구조적 완전성에 중요한 영양소이다.

표 6-3 생화학적 분류에 따른 무기영양소의 기능

원소	영양 원소의 기능
1그룹 원소	탄소화합물의 일부인 영양소이다
N	아미노산, 아미드, 단백질, 핵산, 뉴클레오티드, 조효소, 핵소사민 등의 성분
S	시스테인, 시스틴, 메티오닌 그리고 단백질의 성분, 리포산, 조효소A, 티아민 피로인산, 글루타티온, 비오틴, 아데노산-5-포스포설페이트, 그리고 3-포스포아데노신의 성분
2그룹 원소	에너지 저장이나 구조적 완전성에 중요한 영양소이다
P	당인산, 핵산, 뉴클레오티드, 조효소, 인지질, 피트산 등의 성분. ATP를 함유하는 반응에서 주된 역할
B	만니톨, 만난, 폴리만뉴론산, 다른 세포벽 성분과 복합체를 형성 세포신장 및 핵산 대사에 관여
Si	세포벽에서 비정형 규토로 침적. 견고함과 탄성 등 세포벽 기계적 특성에 기여
3그룹 원소	식물체 내에서 이온 형태로 존재하는 영양소이다
K	40여 효소의 보조인자로 필요. 세포 팽압 조절, 세포의 전기적 중성을 유지
Ca	세포벽 중엽의 성분. ATP와 인지질의 가수분해에 관여하는 일부 효소의 보조인자로 필요. 대사 조절에서 2차 신호전달자로 작용
Mg	인산기 전달에 관여하는 많은 효소에 필요. 엽록소 분자의 성분
Mn	탈수소효소, 탈카복시화효소, 키나아제, 산화효소 그리고 과산화효소 활성에 필요. 다른 양이온 활성화 효소와 광합성 O_2 발생
Cl	O_2 발생과 관련된 광합성 반응에 필요
Na	C_4 및 CAM 식물에서 포스토에놀피루브산의 재생성에 관여. 일부 기능을 위해 칼륨을 대체
4그룹 원소	산화환원 반응에 관여하는 영양소이다
Fe	시토크롬 및 광합성적 N_2 고정과 호흡에 관여하는 비헴 철 단백질의 성분
Zn	알코올 탈수소효소, 글루탐산 탈수소효소, 탄산탈수효소 등의 성분 아스코르브산 산화효소, 티로신 분해효소, 모노아민 산화효소, 요산 산화요소, 시토크롬 산화효소, 페놀분해효소, 락카아제 및 플라스토시아닌의 성분
Mo	질소고정효소, 질산환원효소 그리고 크산틸 탈수소효소의 성분
Ni	요소 가수분해효소, N_2-고정 세균에서 탈수소효소의 성분

Evans Sorger 1966 및 Mengel and Kirkby 1987

- 제3그룹의 영양소는 양이온에 해당하는 원소인 K, Na, Ca, Mg, Mn과 음이온인 염소(Cl)로, 그 자체의 이온 형태로 흡수된다. 이들 원소는 식물체 내에서도 이온상태로 존재하는 경우가 많다. 그러나 유기 이온에 흡착되는 경우가 있다.

이들 이온의 역할은 세포 내에서 삼투압의 조절과 이온 간의 균형유지 등의 역할을 하며, 양이온들은 효소계에서도 중요한 역할을 한다. K는 효소 단백질의 형태유지에 필요하며, K에 의해서 활성자리의 배열이 제대로 이루어진다. Mg는 효소와 효소를 결합시키는 보조인자의 역할을 한다. 인산염의 공여체인 보조효소 내의 활성 부분은 ATP 대신 $MgATP^2$로 되어 있다.

- 제4그룹에 해당하는 미량원소인 Fe, Cu, Zn, Mo 원소는 식물체 내에 흡수되어 주로 킬레이트(유기태화합물) 상태로 존재한다. 특히 식물체에 흡수될 때에도 킬레이트 화합물의 형태를 취하는 것이 특징이지만, Mo은 예외이다. 킬레이트란 한 개의 유기 화합물로 물 또는 그 이상의 금속원소와 결합하고 있다. 헴기는 포르피린의 철화합물로, 엽록소는 식물체 내에서 흔히 볼 수 있는 중요한 킬레이트이다. 헴기가 효소를 구성할 때는 보결분자단의 역할을 하며, 전자의 이동을 가능하게끔 해준다. 엽록소의 화학적 구조는 헴의 구조와 비슷하지만, 다른 점은 Fe와는 달리 Mg는 전자를 직접적으로 주거나 받는 성질을 갖고 있지 않다는 것이다. 엽록소는 빛을 받으면 전자를 방출하는 독특한 성질을 갖기 때문에 광합성 작용에는 가장 기본이 되는 물질이다.

필수영양소의 흡수형태

필수영양소는 식물의 뿌리와 식물지상부에 인위적인 공급을 통해서 흡수할 수 있다. 필수영양의 흡수형태는 표 6-4와 같다. 탄소, 수소, 탄소는 물과 공기를 통해서 흡수하는 원소로 식물에 가장 많이 필요한 원소들이다. 이들 원소의 흡수형태는 CO_2, H_2O, O_2이다.

토양이나 지상부를 통해서 공급받을 수 있는 다량원소나 미량원소는 모두 물에 녹아서 이온의 형태로만 흡수된다. 식물에 가장 많이 필요한 질소의 흡수형태는 암모니아태 질소(NH_4^+)와 질산태 질소(NO_3^-)로 흡수되고, 인은 제1인산($H_2PO_4^-$)과 제2인산(HPO_4^{2-})으로 흡수되고, 가리는 K^+ 이온으로 흡수된다. 황은 2가 황산이온(SO_4^{2-})으로 흡수되고, 칼슘과 마그네슘(고토)은 2가 이온인 Ca^{2+}과 Mg^{2+}으로 흡수된다.

표 6-4 식물에 필요한 영양 원소와 흡수형태

원소명	화학 기호	원자량	식물 흡수 형태
탄소(Carbon)	C	12.01	CO_2
수소(Hydrogen)	H	1.01	H_2O
산소(Oxygen)	O	16.00	H_2O, O_2
질소(Nitrogen)	N	14.01	NH_4^+, NO_3^-
인(Phosphorus)	P	30.98	$H_2PO_4^-$, HPO_4^{2-}
칼륨(Potassium)	K	39.10	K^+
황(Sulfur)	S	32.07	SO_4^{2-}
칼슘(Calcium)	Ca	40.08	Ca^{2+}
마그네슘(Magnesium)	Mg	24.32	Mg^{2+}
철(Iron)	Fe	55.85	Fe^{2+}
아연(Zinc)	Zn	65.38	Zn^{2+}, $Zn(OH)^0{}_2$
망간(Manganese)	Mn	22.91	Mn^{2+}
구리(Copper)	Cu	63.54	Cu^{2+}
붕소(Boron)	B	10.82	$B(OH)^{0-}{}_3$
몰리브덴(Molybdenum)	Mo	95.95	MoO_4^{2+}
염소(Chlorine)	Cl	35.46	Cl^-
니켈(Nickel)	Ni	58.69	Ni^+
규소(Silicon)	Si	28.09	$Si(OH)^0{}_4$
나트륨(Sodium)	Na	65.38	Na^+
코발트(Cobalt)	Co	58.94	Co^{2+}

미량원소는 대부분의 금속으로 다음과 같은 이온 형태로 흡수된다. 철은 Fe^{2+}으로 흡수되고, 아연은 Zn^{2+}, 와 $Zn(OH)^0{}_2$으로 흡수되고, 망간, 동, 몰리브덴은 각각 Mn^{2+}, Cu^{2+}, MoO_4^{2-}으로 흡수된다. 미량요소 중에 음이온으로 흡수되는 붕산은 $B(OH)^{0-}{}_3$으로 흡수되고, 염소이온은 Cl^-으로 흡수된다(표 6-5).

식물의 최적생장과 발달을 이루기 위해서는 필수원소들이 적당한 양과 비율로 공급되어야 한다. 영양소는 잎과 뿌리를 통해서 식물에 흡수된다. 대부분의 토양에 내포되어 있는 총 영양분의 양은 잔디의 요구량에 비해 월등히 높다. 그러나 이러한 양분의 대부분은 토양입자에 치환되어 있거나, 다른 이온과 결합하여 불용태로 고정되어

표 6-5 필수 원소의 흡수형태 및 잔디체 내의 함유율

원 소 명	화학 기호	흡수 형태	함유율(%)
질소	N	NO_3^-, NH_4^+	2.50 ~ 4.50
인	P	HPO_4^{2-}, $H_2PO_4^-$	0.30 ~ 0.55
칼륨	K	K^+	1.00 ~ 2.50
유황	S	SO_2, SO_4^{2-}	0.20 ~ 0.45
칼슘	Ca	Ca^{2+}	0.50 ~ 1.25
마그네슘	Mg	Mg^{2+}	0.20 ~ 0.60
철	Fe	Fe^{2+}, Fe^{3+}	200 ~ 1000 ppm
망간	Mn	Mn^{2+}	25 ~ 150 ppm
붕소	B	BO_3^-	10 ~ 60 ppm
구리	Cu	Cu^{2+}	5 ~ 20 ppm
아연	Zn	Zn^{2+}	20 ~ 55 ppm
몰리브덴	Mo	MoO_4^{2+}	–
염소	Cl	Cl^-	–
니켈	Ni	Ni^+	–

있어 식물이 이용할 수 없는 경우가 많다. 토양용액 중에 있는 모든 필수영양소와 비필수영양소가 용해되어 이온상태로 존재하고 있지만 잔디의 뿌리에 의해 흡수가 이루어지는 양은 토양의 환경인 pH, 특정이온의 농도, 온도, 유기물 및 미생물의 종류 및 농도 등에 따라 크게 좌우된다.

잔디의 뿌리는 넓은 표면적을 갖는 섬유질의 뿌리이기 때문에 양분의 흡수에 이상적이다. 뿌리는 양분을 포함하고 있는 토양용액과 접촉하거나 또는 토양입자들과 접촉하고 있다. 영양소의 흡수는 토양용액에 녹아 있는 이온들은 확산기울기에 역행하여 뿌리세포에 흡수될 수 있어 세포 내에서 축적된다. 이러한 흡수과정은 세포의 외부 투과성막을 이온이 이동할 수 있도록 에너지가 필요한 능동적 흡수에 기인한다.

이온의 능동적인 흡수는 다음의 일련의 과정에 의해서 이루어진다. 이온들은 토양용액에서 뿌리의 외각공간으로 확산된다. 확산은 고농도 부분에서 저농도 부분으로 비선택적으로 이루어진다. 이 과정은 가역적이고 수동적이다. 흡수된 이온들은 지하부 외각공간의 안쪽에 있는 결합부위에서 운송분자(담체)들과 결합한다. 이 이온들은 비투과성막을 통과하여 운송되고 운송분자들로부터 세포 내부공간으로 방출된다. 이온-담체 결합체의 반투과성막을 통과하는 운송에는 에너지가 필요하다. 따라서 능동적 이온의 흡수는 뿌리의 호흡률과 직접적으로 관련되어 있다.

능동적 흡수기구가 선택적일 뿐 아니라 상이한 비율로 특이적 양분을 흡수한다. K이온 같은 1가 이온은 Ca, Mg과 같은 2가 이온보다 더 빨리 흡수된다. 선택성은 뿌리가 Na와 같은 기타 이온들은 배제하는 경향이 있는 반면에 대량의 칼륨을 축적하고 있다는 사실에서도 증명된다. 비투과성막은 또한 고농도의 액포에서 바깥의 토양용액으로 이온이 확산되는 것을 차단하는 방어막으로 작용한다. 따라서 식물의 뿌리는 식물생장에 필요한 고농도의 양분이온을 보유할 수 있다. 능동적인 이온 흡수와는 대조적으로 물과 같은 비이온성 용질들은 확산에 의해서 세포로 들어오고 나간다. 용질들은 고농도에서 저농도로 이동한다. 이동률은 분자의 크기와 막의 지방성 용제의 상대적 용해도에 의존한다. 따라서 작은 물 분자는 매우 빨리 이동하는 반면에 지방 용해도가 매우 낮은 설탕과 같은 성분은 매우 느리게 이동한다.

뿌리로 흡수된 모든 양양소는 생장 중인 조직으로 이동된다. 영양소 흡수에 영향을 미치는 요인들을 살펴보면 양분흡수는 뿌리와 주변토양의 조건과 특징에 의해서 결정되고 뿌리의 길이와 범위는 양분흡수에 영향을 미치는 중요한 요소이다.

인산질 비료의 시비는 뿌리가 깊은 잔디보다는 얕은 잔디에 더욱 중요하다. 이는 뿌리 호흡으로 인한 에너지 이용성으로 적당한 산소공급, 만족할 수준의 호흡, 물질 및 뿌리 활동의 최적온도 등이 필요하다. 특히 토양 통기성이나 나쁘거나, 침수된 토양은 호흡을 극히 제한하고 산소공급의 부족에 의해 필수영양소의 흡수를 방해한다. 영양 흡수는 침수된 토양조건이나 토양수분의 부족에 의해 크게 방해를 받아 흡수가 잘되지 않는다.

뿌리를 통한 영양 흡수는 적정량의 토양수분이 필요하다. 잔디의 적정 토양 pH도 아주 중요하며, 흡수에 최적인 pH는 6~7이 이상적이다.

6.3.2 영양소의 역할

질소(N: Nitrogen)

질소는 식물체에 흡수되면 단백질을 비롯한 여러 가지 유기화합물을 구성하는 물질로 바뀐다. 질산태(NO_3)로 흡수된 질소는 체내에서 환원되어 암모니아태(NH_3)가 되어 아미노산 및 단백질로 합성된다.

질소는 식물체에 있어서 잎의 면적을 크게 하여 광합성 면적을 넓히고 광합성 산물을 빨리 단백질을 비롯한 원형질로 변형시켜 주며, 질소가 포함되어 있지 않은 세포벽이나 질소함량이 적은 리그닌(lignin)의 형성 등이 있기 때문에 남아 있는 탄수화물의 양도 적어 세포막은 얇아지고 잎의 함수량은 증가하므로, 세포막에 Ca의 함량은 오히려 감소하게 된다. 이러한 결과로 질소가 과잉된 식물은 병충해, 서리, 가뭄에 대해 저항력이 약하다.

토양에 공급하는 유기물은 미생물에 의해 단백질, 아미노당(glucosamine), 핵산물질 등으로 분해되어 최종적으로 무기태질소인 암모니아태 질소, 질산태질소로 잔디에 흡수되고, 일부는 아질산, 질소가스 및 일산화질소 등으로 변하여 휘발되어 탈질된다.

질소성분은 벼과 식물인 잔디의 영양생장에 있어서 탄소, 수소 및 산소를 제외하고는 어떤 필수원소보다도 가장 많이 흡수된다. 흡수된 질소는 중요한 무기성분으로 원형질 건물의 약 40~50%를 차지하고 있다.

잔디는 질소가 결핍되지 않으면 일반적으로 건물 중의 3~6% 정도의 질소를 함유하고 있다. 10℃ 이상의 토양온도와 많은 양의 질소를 시비한 토양에서 자란 한지형 잔디 초종은 더 많은 질소를 요구한다. 잔디 중의 질소함량은 잎과 같이 생장 중인 조직에서 훨씬 더 높다.

잔디의 질소 요구도는 잔디의 종과 품종에 따라 다르다. 질소는 식물체 내에서 이동성이 크다.

질소의 효과는 신초의 생장, 잎의 전개 및 신장, 엽면적의 확대, 뿌리의 성장, 신초의 밀도 및 색깔, 질병의 회복 잠재력, 잔디군집의 구성 및 고온, 저온, 한발에 대한 저항성 등을 포함하는 수많은 효과로 잔디의 생육에 영향을 미친다. 신초의 생장률은 질소 시용량과 밀접한 관련이 있다.

질소가 과잉된 잔디는 호흡량이 크게 증가하고, 질소의 축적량이 지속되면 어느 시점에서 단백질 합성에 유용한 탄수화물의 축적량이 제한받기 시작한다. 체내 질소 수준이 높으면 암모니아가 단백질로 변하는 과정에 생성된 아미노산이나 아미드가 증가하므로 뿌리생장과 탄수화물의 축적에 영향을 준다. 그러므로 질소함량이 높은 잔디는 왕성하게 생장하는 신초가 흡수한 탄수화물 때문에 기존 뿌리의 유지에 필요한 탄수화물의 양이 부족하여 뿌리의 생육에 막대한 지장을 초래한다.

과도한 질소시비는 잔디의 체내 수분함량을 높이고 세포벽이 얇아져 가뭄, 저온, 병충해, 잔디깎기 및 답압 등의 스트레스에 대한 저항성이 낮아지며, 왕성한 잎의 생장으로 대취의 축적과 그린의 스폰지 현상을 촉진한다.

골프코스의 잔디에서는 질소과잉이 질소 결핍보다 훨씬 더 큰 피해를 야기한다. 질소가 과잉된 잔디는 내답압성이 낮을 뿐만 아니라 물리적인 상처도 많이 발생하므로 병원균의 침입을 조장하여 병 발생을 촉진시킨다. 또한 여름철 고온과 겨울철 저온에 대한 저항성도 약해지며 건조에 의한 위조현상이 증가하고, 겨울 건조피해도 증가하게 된다.

반면, 잔디는 질소가 부족할 경우도 병 발생이 증가하고 피해도 커지게 되는데 대표적인 병으로는 dollar spot, red thread, 녹병과 같은 병의 발생이 심해진다.

질소 부족은 양분과 수분의 흡수를 감소시킨 만큼 근권의 범위가 적어진다. 그러므로 잔디의 질소 함량은 잔디 신초의 밀도와 색깔에 직접적으로 관련되어 있으므로 질소시비의 기준점을 나타내는 지표로 이용된다. 질소 결핍은 신초의 밀도를 감소시키는 대신에 섬세한 엽조직을 생성한다.

잔디의 회복 잠재력은 탄수화물 보유력을 고갈시키지 않는 적정한 질소 수준에 의해 향상된다. 높은 질소 함량에서 생육이 우점하는 잔디는 켄터키 블루그래스이며, 낮은 질소 함량에서 생육이 우점하는 종은 레드 훼스큐이다. 하지만 지나치게 질소함량이 낮은 조건에서 자라는 잔디는 신초 생장, 밀도, 색깔을 저하시키고 불필요한 잡초의 침입을 유발한다. 예외적으로 바랭이와 새포아풀같은 잡초는 고질소에서 훨씬 더 잘 자란다.

질소질의 흡수는 토양용액 중의 질산태 질소와 암모니아 질소를 흡수하는 85% 이상이 질산태 질소로 흡수된다. 흡수된 질소는 15시간 내에 잎 조직으로 이동하여 유기물의 분해산물인 유기태 질소인 단백질이나, 아미노산 및 여러 유기화합물의 형태로 변한다.

질소 성분의 용탈은 관수와 강우에 의해 대부분이 유실되는데, 유실 정도는 관수나 강우량, 온도 및 토성에 따라 그 양이 크게 달라지는데, 과다한 시비는 용탈에 의한 지하수 및 연못의 질소 오염을 유발할 수 있으므로 적정량의 시비가 요구된다.

1 암모니아화 작용

토양에 사용한 질소화합물은 화학비료와 유기물로 크게 나눌 수 있다. 유기물은 유기태 질소를 함유한 질소화합물로 그 유기물을 분해하거나 질소화합물인 단백질을 분해하는 토양미생물은 세균에 속하는 방사선균, 세균 및 곰팡이 등이 있다.

질소화합물은 미생물에 의해 단백질, 아민 등으로 분해되어 여러 종류의 아미노산으로 분해된 후 지속적인 미생물의 작용으로 아미노화작용(aminization)이 일어나고 있다. 그 결과 생성된 아미노산은 모두 같은 속도로 분해된다. 아민(amine)이 암모니아로 생성되는 일반식은 다음과 같다.

$$R-CH_2-NH_2+H_2O \rightarrow R-CH_2OH+NH_3$$

세균은 *Bacillus*속의 세균이 관여하는데, 호기성 세균은 *B. mycoides*, *B. tumescens*, *B. subtilis*, *B. megatherium*, *B. mesentricus* 등이 있다(표 6-6). 토양의 질소화합물은 분해과정을 거치지 않고는 식물에 이용될 수 없고 미생물에 의한 탈아민작용(deamination)에 의하여 암모니아가 생기고 이는 곧 NH_4^+으로 되어 식물과 미생물이 이용한다.

암모니아화작용의 속도와 암모니아의 생성량은 유기물의 C/N율, pH, 수분량, 토양의 온도 및 통기상황 등의 조건에 따라 차이가 있으며, 일반적으로 C/N율이 작고 수분이 최대용수량의 60~80% 정도이고 온도가 30℃ 이상 높고 반응이 중성~약알칼리성인 경우 촉진된다. NH_3는 토양수분에 용해되어 NH_4^+이 되어 부동화작용(immobilization)에 의하여 NH_4^+이 식물에 흡수되거나 미생물이 이용하지만, 대부분의 NH_4^+은 미생물에 의하여 NO_2와 NO_3^-로 산화되어 잔디에 흡수된다.

표 6-6 질소순환에 작용하는 미생물

질소의 형태변화	미 생 물
암모니아화 작용: 단백질, 유기N 화합물 → 아미노산 → NH_3	대부분의 유기영양미생물
질산화 작용: NH_4^+ → … → NO_2, NO_2 → NO_3^-	아질산균, 질산균
질산환원작용: NO_3^- → NO_2 → NH_4^+	유기영양균
탈질작용: NO_3^- → NO_2 → N_2O, N_2	탈질세균
질소의 고정작용: N_2 → NH_4^+	질소고정균, 남조류
질소의 부동화 작용: NH_4^+ → … → 유기 N 화합물	대부분의 유기영양미생물

2 질산화작용(Nitrification)

질산화작용은 토양에 시비한 유기물이나, 질소질 비료가 미생물에 의해 분해되거나 용해가 되어 암모늄이온(NH_4^+), 아질산(NO_2)과 질산이온(NO_3^-)으로 산화되는 과정을 말한다.

암모니아가 질산으로 산화되는 과정은 전형적인 화학무기영양세균에 의한 반응이며, 이 반응은 아질산을 중간물로 하는 제2단계 반응이다. 제1단계의 반응에 관여하는 세균 속은 암모니아산화세균으로 *Nitrosomonas*, *Nitrosococcus*, *Nitrospira*, *Nitrosogloea* 등이 이에 속한다. 제2단계 반응에 관여하는 세균은 아질산산화균으로서 *Nitrobacter*, *Nitrocystis* 속 등이 이에 속한다.

토양 중에서 암모니아의 산화가 일어날 경우에는 아질산의 대량집적은 보통 일어나지 않지만, pH가 높을 때에는 검출할 수 있을 정도의 아질산이 축적되는 수도 있다. 이들 세균은 그 산화반응에 의하여 얻어지는 화학에너지를 이용하여 생명을 유지하고 있지만 에너지효율이 매우 낮기 때문에 일반적으로 생육속도가 느리고, 더구나 활발한 생육을 하기 위해서는 다량의 암모니아 또는 아질산을 산화하지 않으면 안 된다.

질산화작용이 순조롭고 신속히 진행되는 조건으로서는 토양의 반응이 중성에 가까워야 하고 통기가 양호하며, 포장용수량 부근의 수분상태(50%)로서 온도는 25℃가 알맞다. 10℃ 이하의 온도에서는 질산화작용이 매우 더디며, 25℃ 이상에서는 빨라진다.

화학비료의 암모니아 과정은 다음과 같다.

$$(NH_2)_2CO(\text{요소비료}) + 2H_2O = (NH_4)_2CO_3 + 143 \text{ cal}$$
$$CaCN_2(\text{석회질소}) + H_2O + CO_2 = NH_2CN + CaCO_3$$
$$NH_2CN + H_2O = (NH_2)_2CO$$
$$(NH_2)_2CO + 2H_2O = (NH_4)_2CO_3$$

이들 반응에 의해 생성된 암모니아(ammonia)는 질산화작용에 의해 다시 질산으로 된다.

3 골프장 토양의 질소

골프장 토양의 평균 질소함량을 살펴보면 일반토양은 0.05~0.3%, 샌드그린의 경우는 빈번한 관수로 인한 질소 용탈량이 많아 0.02%이다.

잔디는 초종과 품종에 따라 질소 요구도가 각각 다르며, 다른 식물에 비하여 깎기 빈도가 잦기 때문에 더 많은 양의 질소시비가 필요하다. 잔디가 질소 결핍증상을 나타내는 엽중 질소농도는 일반적으로 건물 중 기준으로 한지형 잔디에서는 1.2~1.5% 정도이고 난지형 잔디에서는 0.8~1.2% 정도로 한지형 잔디의 질소요구도가 난지형 잔디보다 크다.

정상적인 잔디의 생육에 요구되는 토양 중의 질소함량은 일반적으로 암모늄태 질소(NH_4-N)는 3 mg/100 g, 질산태 질소(NO_3-N)는 0.4 mg/100 g 이상이면 적합하며 전자와 후자의 비(比)가 5:1~10:1 정도면 이상적이다(표 6-7).

표 6-7 토양 중 질소함량과 잔디의 생육반응

구분	결핍(mg/g)	건전(mg/g)	과잉(mg/g)
NH_4-N	2.5 이하	5~15	20 이상
NO_3-N	0.3 이하	1~8	10~20

잔디에 흡수되는 질소는 토양 중에 존재하는 전체 질소의 일부분에 불과하며 나머지는 용탈, 휘산하거나 토양 미생물이 이용한다. 골프장 잔디의 연간 시비량은 벤트그래스는 질소(N)가 30~40 g/m²이다.

질소의 시비량은 지상부보다 지하부의 생육이 최고로 되는 양을 최적시비량으로 잡는 것이 뿌리 부분의 저장탄수화물의 함량을 높이고 내병성도 강하게 되어 잔디생육에 이상적인 것으로 알려져 있다.

질소 시비량은 잔디의 흡수율뿐만 아니라 토양의 이화학적 성질도 고려해야 하는데 토양부식의 함량과 질소함량이 약 10 : 1 정도 되도록 하고 양이온 치환용량(CEC)의 20%가 되도록 시비하는 것이 바람직하며 질소의 시비량은 다음과 같이 토양 중의 질소함량을 먼저 분석하고 개량 목표를 설정한 다음 시비한다.

- 골프장 토양의 질소 분석 함량: 0.04%
- 사용목표량: 질소함량 0.06%, 개량 토심 10 cm
- m²당 질소시용량(g)은 다음과 같다.

  질소시용량(g/m²) = (0.06−0.04)×1000 = 20 g

  $$요소시비량 = 20 \times \frac{100}{질소\ 46\%} = 43.5\ g$$

  유안을 시비할 경우 = 20×100/질소 21% = 95.2 g

인(P: Phosphorus)

인(P)은 작물의 생명을 관장하는 중요한 요소로서, 체내 각 부위에 함유되며 세포핵의 단백질 구성성분이다. 인은 인산으로 흡수되어 호흡과 광합성의 당−인산 중간물과 식물막을 만드는 인지질 등 식물세포를 이루는 주요화합물의 중요성분이다. 또한 식물에너지 대사와 DNA 및 RNA에서 사용되는 뉴클레오티드의 성분이기도 하다.

인은 식물의 초기 생육기에는 뿌리나 맹아출현을 촉진시키기 때문에 뿌리나 잎의 선단부에 많이 존재한다. 분얼기에는 새싹출아에 많고, 개화기에는 꽃에, 결실기에는 종자에 많다. 이와 같이 인산은 생육이 가장 왕성한 부분에 필요도가 가장 크다.

인산은 모든 살아 있는 세포에 존재하는 필수 다량원소로서 체내에서 ATP 형태로 에너지원으로 이용된다. 세포핵의 유전물질의 성분으로 식물 고유의 유전형질을 갖게 하며, 탄수화물의 전환(전분 ↔ 설탕)에 이용된다.

잔디에 이용되는 인산의 양은 질소나 칼륨에 비해서 상당히 적다. 잔디의 인산 흡수는 품종에 따라 다양하며 켄터키 블루그래스가 가장 높고 카페트그래스, 바히아그래스, 버뮤다그래스는 상대적으로 낮다.

인의 효과는 세포핵의 핵산, 핵단백질, 인지질 등 원형질의 구성성분이므로 세포의 분해 및 생장에 매우 중요한 원소이다. 발아, 뿌리발육, 생장 및 번식을 촉진하기 때문에 새로이 잔디밭을 조성할 경우에는 질소와 인산질 비료의 시비율을 1 : 1로 하는 것이 바람직하다. 그러나 이미 조성된 잔디밭에 인산을 다량 시비하면 잡초종자의 발아를 촉진하기도 한다.

잔디의 정상적인 생육을 유지하기 위해서는 잔디체 내의 인산 함유농도가 질소의 약 1/5~1/10 정도가 적합하다. 잔디 잎 중의 인산농도는 선단의 분열조직을 제외한 뿌리나 줄기의 2~3배 정도이며 건물 중의 인산함량은 0.3~0.5%, 유식물에서는 3%까지 달하고 있다.

토양 중에 존재하는 인산은 잔디가 이용할 수 있는 유효태와 이용이 불가능하게 고정되어 있는 불용태(무효태)로 나눈다. 잔디가 이용할 수 있는 인산의 가용성 범위는 토양 pH에 따라 크게 달라진다.

산성에서 인은 알루미늄이나 철과 결합하여 잔디가 이용할 수 없는 불용태인 variscite($AlPO_4 2H_2O$), Berlinite($AlPO_4$), Strengite($FePO_4 2H_2O$), Koninckite($FePO_4 3H_2O$) 등을 형성하고, 알칼리성 토양에서는 칼슘과 결합하여 Apatite($Ca_5(OH, F)(PO_4)_3$), Monetite($CaHPO_4$), Brushite($CaHPO_4 2H_2O$) 등의 불용태인 인산화합물을 형성하여 식물이 이용할 수 없게 된다.

일반적으로 토양 중의 인산이 유효화되는 것은 pH 6.0~7.0의 범위이다. 잔디는 토양 중의 산도에 따라서 인산은 제2인산(HPO_4^{-2})과 제1인산(H_2PO^{-1})의 형태로 흡수한다. 인산이 결핍되면 뿌리 및 포복경의 수가 감소하고 생육이 현저히 지연된다. 생육초기에 인산이 부족하면 경엽의 녹색이 담색이 되지만 그 후는 농록색이 되어 늦가을까지 이 상태가 계속된다.

인산은 질소처럼 식물체 내의 이행이 활발하고 오래된 조직에서 새로운 조직으로 끊임없이 이행하고 재분배가 이루어지나 최종적으로는 종자 형성 시 종자에 저장된다. 이러한 이행성 때문에 인산의 결핍증상은 고엽부터 나타나며 더 진척되면 괴저현상이 각 부위에 나타난다. 인산이 결핍되면 잔디 잎의 발육이 나쁘고, 잎의 주변에 흑색 반점이 생기며 안토시아닌의 침적에 의하여 점차 암록색에서 자색을 띠게 되고 분얼경 및 뿌리의 발달이 불량해진다.

인산이 과잉 흡수되면 식물체 내에서 철과 결합하여 불용태가 되어 철의 이동을 방해하여 철 결핍증에 의한 황화현상을 일으킨다. 골프장의 그린처럼 깎기 빈도가 극히 높을 경우에는 인산의 과잉에 따른 뿌리의 생육장해가 발생할 수 있는 가능성이 있다. 그러나 일반적으로 인산의 과잉장해는 나타나기 힘들다. 왜냐하면 인산은 토양 중에서 철이나 알루미늄, 칼슘과 결합하여 난용화되고 다시 토양 콜로이드에 흡착이 이루어지면서 고정되어 토양 중의 유효태 인산 함유량이 극히 낮아지기 때문이다. 이 유효태 인산은 불용성 인산과 평형관계를 이루는데 만약 뿌리의 흡수로 유효태가 감소하면 고정되어 있던 인산이 다시 유효화된다. 그 때문에 식물은 안정적으로 인산을 흡수할 수 있는 것이다. 인산고정이 극히 낮은 샌드그린에서는 인산과잉에 따른 생육장해를 예상하는 것은 당연하다고 하겠다.

골프장 그린의 적정 인산 함유량은 100~300 ppm/kg로 그린에는 다량의 인산이 축적될 수 있어 인산을 다량 시용하는 것은 인산 과잉장해의 위험을 초래할 수 있다.

골프코스 그린에 있어서 시비한 인산질 비료의 사용에 의한 인산(P_2O_5) 흡수율은 11~14% 정도로 다른 비료성분에 비해서 이용률이 상당히 낮은 편이며 잔디생육을 위한 토양 중 인산함량 적정치는 토양 100 g당 10~30 mg 정도이다.

인산함량이 적당할 때는 잔디의 밀도가 증가하고 뿌리의 발육이 좋아질 뿐만 아니라 잔디 잎이 짙은 녹색을 띠게 되어 품질이 좋은 잔디밭을 유지할 수 있다. 인산함량이 높은 골프코스에서는 인산과다 축척을 방지하기 위해서 가급적이면 완효성 인산비료의 시용을 금지하고 시비를 꼭 해야 할 경우에는 수용성 내지 액체 인산비료를 시용하는 동시에 질소비료의 시용량과 배토량을 늘리도록 하는 관리방법이 필요하다.

잔디는 토양 중 인산수준이 5 mg/kg 이하일 때 인산질 비료의 시비가 요구되며 잔디밭에 상당량의 인산성분을 시비하면 매우 높은 수준으로 토양 중에 축적 고정된다. 이렇게 축적된 인산성분은 대부분 고정으로 무효태화 되어 잔디의 이용이 어렵다.

인산은 토양층에서 이동성이 거의 없으며 토양의 물리화학 특성에 따라 토양처리 시 고정되기 때문에 용탈이 거의 일어나지 않으며 연 1~2회 걸쳐 봄, 가을에 시비하여야 적당하며 그 이상의 분시는 필요하지 않다. 그러나 토양용액에서 유효태 인산량은 매우 적으며 특히 산성토양에서는 철이나 알루미늄과 쉽게 결합하여 고정된다. 또한 인산은 Kaolinite와 같은 점토성 광물의 표면에 흡착된다. 골프코스의 인산

시비는 에어레이션 후에 실시하는 것이 잔디뿌리 근처에 인산을 공급할 수 있는 좋은 방법이다.

토양 중의 인산함량과 시비량 목표에 따른 인산시비량의 계산법은 다음과 같다.

- 골프장 토양의 유효인산 함량 분석치: 50 ppm
- 시비량 목표치: 유효인산함량 20 ppm, 개량 토심 10 cm
- m^2당 인산 시용량(g)을 계산하면 다음과 같다.
  인산시용량(g/m^2) = $(200-50)\times0.1 = 15$ g

  $$\text{중과석 시용 시 사용량} = 15 \times \frac{100}{\text{인산 } 58\%} = 25.8\text{g}$$

  $$\text{용성인비로 시용 시 사용량} = 15 \times \frac{100}{\text{인산 } 17\%} = 88.2\text{g}$$

칼륨(가리)(K: Potassium)

칼륨은 생세포의 구성성분은 아니지만 식물의 발육과 생장에 필수적이다. 흡수는 K^{+1} 형태로 흡수되며 잔디뿌리의 생장점, 형성층 및 곁뿌리 발생조직에 많이 들어 있다. 잔디의 칼륨 함유농도는 K_2O를 기준으로 건물 중의 약 1.0~2.5% 정도이고 생육초기의 어린 잔디에서는 약 5~7% 정도이다.

칼륨은 잔디의 체내에서 대부분이 이온상태로 존재하고 세포 내의 대사에 밀접한 관계가 있다. 질산태 질소의 흡수 및 이동에 관련되지만, 주요 기능은 탄수화물의 합성과 전위, 아미노산과 단백질의 합성, 질산 환원을 포함한 수많은 효소반응의 촉매, 증산의 조절, 특정양분의 흡수조질 및 호흡률의 조절 등의 역할을 한다.

잔디는 질소 다음으로 많은 양의 칼륨을 필요로 하며 영양 생장기에 특히 더 많은 양이 필요하다. 많은 양의 유효태 칼륨이 토양용액 중에 존재할 때 일반적인 잔디 요구량보다도 훨씬 더 많은 양이 흡수되어 축적된다. 산성토양에 있어서 저온기에 한지형 잔디의 마그네슘 흡수 및 뿌리에서 경엽으로의 이동을 억제한다.

칼륨의 효과는 신초색깔, 밀도, 생장에 대해서는 칼륨의 시비에 의한 시각적인 효과는 나타나지 않지만, 뿌리의 발달, 가뭄, 고온 및 저온의 저항성, 질병관계, 내마모성 등에 영향을 미친다. 칼륨 함량이 높은 잔디의 뿌리는 가뭄에 대한 저항성을 증가시키는 데 기여하며, 포복경과 지하경의 생장과도 밀접한 관련이 있다.

칼륨은 식물에 의해서 수분의 흡수와 보존을 조절하고 잔디의 고온, 저온, 가뭄의 저항성에 영향을 미친다. 칼륨의 결핍은 저온, 고온의 저항성을 급격히 감소시키는 반면에 고수준은 위조를 줄이는 잎의 팽압을 증가시킨다. 호흡작용이 지나치게 왕성할 경우 잔디는 양분 소모가 많아 초장은 짧아지고 엽폭도 차차 좁아지게 되고, 엽의 선단부에 엽소증상이 나타나며 내마모성이 감소되고 저온과 병해에 대한 저항성도 감소한다. 이것은 단백질이나 다당류가 감소하여 아미노산과 당이 이상적으로 축적되기 때문이다.

벼과 식물인 잔디의 경우 칼륨은 엽 끝에 모이는 경향이 있기 때문에 결핍증상은 오랜 잎에서 먼저 다갈색의 반점이 나타나서 엽의 주변부와 선단이 고사한다. 심하면 잎 전체에 이와 같은 증상이 나타나며 줄기도 가늘어지고 부러지기 쉽게 되며 결국 고사하게 된다.

칼륨 결핍은 잔디의 질소대사와 탄수화물대사의 균형이 깨어져 탄수화물의 합성이 억제되기도 하며, 세포막과 세포벽이 얇아져서 내병성 및 내답압성이 저하된다. 근계의 발달도 불량하고 심한 경우 생장점이 고사하며 잔디깎기에 대한 저항성과 재생능력의 저하를 초래한다. 잎의 기공 조절반응도 나빠져 내한성이 저하되며 어린잎은 짙은 녹색으로 되고 늙은 잎은 엽맥 간부터 황화현상을 띤다. 잎 둘레에는 갈색반점이 생기지만 결핍의 정도가 더욱 진행되면 잔디의 잎 전체가 황색으로 변하게 되어 질소부족과 구별하기 어렵게 된다. 갈색반점은 망간이나 아연 결핍의 경우에도 나타나므로 관찰이 필요하다.

충분한 칼륨 공급은 잔디의 세포벽이 두꺼워지고, 식물 활성이 증가하며, 높은 섬유소 함량 및 팽압의 증가 등으로 내마모성을 증가시킨다. 따라서 칼륨이 충분할 경우 *Helminthosporium* spp., Brown patch, Ophobolus patch, Fusarium patch, Red thread와 Dollar spot 병의 발생률을 감소시킨다.

칼륨은 토양 중에서 인산보다 이동하기 쉬우나 질소보다는 이동성이 작으므로 질소에 비해 유실도가 상대적으로 작다. 보통 전량을 기비로 시용하는 편이 좋은 결과를 초래한다. 잔디의 생육초기에 뿌리와 포복경의 생육을 양호하게 촉진하므로 근군의 전층에 시용할 필요가 있다.

토양용액 중에 존재하는 칼륨이온은 인산함량보다는 높으나 흡수는 소량으로 이루어진다. 과다한 칼륨 시비는 강우에 의해 쉽게 용탈되는데 점토질 토양이 아닌 사질토양에서는 흡수 보유력이 약하기 때문에 전량을 기비로 하지 말고 분시하는 것이 유리하다. 칼륨이 토양 속에 과잉으로 존재할 때에는 잔디에 필요 이상으로 흡수되며 잔디체 내의 칼륨농도가 너무 높아진다.

칼륨의 시비량은 다음과 같이 계산한다.

- 골프장 토양 중 치환성 칼륨 분석치: 0.2 me/100g
- 사용목표치: 치환성 칼륨 0.5 me/100 g, 개량 토심: 10 cm
- m^2당 칼리 시용량(g)

  칼륨시용량(g/m^2) = (0.5−0.2) × 47 = 15 g

$$\text{황산칼륨 시용량} = 14 \times \frac{100}{\text{가리함량 50\%}} = 29.1\text{g}$$

칼슘(Ca: Calcium)

칼슘은 알칼리 토금속이며 토양 및 식물체 중에는 단지 2가 양이온(Ca^{2+})으로 유리되어 있거나 결합 형태로 되어 있다. 칼슘은 1차 규산광물과 2차 Ca 광물에서 유래되었고 이들이 풍화됨으로써 Ca^{2+}가 유리된다. 토양에서는 대부분 흡착되어 있거나 혹은 다시 2차광물로 침적되어 있어 $CaCO_3$ 함량이 매우 높다.

토양 중 가용성 칼슘을 보면 치환성 석회(Ca)는 400~4,000 ppm 정도이며 이는 산성토양을 제외하고는 양이온 치환용량 중 가장 높은 비율을 갖고 있다. 수용성 Ca는 석회암 지대를 제외한 보통 토양에서는 치환성 Ca의 1~5%에 달한다.

대부분의 토양(강산성 토양은 제외)에서는 식물에 필요한 가급태 석회 함량은 충분하다.

토양에서 칼슘은 Ca^{+2} 형태로 흡수된다. 건물중 함유율이 0.5~1.3%로 질소나 칼륨 다음으로 식물조직에 많이 존재하며 생리적인 기능으로는 세포벽의 핵심적인 구성요소이며, 세포분열에 의한 분열조직이 생장할 때 다량 필요하며, 뿌리에 고농도로 존재하면 뿌리털의 발달에 도움을 준다.

칼슘은 인접한 세포를 연결하여 결합시키고 펙틴과 결합하여 세포막을 형성하며 핵과 미토콘드리아의 형성에도 관여하는 원소이다. 식물체의 신진대사 때 유기산을 중화시키고 단백질을 정상적인 상태로 유지시키며 질산태 질소를 잘 흡수하도록 도와주나 고농도 칼슘에 의해서 K와 Mg의 흡수가 제한된다.

식물체 내의 유독물과 결합하여 이것을 불용화시키는 해독작용을 한다. Ca은 식물체 중의 이동이 어려우므로 오래된 잎에 많이 함유되어 있다. 따라서 결핍증상은 신엽의 생장점 부분에서 나타난다. 먼저 생장점 부분이 황화 혹은 백갈색화되고 잎이 말려 올라가게 된다. 심한 경우는 하엽까지 황화 혹은 회백색의 반점이 나타나고 고사하게 된다. 잔디에서는 Ca의 결핍은 드물게 일어난다.

칼슘이 결핍되면 Red thread, Pythium blight 병이 쉽게 걸리는 경향이 있다. 칼슘이 과잉흡수되면 미량원소 특히 철, 아연 및 코발트 등의 흡수가 저해된다. 토양 중에서 칼슘의 수준은 점토성 광물의 양이온 치환능력(CEC)에 영향을 미친다.

잔디의 생육을 위해 석회 시용이 필요한 토양은 극히 드물다. 잔디의 재배관리상 석회를 비료로서 시용하는 경우는 산성토양의 중화, 유기물 분해의 촉진, 토양 중 인산의 유효화 등의 간접적 효과를 도모할 수 있다. 그러나 과용하면 철과 망간의 결핍을 일으키기 쉬우므로 토양의 반응을 잘 조사하여 적량을 시용하는 것이 대단히 중요하다.

잔디밭에 시용할 수 있는 비료용 석회는 탄산석회($CaCO_3$), 생석회(CaO), 소석회($Ca(OH)_2$) 등이 있으나 때에 따라서는 비해가 일어날 수 있으므로 신중히 선택해야 한다. 잔디밭의 토양을 중화하기 위해 표면에 직접 혹은 배토용으로 혼합하여 시용했을 때 벤트그래스는 고사할 수 있다.

마그네슘(고토)(Mg: Magnesium)

마그네슘은 주로 황산고토비료로 토양시비나 엽면시비를 통해 잔디에 공급되고 있으며, 흡수는 Mg^{+2} 형태로 이루어지며, 건물 중에 0.2~0.6% 함유되어 있다. 마그네슘은 다량원소로서 엽록소의 구성성분, 인산의 전위, 다양한 효소체계의 조효소 등과 같은 생리적 기능을 갖는다. 마그네슘은 엽록소 분자의 구성성분이기 때문에 잔디의 생장과 녹색의 유지에 필수적이다. 식물생장에 필요한 대부분의 양이온과는 달리 마그네슘은 생세포의 실질적인 구성성분이다.

마그네슘의 역할은 탄수화물, 지방, 핵산 등의 합성반응을 촉진하는 조효소로서 역할을 하며, 인산의 전위에 관련되어 있어 인산의 이용에도 영향을 미친다.

마그네슘은 많은 양이 요구되지는 않는다. 체내 흡수된 마그네슘은 늙은 조직에서 어린 조직으로 재분배가 자유롭게 이루어지는 이동성이 큰 원소이다. 마그네슘은 종자뿐 아니라 줄기나 뿌리의 생장 선단에 축적이 일어나지만 잎에서 가장 많으며 광합성이 왕성한 잎과 분열조직이 활발한 부위에 집적된다.

나트륨성 토양에서 마그네슘 비료를 많이 사용하여 토양에 축적이 되면 잔디에 독성을 일으킬 수 있다. 하지만 대부분의 토양에서는 마그네슘이 부족하여 결핍증상이 나타나는 경우가 많다. 마그네슘이 결핍하면 엽록소가 파괴되어 광합성작용이 크게 낮아져 탄수화물의 양이 감소한다. Mg의 결핍은 다량의 질소시비를 하거나 깎기가 빈번하게 이루어지는 샌드그린에서 일어나기 쉽다. 토양 pH가 낮은 경우와 칼리

시용이 과잉한 경우에도 발생하기 쉽다.

Mg의 결핍증상은 Fe 결핍증상과 유사하며, 엽맥 간에 황화현상이 발생하며 오래된 잎에서부터 나타난다. 마그네슘의 결핍증상은 보통 건조하기 쉬운 토양과 산성토양에서 일어난다. 토양 중에는 10a당 250 kg(250 g/m^2) 정도의 고토를 함유하고 있으나 대부분 불용성인 규산마그네슘으로 존재하므로 용해가 잘되지 않아 식물뿌리로 흡수가 잘되지 않는다.

토양 중에 3종의 양이온의 비율은 Ca : Mg : K=65 : 10 : 5 정도가 이상적이다. 고토의 사용량은 토양에 의한 결핍 정도에 따라 결정하는 것이 이상적이다.

토양 중에 고토 함유량이 건조토양 100 g중 10 mg 이하일 때 발생한다. 그러나 유효태의 고토 함유량이 적은 토양에서 강우가 계속되면 유실이 되어 결핍증을 일으키기 쉬우므로 매년 일정량의 고토를 토양시비하거나 엽면시비를 하는 것이 좋다. 황산고토비료는 토양시비와 엽면시비를 겸할 수 있는 비료로 사용효과도 다른 비료에 비하여 빠르고 효과가 우수하다. 특히 장마 후기에는 고토의 결핍이 우려되므로 장마 전후에 황산고토비를 200배~500배액으로 엽면살포하면 좋다.

고토와 칼륨에는 심한 길항작용이 있어서 칼륨의 함유량이 적은 곳에 고토를 시용하면 칼륨의 결핍이 크게 생기고 칼륨의 시용량이 많은 토양은 고토와의 비율이 낮아지므로 고토 결핍을 나타내기 쉽기 때문에 칼륨의 비효를 높이기 위해서는 반드시 고토와 병용해야 한다.

황(S: Sulfur)

식물의 필수원소인 황은 주로 화학비료로 토양에 공급하고 있는데 이는 단일 황보다는 비료염으로 함유하고 있는 황이 토양 시비 후 잘 용해되기 때문이다. 대표적인 황을 함유한 비료는 황산고토, 황산가리비료, 유안비료를 들 수 있다.

이들 비료는 토양시비나 엽면시비를 함께 할 수 있는 비료이다. 황 성분의 흡수는 SO_4^{-2} 형태이며, 잔디 건물 중에 0.2~0.5% 함유되어 있다. 황은 최대로 흡수되어 유기태로 존재하고 있으나 공급량이 많으면 무기태로도 존재한다. 엽록소의 구성성분은 아니지만 엽록소 합성과정에 관여하는 성분이다.

황의 생리적 역할은 아미노산(시스틴, 시스테인, 메치오닌)의 구성원소로서 단백질 합성에 관여하고, thiamine과 biotin과 같은 중요한 비타민의 구성성분이기도 하다.

황이 결핍되면 단백질 합성이 저해되고 잎이 황화된다. 황의 결핍에는 황의 함유량 못지않게 질소의 함량이 중요하다. 즉 N/S의 비율이 14면 건전한 상태를 의미하고 20보다 높으면 S결핍증을 유발하게 되며 증상은 질소 결핍증과 비슷하다.

황은 식물체 내에서 휘발성 화합물로서 존재한다. 황은 식물체에 매우 고르게 분포되어 있고 깎기에 의해 잘려 나가는 양은 인산의 양과 비슷하다. 토양에서 황은 많은 양이 유기물에 포함되어 있어서 토양의 표면층에 집중적으로 존재하므로 강우에 의한 유실이 잘된다. 토양 중의 황 함량은 유기물 분해가 빠르고 용탈이 심한 곳에서 대체로 낮다. 배수가 불량한 토양에서 유황은 토양의 환원작용에 의하여 황화수소(H_2S)가 되어 잔디 뿌리의 호흡작용을 억제하여 뿌리발육이 심하게 나빠진다.

미량원소

미량원소는 잔디의 필수영양소로서 잔디에 흡수 이용되는 양은 아주 적지만 다량원소만큼 중요하며, 결핍이 발생하면 잔디는 정상적인 생육을 할 수 없게 된다.

미량원소의 종류는 Fe, Mn, Zn, Cu, B, Mo, Cl 및 Ni이다. Ni은 가장 늦은 1980년도에 필수원소로 편입되었다.

미량요소는 상대적으로 적은 양이 필요한 Fe이 알려진 이후, 1920년대 양액재배를 통해서 Mn이 필수영양소로 밝혀진 이후, 상대적으로 적은 양이 필요한 Fe도 포함되었다. 이 시기에 B는 콩과식물에 필수원소로 밝혀지고, 이어 Zn과 Cu도 포함되었고, 1939년에는 Mo이 토마토에서 필수영양소로 구명되었다. Cl는 1954년에 추가되었고, Ni은 1980년대에 필수원소로 추가되었는데, 2003년 Wood 등에 의하여 미국 평원의 피칸나무에서만 니켈 결핍증이 나타난 것을 구명하였다.

미량요소는 대부분의 토양에서 존재하지만 식물의 요구량이 상대적으로 적기 때문에 별도공급을 하지 않아도 되지만, 유기물 토양이나 집중적으로 용탈된 사질토양은 미량원소가 부족할 수 있다.

잔디의 미량원소 결핍증이 발생하는 것은 주로 모래로 만들어진 그린과 연작 잔디재배 및 골프코스 토양에서 종종 발생할 수 있다.

1 철(Fe: Iron)

철은 잔디에 흔히 결핍되는 미량원소로서 Fe^{+2} 형태로 흡수되며 건물 중 200~1,000 ppm 정도 함유되어 있다. 철은 미량원소 중 상대적으로 많은 양을 흡수하는 원소로 결핍현상은 모래토양 중에서나 혹은 인산과 결합하여 불용태가 되어 나타나게 된다.

철 결핍을 유발하는 조건은 염기성 토양, 인산, 망간, 아연, 비소가 높은 곳, 유기물의 함량이 높은 곳, 침수지, 대취층이 과다한 곳에 흔히 발생한다. 특히 석회 함유량이 많은 토양과 석회가 많이 함유된 비료를 지나치게 시용한 토양에서 철 결핍이 일어나기 쉽다. 반면 산성토양에서는 인산과 고정되어 흡수가 저해되어 발생되거나, 체내 흡수된 인산의 함량이 높아도 활성 철과 결합하여 결핍을 유발한다.

식물에서 철의 기능은 엽록소의 합성, 호흡계통의 일부 효소(Catalase, peroxidase, cytochrome oxidase)로 작용한다. 망간과 더불어 엽록소의 구성성분은 아니지만 엽록소 합성에 필수적이다. 잔디색은 철 흡수함량에 따라 영향을 받는데, 엽 중에 있는 대부분의 철은 엽록소에 존재한다.

철 결핍이 되면 체내 단백질 합성기능이 저하되기 때문에 가용성의 질소가 정상적인 식물의 적정 함유량보다 많이 있어도 단백질 합성은 이루어지지 않는다.

결핍증상은 신엽부터 뚜렷하게 나타나서 황백화가 되는데 센터피드그래스는 특히 철 부족증상이 현저하다. 철의 결핍에 의해 엽록소의 생성이 이루어지지 않게 되므로 새로운 잎은 황화현상을 일으키며 심할 경우 잎전체가 황백색이 되어 즉시 고사하게 된다. 흡수된 철은 체내에서는 이동성이 거의 없다. 철의 결핍증상은 질소의 결핍증과 비슷하나 질소 결핍증은 잔디 전체의 녹색이 퇴색하고 철 결핍증보다 약간 녹황색을 띤다. 망간 결핍증은 갈색의 반점이 나타나지만 철 결핍증은 반점이 나타나지 않으므로 대부분 판별이 가능하다. 망간이 과다하면 식물조직에서 철이 불활성화될 때 산화 작용한다.

봄철 새 잎이 나오는 시기의 가뭄이나 혹은 장마기가 지난 후에 한국잔디에서 황화현상을 볼 수 있는데 이것은 고토 결핍, 잔디체 내에 인산, 망간, 구리, 아연 등이 많이 흡수된 경우에도 철 결핍을 유발할 수 있다.

잔디의 철 사용은 정기적인 토양반응(pH)을 조사하여 토양 pH가 중성에서 알칼리성으로 되지 않도록 하며, 결핍이 예상되거나 상습결핍지역에는 2~3년간 EDTA 철을 토양시비를 하거나, 물에 녹여 관주하거나, 엽면시비를 하면 피해를 줄이거나 회복시킬 수 있다.

2 망간(Mn: Manganese)

망간은 토양에서 뿌리로 흡수하거나 엽면에서 흡수하는데, 엽면살포에 의한 흡수는 Mn^{+2} 형태로 이루어진다. 고등식물의 건물 중 25~150 ppm 정도 함유되어 있다. 망간은 녹색식물의 엽록소 합성에 관여하며 토양 중 철의 가용성과 관계가 깊다.

망간은 잔디에 아주 소량만이 필요하지만 잔디 색에 영향을 미친다. 토양에서의 망간 이용성은 용해도에 따라 아주 크게 달라진다. 산성토양이나 통기성이 불량한 토양은 망간 이용성을 증가시키는 결과를 가져온다.

토양에서 유효태 망간의 함량은 일반적으로 배수불량, 통기불량 및 강산성의 고결된 토양에서는 매우 높다. 반면, 염기성토양에서는 집중적으로 용탈되어 망간 결핍을 유발한다. 망간 결핍은 토양 자체에 망간이 없다기보다는 무효태가 되는 경우가 흔하다. 망간은 유기물이 풍부한 토양이나 지하수위가 높은 토양에서 결핍이 일어난다. 토양 중의 산화박테리아는 pH 6.5~7.8의 범위를 가진 토양에서 망간을 유효태로 전환시킨다.

망간은 dehydrogenase나 carboxylase 등과 같은 효소계의 조효소이다. 식물의 생리적 과정에서 망간의 중요성은 철과 함께 산화–환원 반응에 촉매작용을 한다. 망간은 잔디의 광합성에 관여하므로 결핍되면 당분의 함유량이 감소하여 해충에 대한 저항성이 약하게 된다.

망간의 공급은 주로 황산망간을 사용하며, 사용량은 1년에 1~2 g/m²을 기비로 시용하는 것이 바람직하다. 식물의 뿌리에 의한 망간의 흡수율은 1%에도 미치지 못하나, 엽면살포할 경우 이용률이 10% 이상이다. 망간을 엽면살포하고자 할 때 한지형 잔디에 0.1~0.2%(1000~500배) 수용액으로 10a당 100~150리터로 살포하면 된다.

망간은 잎과 같이 활발히 생장 중인 조직에 가장 풍부하다. 잔디조직에 철분이 지나치게 고농도로 있게 되면 망간 결핍의 원인이 될 수 있다. 식물체에서 철과 망간의 이용성은 상호 긴밀히 관련되어 있다.

3 아연(Zn: Zinc)

아연은 잔디의 필수성분으로 소량이 필요하며, 체내 함량도 낮다. 아연은 토양에서 잘 고정되기 때문에 토양표면 근처에 많이 분포되어 있다. 아연의 이용성은 토양이 염기성일 때 감소한다. 즉 산성토양에서 흡수이용률이 높다. 아연은 식물효소의 구성성분이며, 인돌초산 같은 식물호르몬이나 옥신 합성의 조효소로 작용한다.

아연이 결핍되면 잎의 발달이 제한되고 새로운 잎이 총생한다. 체내 인산함량이 과다하면 잔디 잎이 황화되어 괴사하게 된다. 이런 결핍은 토양 pH가 높을 경우 유효태 아연함량이 낮고 흡수도 낮기 때문에 주로 발생한다.

아연 결핍을 초래하는 토양은 중식토, 사질토양 및 알칼리성 토양에서 주로 나타나므로 결핍예방이나 치료를 위해서는 황산아연을 엽면시비하거나 토양시비한다. 아연 이용률 측면에서는 엽면시비가 흡수가 잘되므로 효과적이다.

4 동(구리)(Cu: Copper)

동은 토양 중에 극소량의 농도로 있는 경우를 제외하고는 식물에 독성이 매우 크다. 강알칼리성 유기토양이나 용탈이 잘 일어나는 사질토양에서 흔히 결핍증이 일어날 수 있으며 식물체 내에서 몇 가지 효소계의 구성요소로, 특히 아스코빅산 산화효소와 같은 특정 산화–환원 작용에 관여하거나 특정 식물생장 촉진 호르몬의 합성에 관여한다.

동의 함량은 보통 생장 중인 조직에 많이 분포되어 있다. 동이 결핍되면 식물성장 호르몬의 합성이 저해되어 잔디의 선단분열조직에서 예비맹아(axillary bud)의 치사를 유발할 수 있다.

5 붕소(B: Boron)

붕소의 토양 중 농도는 집중적으로 용탈된 산성토양에서 특히 낮으며 염기성 토양에서는 소량 존재한다. 토양이 산성일 때 극히 낮은 농도에서도 식물에 유독할 수 있다.

식물의 생장과 발달에 붕소의 정확한 기능은 잘 알려져 있지 않으나 식물체 내에서 질소의 대사, 무기양분의 흡수 및 촉진과 칼슘 대사작용을 조절한다.

석회가 많은 토양, 사질토양 및 건조 토양에서 가끔 결핍이 일어나는데, 이때 잔디의 색이 퇴색되는 경우가 있다. 보통 잎 선단에서 고농도로 분포되어 있으며 식물체 내에서 비교적 비이동성이다.

6 염소(Cl: Chlorine)

식물에 필요한 염소의 양은 비교적 적지만 식물체 내에서 발견되는 가장 풍부한 음이온 중의 하나이다. 결핍증세는 거의 관측되지 않았으나 염소는 식물조직에서 가용성 무기 염화물로 존재한다. 식물생장에 있어서 염소의 정확한 기능은 분명하지 않지만 식물체 내에서 삼투압과 양이온의 균형 조절에 관여하는 것으로 생각된다. 염소가 식물대사에 특정한 역할을 하는 것은 알려져 있지 않다.

7 몰리브덴(Mo: Molybdenum)

몰리브덴은 식물에 소량만 필요하며 보통 몰리브덴산염으로 흡수되고 토양의 상토층에 더 많이 분포되어 있다. 또한 몰리브덴은 식물체에 흡수된 망간, 아연, 구리 등의 과잉해의 완화와 붕소의 과잉해를 감소시킨다.

식물의 이용은 알칼리 토양에서 용해성이 증가하므로 더 크다. 식물에서 작용기작은 질산환원과 관련된 조효소로 결핍되면 체내에 질산이 축적되고 단백질의 합성이 저해된다. 체내 농도는 생장 중인 부위에 가장 많다. 식물조직이 성숙될 때 축적되는 경향이 있다. 몰리브덴은 산성에서 결핍이 나타나기 쉬우며 석회나 코발트 염의 사용으로 유효성을 증대시킨다.

8 규소(Si: Silicon)

규소는 필수영양소는 아니지만 잔디와 같은 벼과 식물에 다량으로 요구되며 생육에 매우 효과적일 뿐만 아니라 잔디 도열병 등에 대한 저항성의 증대와 탄력성의 증대에 기여한다.

잔디의 물리적인 저항력, 즉 탄력성의 증대는 토양 중의 가용성 규산이 잔디뿌리에서 흡수되어 잎이나 줄기의 표피세포에 침적되어 세포조직을 규질화함으로써 생긴다.

병해충에 대한 생리적 저항력의 증대는 질소대사와 관계가 있다. 질소의 과잉흡수는 잔디체 내의 가용성 질소의 비율이 커져서 병원균 번식에 좋은 배지가 되지만 규산을 시용하면 질소의 지나친 흡수가 억제되어 병균에 대한 생리적 저항력이 커진다. 즉, Si/N의 비율이 클수록 병균에 대한 저항력이 커지는 것으로 알려져 있다.

마그네슘은 규소의 흡수를 도우므로 마그네슘이 결핍되면 규소의 흡수가 저하되어 잔디의 기계적, 생리적 저항성이 감소되므로 항시 충분한 마그네슘이 공급될 수 있도록 관리해야 한다. 이밖에도 규소는 과잉의 망간에 대해서 해독작용을 한다. 잔디에 대한 규산질 비료의 시용 시기는 한여름의 고온기를 제외하고는 어느 때라도 좋으나 이른 봄 맹아 출현 1개월 전이나 배토작업 시 배토사와 혼합해서 시용하는 것이 바람직하다.

6.3.3 영양장해

영양장해 유발

영양장해는 영양소의 결핍과 과잉으로 인하여 식물생육이 저해되거나, 잎의 황화증상을 보이거나, 괴사하는 등 다양한 피해증상이 나타나는 것을 말한다. 필수영양소와 비필수영양소의 결핍을 초래하는 요인들은 토양용액 중 영양소의 양과 농도, 사용 시기 및 사용량, 환경요인, 식물의 생육상태, pH와 같은 수많은 조건들에 의해 유발된다.

영양 결핍과 과잉

식물의 영양 결핍은 식물체가 특정 영양소를 충분히 흡수하지 못하여 식물에서 대사교란의 결과로 나타나는 증상으로 잎의 황화현상, 괴저, 병반, 기형생장 및 생육과 발육저하 등과 같이 외관상으로 나타나는 이상증상을 말한다(표 6-8).

표 6-8 필수원소의 결핍과 과잉증상

원소	결 핍 증 상	과 잉 증 상
질소	하엽부터 황화, 생육저해, 깎기물량의 감소, 달라스팟, 녹병 발생이 증가함	잎이 암록화되고, 잎과 줄기가 무성하고 약함, 병과 답압에 대한 저항성이 낮아짐
인산	엽폭이 작아지고, 줄기나 엽맥이 자색이 됨, 분얼과 뿌리의 발달이 나쁨	잎이 두껍고 생육 불량, 꽃대가 빨리 올라오고 깎기물량이 감소, 철 결핍을 유발함
칼륨	초장과 엽폭의 생장이 억제, 병저항성과 답압 저항성 약화	마그네슘과 칼슘 결핍의 유발
칼슘	신초부위의 황화현상 및 회백색 반점, 새 뿌리에 코르크층이 생기고 뿌리선단이 고사	망간, 철, 붕소, 아연 결핍을 유발함
마그네슘	엽록소 합성의 저해, 광합성 효율이 낮아짐, 하엽부터 황화현상	칼륨 결핍과 칼슘 결핍을 유발
철	신엽부터 황화현상을 유발 새 뿌리 발육저해	망간과 인산 결핍 유발
아연	신엽부터 황화현상 유발, 잎이 소형화	갈색반점 생김, 지하경발육이 나쁨

결핍증상은 식물종이나 품종 간에 다양하게 나타날 수도 있으므로 시각적인 증상으로 판단하는 것은 매우 어려울 수 있다. 특정 원소에 의해 나타나지 않고 두 가지 이상의 원소에 의해 복합적으로 유발되어 나타나는 증상은 진단하기 매우 어려울 것이다. 생장 장해는 만성적인 장해로 서서히 나타나므로 결핍의 가능성이 있는지를 잘 관찰하여야 한다.

과잉증상은 특정 영양소가 과다하여 나타나는 증상으로 결핍증상과 차이를 보인다. 즉 질소의 결핍증상은 잎이 황화되고 생육이 부진하거나 잔디깎기 물량이 감소하지만, 과잉에 의한 피해증상은 잎이 암록색화되거나 지나치게 무성하게 되고, 줄기나 잎이 약해져 답압에 대한 저항성이 낮아지는 결과를 초래한다. 칼륨은 과잉사용하면 마그네슘의 결핍을 유발하고, 석회를 많이 사용하여 pH가 알카리성이 되면 망간, 철, 붕소, 아연의 흡수가 저해되어 이들 원소의 결핍을 유발하고, 석회를 적게 사용하여 pH 5.5 이하 산성이 되면 망간과 알루미늄이 과다 흡수되어 독성을 일으키게 된다.

6.3.4 결핍 과잉 진단

영양원소의 결핍과 과잉 진단은 식물체 분석과 토양분석 및 결핍증상을 보인 식물에 비료염을 살포하는 등 종합적인 분석을 통해서 진단해야 한다.

참고문헌

[물관리 분야]

개정 골프장 관리의 기본과 실제.

김경남, 2006, 잔디관리론, 삼육대학교 출판부.

Fry, J. and Huang, B. 2004. Applied turfgrass science and physiology. Wiley, Hoboken, NJ.

KPGA 골프관리 매뉴얼, 두산동아.

[시비 분야]

Anderson, C.A. and C.D. Leonard. 1982 Comparison of several zinc foliar treatments for correction of zinc-deficiency in citrus trees. Soil and Crop Science Society of Florida, Proceedings 41:169-171.

Anderson, W.C. and J.B. Carstens. 1974 Manganese chelate sprays increase growht and yields of peas. Hort Science 9(5):459-460.

Anderson, J.W. 1978. sulphur in Biology. Studies in Biology, p. 101 Edward Arnold, London. England.

Baker, D.A. and Hall, J.L. 1975. lon Transport in plant Cells and Tissues. North Holland Publishing Co, Amsterdam, Holland.

Begg, J.E. and Turner, N.C. 1976. Crop water deficits. Adv. Agron. 28:161-217.

Banks, L.W. 1982 Effect of timing. of foliar zinc fertilizer on yield components of soybeans. Aust. J. Exp. Agric. Ani. Husb. 22:226-231.

Christensen, P. 1980. Timing of zinc foliar sprays. I. Effects of application intervals preceeding and during the bloom and fruit-set stages. Am. I. Enol. Vitic. 31(1):53-59.

Cary, E.E. and Rutzke, M. 1981. Foliar application of selenium to field corn. Agronomy 73:1083-1085.

Clarkson, D.T. 1977. Membrane structure and transport. In: The Molecular Biology of Plant Cells. pp. 24-63. Blackwell, London, England.

Epstein, E. 1972. Mineral Nutrition of Plants : principles and Perspectives. John Wiley and Sons, Inc., New York, USA.

Epstein, E. 1972. Mineral Nutrition of plants: Principles and Perspectives. John Wiley and Sons Inc., New York, USA.

Embleton, T.W. 1966. Magnesium. In: Diagnostic Criteria for Plants and Soils. pp. 225-263. Univ. of California, Division of Agricultural Sciences, USA.

Ford, E.M. 1970. Some evidence for zinc deficiency at East Malling. Report E. Malling Research Station. 1969:153-156.

Field, L.A. 1983. Iron deficiency chlorosis-identification and control in soybeans. Crops and Soils Magazine. 35(5):15-17.

Guerrero, M.G., Vega. J.M. and Losada, M. 1981. The assimilatory nitrate reducing system and its regulation. Ann. Rev. Plant Physiol. 32:169-204.

Higinbotham, N. 1973. The mineral absorption process in plants. Bot. Rev. 39:15-69.

Hodges, T.K. 1973. lon absorption by plant roots Adv. Agron. 25:163-207.

Jones, W.W., Embleton, T.W. and Opitz, K.W. 1971. Effects of foliar applied Mg on yield, fruit quality and macronutrients on washington Navel Orange. J. Amer. Soc. Hort. Sci. 96(1):68-69.

Kirkby, E.A. and Mengel. K. 1976. The role of magnesium in plant nutrition. Z. Pflanzenern. Bodenk. 209-222.

Lingle, J.C. and Holmberg, D.M. 1957. The response of sweet corn to foliar and soil zinc applications on a zinc deficient soil. Horti. Sci. 70:308-315.

Lisi, F., Nicese, F.P and Rinaldelli, E. 1983. Osservazioni preliminari sugli effetti della concimazione fogliare della vite conpotassio e con fosforo. Notiziario die Ortoflorafrutticoltura 9(2):86-91.

Meshcheryakov, A.M. and Alekhina, L.A. 1977. The effect of born on the yield and quality of grapes in irrigated vineyards of the Gissar Valley. Trudy Tadzh S.-kh In-ta. 27:118-133.

Mascagni, H.J. and Cox, F.R. 1984. Diagnosis and correction of manganese deficiency in corn, Comm. in Soil Sci. Plant Anal. 15(11):1323-1333.

McLachlan, K.D. 1975. Sulphur in Australasian Agriculture. Sidney Univ. Press, Australia.

Mortenson, L.E. and Thorneley, R.N.F. 1979. Structure and function of nitrogenase. Ann. Rev. Biochem. 48:387-418.

Moorby, J. 1981. Transport Systems in Plants. New York, USA.

Orphanos, P.I. 1970. spray and soil application of zinc to apples. Horti. Sci. 57(3):153-156

Poole; W.D., Randall, G.W. and Ham, G.E. 1983. Foliar fertilization of soybeans; Effect of fertilizer sources, rates and fre-quency of application. Agronomy 75:195-200.

Pate, J.S. 1980. Transport and partitioning of nitrogenous solutes. Ann. Rev Plant Physiol. 31:313-340.

Peel, A.J. 1974. Transport of Nutrients in Plants. Butterworths, London, England.

Pitman, M.G. 1977. Ion transport into the xylem. Ann. Rev. Plant Physiol. 28:71-88.

Rains. D.W. 1972. Salt transport by plants in relation to salinity. Ann. Rev. Plant Physiol. 23:67-388.

Randall, G.W., Schulte, E.E. and Corey, R.B. 1975 Effect of soil and foliar applied manganese on the micronutrient content and yield of soybeans. Agronomy 67:502-507.

Salmon, R.C. 1963. Magnesium relationships in soils and plants. J. Sci. Food Agric. 14:605-610.

Stocking, C.R. and Heber, U. 1976. Transport in plants. Ⅲ. Intracellular Interactions and Transport Process. New Series, Vol. 3, Springer–Verlag Berlin, Heidelberg, New York, USA.

Slatrer, R.O. 1967. Plant–Water Relationships. Academic Press, New York, USA.

Taylor, H.H. and Klepper, B. 1978. The rolc of rooting characteristics in the supply of water to plants. Adv. Agron. 30:99–128.

Tsitsilashvili, O.K, Okanenko, A.S. and Bershitlin, B.I. 1982 Effect of foliar application of potassium on sugar content in grape berries. Soviet plant Physiology 28(4)636–639.

Tsitsilashvili, O.K., Okanenko, A.S. and Bershitlin, B.I. 1984. Effect of foliar application of potassium on sugar content in grape berries. Soviet Plant Physiology 28(4):636–639.

CHAPTER

7

잔디밭 갱신작업

잔디밭은 한 번 조성되면 토양 또는 잔디생육에 문제가 발생하더라도 경작지처럼 경운을 통해 개선할 수 없다. 특히 골프장, 운동장과 같이 사용 빈도와 강도가 높은 곳은 유기물 축적, 답압에 의한 토양의 고결화 및 배수불량 등으로 인해 잔디 생육이 나빠지는데 잔디밭 고유의 특성이 파괴되지 않는 범위 내에서 토양물리성을 개선시키거나 잔디 생육을 회복시키기 위해 실행하는 작업이 갱신작업(renovation)이다.

7.1 갱신작업의 필요성

잔디밭은 빈번한 시비와 잔디깎기에 의해 토양에 유기물이 축적되는 경향이 있으며 사람과 장비에 의한 답압으로 토양은 고결화되기 쉽다. 이러한 특성으로 인해 토양은 투수성과 통기성이 나빠지며 잔디뿌리는 호흡이 불량해지고 양분과 수분의 흡수가 나빠져 생육이 저해된다. 갱신작업은 토양에 축적된 유기물을 제거하고 답압에 의해 다져진 토양을 완화시키고 통기성과 투수성을 향상시켜 잔디 생육을 향상시키는 데 그 목적이 있다.

7.1.1 유기물 집적

잔디밭에서는 시비가 토양표면에 이루어지기 때문에 뿌리는 표층에 집중된다. 지표는 빛이 닿고 수분이 적고 미생물의 활성도 약하기 때문에 탈락한 뿌리의 분해가 늦어 유기물이 집적된다. 또한 예초물도 가해지기 때문에 표층은 더욱더 유기물이 집적된다. 대취(thatch)는 토양 표면과 지상부 잔디 사이에 잔디의 살아 있거나 죽은 줄기, 뿌리, 잎, 포복경 등이 부분적으로 분해되거나 미분해된 상태로 쌓인 유기물층이다. 대취 아랫부분에 잔디뿌리, 토양, 분해된 유기물 등이 혼합되어 암갈색을 나타내는 층은 매트(mat)라고 한다. 대취는 토양 표면에서 잔디 조직 등 잔존 유기물의 분해가 잘 되지 않을 때 축적되며 잔디 초종, 토양, 시비 및 관수관리 등에 따라 축적되는 양이 다르다. 또한 대취의 분해는 잔디 초종, 온도, 토양수분, 토양 pH, 미생물 활성, 관리방법 등에 영향을 많이 받는다. 대취층과 매트층은 보비력이 약하여 비효가 낮고 비료를 다량시비하면 비료의 농도장해를 받기 쉽다. 또한 화학적으로 강한 산성을 나타내며 뿌리의 발달을 저해하는 동시에 비료의 용해도를 저하시켜 비효를 나쁘게 한다(그림 7-1).

그림 7-1 골프장의 잔디 대취 축적 모습(왼쪽: 크리핑 벤트그래스, 오른쪽: 켄터키 블루그래스)

대취 축적의 원인

대취의 축적은 잔디 종류에 따라 다른데 생육이 왕성한 초종일수록 축적 강도가 높다. 한지형 잔디는 크리핑 벤트그래스가 대취 축적이 가장 심하고 켄터키 블루그래스는 중간, 퍼레니얼 라이그래스 및 톨 훼스큐는 낮은 편이며 난지형 잔디인 버뮤다그래스와 한국잔디는 높은 편에 속한다. 관리적인 요인으로는 질소비료를 과잉으로 시비하고 관수량이 많으면 생육량이 증가하여 대취 축적률이 높다. 또한 예초물을 제거하지 않거나 배토와 갱신작업을 하지 않으면 토양 내 유기물의 분해가 줄어들어 대취 축적이 증가한다. 이외에도 배수불량 토양이나 산성토양 등 토양환경에 의해서도 축적되는 양상이 달라진다.

대취의 장단점

대취는 축적된 두께에 따라 잔디의 생육적인 측면이나 경기적인 측면에 긍정적인 요인과 부정적인 요인으로 다 함께 작용한다. 대취가 적당한 두께로 형성되면 토양 표면의 탄력성이 증가하고 외부 충격으로부터 흡수력이 증가하여 내마모성을 향상시키고 극심한 온도 변화를 방지해주는 장점이 있다. 또한 대취가 분해되어 생성되는 유기물 또는 부식은 보수력과 보비력을 높이고 토양 내 미생물 활성을 증가시키는 등 토양의 이화학성과 생물학적 특성에 유효한 영향을 미친다. 그러나 대취가 과다하게 축적되면 스펀지와 같은 역할로 인해 물의 수직이동이 방해되고 흡습성이 높아지므로 병해충의 발생이 증가한다. 한편 대취층이 마르게 되면 토양이 소수성(hydrophobic)을 띠어 건조해(localized dry spot)가 발생하기도 한다. 두꺼운 대취층은 토양 속으로 농약과 비료의 침투를 저해시키고 뿌리의 천근화 및 발육을 나쁘게 한다. 또한 깎기작업 시 스캘핑(scalping)을 유발시키고 저온, 고온 및 건조스트레스를 받기 쉽게 한다.

7.1.2 토양물리성의 악화

잔디밭은 한 번 조성되면 수년 또는 수십 년간 지속되는 것이 일반적이며 토양은 조성 후 시간이 경과할수록 답압(soil compaction)에 의해 다져진다. 특히 골프장, 운동장 등 스포츠용으로 조성된 잔디밭은 사람뿐만 아니라 관리장비에 의해서 답압이 가중되어 토양은 점차 압밀화된다. 즉 토양의 고결로 인해 통기와 배수불량 등 여러 가지 문제점이 발생한다.

토양의 답압

답압은 토양의 입경조성과 수분함량에 의해 크게 영향을 받는다. 미사와 점토 함량이 많은 세립질 토양(fine textured soil)일수록 모래 함량이 많은 조립질 토양(coarse textured soil)보다 고결되기 쉽다. 또한 습윤 토양에서 더욱 조장되나 수분 함량이 포화상태가 되면 습윤 토양처럼 쉽게 고결화되지 않는다.

토양이 답압을 받게 되면 토양 입자가 다져져 경도(soil hardness)의 변화가 발생한다. 토양의 경도란 외부의 압력에 대한 토양의 저항력을 말하며, 주로 kg/cm^2 또는 파스칼(KPa, MPa) 단위로 나타낸다. 이것은 토양입자 사이의 응집력과 입자 간 마찰력에 의하여 생기는 것으로서 입경조성, 공극량, 용적비중, 토양수분 등이 종합되어 나타나는 현상이다. 경도는 토양의 투수성 및 통기성, 잔디 뿌리의 신장에 영향을 주는데 일반적으로 골프장과 같은 스포츠용 잔디밭에서는 지표로부터 10 cm까지 급격하게 증가한다. 외국의 연구결과에 따르면 크리핑 벤트그래스, 퍼레니얼 라이그래스와 같은 한지형 잔디는 경도 1.4 MPa에서 뿌리신장이 스트레스를 받기 시작하며 2.3 MPa에서 뿌리신장과 뿌리량이 현저히 감소하였다. 국내 골프장의 그린 경도를 조사한 사례를 보면(그림 7-2) 답압이 심하지 않은 지역은 지표로부터 5 cm까지는 경도의 변화 없이 일정한 수준을 유지하다가 이후 10 cm까지 증가하였다. 반면에 답압

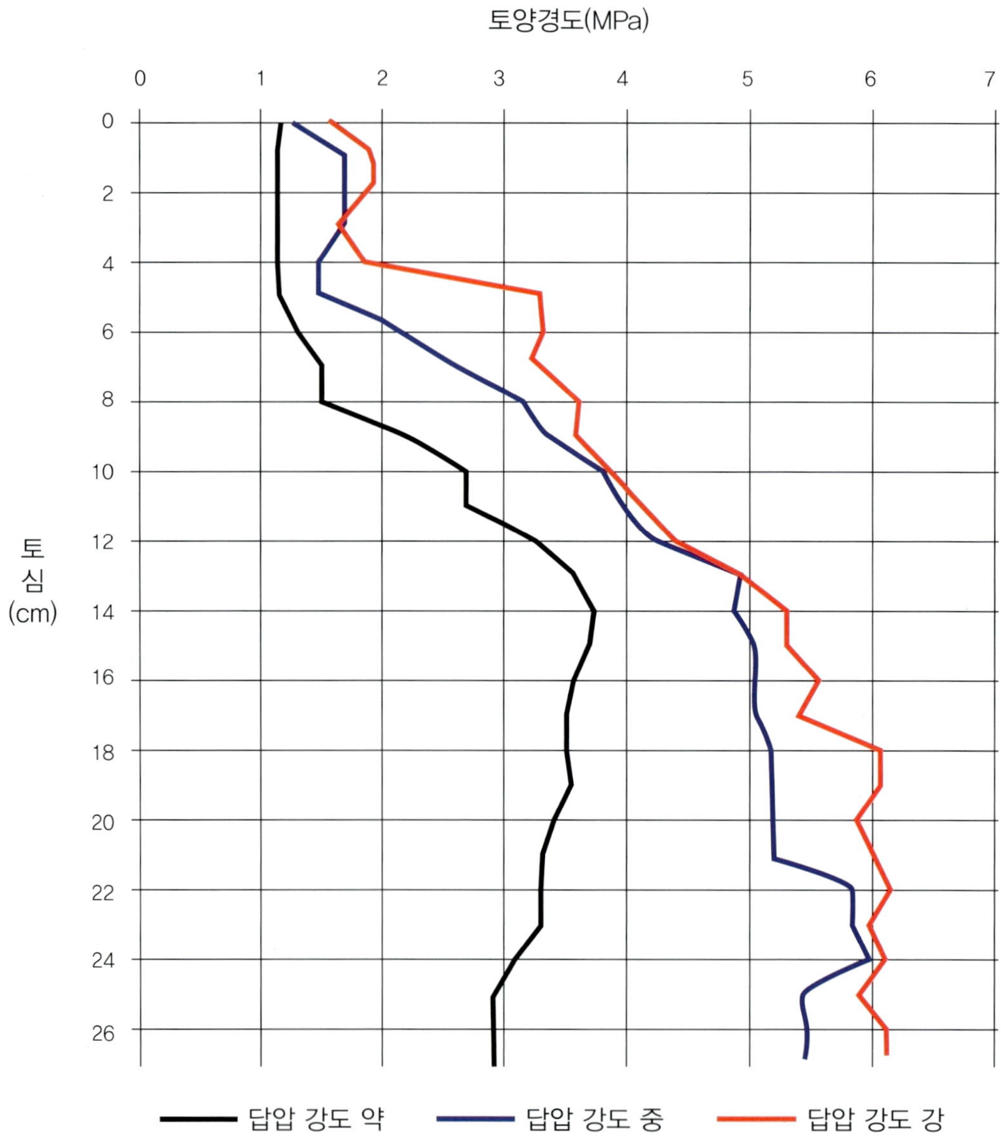

그림 7-2 골프장 그린의 토양 깊이별 경도(조성 후 5년 경과한 골프장 그린의 답압 정도에 따른 경도 변화)

이 심할수록 지표 2 cm 부근에 심하게 다져진 것을 볼 수 있으며 이후 10 cm까지 경도가 크게 증가 하였다. 실제 뿌리신장과 뿌리량을 조사한 결과에서 답압이 심하지 않은 곳은 뿌리길이가 10 cm 이상이었으나 답압이 심한 곳은 경도가 급격히 증가하는 토양 6~8 cm까지만 뿌리가 내렸다.

배수불량

토양이 답압을 받으면 용적밀도가 증가하고 공극률이 감소한다. 특히 기상이 줄어들어 토양 내 산소는 부족해지고 토양이 환원되면 메탄, 황화수소와 같은 유해가스가 증가하고 양분의 손실이 발생한다. 즉 토양이 고결되면 삼상 중 고상은 증가하고 기상의 비율이 감소하여 결국 근권층의 잔디뿌리가 숨 쉴 산소가 부족하게 되기 때문에 뿌리 발육이 불량하게 된다(그림 7-3과 7-4). 한편 배수가 불량한 토양에 장마철에 집중호우가 발생하거나 일시적으로 관수량이 많으면 토양은 일시적으로 모든 공극이 물로 채워져 공기가 없어진다. 이때 뿌리는 산소부족의 장해를 받는데 이를 습해(excess moisture injury)라고 한다. 산소가 부족하면 잔디 뿌리는 무기호흡을 통해 2개의 ATP만 생산하므로 에너지를 이용하는 대사작용이 장해를 받아 양분 고갈이 심해진다. 또한 잔디체 내에는 양분대사 과정에서 에탄올이 축적되어 세포가 괴사되며, 잔디 잎은 황화현상과 같은 증상을 보인다. 이러한 문제는 토양 내 대취가 과다 축적될 경우 더 심해진다.

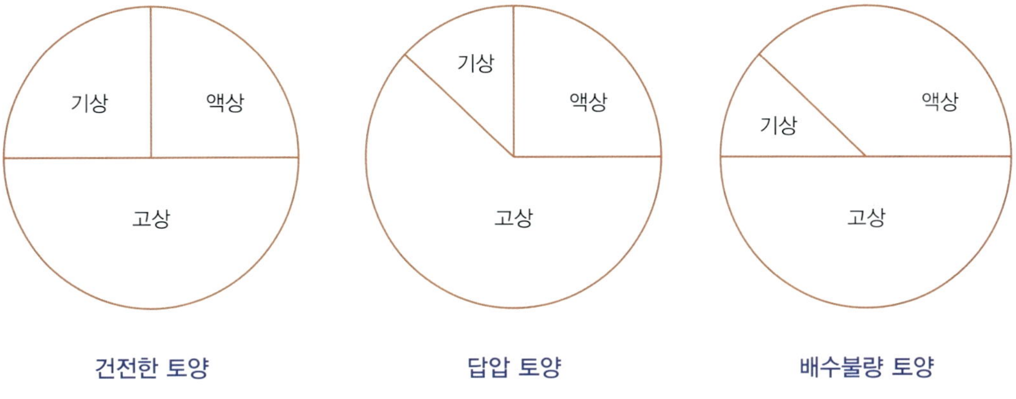

그림 7-3 토양 답압 및 배수불량에 따른 토양 3상 변화

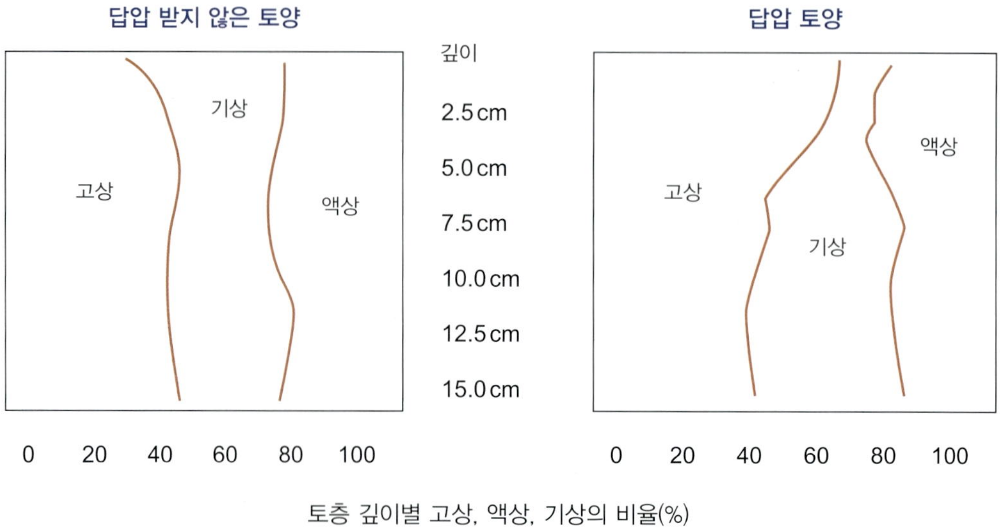

그림 7-4 답압을 받은 골프코스 토양의 토층 깊이별 3상 분포

7.2 갱신작업의 종류

잔디밭 주요 갱신작업은 토양에 구멍을 내는 통기작업(aerification, coring)과 토양표면을 절단하는 수직깎기(버티컬모잉 또는 버티컷팅, vertical mowing)로 구분할 수 있다.

7.2.1 통기작업

통기작업은 답압을 해소하고 대취를 제거하여 토양의 환경을 개선시킴으로써 궁극적으로는 잔디생육을 향상시키기 위해 실시하는 작업이다. 통기작업으로 인해 일시적으로 불리한 영향이 발생되긴 하나 이점이 훨씬 많으므로 잔디생육 환경, 토양환경을 고려하여 적절한 방법으로 주기적으로 수행하는 것이 좋다.

통기작업의 장단점

1 장점

- 토양 답압을 해소한다.
- 물, 공기, 비료, 농약, 배토사 등을 근권층에 더 깊게 더 빨리 들어가게 한다.

- 잔디 뿌리생육을 위한 산소공급을 원활하게 한다.
- 근권층으로부터 이산화탄소, 메탄, 황화수소 등의 유해가스를 배출시키고 블랙레이어의 형성을 최소화시킨다.
- 토양의 표면 배수를 향상시키고 건조 또는 드라이스팟 토양의 투수성을 개선시킨다.
- 상토층과 다른 배토사 사용으로 인해 형성된 토양 이질층을 개선시킨다.
- 배토와 병행하면 토양 교체에 도움이 된다.
- 토양미생물의 증식을 활성화시켜 대취분해를 촉진시킨다.
- 근권층의 환경을 개선시켜 뿌리 생육을 향상시킨다.
- 잔디의 탄력성과 토양의 완충효과를 증진시킨다.

2 단점

- 일시적으로 잔디밭 표면을 손상시킨다. 특히 골프장 및 운동장과 같은 스포츠용으로 조성된 잔디밭은 작업 후 회복되기까지 약 1~2주 가량 사용이 제한될 수 있다.
- 뿌리와 토양표면의 노출로 인해 표면 건조가 증가한다.
- 일시적으로 해충에게 좋은 서식 환경을 제공한다.

통기작업의 방식

통기작업은 타인(tine)을 이용하여 토양을 뚫고 구멍을 남기는 작업으로서 무공타인(solid tine)을 이용하여 단순히 구멍만 내는 통기작업(일명 통펀치, shatter coring)과 유공타인(hallow tine)으로 토양을(core) 뽑아 제거하는 통기작업(코어링, coring)이 있다.

무공타인은 속이 비어 있지 않은 철심 형태의 타인으로 잔디를 뽑아 내지 않고 구멍만 뚫는 도구이다. 무공타인을 이용한 일명 통펀치 작업은 토양을 안으로 밀어 넣기 때문에 유공타인을 이용한 코어링 작업에 비해 구멍 주변과 바닥에 답압을 증가시키고 토양의 용적비중을 증가시킬 수 있다. 따라서 무공타인을 이용한 통기작업의 효과는 일시적으로 통기지역에만 국한될 수 있다. 그러나 코어링 작업에 비해 잔디표면을 덜 손상시키고 스트레스를 최소화할 수 있기 때문에 잔디생육이 불량한 조건에서도 실시할 수 있는 이점이 있다. 또한 통기작업 후 코어 제거를 위한 스위핑 작업(sweeping) 등 후속작업이 필요없기 때문에 시간과 노동력을 줄일 수 있다. 따라서 무공타인을 이용한 통기작업은 대취의 직접적인 제거가 목적이 아니라 투수성과 통기성을 향상시킴으로써 근권층의 환경을 개선하는 데 목적이 있으므로 과습지 또는 배수 불량지역에 작업 효과가 크게 나타난다.

유공타인은 속이 빈 철심 형태의 타인으로 잔디와 토양을 뽑아내며 무공타인에 비해 답압 해소, 대취제거 등 갱신효과는 훨씬 높다. 그러나 무공타인에 비해 잔디밭 표면의 손상이 크고 코어 제거, 배토 등의 작업 시간과 노동력이 많이 소요된다. 코어링 통기작업은 토양이 건조할 때보다는 약간 젖어 있을 때 하는 것이 효율적이며 과습할 때는 오히려 답압이 가중될 수 있으므로 피하는 것이 좋다(그림 7-5, 7-6).

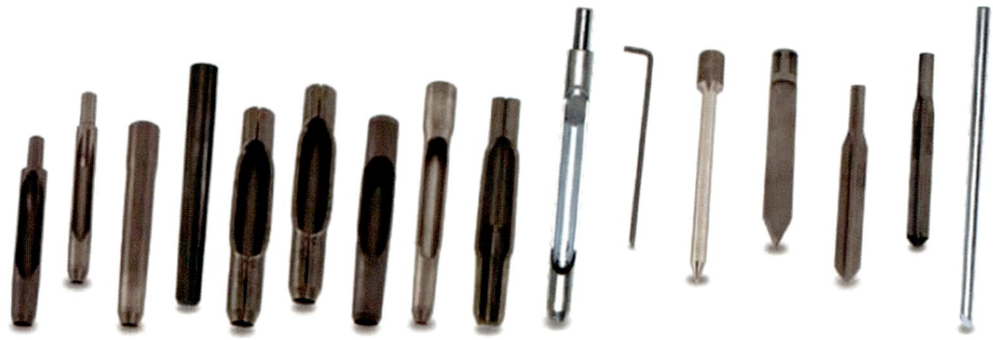

그림 7-5 유공타인(hallow tine, 왼쪽) 및 무공타인(solid tine, 오른쪽)의 종류

그림 7-6 유공타인을 이용한 통기작업 및 코어물 모습

통기작업의 횟수, 강도 및 시기

통기작업은 토양 상태, 생육 시기, 갱신 목표 등에 따라 횟수와 강도, 시기가 달라져야 한다. 우선 통기작업의 횟수는 잔디에 가해지는 답압의 강도에 따라 달라져야 하며 토성, 토양 표면경도, 배수성 및 답압 정도 등의 요인들을 고려해야 한다. 골프장과 같은 스포츠용 잔디밭의 경우 한지형 잔디로 조성된 그린, 티잉구역과 같이 답압을 많이 받는 곳은 연중 최소 3~4회 가량, 한국잔디 조성지역은 1~2회의 코어링 작업이 필요하다. 특히 이들 지역이 미사 또는 점토함량이 높아 배수가 잘 되지 않거나 드라이스팟이 발생할 경우, 대취가 많이 축적된 토양은 추가적인 갱신작업이 더 요구되고 갱신작업의 강도를 높일 수 있다. 코어링은 작업으로 인한 스트레스를 최소화하고 이후 빠른 회복을 위해서 잔디생육이 증가하는 시기에 실시하는 것이 좋다. 한지형 잔디는 봄과 가을, 난지형 잔디는 늦봄부터 여름 사이에 실시하는 것이 효과적이다.

통기작업의 횟수 및 강도를 결정하는 또 다른 방법은 갱신율, 즉 단위면적당 통기면적에 근거한다. 골프장 그린의 경우 대취 축적을 방지하고 좋은 잔디 품질을 만들기 위해 요구되는 이상적인 갱신율은 연간 15~20% 정도이다. 갱신율은 통기작업 시 타인의 직경과 간격으로 계산할 수 있다(표 7-1).

표 7-1 타인의 직경과 간격에 따른 갱신율

타인 직경 (mm)	타인 간격 (cm)	구멍 수 (개/m²)	갱신율 (%)	20% 갱신에 필요한 통기 횟수
6	2.5×2.5	1,600	4.9	4
	2.5×5	800	2.5	8
	5×5	400	1.2	16.7
10	2.5×2.5	1,600	11	1.8
	2.5×5	800	5.5	3.6
	5×5	400	2.8	7
12	2.5×2.5	1,600	19.6	1
	2.5×5	800	9.8	2
	5×5	400	4.9	4
15	2.5×2.5	1,600	30.7	0.7
	2.5×5	800	15.3	1.3
	5×5	400	7.7	2.6

갱신율은 직경이 큰 타인을 사용하거나 타인의 간격을 좁게 함으로써 증가시킬 수 있다. 예를 들면 6 mm 타인 대신 13 mm 타인을 사용하면 갱신율이 4배 증가한다. 또한 타인 간격을 5 cm×5 cm에서 2.5 cm×2.5 cm 간격으로 좁히면 갱신율이 4배 증가한다. 타인의 직경을 증가시키면 구멍이 메워지는 시간이 증가하여 회복이 늦어지는 단점이 있는 반면, 직경이 작은 타인으로 간격을 좁게 하면 갱신 효과가 클 뿐만 아니라 회복도 빠르다.

슬라이싱과 스파이킹 작업

슬라이싱(slicing)과 스파이킹(spiking)은 통기작업의 또 다른 형태로써 토양표면의 답압을 완화시키고 침투성과 통기성을 좋게 하며 잔디의 신초와 새 뿌리 발생에 도움을 주는 갱신작업이다(그림 7-7).

그림 7-7 스파이킹(왼쪽) 및 슬라이싱(오른쪽) 작업 모습

슬라이싱은 원형 바퀴에 V자 모양의 칼날을 여러 개 부착해 고결화된 토양에 구멍을 만들거나 수직으로 자르는 작업이다. 슬라이싱은 칼날이 토양 5~10 cm 깊이로 들어가 자르고 잔디표면에 지장을 거의 주지 않고 통기성과 투수성을 어느 정도 개선시킨다. 골프장 등 스포츠용 잔디밭에서 잔디 생육기간 중에는 언제나 작업이 가능하며 코어링보다 작업 속도가 빠르나 갱신효과는 떨어진다.

스파이킹은 무공타인을 이용하여 토양에 얕게 구멍을 내는 작업으로서 슬라이싱과 유사한 효과를 나타내나 갱신 효과는 크지 않다. 코어링 작업에 비해 잔디밭 피해 정도가 작고 회복 기간이 짧아 주로 골프장의 그린과 티잉구역에 활용된다.

7.2.2 버티컬모잉(수직깎기, Vertical mowing)

버티컬모잉은 잔디의 포복경이나 지하경을 절단하여 신초 생장을 향상시키고 잔디의 직립생장을 유도하여 밀생한 잔디를 솎아내어 밀도를 조절하거나 대취를 제거하기 위해 수행하는 갱신작업이다. 버티컬모어(vertical mower)에 V형 또는 M형 칼날 등을 장착하여 회전시켜 잔디 줄기를 수직으로 자르면서 대취를 끌어올리는 역할을 한다(그림 7-8).

그림 7-8 버티컬모잉 후 대취가 제거된 모습

버티컬모잉의 강도

버티컬모잉의 작업 목적 또는 강도는 칼날의 두께와 간격, 작업 깊이에 의해 달라질 수 있다. 가는 칼날과 얕은 깊이로 작업을 하면 잔디밭의 손상은 적고 회복은 빠르지만 갱신효과는 떨어지며 반면에 굵은 칼날을 이용하거나 깊은 작업을 실시하면 갱신효과는 크나 정상적인 상태로 회복하는 데 오래 걸린다(그림 7-9). 칼날을 잔디밭 표면에 흠집을 낼 정도의 얕은 깊이로 설정하여 작업하면 잔디표면의 손상을 줄이면서 잔디를 세워주거나 솎아줄 수 있다. 반면에 대취를 제거하거나 포복경 또는 지하경을 절단하여 새로운 개체의 생장을 촉진시키기 위해서는 칼날을 토양에 깊게 넣는 버티컬모잉을 실시한다. 이 작업은 조성된 잔디밭에 덧파종을 할 경우 사용할 수 있다. 대취 제거를 목적으로 할 경우 가급적이면 대취층 아래의 토양표면이 잘려질 정도의 깊이로 실시하면 좋으나 잔디뿌리, 포복경 및 지하경, 잔디 잎 등이 과도하게 제거될 수 있으므로 잔디밭의 상태 및 작업 목적을 고려하여 작업 깊이를 결정해야 한다. 잔디 손상을 최소화하면서 대취를 최대로 제거하기 위해서는 칼날을 2.5~5.0 cm 간격으로 조정하는 것이 좋다(표 7-2). 버티컬모잉을 5 cm 이상으로 깊게 할 경우는 중장비를 이용해야 하는데 이때 잔디밭 면은 깊은 홈이 만들어지므로 작업 후 면을 고르게

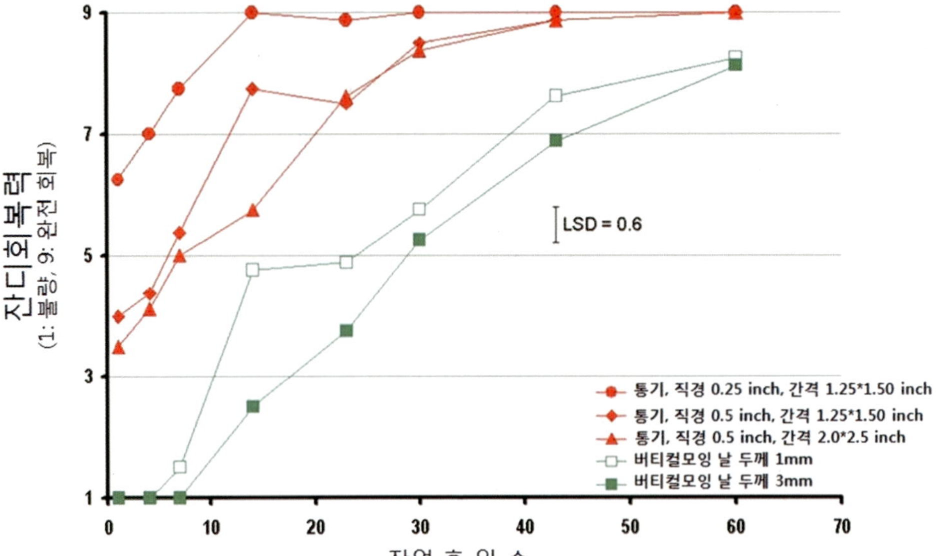

그림 7-9 통기작업과 버티컬모잉의 작업 강도에 따른 잔디회복력(Josh Landreth 등, 2007)

표 7-2 버티컬모어 칼날의 두께와 간격에 따른 작업효율

칼날의 두께(mm)	간격(mm)	작업효율(%)	25% 작업효율에 필요한 작업 횟수
2.0	12.7	15.5	1.6
	25.4	7.8	3.2
3.6	12.7	28	0.9
	25.4	14.1	1.8

하고 들뜬 포복경을 덮기 위해서 배토를 실시한다. 뿌리가 얕거나 성숙되지 않은 잔디는 깊은 버티컬모잉 후 심한 손상을 받기 쉬우므로 작업 전에 뿌리 상태를 점검한 후 작업 깊이를 결정하는 것이 좋다. 버티컬모잉을 깊게 실시하면 뿌리, 지하경, 포복경 등이 노출되어 빠른 시간 내에 건조해가 발생할 수 있으므로 작업 후에 바로 관수와 배토를 하는 것이 좋으며 이는 잔디밭의 표면을 평탄하게 하고 잔디의 회복을 촉진시킬 수 있다. 또한 강한 버티컬모잉 후 5~7일 가량 지나서는 회복을 빨리 촉진시키기 위해 질소비료를 시비해야 한다.

버티컬모잉의 빈도 및 시기

버티컬모잉의 빈도는 대취 축적률에 의해 결정되며 골프장 그린의 경우 대취층이 6.4~13 mm를 초과할 경우 버티컬모잉을 실시해야 한다. 크리핑 벤트그래스, 켄터키 블루그래스 등의 한지형 잔디는 잔디생육이 왕성해지는 봄(5~6월)과 가을(9~10월)에 각각 1회 정도 실시하며 대취 축적이 많은 품종으로 조성된 곳 또는 대취가 잘 축적되는 지역, 병 발생이 빈번한 지역은 횟수를 늘린다.

한국잔디와 같은 난지형 잔디는 일반적으로 그린업 전에 고엽을 제거하기 위해 실시하거나 늦봄에서 초여름에 실시하면 좋다. 신초가 발생하기 전에 실시하는 버티컬모잉은 잔디 관부나 포복경이 잘리지 않고 표토층의 고엽만 제거할 정도로 얕게 해야 온도상승으로 인해 신초발생이 촉진되고 건조해 발생을 줄일 수 있다. 반면에 생육이 향상되는 시기는 밀도 향상 및 대취 제거를 위해 버티컬모잉을 깊게 실시한다.

배토(Topdressing)

배토는 잔디밭 표면에 토양을 얇게 깔아 잔디 개체 사이에 토양을 넣어주는 작업이다. 배토는 소량으로 주기적으로 실시하면 토양 내 미생물의 활성이 증가하여 유기물 분해를 촉진시키고 대취 축적을 방지한다. 잔디 질감과 밀도를 향상시키고 골프장 그린과 같은 잔디밭 표면의 평탄성을 개선시켜 볼 구름 속도 등 경기 품질을 좋게 한다. 또한 피해로부터 회복을 촉진시키며 통기작업 후 실행되는 배토는 기존 토양의 물리성을 개량시키는 역할을 한다. 한편 새로 조성된 잔디밭은 식재한 잔디의 안정화와 뗏장 사이의 틈을 메우고 건조를 방지하기 위해 배토를 실시한다(그림 7-10).

그림 7-10 통기작업 후 배토 모습(왼쪽), 회전식 살포기를 이용한 배토작업(오른쪽)

토양 갱신 등 배토의 효과를 향상시키기 위해서는 배토사의 선택이 중요한데 가장 중요한 요인은 모래의 입경분포이다. 일반적으로 미국골프협회(USGA)에서 권장하는 입경분포에 적합한 모래를 선택하는 것이 좋으나 그보다 기존에 조성된 토양과 입경이 유사한 모래를 선택하는 것이 가장 적절하다. 그러나 기존 토양의 입경이 부적합하면 지반을 재시공할 것인지 갱신작업과 배토작업을 통해 점진적으로 개량할 것인지 결정해야 한다. 만약 배토를 통해 개량하고자 하면 미국골프협회의 권장기준에 적합한 모래를 선택해야 하며 최근의 경향은 입경이 세사에서 중간사(0.15~0.5 mm)가 80% 이상인 모래로 자주 배토를 하도록 권장한다. 입경이 작은 모래가 많으면 투수성과 통기성을 방해하고 굵은 모래는 보수력과 보비력이 감소하는 문제가 발생한다. 따라서 가급적이면 0.25 mm 이하의 입경이 20% 미만이면서 0.25~0.5 mm 입경이 최소 60% 이상 포함된 모래를 사용하는 것이 좋다(표 7-3).

표 7-3 USGA 상토 조성 및 배토사의 입경분포 기준

명칭	입경	추천사항(중량비)	
자갈	2.0~3.4 mm	자갈 최대 3%(없는 것이 바람직함)를 포함하여 전체 입자의 10% 이하가 이 범위 내에 속할 것	
극조사	1.0~2.0 mm		
조사	0.5~1.0 mm	최소 60%의 입자가 이 범위 내에 속할 것	
중간사	0.25~0.50 mm		
세사	0.15~0.25 mm	입자의 20% 이하가 이 범위 내에 속할 것	
극세사	0.05~0.15 mm	5% 이하	10% 이하
미사	0.002~0.05 mm	5% 이하	
점토	0.002 mm 미만	3% 이하	

부적절한 배토사를 사용할 경우 토양 내 이질층(stratification)의 형성이 문제된다. 이질층은 기존 토양과 성질이 다른 토양을 한 번에 많은 양으로 배토하거나 장기적으로 사용할 경우 생성되며 통기성과 투수성 등 토양물리성을 악화시키고 토양 내 산소부족과 유해가스의 생성, 드라이스팟을 형성하여 뿌리 생육을 저해하며 관수, 시비 및 시약의 효과를 저하시킨다. 이질층이 3.2 mm 가량 형성되면 정상적인 물의 흐름과 가스의 이동을 방해할 수 있어 이를 해소하기 위해서는 강한 버티컬모잉과 통기작업이 필요하다. 이질층의 형성을 근본적으로 방지하기 위해서는 기존 토양과 유사한 입경의 모래를 소량으로 자주 배토를 하는 것이 좋다.

참고문헌

Beard, J.B. 2002. Turf management for golf courses. 2nd Ed. Ann arbor press. chelsea Mi. USA.

Carrow, R. N. 2004a. Surface organic matter in bentgrass greens. USGA Green Section Record. 42(1):11 - 15.

Gaussoin, R.E., W.L. Berndt, C.A. Dockrell, and R.A. Drijber. 2013. Turfgrass: Biology, Use, and Management. Characterization, development, and management of organic matter in turfgrass systems(Chap. 12). Agronomy Monograph. 5585 Guilford Road, Madison. USA.

McCarty, L.B. 2004. Best turfgrass management practices. 2nd Ed. Prentice Hall.

Moller, A. and T. Lowe. 2016. Managing organic matter in putting green. USGA USGA Green Section Record. 54(21):1–7.

Murphy, J.A. 2012. The size of topdressing sand. USGA USGA Green Section Record. 50(19):1–4.

CHAPTER

8

잔디의 병 · 해충 · 잡초 관리

8.1 잔디 병

8.1.1 식물 병의 원인

식물 병의 원인이 되는 것을 병원(causal agent)이라 한다. 병원은 살아 있는 생물체나 죽은 비생물 요인(환경)을 모두 포함한다. 병원이 살아 있는 생물체일 경우 병원체(pathogen)라 하고 진균, 세균, 바이러스, 선충, 기생식물 등이 해당된다. 이들 병원체는 전염성을 갖기 때문에 전염성 병원체라고도 부른다. 비생물적 병원은 양분의 과부족, 비정상적인 기상 조건, 부적절한 관리방법 등이 포함되며 이러한 원인에 의한 증상을 생리병(physiological disease)이라고 하고, 전염되지 않기 때문에 비전염성 병원이라고도 부른다. 이때 병원체에 의해 피해를 입는 식물을 기주(host)라 한다. 전염성 병과 비전염성 병의 원인을 구분하면 표 8-1과 같다.

표 8-1 전염성 병원과 비전염성 병원의 종류

전염성 병원(생물적 요인)	비전염성 병원(비생물적 요인)
균류(진균, 유사균류), 원핵생물(세균, 파이토플라즈마), 바이러스, 바이로이드, 선충, 기생식물, 응애, 원생동물 등	토양 조건의 이상(양분 및 수분의 과부족, 부적당한 토양 pH 등), 비정상적인 기상 조건(부적당한 온도 · 습도, 광 등), 농약의 해, 환경오염 등

8.1.2 식물 병 발생의 원인

식물에 병이 발생하기 위해서는 병원균, 기주, 환경, 세 가지 요인이 충족되어야 한다. 병 발생 과정을 살펴보면, 병을 일으킬 수 있는 능력(병원성, pathogenicity)을 가진 병원체가 기주식물에 지속적으로 자극(공격)을 가해야 한다. 이때 기주 식물체는 병원균에 감염될 수 있는 성질(감수성, susceptibility)을 가지고 있어야 하고, 병원체와 기주는 병 발생에 적당한 온도, 습도 등의 환경 조건이 갖춰져야 발병이 성립한다. 병원균, 기주, 환경, 세 요인 중 한 요인이라도 충족하지 않으면 병은 발생하지 않는다. 세 요인의 관계를 그림으로 표현한 것을 병의 삼각형(disease triangle)이라고 한다(그림 8-1).

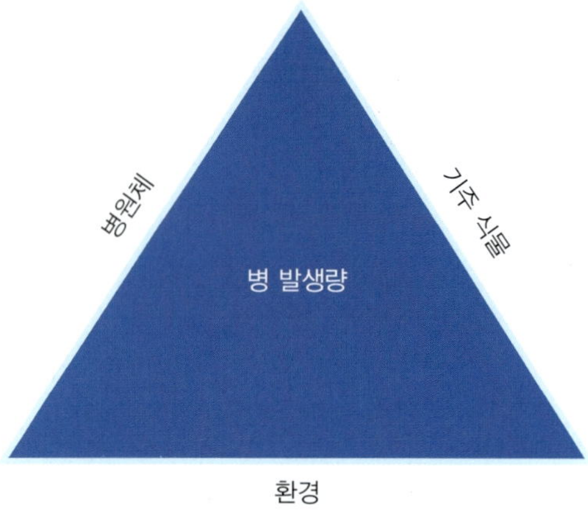

그림 8-1 병의 삼각형(disease triangle)

식물 병의 발생량은 세 가지 요인의 각각의 크기에 의하여 결정된다. 병원체는 병 발생에 가장 직접적으로 관여하는 주인(主因)이며 병원체의 병원성, 밀도, 이들의 환경적응성 등이 발병에 영향을 미친다. 기주식물은 식물의 병에 대한 감수성을 나타내는 유전적인 요인으로 소인(素因)이라고 하며 식물의 병저항성, 식재된 식물의 유전적 균일성, 재배밀도, 육종방향 등의 요인이 포함된다.

환경은 병원체와 기주식물에 영향을 미쳐 발병을 촉진시키는 요인으로 유인(誘因)이라고 하며 기상요인, 토양요인, 인위적 환경 요인 등이 해당된다. 세 가지 요인 중 어느 하나라도 작동하지 않는다면 병은 발생하지 않는다. 따라서 세 가지 요인의 구성 요소를 최소화하거나 혹은 세 요인 중 하나를 작동하지 않게 관리함으로써 병을 예방하거나 방제할 수 있다.

8.1.3 식물 병의 발생 과정

감염성 병은 일련의 독특한 연속성을 가지고 병이 진전되고 병원체가 번성하게 된다. 어떤 병이 다시 되풀이해서 발생되는 과정을 병환(disease cycle)이라고 한다(그림 8-2). 병환은 병원체의 생활환(life cycle)과 아주 밀접하게 상응하는 관계에 있지만, 병원체 자체가 아닌 병원체의 작용으로 일어나는 연속적인 일련의 과정을 의미한다. 병환의 주요 단계는 병원균의 접종, 침입, 감염, 정착, 증식, 병징 발현, 월동 등의 과정으로 되풀이된다. 어느 병의 병환을 정확히 파악한다는 것은 그 병의 합리적인 방제법을 세우는 데 중요하다.

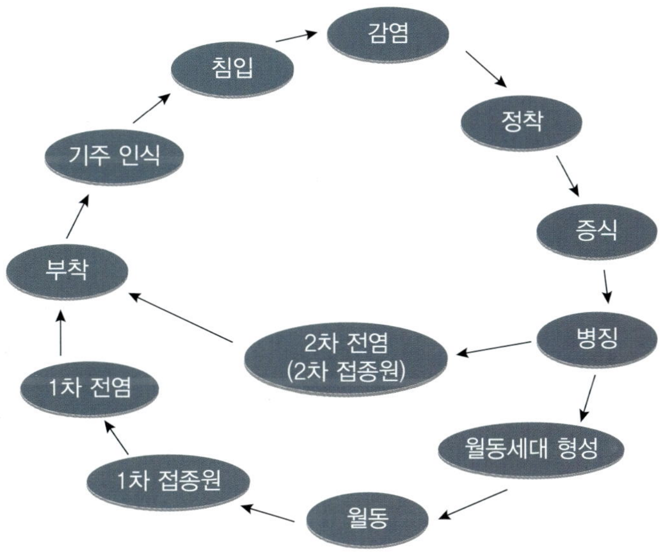

그림 8-2 병환(disease cycle)

전염원

식물체에 도달하거나 식물체와 접촉한 상태의 병원체를 전염원(inoculum)이라고 한다. 균류에서는 포자, 균핵, 균사체의 일부가 전염원인 될 수 있으며, 세균, 원생동물, 바이러스 등은 항상 개체가 전염원이 된다. 기생식물에서는 식물체의 일부나 종자가 전염원이 된다.

전염원은 월동하거나 월하하면서 휴면상태로 생존하다가 생장에 적당한 환경이 조성되면 첫 감염을 일으키게 되는데 이때의 전염원을 1차 전염원(1차 감염)이라고 한다. 1차 감염으로부터 형성되는 전염원을 2차 전염원(2차 감염)이라고 한다.

전염원의 전반

병원체가 기주 식물을 감염하려면 이동 수단이 있어야 한다. 병원체의 대부분은 바람, 물, 곤충, 종자, 토양, 동물 등에 의해 수동적으로 기주 식물에 도달하여 전염한다. 선충, Pythium 유주자 등은 약하지만 능동적인 이동이 가능하다.

부착 및 기주 인식

전반에 의해 기주식물에 도달한 병원체는 식물체 표면에 부착하게 되는데 이러한 과정을 접종이라고 한다. 부착한 병원체의 구조 표면에서는 다당류, 당단백질 등이 분비되어 식물체에 쉽게 부착하도록 돕는다. 병원체와 기주식물체가 접촉하면 식물체는 인식작용을 통해 병원체의 생장과 침입을 허용할지 저지할지에 대해 인식작용을 하는 것으로 알려져 있다.

침입 및 감염

병원체가 감수성 식물에 옮겨져서 침입을 끝내고 기주의 세포조직 내에 정착하여 영양분을 탈취하는 과정을 감염이라고 한다. 감염은 침입, 접종 또는 전염과 혼돈할 수 있으나 병원체의 접종, 침입, 감염의 일련의 연속적인 과정을 통하여 이루어진다. 병원체가 기주식물체를 침입하는 방법에는 잎, 줄기, 뿌리의 표피를 뚫고 들어가는 직접 침입과 기공, 수공, 피목 등 이미 뚫려져 있는 구멍을 통해 들어가는 간접 침입이 있다. 곤충이나 동물에 의한 식흔, 작업 등에 의해 발생한 상처도 주요 침입 경로에 해당된다. 식물체 감염은 병원체가 식물체 내부에 침입 후 양분을 안정적으로 섭취하면서 정착하는 과정이다. 병원균은 식물체 내부에서 정착하면서 개체수가 증가하는 증식을 준비하게 된다.

병징 발현 및 2차 전염

병원균은 식물체 내부에 정착한 후에 기주의 조직과 기관에서 증식한다. 이때 세포와 조직이 파괴되기 때문에 외부로 병징이 나타나게 된다. 병원체가 기주를 감염한 후 병징이 나타날 때까지의 기간을 잠복기간(inoculation period)이라고 한다. 병원체는 기주 감염 후 번식체, 휴면체 등을 만들고, 이들은 적당한 환경 조건에서 기주를 2차로 감염한다.

8.1.4 주요 식물 병원균의 종류

균류(Fungus)

대부분 실 모양으로 사상균이라고도 한다. 균류는 포자로 번식하는 종속영양 진핵생물로서 키틴과 글루칸 등의 다당류로 된 세포벽을 가지고 있다. 대부분의 균류는 죽은 식물체에서 분해자로서 살아가지만, 일부는 살아 있는 식물에 기생하면서 병을 일으킨다. 잔디 병의 대부분은 균류에 의하여 발생된다. 균류는 광학현미경으로 관찰이 가능하다.

세균(Bacterium)

식물 병원세균은 원핵생물에 속한다. 원핵생물은 핵막, 미토콘드리아, 소포체 등이 없으며, 염색체는 세포질에 노출되어 있다. 세균은 2분법으로 증식한다. 세균의 형태는 구형, 타원형, 막대형, 나선형 등이 있으며, 대부분 식물 병원 세균은 단세포이고, 짧은 막대 모양이다. 균체의 크기는 폭이 0.5~1 μm, 길이가 1~5 μm로 작아 광학현미경 관찰로 구분이 어렵다. 잔디에 발생하는 세균병으로 *Xanthomonas*에 의한 세균위조병(Bacterial wilt)이 알려져 있다.

바이러스(Virus)

바이러스는 DNA나 RNA 중 한 종류의 핵산과 소수의 단백질로 이루어져 있다. 바이러스의 크기는 약 20~30 nm에 불과하기 때문에 광학현미경 관찰이 불가능하고, 전자현미경에 의해서만 볼 수 있다. 바이러스는 살아 있는 기주세포에서만 증식할 수 있으므로 인공배지에서는 배양되지 않는다.

선충(Nematode)

선충은 민물, 토양 등에서 작은 식물과 동물을 먹고 사는 지렁이 모양의 동물이다. 대부분의 식물 선충은 길이가 300~1,000 μm, 직경은 15~35 μm 정도로 광학현미경으로 쉽게 관찰 가능하다. 대부분의 식물기생 선충은 구침을 갖고 있어 식물에 구멍을 내어 세포로부터 양분을 탈취하는 데 사용한다. 이때 파괴된 세포는 병 증상으로 나타난다.

기생식물(Parasitic higher plants)

다양한 종류의 기생식물이 기주식물에 기생하며 양분을 탈취해 생존한다. 기생식물은 보통 발아 후 줄기나 뿌리 상태에서 흡기를 만들어 기주 조직을 뚫고 들어간다. 흡기는 기주 식물의 유관속 조직에 침투하여 물과 무기양분을 얻는다. 새삼, 겨우살이, 더부살이 등이 있다.

8.1.5 잔디 병의 분류

우리나라에서는 난지형 잔디인 조이시아그래스, 버뮤다그래스 등과 한지형 잔디인 켄터키 블루그래스, 크리핑 벤트그래스, 퍼레니얼 라이그래스, 훼스큐류가 주로 사용되고 있다. 국내에서 보고된 잔디 병은 15종류(2018년 현재)이며 라이족토니아마름병(Rhzoctonia blight), 봄마름병(spring dead spot), 황색마름병(yellow patch), 갈색잎마름병(brown patch), 설부소립균핵병(Typhula snow mold), 잔디탄저병(anthracnose), 피티움마름병(Pythium blight), 동전마름병(dollar spot), 테이크올패취(take-all patch), 페어리링(fairy ring), Waitea ring patch, Curvularia leaf blight, 여름잎마름병(summer patch), 잔디노균병(downy mildew) 등이다. 미국의 경우 잔디 병은 엽고병 22종, 설부병 6종, 잎 · 뿌리병 15종, 기타 9종 등 총 52종류가 발생하는 것으로 보고되어 있다(Smiley et al., 2005). 잔디 병은 병원균의 기주 범위에 따라 병원균의 감염 부위에 따라 표 8-2 및 표 8-3과 같이 구분할 수 있다.

표 8-2 잔디 종류별 발생 병

난지형 잔디 병	한지형 잔디 병	공통 병해
갈색퍼짐병, 개발자국병, 라이족토니아잎마름병, 봄마름병 등	갈색잎마름병, 여름잎마름병, 피시움마름병, 설부소립균핵병(설부병), 황색마름병, 홍색설부병, 흰가루병, 흰마름병, 붉은뿔마름병 등	녹병, 노균병, 도열병, 동전마름병, 점균병, 페어리링 등

표 8-3 잔디 부위별 발생하는 병의 종류

잎에 주로 발생하는 병	뿌리에 주로 발생하는 병	지제부에 주로 발생하는 병
갈색잎마름병, 노균병, 녹병, 도열병, 동전마름병, 라이족토니아잎마름병, 설부소립균핵병(설부병), 잎마름병, 점균병, 홍색설부병, 흰가루병, 붉은뿔마름병 등	여름잎마름병, 페어리링, 피시움마름병 등	갈색퍼짐병, 봄마름병, 잘록병 등

갈색잎마름병(Brown patch)

1 병원균명(학명)

Rhizoctonia solani J.G. Kühn AG1–1A, AG1–1B, AG2–2(ⅢB)
(teleomorph: *Thanatephorus cucumeris*)

2 발생생태

병원균은 벤트그래스, 켄터키 블루그래스, 새포아풀 퍼레니얼 라이그래스, 톨 훼스큐를 주요 기주로 한다. 병원균은 대취 등에서 균사나 균핵 상태로 서식하며, 균사의 생육최적온도는 30℃이고 병원성은 25~35℃에서 강하다. 우리나라에서 보통 6~7월경 고온, 다습한 시기에 본격적으로 병이 발생하기 시작하여 9월 하순까지 지속된다. 병은 골프장에서 크리핑 벤트그래스 퍼팅 그린에 발생이 잦다. 기상조건이 병원균에 유리할 경우 켄터키 블루그래스로 조성된 골프장 티나 잔디운동장에서 발생하기도 한다. 병원균에 감염된 잔디는 처음에 지상부가 수침상으로 진해졌다가 갈변하며 고사한다. 보통 지하부 피해가 크지 않아 회복이 빠른 편이다. 잔디밭에서 과습하고 질소 시비가 과할 경우 발병이 조장된다.

3 병징

병징의 형태는 대체로 동그랗게 나타나지만, 색깔은 발병시기의 잔디 종류 및 상태, 수분 조건 등에 따라 매우 다양하다. 골프장의 크리핑 벤트그래스 퍼팅 그린에서는 보통 습할 경우 병반의 가장자리는 어두운 회색의 스모크링(smoke ring)의 모습을 보이며 때때로 하얀 균사를 볼 수 있다(그림 8–3). 그러나 잔디가 건조해지면 병반은

그림 8–3 크리핑 벤트그래스에 발생한 갈색잎마름병

그림 8–4 켄터키 블루그래스에 발생한 갈색잎마름병

갈색으로 변하며 잎이 시들어 죽는다. 켄터키 블루그래스로 조성된 티와 페어웨이에서는 직경 수 cm~수십 cm의 원형으로 병반이 형성되고 잎집(sheath)이 선 채로 고사한다(그림 8-4). 습할 경우 회갈색의 기중균사를 볼 수 있다.

4 방제

잔디의 병원균에 대한 저항성이 약해지지 않도록 건강하게 관리하는 것이 중요하다. 병원균 생장에 적합한 시기에 습도가 높지 않도록 유지하며, 과다한 질소 시비를 피하는 것이 좋다. 병 발생 초기에 갈색잎마름병에 등록된 약제를 1주일 간격으로 2회 정도 살포한다. 전년도에 병이 발생한 장소에는 미리 1~2회 살균제를 살포하는 것도 좋다.

갈색퍼짐병(Large patch)

1 병원균명(학명)

Rhizoctonia solani J.G. Kühn AG2-2(Ⅳ)

2 발생생태

병원균은 조이시아그래스를 비롯해서 버뮤다그래스, 세인트 어거스틴그래스, 센터피드그래스, 버팔로그래스 등 난지형 잔디에 병을 일으킨다. 그러나 한지형 잔디류에는 병을 일으키지 않는다. 우리나라에서의 병 발생은 주로 봄과 가을에 나타난다. 병이 발생하는 온도 범위는 15~30℃로 비교적 넓은 편이며 발병의 최적 온도는 23℃ 정도이다. 과습 조건에서 병 발생이 조장된다. 특히 강우빈도가 많은 6~7월의 장마기와 8월 하순~9월 중순경의 강우기에 병 발생이 증가한다. 그러나 30℃ 이상의 7~8월 고온기에는 병원균의 활성이 떨어져서 병 발생이 현저히 줄어든다. 병원균은 주로 대취(thatch)층에서 서식, 증식하기 때문에 대취층이 과다하게 축적될 경우 발병이 조장된다. 병원균은 보통 잔디 잎집의 지제부를 침입하여 감염을 일으킨다. 병원균의 전파는 감염된 잎집에 의한다. 잔디를 식재할 때 감염된 잎집이 있는 뗏장은 주요 전파 수단이다. 병에 인한 피해는 기주(조이시아그래스)의 생육조건에 따라 현저한 차이를 보인다. 보통 봄보다 가을에 피해가 크다. 봄에는 점차 높아지는 온도로 인하여 조이시아그래스의 회복력이 증가하기 때문에 피해가 적은 편이지만, 가을에는 시간이 흐르면서 점차 온도가 떨어지기 때문에 잔디의 영양생장 속도가 느려짐에 따라 병반의 회복이 불가능하게 된다. 결국 가을에 생긴 병반은 이듬해 잔디의 영양생장이 재개되는 6월까지 남아 있게 된다.

3 병징

조이시아그래스에서 병징은 원형으로 나타나며, 다른 병에 비해 상대적으로 큰 병반을 형성한다(그림 8-5). 병징의 가장자리 식물체는 초기에 밝은 오렌지색 또는 갈색을 띠게 되고 시간이 지남에 따라 점차 볏짚 색으로 변하면서 말라죽는다. 병원균에 감염된 잔디 줄기는 쉽게 뽑힌다(그림 8-6). 감염된 잎집의 지제부는 하얗게 쭈그려져 썩게 되고, 줄기 표면에는 갈색의 균사매트가 형성된다. 병원균은 잔디 잎집의 지제부 조직을 파괴시켜 물과 양분의 상승을 막게 된다. 결국 잔디 식물체 지상부는 말라서 고사하게 된다. 봄에 보이는 병징은 가을에 나타났던 지점과 동일한 곳에서 다시 나타난다. 가을에 발생했던 병반의 식물체는 봄에 맹아출현이 되지 않거나 매우 늦다. 보통 봄에 온도가 증가하고 강우가 있으면 병반의 가장자리에서부터 병이 다시 확대된다. 병징은 5월부터 6월까지 계속 확대되다가 온도가 30℃ 이상 올라가는 여름에는 일시적으로 억제되면서 병으로부터 천천히 회복된다. 그러나 방제가 되지 않았다면 가을이 되어 그 지점으로부터 다시 병이 발생한다.

그림 8-5 조이시아그래스에 발생한 갈색퍼짐병

그림 8-6 갈색퍼짐병 병원균에 감염된 조이시아그래스의 지제부

4 방제

고온기(30℃ 이상 되는 7~8월)에 버티컷 모잉을 실시하여 대취를 제거하면, 대취층에 서식하는 병원균의 밀도를 낮추고, 약제 방제 시 농약 흡수를 도와 방제 효과를 높일 수 있다. 갈색퍼짐병 발생은 대취층과 토양의 과습에 의하여 조장되기 때문에 가을과 봄에 잔디밭에 과다한 살수를 피해야 한다. 배수불량지역은 명암거를 설치하여 과습하지 않도록 하여야 한다.

병 발생이 많은 시기에 질소 과다 시비는 발생을 조장할 수 있으므로 시비량을 줄이는 것이 좋다. 발병률이 낮은 시기에 시비를 하는 것이 좋다. 소석회 시비는 대취분해, 토양개량 등의 작용으로 발병억제 효과가 있다. 규산질 시비는 잔디의 세포를 단단하게 하기 때문에 병에 대한 저항성을 높이는 효과가 있다.

살균제 처리는 치료보다 예방을 목적으로 실시하는 것을 원칙으로 하는 것이 바람직하다. 병원균이 잎집에 감염한 후 약 1주일 정도 지나야 증상이 나타나므로 병을 예방하려면 약 10일 정도 전에 시약을 하는 것이 좋다. 시기별로는 봄보다는 가을 방제에 중점을 두는 것이 유리하다. 봄에 발생된 병반은 기온 상승과 더불어 회복이 가능하지만 가을 병반은 온도 하강으로 병반의 회복이 불가능하기 때문이다. 약제방제는 병원균 감염 부위인 잎집의 지제부까지 약액이 들어갈 수 있을 정도의 살포양이 필요하다. 등록된 약제로는 펜사이쿠론, 트리아졸 계통, 스트로빌루린 계통 등의 약제들이 있다.

노균병(Downey mildew)

1 병원균명(학명)

Sclerophthora macrospora (Sacc.) Thirum., Shaw & Naras.

2 발생생태

병원균은 한지형 잔디인 크리핑 벤트그래스, 켄터키 블루그래스, 라이그래스, 레드 훼스큐, 톨 훼스큐, 조이시아그래스 등에 병을 일으킨다. 잡초 중에는 바랭이류(*Digitaria* spp.)가 병원균에 매우 감수성이다. 노균병균에 의한 잔디 감염은 봄과 가을처럼 서늘한 온도와 습한 조건에서 시작한다. 노균병은 물빠짐이 원활하지 않고 물이 자주 고이는 저지대 토양에서 빈번하게 발생한다. 잔디에서는 오랫동안 휴면상태로 있던 난포자와 균사 등의 접종원이 1차 감염을 일으킨다. 토양에 수분이 충분하게 되면 주요 전염원인 난포자의 발아에 매우 유리하다. 감염된 식물체에서 자란 균사체나 감염 종자는 다시 2차 전염원으로 인근 식물체를 침범하며 노균병은 확산된다. 서늘한 온도, 높은 토양 수분 및 대기 (상대)습도에서 감염된 식물체는 포자낭을 형성하게 된다.

3 병징

노균병 병원균에 감염된 식물체는 발병 초기에 육안으로 증상을 구분하기 쉽지 않다. 감염 초기에 깎지 않은 엽신은 정상적인 잎에 비하여 약간 넓어지고, 두꺼워진다.

병이 진전되면 식물체에서는 분얼경 밀도가 높아져 황색의 총생 모양으로 증상이 발현된다. 벤트그래스와 레드 훼스큐의 반점(patch) 크기는 직경 1~3 cm 정도이며, 켄터키 블루그래스와 퍼레니얼 라이그래스는 직경이 3~10 cm 정도에 달한다.

노균병의 각 병징은 관부의 액아(axillary bud)에서 새로운 잎과 줄기가 나올 때나 포복경의 마디에서 어린 싹(shoot)이 나올 때 황색의 총생이 나오면서 나타난다. 총생을 구성하는 각각의 어린 싹은 정상 식물체보다 훨씬 적은 수의 곁뿌리(axillary root)를 갖고 있기 때문에 기존 잔디와 달리 쉽게 뽑힌다. 선선하고 습한 날씨가 지속되면 발생이 증가한다. 노균병은 보통 이른 봄이나 이른 가을에 시작되지만, 전형적인 증상은 늦은 봄과 가을에 나타난다. 총생은 부실한 뿌리로 인해 건조한 시기에 시들거나 죽을 수 있다. 비록 한발로부터 살아남았다 하더라도 다음 해 봄인 6월경 유묘는 전형적인 노균병 증상으로 나타날 수 있다. 특히, 배수가 불량한 지역, 물이 고인 지역, 물이 범람했던 지역이나 관수량이 많았던 지역에서 더욱 뚜렷하다. 노균병은 감염부분을 중심으로 더욱 확산되며, 일단 잔디밭에 정착하게 되면 다양한 정도의 증상으로 계속 되풀이된다. 노균병균에 의해 감염되어 반점을 이루는 각각의 식물체는 정상적인 식물체보다 분얼경이 훨씬 많다. 크리핑 벤트그래스나 켄터키 블루그래스의 정상 식물체는 보통 8개 이하의 분얼수를 보이지만 노균병에 감염되면 15개 혹은 그 이상의 분얼수를 갖는다.

4 방제

습한 토양조건은 노균병균의 증식, 전파, 감염에 필수적이다. 따라서 잔디 재배지에서 배수가 잘 되도록 관리하는 것이 무엇보다 중요하다. 이것은 성체 식물보다 유묘 식물체에서 더욱 필요하다. 물빠짐이 원활하지 못한 지역에 노균병이 발생한다면 해마다 만성적으로 나타날 가능성이 높다.

노균병이 심한 포장에서는 주변에 기주가 되는 잡초의 제거가 중요하다. 휴면기 동안에도 잡초가 자라지 않도록 경운하는 등 잡초 관리가 매우 중요하다. 특히 바랭이는 노균병균에 매우 감수성이어서 전염원으로 작용하는 난포자가 이병엽에서 많이 형성되므로 반드시 제거하여야 한다. 질소 시비도 불필요하게 과하지 않아야 한다. 노균병이 발생하여 황화현상으로 색상의 균일성이 떨어진다면 황산철(iron sulfate)을 시용하여 일정 부분 은폐효과를 얻을 수 있다. 하지만 잔디 생육 단계에 따라 다른 결과가 나타날 수 있으며, 근본적인 대책은 아니다.

노균병의 방제는 메탈락실, 포세틸알루미늄 등이 효과가 높은 것으로 보고되어 있다. 하지만 살균제는 노균병이 만연하기 전에 예방적으로 살포하는 것이 효과를 높이는 방법이다. 필요하다면 반복해서 살포해야 한다. 들잔디나 켄터키 블루그래스는 새로운 포복경이나 지하경이 출현하는 관부의 생장점에 살균제가 닿을 수 있도록 버티컬모잉, 통기작업과 같은 갱신작업 후 살포하는 것도 좋은 방법이다. 이미 출현한 증상은 살균제 살포로 치료할 수 없기 때문에 새로 출현하는 줄기에 감염이 되지 않도록 예방적인 목적으로 실시하여야 한다.

녹병(Rust)

1 병원균명(학명)

Puccinia 4종과 *Uromyces dactylis* Otth

2 발생생태

병원균은 기주범위가 넓어 조이시아그래스, 켄터키 블루그래스, 크리핑 벤트그래스, 버뮤다그래스, 퍼레니얼 라이그래스, 톨 훼스큐 등에 병을 일으킨다. 병원균은 감염된 잔디의 잎 조직에서 균사나 포자의 형태로 월동한다. 적합한 환경이 되면 월동포자나 균사가 발아하여 잔디 잎에 침입한다. 병원균은 잔디 잎에서 양분을 흡수해 병반 확대와 함께 포자퇴와 여름포자를 형성한다. 여름포자는 물, 바람, 신발, 장비 등에 의하여 주변으로 전파된다.

녹병은 기온이 15~25°C의 안개가 많거나 습한 봄과 가을에 자주 발생한다. 특히, 잔디가 월동을 위해 양분을 축적하는 시기인 가을에 발생이 심하다. 이 시기에 심하게 발생이 되면 잔디의 월동영양분 축적을 저하시켜 이듬해 봄의 맹아율을 떨어지게 하는 원인이 되기도 한다. 그 외에 녹병은 한발, 양분 결핍, 낮은 깎기 높이, 그늘진 곳 등 스트레스를 많이 받는 잔디에서 심하게 발생한다.

3 병징

녹병은 감염 초기에 잎이나 줄기와 잎 윗면에 밝은 노란색 반점으로 나타난다(그림 8-7). 병징은 줄기, 잎의 엽맥과 평행으로 길고 좁은 원추형으로 진전된다. 병이 심해지면 감염 부위의 조직이 불규칙하게 파열되며 황색 혹은 적색의 여름포자가 잎 뒷면에 가루의 형태로 나타난다(그림 8-8). 잔디가 생장함에 따라 녹병의 포자퇴는 여름포자 대신에 겨울포자를 생성함으로써 검은색으로 변하게 된다. 잔디가 녹병에 심하게 감염되면 잎은 쇠약하게 되고 포자퇴의 발생으로 잎이 갈라져 수분손실이 증가되고, 식물체의 호흡률이 증가되어 결국 죽게 된다.

그림 8-7 녹병

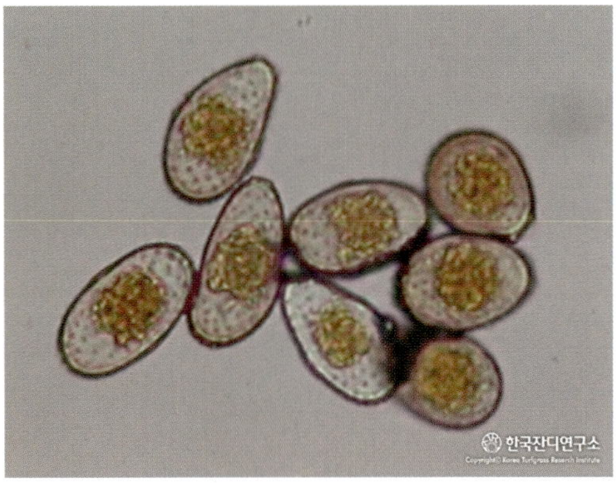

그림 8-8 녹병 포자

4 방제

녹병 방제약제로 트리아디메폰, 디페노코나졸, 트리포린, 크레속심메틸 등이 등록되어 있다. 병원균의 살균제 내성 획득 능력이 뛰어나기 때문에 유효성분이 같은 농약의 반복적인 사용은 효과를 저하시킬 수 있기 때문에 유효성분이 다른 약제의 교호 사용이 필요하다.

녹병은 건조나 영양에 관계된 스트레스를 받을 때 발생이 조장되므로 관수와 시비를 적절히 하여 잔디의 생육을 도와 발병을 억제시킬 수 있다. 특히 질소시비량이 부족할 경우 발생이 조장된다. 살수는 충분한 양을 오전 중에 하는 것이 좋고 낮은 깎기 높이를 피하고 통기 통풍이 잘 될 수 있도록 관리한다. 품종에 따라 병 저항성 차이가 크기 때문에 저항성 품종의 사용을 권장한다.

도열병(Gray leaf spot)

1 병원균명(학명)

Pyricularia grisea Sacc.

2 발생생태

병원균은 한지형 잔디인 퍼레니얼 라이그래스, 톨 훼스큐에 주로 병을 일으키며 레드 훼스큐, 크리핑 벤트그래스, 켄터키 블루그래스 등에도 병원성이 있는 것으로 보고되어 있다.

병원균의 생육적온은 25~30℃로 따뜻하고 습한 기후 동안 발병이 많다. 병원균은 부적합한 기후에서는 감염된 잎의 조직 내에서 균사나 포자상태로 휴면하고 있다가 환경조건이 적합할 때 건전한 잎으로 침입하여 새로이 포자를 형성하고 바람, 물, 작업기계 그리고 동물 등에 의해 전파된다. 포자는 습한 조건하에서 발아한다.

3 병징

잔디 잎이나 줄기에 원형 혹은 타원형의 엷은 회색 병반이 형성되고 이들 병반이 겹쳐서 잎 전체가 갈변하고 고사한다(그림 8-9, 8-10). 잎에 나타난 점무늬병반은 진전부위가 짙은 갈색을 나타내고 고온기의 습한 기후에서는 이들 병반 위에서 회색의 곰팡이가 형성된다.

그림 8-9 티잉구역의 도열병 피해

그림 8-10 퍼레니얼 라이그래스의 도열병 증상

4 방제

우리나라에서 도열병 방제약제로 등록된 약제는 아직 없지만, 벼 도열병과 같은 학명을 가졌기 때문에 벼 도열병 등록 약제(아족시스트로빈, 가스가마이신, 티오파네이트메틸 등)를 사용하면 방제에 효과적이다. 경종적인 방법으로는 가뭄, 토양고결, 지나친 과습, 과다한 질소질 비료나 제초제에 의한 스트레스 등을 피하는 것이 중요하다. 도열병 피해가 심한 지역에서는 저항성 초종이나 품종의 사용이 필요하다.

동전마름병(Dollar spot)

1 병원균명(학명)

Sclerotinia homoeocarpa F.T. Benn

2 발생생태

병원균은 기주범위가 넓어 벤트그래스, 블루그래스, 퍼레니얼 라이그래스, 훼스큐류, 조이시아그래스 등에 병을 일으킨다. 병원균은 잎의 감염 조직에서 형성된 진한 갈색의 자좌(stroma)나 균사의 형태로 월동하며 불리한 환경을 견딘다. 병원균은 감염 조직이 포함된 예지물 상태로 장비, 신발 등에 묻어 인근으로 전파된다. 이들은 기주식물을 만나 발아하여 감염한다. 병 발생은 늦은 봄부터 시작하여 늦은 가을까지 계속된다. 봄과 가을에 발생이 심하다. 병원균의 발병최적온도 범위는 15～30℃로 비교적 넓은 편이지만, 온화하고 습한 조건을 좋아한다. 특히, 이슬이 많이 맺히는 서늘한 야간에는 균사의 생육이 활발하다. 질소가 부족해도 병 발생을 조장한다.

3 병징

동전마름병은 잔디밭에서 동전 크기의 둥근 갈색의 병징으로 나타난다. 병징은 골프장 크리핑 벤트그래스 퍼팅 그린에서 1달러 동전 크기의 살짝 주저앉은 듯한 갈색의 둥근 반점 형태로 나타난다. 병반의 크기는 직경이 수 cm 정도의 크기지만, 병반이 서로 겹칠 경우 크기가 큰 불규칙한 병반이 형성되기도 한다. 깎기 높이가 높은 골프장의 티잉구역나 경기장의 켄터키 블루그래스의 경우 깎기 높이가 낮은 퍼팅 그린에서의 병징보다 크게 나타날 수 있다(그림 8-11). 잔디 잎에서 동전마름병 증상은 엽신에 작은 반점으로 시작되며 병이 진전되면 반점이 커지게 된다. 이때 엽신의 병징과 건전 경계 부위에서는 갈색 또는 적갈색의 줄이 보인다(그림 8-12). 병원균에 의해 감염된 병반은 황갈색 혹은 적갈색의 경계부위와 함께 엽신의 위와 아래로 진전된다. 병원균은 병반 위에서 이슬이 많은 이른 아침에 하얀 균사를 형성하기도 한다(그림 8-13). 균사체는 햇빛에 의해 이슬과 함께 말라보이지 않게 된다.

그림 8-11 켄터키 블루그래스에 발생된 동전마름병

그림 8-12 조이시아그래스에 발생된 동전마름병

그림 8-13 크리핑 벤트그래스에 발생된 동전마름병

4 방제

동전마름병에는 프로피코나졸, 프로사이미돈, 보스칼리드 등 다양한 작용기작을 가진 살균제가 등록되어 있다. 병원균의 살균제 내성 획득 능력이 뛰어나기 때문에 유효성분이 같은 농약의 반복적인 사용은 효과가 낮을 수 있다. 유효성분이 다른 약제의 교호 사용이 필요하다. 병이 발생하면 질소 시비량을 높이는 것이 필요하다. 늦은 오후나 저녁에는 관수를 피하는 것이 좋고, 잔디깎기 전 아침 이슬 제거도 병 전파를 억제하는 데 큰 도움이 된다.

라이족토니아잎마름병(Rhizoctonia leaf blight)

1 병원균명(학명)

Rhizoctonia cerealis E.P. Hoeven

2 발생생태

병원균은 조이시아그래스에 발생하는 봄마름병과 벤트그래스, 켄터키 블루그래스에 발생하는 황색마름병(yellow patch)과 동일한 2핵성 *Rhizoctonia cerealis*(binucleate Rhizoctonia)이다. 초가을 강우가 잦은 시기에 조이시아그래스의 티잉구역나 러프지역에 주로 발생한다. 특히 잔디를 자주 깎지 않고 깎기 높이가 높은 러프지역에서 발생률이 높다. 라이족토니아잎마름병은 보통 8월 말부터 발생하기 시작하여 조이시아그래스 휴면기까지 계속된다.

3 병징

병징은 직경 약 30 cm 내외의 원형의 패취형태로 나타난다(그림 8-14). 병원균의 감염은 잔디의 잎에만 나타나며 잎에 나타난 병반은 바깥 부분이 암갈색을 띠며 점차 병반이 진전됨에 따라 얼룩처럼 변하고 결국 잎이 볏짚 색으로 마르는 형태를 보인다(그림 8-15). 패취의 형태는 갈색퍼짐병(large patch)의 병반과 유사하게 보이나 자세히 관찰해 보면 잎에 병원균의 감염에 의한 병반이 형성되어 있고 잎집을 잡아 당겨 보면 잎집이 뽑히지 않고 잎이 끊어지는 현상이 나타난다. 반면에 갈색퍼짐병 감염 개체는 줄기의 지제부가 손상되었기 때문에 잎집이 쉽게 뽑히는 특징이 있다.

그림 8-14 조이시아그래스에 발생한 라이족토니아잎마름병

그림 8-15 조이시아그래스 엽신에 형성된 라이족토니아잎마름병의 병반 및 균사

4 방제

주요 발병시기인 9월에는 조이시아그래스의 영양생장이 거의 멈추는 시기이므로 일단 병일 발생하고 나면 방제를 하여도 발생된 병반은 회복되지 않고 휴면색으로 변하는 시기까지 계속 유지된다. 따라서 발병 후 치료적인 방제보다는 예방적인 방제를 하는 것이 바람직하다. 방제 시기는 9월 중에 2주 간격으로 2회 정도 실시한다. 등록된 약제는 아직 없으며 갈색퍼짐병(large patch)으로 등록된 약제가 유효하며 특히 침투이행성약제가 효과적이다.

봄마름병(Spring dead spot)

1 병원균명(학명)

Rhizoctonia cerealis E.P. Hoeven

2 발생생태

병원균은 조이시아그래스에 병을 일으킨다. 병원균의 균사 생육적온은 23℃ 정도이지만 포장상태에서 발병최적 온도는 10℃ 전후이다. 조이시아그래스에 발생하는 봄마름병은 조이시아그래스 월동 후 3월 하순~4월 상순경 잔디 맹아 출현기에 새싹이 나오지 않고 원형의 패취 형태로 나타난다. 그러나 병원균은 이미 전년의 가을에 침입, 감염이 이루어져 겨울 동안의 조이시아그래스 휴면기에는 증상이 나타나지 않다가 맹아 출현기에 병징이 나타나게 된다. 대취 축적이 많은 골프장의 러프지역에서 발생이 많다.

3 병징

봄철 조이시아그래스의 맹아 출현기에 골프코스의 페어웨이, 티잉구역 등에 새싹이 나오지 못하고 고사된 상태로 병반이 형성된다. 병반 부위는 죽은 잔재물이 쌓여 대취화되고 직경 30~50 cm 정도의 원형 패취형태로 나타나게 된다. 패취 부위의 병든 잔디는 뿌리나 지하경, 포복경이 완전히 마르고, 일부 봄철에 감염된 엽신에는 타원형의 병반이 형성되기도 한다.

4 방제

주로 대취층이 과다하게 축적된 경우, 잔디 휴면기간 동안 가을에 감염된 병반지역이 건조할 경우, 늦가을 질소시비가 과할 경우에 발병이 조장된다. 봄마름병은 병징 발현시기와 병원균 감염시기가 다르기 때문에 약제방제 시기는 감염이 이루어지는 늦가을에 실시하여야 한다. 맹아 출현기에 강우가 잦을 시 봄에 감염되는 경우도 간혹 있기는 하다. 봄마름병약으로 등록된 약제는 아직 없으며 라이족토니아마름병, 갈색마름병약으로 등록된 약을 활용하면 효과적이다.

설부소립균핵병(설부병, Typhula blight)

1 병원균명(학명)

Typhula incarnata, *T. ishikariensis* var. *ishikariensis*, *T. ishikariensis* var. *idahoensis*, *T. ishikariensis* var. *canadensis*

2 발생생태

병원균은 한지형 잔디인 크리핑 벤트그래스, 켄터키 블루그래스, 퍼레니얼 라이그래스, 톨 훼스큐 등에 병을 일으킨다(그림 8-16). 병원균은 봄부터 가을까지 균핵 상태로 생존하다가 늦가을에 저온 다습한 조건에서 발아하여 형성한 자실체(버섯)로부터 담자포자를 형성하거나 바로 잔디를 감염한다(그림 8-17). 토양 속이나 눈 속에 묻혀서 광이 부족하게 되면 균핵은 자실체를 형성하지 않는다. 병은 잔디가 오랫동안 눈으로 덮여 있거나 혹은 피복된 습한 조건에서 발생한다. 병원균은 쌓인 눈 아래의 2℃ 내외의 온도와 습한 조건이 병 유발의 최적조건이다. 특히 눈 쌓인 기간이 길면 길수록 병은 심해진다. 설부소립균핵병의 시작은 눈이 쌓일 때부터 시작하여 이른 봄 눈이 녹을 때까지 시작된다. 따라서 눈이 쌓여 있는 기간 중에는 병징의 관찰이 어렵다.

그림 8-16 켄터키 블루그래스에 발생한 설부소립균핵병

그림 8-17 켄터키 블루그래스의 병반에 형성된 설부소립균핵병의 균핵

3 병징

설부소립균핵병은 이른 봄 눈이 녹는 시기에 비로소 관찰 가능하다. 골프장 크리핑 벤트그래스 퍼팅 그린에서 병반은 직경 5 cm~1 m 크기의 밝은 황색 혹은 회갈색으로 나타난다. 감염된 잔디 잎은 서로 엉켜서 매트화되고 흰색 혹은 회갈색의 균사체들로 덮이기도 한다. 잔디가 건조해지면 균사체는 보이지 않게 되고 잎이나 줄기에 작고 단단한 구형의 균핵이 형성된다. 균핵은 직경 0.2~5 mm 정도이며 성숙됨에 따라 흰색, 핑크색, 적갈색, 암갈색으로 점차적으로 변한다. 보통 설부소립균핵병은 잔디 잎 이외에 관부 등 다른 부위는 감염되지 않아 치명적이지 않기 때문에 봄이 되면 자연스럽게 회복된다.

4 방제

설부소립균핵병은 상습지에서는 매년 발생할 가능성이 높다. 따라서 잔디의 겨울 휴면 전인 늦은 가을이나 본격적인 강설이 시작되기 전에 예방 목적으로 살균제를 살포하는 것이 좋다. 방제약제는 메트코나졸, 메프로닐, 아족시스트로빈 등이 등록되어 있다. 이 시기에 질소질 비료의 시용은 줄이는 것이 좋다. 설부소립균핵병 상습 발생지에서는 과다한 대취의 축적을 피하고 차량이나 플레이어에 의하여 눈이 답압되지 않도록 한다.

여름잎마름병(Summer patch)

1 병원균명(학명)

Magnaporthiopsis poae (Landsch. & N. Jacks.) J. Luo & N. Zhang

2 발생생태

병원균은 켄터키 블루그래스와 파인 훼스큐류에 주로 병을 일으킨다. 병 증상은 6월부터 나타나기 시작하나 본격적인 발생은 7월 장마 이후에 나타난다. 병원균은 토양 온도가 약 18~21℃되는 늦은 봄부터 잔디의 뿌리나 지하경에 침입, 감염을 일으킨다. 감염이 이루어진 병원균은 포복균사(runner hyphae) 형태로 잔디의 뿌리나 지하경을 따라 자라고, 온도 28~30℃ 정도의 6~7월 장마기를 거치면서 급격히 증식하여 뿌리나 지하경의 생장을 억제시키거나 고사시키게 된다. 장마 이후 고온 건조한 조건이 지속되면 패취의 발생이 급격하게 증가하게 된다. 이는 병원균의 감염으로 뿌리 기능이 손상되어 고온 건조에 따른 증발산량을 충족시키지 못하기 때문에 지상부의 잔디 조직이 마르면서 나타나는 현상이다. 패취의 발생은 8~9월까지 지속되고 온도가 15~25℃ 정도로 떨어지면 병세는 약화되고 병반은 점차 회복하게 된다.

3 병징

여름잎마름병은 켄터키 블루그래스에서 전형적이다. 잔디의 많은 병반에서 가운데 잔디를 남겨두고 둥근 고리로 죽는 개구리 눈 모양(frog eye)의 병징을 나타낸다. 병징은 작은 원형 병반에 경우 지름이 5 cm 내외, 큰 원형 또는 타원형 병반의 경우 지름이 15 cm 내외까지 확대된다. 병징은 멀리서 보면 동그랗거나 불규칙한 원형으로 링의 모양을 띠고 있다(그림 8-18). 병원균에 의해 감염된 식물체는 초기에 진한 녹색으로 보이지만 시간이 지나면서 지상부가 마르며 엽병이 열에 덴 모양으로 나타난다. 감염 식물체는 결국 서 있는 채로 빠르게 갈색으로 바뀌며 죽는다. 지상부가 죽는 이유는 병원균에 감염된 식물체의 뿌리가 검은색으로 서서히 변하며 고사하게 되기 때문이다. 병원균 감염 뿌리가 제 기능을 하지 못하기 때문에 건조에 의해 말라죽는 것이다.

그림 8-18 켄터키 블루그래스에 발생한 여름마름병

4 방제

여름잎마름병은 뿌리병해이기 때문에 뿌리의 생육이 병발에 밀접한 연관성이 있다. 뿌리가 잘 자랄 수 있는 경종적 관리를 통해서 발생을 줄일 수 있다. 발병기에는 깎기 높이를 높여 뿌리생육 저하를 피하고, 황이 코팅된 완효성 비료를 시비하거나 혹은 황산암모늄과 같은 산성비료를 시비하여 알칼리 토양을 산성화시킴으로써 발병을 줄일 수 있다. 여름마름병은 대취 축적이 많은 경우 발생이 조장된다. 대취가 과하게 축적되면 뿌리생육 저하는 물론 병원균의 서식환경을 제공하기 때문에 발생이 증가된다. 잔디생육 최성기에 버티컬모잉을 실시하여 대취를 제거함으로써 뿌리생육 촉진, 병원균의 서식환경 제거, 약제침투율 증가 등으로 병 발생을 줄이는데 매우 효과적인 방법이다.

국내에서 여름잎마름병 방제 약제로 등록된 살균제는 아족시스트로빈테부코나졸 액상수화제 등 5종류의 제품이 있다. 미국에서 여름잎마름병으로 등록되어 사용되는 약제로는 스트로빌루린 계통, 트리아졸 계통, 그리고 티오파네이트메틸 등 다수가 있다. 이들 약제 중 트리아졸 계통의 약제는 방제효과는 우수하나 온도가 30℃ 이상 되는 고온기에 사용할 경우 약해 발생 우려가 있으니 주의를 요한다. 방제는 발병 전에 미리 예방적으로 하는 것이 좋다. 병증상이 발생된 후에 치료적으로 방제하는 것은 효과가 매우 낮다. 병원균의 뿌리 감염이 대개 5월부터 시작되기 때문에 이시기부터 월 2회(15일 간격) 정도 예방시약을 실시한다.

탄저병(Anthracnose)

1 병원균명(학명)

Colletotrichum graminicola(Ces.) G.W. Wilson) (완전세대: *Glomerella graminicola*)

2 발생생태

병원균은 벤트그래스, 켄터키 블루그래스, 새포아풀, 퍼레니얼 라이그래스를 주요 기주로 한다. 병든 잔디 잎에 분생자층을 형성하고 여기에 수많은 포자를 형성한다. 포자의 특징은 초승달 모양이며, 강모를 만들기 때문에 병원균의 주요 동정 기준으로 이용된다. 병원균은 균사 상태로 병든 잔디 잎이나 대취층에서 월동한다. 병 발생에 적합한 환경이 조성되면 균사가 발아하고 스트레스에 약해진 잔디의 줄기와 잎 조직을 통해 침입한다. 병원균은 침입한 잔디 조직에서 양분을 흡수해 잎 표면에 수많은 포자가 형성한다. 형성된 포자는 물, 바람, 신발, 관리 장비 등에 의해 주변으로 전파된다. 탄저병은 고온과 다습 조건에서 답압 및 인산이나 칼리질 비료의 결핍 등에 의해 약해진 잔디밭에서 심하다.

3 병징

탄저병은 6월부터 10월에 걸쳐 고온 다습한 시기에 주로 발생한다. 골프장 크리핑 벤트그래스 퍼팅 그린에서 발병 초기에는 잔디 잎이 담황색을 나타내고, 병이 진전됨에 따라 적갈색으로 진해지며 말라죽는다(그림 8-19). 병든 잔디 잎에는 초승달 모양의 많은 포자와 눈썹 모양의 강모를 형성한다(그림 8-20).

그림 8-19 벤트그래스에 발생한 탄저병

그림 8-20 엽신의 병반에 형성된 탄저병원균의 강모

4 방제

탄저병 방제약제로 테부코나졸, 프로피네브, 프로피코나졸 등 다수가 등록되어 있다. 약제는 발병 초 또는 예방 위주 살포가 병 관리에 효과적이다. 탄저병 발생 상습지는 6월 하순에 미리 살균제를 살포하는 것이 좋다. 덥고 습도가 높은 여름철 우기에는 병원균의 생장과 포자 발달이 빠르므로 병 발생 후 치료는 쉽지 않다. 경종적으로는 적절한 양의 시비와 답압에 의해 고결화된 토양의 완화는 식물체의 병 저항성에 매우 중요하다. 인산과 칼리가 결핍하지 않도록 균형시비를 하고 건조하고 고온기에 질소시비가 과다하지 않도록 한다. 관수는 자주 주는 것보다 한 번에 충분히 주는 것이 뿌리 형성에 좋으므로 잔디 병 저항성과 직결된다. 특히, 여름철 늦은 오후나 야간 관수는 병원균 활성에 좋고 식물체를 약하게 하므로 지양하는 것이 좋다.

페어리링(Fairy ring)

1 병원균명(학명)

Agaricales 목 중 *Clitocybe*, *Lepiota*, *Lycoperdon*, *Marasmius*, *Psalliota*, *Scleroderma*, *Tricholoma* 속 병원균이 일반적이다.

2 발생생태

병원균은 기주범위가 넓어 크리핑 벤트그래스, 버뮤다그래스, 켄터키 블루그래스, 퍼레니얼 라이그래스, 톨 훼스큐, 조이시아그래스 등 잔디 초종에 관계없이 병을 일으킨다. 페어리링 증상 유발 균들은 토양에서 부생생활을 하며 잔디에 직접적으로 침입하여 피해를 주는 것이 아니라 건조해를 유발하는 등의 간접적인 기작을 통해 피해를 준다. 병원균은 토양 중에서 보통 대취층이 형성되어 있는 근권에 분포한다. 담자균류에 속하기 때문에 종에 따라 다르지만 5~6월과 9~10월의 강우 직후에 자실체(버섯)를 형성한다. 병원균 균사와 포자의 형태로 토양이나 잔디 잔재물에 묻어 인근에 전파된다.

3 병징

페어리링 병원균에 의한 잔디 병징은 3가지로 분류할 수 있다. 제1형은 페어리링 병원균이 원형의 버섯 링을 형성하고 잔디를 죽인다(그림 8-21, 그림 8-22). 병반부위의 잔디는 병원균의 유기물 분해에 따른 높은 질소성분의 영향을 받아 생육이 왕성하여 수분 요구량이 많으며, 곰팡이 균사가 근권에 균사매트를 형성하게 되면 균사의 소수성(hydrophobic) 때문에 물이 토양공극에 침투되지 않아 수분부족현상이 극대화되어 심한 건조현상으로 잔디가 고사하게 되는 것이다. 제2형은 병원균이 잔디의 생육을 촉진하여 진녹색의 링과 버섯(자실체)을 형성한다. 병원균이 토양 중에 있는 유기물을 분해할 때 생성된 질소성분을 잔디가 이용하여 주위보다 짙은 녹색으로 자라게 하여 농녹색의 환을 형성하기 때문이다. 제3형은 병원균에 감염된 잔디가 죽지 않지만, 버섯만 원형으로 존재한다. 보통 병원균의 종류에 따라 그 유형이 다르게 나타난다. 또한 *Marasmius oreades*의 경우는 잔디의 뿌리생육을 억제하는 독성물질인 hydrogen cyanide를 생성하여 잔디뿌리의 생육을 저하시키기도 한다. 페어리링이 발생할 때 토양 속 균사는 토양의 비옥도가 낮고 습도가 충분하고 부드러운 토양 조건에서 빠르게 생장한다. 특히 페어리링은 대취의 축적이 많은 곳, 미부숙 유기질 비료를 사용한 곳, 골프장 조성 시 수목 등을 매설한 곳 등에서 심하게 발생된다.

그림 8-21 벤트그래스 그린에 발생한 페어리링 증상

그림 8-22 켄터키 블루그래스에 발생한 페어리링 증상

4 방제

페어리링의 방제는 병원균이 소수성의 균사 상태로 토양 속이나 대취층에 분포하고 있기 때문에 방제가 어렵다. 살균제에 의한 화학적 방제는 소수성 토양에 존재하는 병원균에 충분한 약액의 침투 여부가 관건이다. 따라서 통기작업 후 약제를 살포하거나 계면활성제를 활용하면 보다 효과적이다. 방제약제로 등록된 살균제는 아직 없지만, 갈색퍼짐병와 갈색잎마름병 방제용 등록약제가 유효하다.

경종적으로는 미부숙 유기질 비료를 사용하는 것을 자제하고, 병 발생 지역에는 건조하지 않도록 충분한 관수를 실시하고, 상습발생지는 통기작업, 버티컬모잉 등의 기계작업을 실시하여 토양을 갱신한다. 단기적으로는 농녹색의 병반이 발생했을 경우 잔디깎기 횟수를 늘리고 적정시비를 실시하여 병반을 은폐가 가능하다.

피시움마름병(Pythium blight)

1 병원균명(학명)

Pythium aphanidermatum, *P. catenulatum*, *P. graminicola*, *P. myriotylum*, *P. periplocum*, *P. rostratum*, *P. ultimum*

2 발생생태

피시움 균은 종류에 따라 다소 다르지만 벤트그래스, 켄터키 블루그래스, 새포아풀, 퍼레니얼 라이그래스를 주요 기주로 한다. 피시움 균은 물곰팡이류로서 운동이 가능한 유주자를 형성하며 물에 의하여 전반되는 수매 전염성 병원 미생물이다. 분류학적으로 곰팡이와 다르다. 피시움 균사는 흰색이며 난포자 상태로 월동하는 것으로 알려져 있다. 기주 내 잠복기간이 12～24시간 정도로 매우 짧아 하룻밤 사이에 격발하는 경우가 많다.

피시움 속의 미생물은 토양에 부생적으로 살아가지만 대부분은 죽은 잔디 조직에서 균사상태 또는 휴면포자(난포자) 상태로 보낸다. 피시움 균은 생장에 유리한 환경 조건에서 유주자낭(sporangia)을 형성하고, 유주자낭에서 배출된 유주자는 물에 의하여 이동이 가능해 보통 물의 방향에 따라 병징이 확대된다(그림 8-23, 그림 8-24). 이때 잔디 조직을 만나면 침입하여 병을 일으킨다. 피시움 균은 잔디 조직에서 증식을 하고 물, 흙, 신발, 장비 등에 묻어서 인근 지역으로 확산된다. 피시움 균은 잔디 재배 토양의 배수성이 불량하고 높은 대기습도 및 과다한 질소질 비료의 시용, 대취 축적 상태가 과다한 잔디 재배지에서 피해가 더욱 심하다.

그림 8-23 벤트그래스 그린에 발생한 피시움 마름병

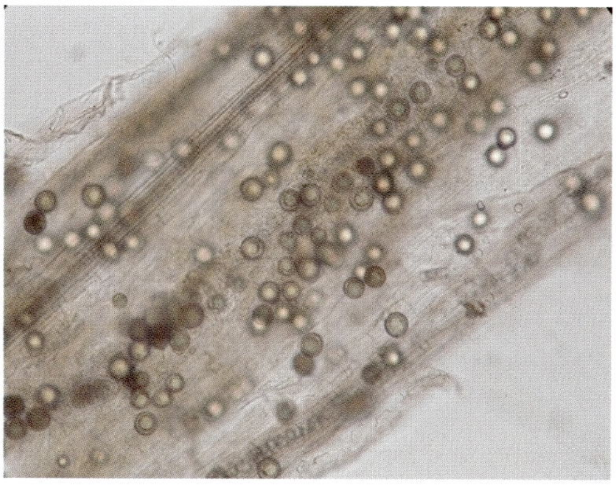

그림 8-24 피시움마름병의 병반에 형성된 피시움 마름병 병원균의 난포자

❸ 병징

피시움 균에 의한 피해는 무덥고 습한 기상 조건에서 발생한다. 보통 발병초기에는 지름 2~3 cm 크기의 작은 원형 병반이 갑자기 나타난다. 점차 병반이 확산, 합쳐져서 부정형의 대형병반을 형성한다. 특히 물의 흐름을 따라 형성되기도 한다. 병에 감염된 잔디 잎은 처음에 진한 녹색의 수침상을 띤다. 이때 잎을 손으로 문지르면 미끈미끈한 감촉을 느낄 수 있다. 병반은 여름철 야간일 경우 높은 온도와 습도 조건이 지속되어 하얀 솜털 모양의 균사를 형성하기도 한다. 병반은 햇빛에 노출되면서 건조해지고 급속히 시들고 갈변하게 된다.

❹ 방제

피시움 균에 의한 병 방제 약제는 메탈락실, 하이멕사졸, 에트리디아졸 등 다수가 등록되어 있다. 그러나 피시움 균의 살균제 내성이 오래전부터 보고되어 왔기 때문에 반복적인 사용은 지양하여야 한다. 계통이 다른 약제와의 교호(交互) 사용이 필요하다. 피시움 마름병은 여름철에 발생할 경우 급격한 확산이 있을 수 있기 때문에 상습지에서는 6월부터는 주기적인 예방시약이 효과적이다. 피시움 예방을 위하여 재배 토양의 배수성을 개선하고 과다한 질소시비를 지양하며, 대취가 적정 수준으로 존재하도록 관리하는 것이 중요하다.

홍색설부병(Pink snow mold 또는 *Microdochium* patch)

❶ 병원균명(학명)

Microdochium nivale (Fries) Samuels & Hallett (또는 *Fusarium nivale* (Fr.) Sorauer)

❷ 발생생태

병원균은 한지형 잔디인 크리핑 벤트그래스, 버뮤다그래스, 켄터키 블루그래스, 퍼레니얼 라이그래스, 톨 훼스큐 등에 병을 일으킨다. 병원균은 늦은 봄부터 늦가을까지 감염된 잔디의 잔재물이나 토양에서 포자나 균사의 상태로 존재한다. 병원균은 빗물에 의해 튀어서 전파한다거나 보행자의 발, 예취, 에어레이션 등과 같이 작업에 필요한 기기 등에 붙어서 병이 발생, 확산할 수 있다. 늦가을 저온다습의 적합한 환경에서 발아하여 기주에 병을 일으킨다. 홍색설부병균은 매우 넓은 온도에 걸쳐 자랄 수 있는 적응능력을 갖고 있어 생장에 필요한 적정온도는 보통 18~20℃이다. 하지만 30℃ 이상이나 영하의 온도에서도 생장 가능하다. 홍색설부병은 겨울 동안 잔디밭이 눈에 덮여 있으면 잔디의 병 저항성이 약화되고 병원균 생장에 적합한 온습도 조건이 되기 때문에 피해는 더욱 심해진다. 홍색설부병은 모든 토양 조건에서 발생되지만 물빠짐이 원활하지 않은 토양에서 발생하기 쉽다. 눈이 자주 내리거나 폭설에 의해 쌓인 눈 높이가 높고 적설기간이 길어지면 병징의 크기는 커지며 잔디 피해도 심해진다. 하지만 보통은 관부에 피해를 주지 않으므로 봄이 되어 그린업되면서 자연스럽게 회복된다.

3 병징

홍색설부병은 잔디에서 보통 직경 2.5~5 cm 크기의 작은 반점 형태로 나타난다. 병원균에 의해 감염된 잎은 초기에 수침상으로 시작하여 점차 연한 갈색을 거쳐 진한 갈색으로 바뀐다(그림 8-25). 병징의 가운데는 균사체로 인해 매트를 형성하기도 하고, 가장자리는 습한 조건에서 흰색과 연분홍색의 풍부한 균사체와 포자로 인해 분홍색을 보인다(그림 8-26). 저온다습과 같이 병 발생에 적합한 환경이 되면 반점이 합쳐져서 25 cm 이상의 크기로 확대되기도 한다.

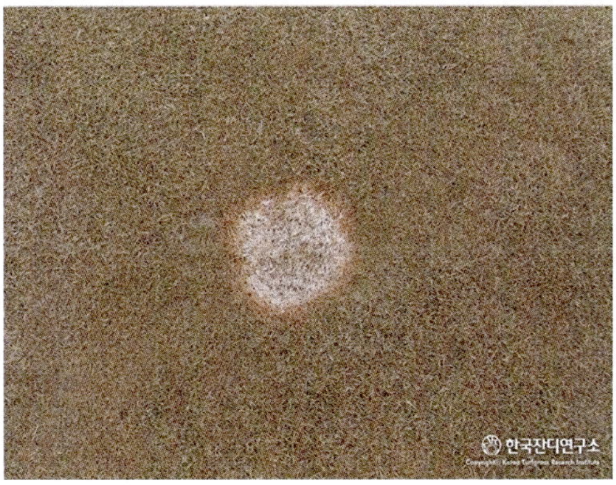

그림 8-25 벤트그래스 그린에 발생한 홍색설부병

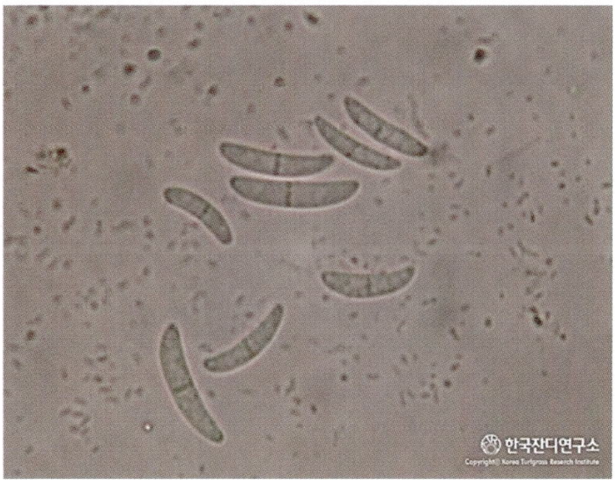

그림 8-26 홍색설부병 병원균의 포자

4 방제

우리나라에서는 홍색설부병 방제 약제가 아직 등록되지 않았지만, 미국에서 등록되어 사용되는 약제는 다양한 계통이 있다. 이프로디온, 프로사이미돈 등이 효과가 큰 것으로 보고된다. 잔디의 겨울 휴면 전인 늦은 가을이나 본격적인 강설이 시작되기 전에 예방 목적으로 살균제를 살포하는 것이 좋다. 병원균의 밀도가 높아지기 전에 방제거나 밀도를 낮추는 예방위주의 살포가 원칙이다.

홍색설부병을 예방하기 위해서는 배수를 좋게 하고, 대취의 두께가 너무 두껍지 않도록 해야 한다. 다량의 시비를 지양하여 잔디를 강하게 유지하고 영양적으로 균형을 맞추는 것은 매우 중요하다.

황색마름병(Yellow patch)

1 병원균명(학명)

Rhizoctonia cerealis E.P. van der Hoeven

2 발생생태

병원균은 벤트그래스, 켄터키 블루그래스를 주요 기주로 한다. 병은 10월 하순~12월 초순과 2월 하순~3월 중순경에 발생한다. 병원균은 10~15°C의 온도범위에서 기주를 감염한다. 병원균의 감염은 주로 지제부의 줄기부위를 통하여 이루어진다. 병은 잔디가 휴면에 들어가기 직전이나 휴면 상태거나 걸리고 봄이 되어 잔디 생육이 왕성해지면 회복된다. 병원균은 병반에서 균핵이나 균사 상태로 여름을 보내고 늦가을에 다시 잔디에 병을 일으킨다. 25°C 이상에서는 병원성이 없다.

3 병징

황색마름병은 골프장 크리핑 벤트그래스 퍼팅 그린에서 발생 초기에는 직경 20~50 cm 크기의 황색 원형 증상으로 나타난다(그림 8-27). 병이 심해지면 직경이 커지고 잔디 잎이 적갈색으로 변하면서 고사하기도 한다. 보통 병에 의해 잔디가 죽는 경우는 드물며, 잔디밭의 색상 균일성이 문제가 된다. 3월 하순 이후 온도가 20°C 이상으로 높아지면 증상은 새로운 잔디 잎에 의해 자연스럽게 사라지게 된다.

그림 8-27 켄터키 블루그래스에 발생한 황색마름병

4 방제

병이 발생할 수 있는 환경을 제어해 주는 것이 좋다. 늦가을 잔디밭이 과습하지 않도록 관리하는 것이 중요하다. 병원균 서식처인 대취를 줄이고, 질소가 과하거나 결핍이 되지 않도록 관리한다. 살균제는 플루디옥소닐, 사이프로코나졸 등이 등록되어 있으며 10월 중순이나 하순경 병 발생 전에 예방적으로 시약하는 것이 좋다.

흰가루병(Powdery mildew)

1 병원균명(학명)

Blumeria graminis(DC.) Speer

2 발생생태

병원균은 살아 있는 잔디 잎에서만 사는 절대기생체로 훼스큐류, 켄터키 블루그래스를 주요 기주로 한다. 병원균은 감염된 식물체에서 균사 상태로 월동한다. 병원균은 잔디 생육기에 포자가 비산하여 공기 중으로 전파되거나 균사로 감염된 잎이 퍼져 주변 식물이 전염된다. 서늘하고(16~23℃), 습한 온도는 흰가루병 진전에 좋은 환경이다. 병은 통풍이 원활하지 않고 그늘진 지역에서 특히 심하다.

3 병징

흰가루병 병원균은 감수성 잔디의 잎을 감염한다. 증상은 처음에 잎몸과 잎집 위에 흰색의 균사체가 반점 형태로 보이기 시작한다. 흰색의 반점은 빠르게 커지고 여러 개가 합쳐져서 잎 전체를 덮을 정도로 커진다. 결국 잔디 잎은 흰색 가루를 뿌린 것처럼 뒤덮이게 된다. 병이 심해질수록 흰색의 반점은 색깔이 진해져서 갈색 또는 검은색으로 변하며 포자를 형성한다. 병이 깊은 잎은 생육이 저하되며 오그라들면서 결국 죽게 된다. 잔디에서 흰가루병은 노화 잎이 어린 잎보다 병원균에 대해 훨씬 감수성을 보인다. 흰가루병은 보통 식물체를 죽이지 않지만, 감염 식물체는 약해져서 온도, 다른 병 등 다른 스트레스에 의한 영향을 쉽게 받는다.

4 방제

흰가루병에 대한 경종적 관리는 병 발생과 피해 수준을 낮추는 데 큰 도움을 줄 수 있다. 잔디 재배지의 통풍을 좋게 하면 습도를 줄일 수 있다. 잔디 저항성 유지를 위하여 적절한 시비를 유지하고 과다한 질소 시비를 지양한다. 밤에 관수를 피하면 병원균의 발아와 감염을 억제할 수 있다. 잔디 종별로 품종마다 병원균 저항성 차이가 심한 편이기 때문에 병이 심하면 살균제나 저항성 품종을 식재한다. 방제 농약은 DMI 계열의 살균제인 메트코나졸, 마이크로부타닐, 포로피코나졸, 테부코나졸 등이 효과적이나 살균제 저항성이 발현될 수 있으니 다른 계통의 살균제와 번갈아 살포한다.

8.2 잔디해충

8.2.1 잔디해충의 정의와 구분

해충의 정의

해충은 사람 중심의 인위적 개념으로서, 사람의 생활에 해를 주는 모든 벌레를 통칭하는 말이다. 즉 사람을 직접 공격하는 이나 벼룩과 같은 위생해충을 비롯하여 옷이나 음식물에 기생하는 좀, 사람의 먹거리 자원인 각종 농작물에 피해를 주는 다양한 벌레나 응애 같은 것이 이 범주에 든다. 분류학적으로는 절지동물류 중 곤충강에 속하는 생물들을 좁은 의미의 해충(insect pest)이라고 할 수 있지만, 넓은 의미에서는 거미강에 속하는 응애류도 해충으로 간주하고 있으며 농업해충학적 측면에서는 두더지나 까치와 같은 위해 조수(鳥獸)를 해충의 범주에 포함시키기도 한다. 또한 선충의 경우 독립된 영역으로 간주하기도 하지만 식물 병 영역에서 다루기도 하고, 해충의 범주에서 다루기도 하는데 이 책에서는 해충 범주에서 다루고자 한다.

해충의 개념은 상황에 따라 달라질 수 있는 상대적 개념으로 여러 가지 상황에 따라 해충의 범주에 차이가 생기기도 한다. 대부분의 나비는 방화 활동을 통해 식물의 수분을 돕는 유익한 역할을 하는 익충이지만 나비의 유충들은 각종 식물들을 섭식하는 식식성 생물이기 때문에 해충이다. 즉 동일한 곤충이 생활사의 단계에 따라 해충이 되기도 하고 익충이 되기도 한다. 하루살이의 경우 골프장에서는 잔디와는 무관한 곤충이지만 이들이 떼 지어 날아다니면서 골퍼들에게 접근할 경우 성가심을 유발시키기 때문에 해충이 될 수 있다. 또한 파리매의 경우 잔디의 많은 해충들을 포식하는 포식성 천적으로서 익충이지만 골퍼들에게 접근할 경우 흡혈 파리로 오인하여 두려움을 느끼게 하는 해충처럼 인식되기도 한다.

잔디해충은 잔디에 직간접적으로 피해를 주는 해충들을 통칭할 수 있는데 잔디를 기주식물로 하고 있는 굼벵이와 검거세미밤나방과 같은 직접가해 해충과, 잔디밭에

집을 지어 잔디의 생육이나 균일감을 떨어트리는 개미와 같은 간접가해 해충, 잔디와는 무관하지만 잔디밭을 이용하는 사람들을 귀찮게 하거나 직접 공격하는 잔디 이용자 피해 해충 등이 모두 포함된다.

잔디해충의 구분

잔디해충은 다양한 기준에 의해 구분될 수 있다. 생물의 분류체계에 의한 분류학적 구분, 잔디 피해 부위와 해충의 섭식 특성에 근거한 구분, 피해 양상에 의한 구분, 잔디 초종별에 따른 구분 등으로 세별할 수 있다.

1 분류학적 구분

우리나라에서 잔디해충으로 학술자료를 통해 기록되어 있는 해충은 거미강과 갑각강에 속하는 절지동물을 포함하여 8목 15과 35종이 알려져 있다(표 8-4). 가장 많은 잔디해충이 포함되어 있는 과(科)는 풍뎅이과로 15종이 기록되어 있는데 이들은 모두 잔디 뗏장 내에서 발견된 것으로 잔디의 뿌리를 가해하는 종들이다.

잔디에 발생하는 해충 피해의 특징 중 하나는 풍뎅이들의 발생과 피해가 많다는 것이다. 이는 풍뎅이들이 성충은 보통 활엽수나 초본류의 잎을 가해하고, 유충들은 토양 내에서 잔디나 어린 묘목, 잡초를 비롯한 초본류의 뿌리를 가해하는데, 골프장이나 공원, 정원과 같은 곳들은 이들 풍뎅이류의 유충과 성충의 기주식물들이 동시에 서식하고 있기 때문에 이들의 발생이 보편적이다.

표 8-4 우리나라의 절지동물류 잔디 해충

목	과	종명	한국명	잔디피해 부위[z]	피해 형태[y]
Orthoptera					
	Gryllotalpidae	*Gryllotalpa orientalis*	땅강아지	R	I or D
Homoptera					
	Coccidae	*Margarodes* sp.	–	R	D
	Pseudococcidae	*Balanococcus takahashii*	잔디가루깍지벌레	L	D
		Antonina graminis	–	L, S	D
	Diaspididae	*Aspidiella phragmitis*	잔디깍지벌레	L	D
Coleoptera					
	Scarabaeidae	*Ectinohoplia rufipes*	주황긴다리풍뎅이	R	D
		Hoplia communis	대구긴다리풍뎅이	R	D
		Apogonia amida	군산감자풍뎅이	R	D
		Holotrichia *kiotoensis*	검정풍뎅이	R	D
		Holotrichia morosa	큰검정풍데이	R	D
		Adoretus tenuimaculatus	주둥무늬차색풍뎅이	R	D
		Anomala albopilosa	청동풍뎅이	R	D
		A. rufocuprea	오리나무풍뎅이	R	D
		Psammodius sp.	모래풍뎅이류	R	D
		Exomala orientalis	등얼룩풍뎅이	R	D
		Maladera castanea	밤색우단풍뎅이	R	D
		M. orientalis	애우단풍뎅이	R	D
		Phyllopertha diversa	연다색풍뎅이	R	D
		Popillia quadriguttata	녹색콩풍뎅이	R	D
		Popillia flavosellata	참콩풍뎅이	R	D
	Elateridae	*Melanotus sp.*	방아벌레류	R, S	D
	Buprestidae	*Aphanisticus congener*	잔디깨알비단벌레	L	D
	Dryophthoridae	*Sphenophorus venatus vestitus*	잔디왕바구미	L, S, R	D
Diptera					
	Tipulidae	*Tipula sp.*	각다귀류	R	D
	Chloropidae	*Chlorops serenus*	노랑굴파리	L, S	D
Lepidoptera					
	Crambidae	*Crambus sp.*	포충나방류	L, S	D
	Noctuidae	*Agrotis ipsilon*	검거세미나방	L, S	D
		Agrotis segetum	거세미나방	L, S	D
		Spodoptera depravata	잔디밤나방	L, S	D
		Pseudaletia separata	멸강나방	L, S	D
Hymenoptera					
	Formicidae	*Camponotus japonicus*	일본왕개미	R, S	D or I
		Formica japonica	곰개미	R, S	D or I
		Lasius japonicus	고동털개미	R, S	D or I
Isoptera					
	Armadillidae	*Armadillidium vulgare*	쥐며느리	–	I
Arachnida					
	Eriophyidae	*Aceria(Eriophyes) zoysiae*	잔디혹응애	L	D

[z]R; 뿌리, S; 줄기, L; 잎
[y]I; 간접피해, D; 직접피해

잔디밭의 경우 일반 농경지와 달리 잔디라는 단일 식물이 한 번 식재되면 지속적으로 유지되는 특성이 있다. 즉 일반 농경지는 매년 또는 연중 재배되는 작물의 종류가 다르고, 비닐 피복이나 경운작업을 통해 교란이 빈번히 일어나지만 잔디밭의 경우 잔디 생산을 목적으로 재배되는 재배지에서도 1년 이상 교란 없이 지속적으로 재배되고, 특히 골프장이나 공원 같은 곳의 잔디는 한번 식재되면 영년으로 관리되는 특징이 있다. 아울러 우리나라에서 잔디의 주 소비처인 골프장의 경우 대부분 산지에 위치하고 있어(그림 8-28) 자연식생 내에 서식하는 해충들 중 잔디와 관련이 높은 해충들의 발생이 많아질 수 있는데 풍뎅이류는 이러한 특성에 잘 부합되는 해충이다. 한편 표 8-4에 있는 풍뎅이뿐만 아니라 다른 종류의 풍뎅이류 유충들도 잔디밭에 피해를 줄 수 있고, 국가별로나 지역별로도 차이를 보이고 있다.

그림 8-28 잔디로 조성되어 있는 골프장(왼쪽)과 일반 농경지(오른쪽)는 재배환경이나 조건의 차이로 인하여 발생 해충의 종조성에 차이를 보인다.

대부분의 잔디해충들은 잔디뿐만 아니라 일반 작물이나 수목에도 피해를 주는 공통해충이다. 하지만 잔디혹응애[*Aceria* (*Eriophyes*) *zoysiae*]는 일반 작물에서는 문제가 되지 않고, 잔디에서만 피해를 주고 있는 해충이며 파리목의 각다귀류나 깍지벌레과의 잔디깍지벌레(*Antonina graminis*), 가루깍지벌레과의 잔디가루깍지벌레(*Balanococcus takahashii*)도 잔디에만 피해를 주는 해충으로 알려져 있다.

잔디 피해 부위와 해충의 섭식 특성에 근거한 구분

잔디는 잎과 줄기, 뿌리로 나눌 수 있는데 땅속에 있는 뿌리와 지상부인 잎과 줄기로 나누어 잔디의 가해 부위를 기준으로 잔디해충을 구분할 수 있다. 아울러 곤충 구기(口器)의 형태적 특징에 의해 씹어먹는 입틀인 저작구를 가진 곤충과, 주둥이를 식물체에 찔러 즙액을 흡즙하는 흡수구를 가진 곤충으로 나눌 수 있는데 이러한 두 가지 기준에 의거하여 뿌리를 가해하는 해충, 지상부를 저작하는 해충, 지상부를 흡즙하는 해충으로 구별할 수도 있다(그림 8-29).

잔디 뿌리를 가해하는 해충은 굼벵이류가 대표적으로 뿌리부분을 저작하여 잔디의 생육 저해나 고사를 유발하는 피해를 일으키고, 지상부를 저작하는 해충으로는 각종 나방류의 유충이 여기에 해당된다. 지상부를 흡즙하는 해충으로는 깍지벌레나 응애류가 해당되는데 잔디왕바구미(*Sphenophorus venatus vestitus*)처럼 유충은 지하부 뿌리를 가해하고, 성충은 지상부를 저작하는 등 생육시기에 따라 가해 부위가 달라지는 해충도 있다.

잔디 뿌리가해 해충　　지상부 저작 해충　　지상부 흡즙 해충

그림 8-29 잔디 가해 부위 및 해충 구기 종류별에 따른 잔디해충 구분

8.2.2 잔디 해충의 종류

뿌리에 피해를 주는 해충

1 굼벵이

굼벵이는 풍뎅이의 유충을 지칭한다. 풍뎅이는 완전변태 곤충으로 알, 유충, 번데기, 성충 기간을 가지는데 풍뎅이의 유충은 3령을 경과하여 번데기가 된다. 풍뎅이의 종류에 따라 주둥무늬차색풍뎅이나 주황긴다리풍뎅이와 같이 성충의 식이활동이 활발한 종이 있는가 하면 검정풍뎅이류나 등얼룩풍뎅이와 같이 식이활동이 약한 종도 있다. 그러나 유충인 굼벵이는 대부분 초본류나 묘목의 뿌리 및 잔디의 뿌리를 가해하여 피해를 준다. 또한 굼벵이의 발생은 까치나 두더지와 같은 야생동물들의 먹이 탐색으로 인하여 잔디가 파헤쳐지거나 들쑤셔지는 2차 피해도 가져온다. 국내 골프

장에 분포하고 있는 굼벵이의 종류는 다양하지만 등얼룩풍뎅이, 녹색콩풍뎅이, 참콩풍뎅이, 긴다색풍뎅이, 주둥무늬차색풍뎅이 등의 피해가 심한 편이다. 그 외에도 잔디의 종류와 골프장에 따라 주황긴다리풍뎅이, 밤색우단풍뎅이, 검정풍뎅이 등의 피해가 목격되고 있다.

등얼룩풍뎅이[*Blitopertha orientalis* (Waterhouse)]

■ 형태적 특징

성충의 머리 부분은 검은색이고 가슴은 갈색이다. 가슴 중앙부를 중심으로 대칭형의 부정확한 삼각형 모양의 검은색 무늬가 있다(그림 8-30). 대칭부위의 양측 무늬 간격이나 무늬의 크기 등은 변이가 심하다. 무늬 없이 가슴 부분 전체가 검정색인 개체도 있다. 앞날개인 날개딱지(翅鞘)의 색상과 무늬도 변이가 심하다. 보통 갈색바탕에 검은색 무늬가 선형으로 있으며, 전체가 검은색인 개체도 있다. 체장은 8~13.5 mm이다.

그림 8-30 우화 탈출 직전의 등얼룩풍뎅이 성충(왼쪽)과 잔디밭으로 잠입하는 성충들(오른쪽). 성충의 등판 무늬는 다양하다.

알은 유백색이고 타원형이며, 장경은 1~1.5 mm이다. 유충의 체장은 1령충이 4~8 mm, 2령충이 15 mm, 3령충이 20~25 mm이다. 유충의 배 끝마디 항문부위는 ㅡ자형이다. 자모는 뾰족하다. 중앙부를 따라 10~16쌍의 2열로 평형인 자모열(복부자모배열)을 가지고 있다(그림 8-31). 번데기는 3령충과 비슷한 크기이며 황갈색이다. 우화 일주일 전쯤에는 항문 부위를 좌우로 흔드는 특징을 가지고 있어 잔디밭 토양에서 이와 같은 것이 목격되면 성충의 우화시기를 예측할 수 있다.

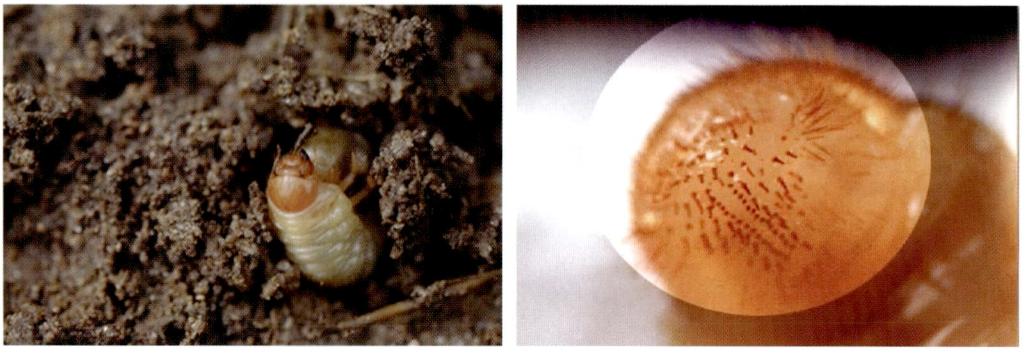

그림 8-31 잔디밭 토양 속 등얼룩풍뎅이 3령충(왼쪽)과 등얼룩풍뎅이 유충 미부의 자모배열(오른쪽)

■ 피해 증상

등얼룩풍뎅이 굼벵이에 의한 잔디밭 피해 증상은 일반적인 굼벵이 피해처럼 잔디의 시들음 증상과 고사 증상이 가장 대표적인데 시들음 증상은 8월 하순경부터 나타나고, 고사는 9월 하순이 지나면 나타난다(그림 8-32). 일반적인 굼벵이류 피해처럼 가을철에 잔디의 녹색이 일찍 빠지고, 이들 잔디는 손으로 잔디를 움켜지고 뜯으면 비교적 쉽게 뽑힌다. 잔디의 뿌리 부분은 잔뿌리가 없고, 심한 경우 뿌리의 주근도 굼벵이의 섭식으로 없는 경우도 있다. 봄철의 그린업이 정상 잔디에 비하여 늦거나 심한 경우 회복되지 못한다. 성충은 우화 탈출 시 잔디밭 위로 모래를 밀어 올리는데, 이것이 그린에서 공의 구름을 방해하기도 한다.

그림 8-32 골프장 그린 잔디 토양 속 등얼룩풍뎅이(왼쪽)와 유충 피해 잔디 모습(오른쪽). 잔디가 부분적으로 말라 있다.

■ 생태

1년 1세대로 3령충으로 월동한다. 월동 깊이는 토양온도와 토양의 물리적 특성에 따라 차이가 있다. 성충의 우화는 지역에 따라 차이가 있으나 5월 하순부터 우화하여 6월 중순~7월 중순에 발생 최성기를 이룬다. 지역에 따라서는 8월까지 성충 활동을 관찰할 수 있다. 암컷 성충의 경우 화분을 섭식하기도 하고, 토양 속에 잠입하기도 하지만 낮 동안의 성충 활동은 구체적으로 알려져 있지 않다. 우리나라에서 암컷 성충은 밤나무 꽃을 선호한다. 그 외에도 장미, 달리아, 페튜니아, 접시꽃, 플록스, 남천, 사철나무 꽃 등을 식해하지만 섭식량은 많지 않다. 낮에는 거의 활동을 하지 않고 숨어 있다가 해가 지고 난 후 20시경에 그린에 많이 들어오며 이 시간에는 매우 활동적이며 교미도 주로 한다. 우화 1일 후부터 교미하고 산란하는데, 산란기간은 20일 정도이다. 2.5~27.9 cm 깊이에 평균 25개 정도의 알을 낳는다. 60개 이상의 알을 낳는 개체도 있다. 부화는 약 3주 걸린다. 7월 초순에는 알만 발견되고, 하순에는 1령충과 2령충이 함께 발견되며, 8월 하순에는 2령충과 3령충이 혼재한다. 10월 이후에는 3령충만 발견된다. 토양 온도가 9.9℃ 이하로 내려가면 월동을 위하여 토양 깊이 이동한다. 월동은 주로 20 cm 이내에서 3령충으로 하지만 토양의 온도에 따라 차이가 있다. 월동한 3령충은 이듬해 봄 토양 온도가 6.1℃ 이상이 되면 표층으로 이동하여 뿌리를 가해하기 시작한다. 5월 초 · 중순에 번데기가 된다. 전용기간은 1주이고, 번데기 기간은 2주이다.

■ 방제

굼벵이 방제는 살충제를 이용한 방제와 곤충병원성선충이나 유화병균과 같은 병원미생물을 활용하는 방법 또는 포식성, 기생성 천적을 이용하는 방법이 있으며 성충을 대상으로 한 방제도 화학 농약이나 천적을 이용한 방제법이 있다. 굼벵이 대상 살충제는 티아메톡삼, 클로르피리포스메틸, 이미다클로프리드, 에토프로포스, 사이플루트린 · 테부피림포스, 다이아지논 · 에토펜프록스, 비펜트린, 아세페이트 · 이미다클로프리드, 클로티아니딘, 카보설판, 티아메톡삼 등이 있다.

입제형 살충제는 굼벵이 발생기에 토양처리하고, 물에 희석하여 처리하는 제형들의 경우 유충부화기에 토양 관주처리한다. 성충을 대상으로 등록된 살충제는 없으나 토양 속에 서식하는 굼벵이에 비해서는 약제의 접촉이 용이하여 방제 효과가 높게 나타날 수 있는데 20시 전후로 잔디밭에 활동이 많기 때문에 해질 무렵에 살충제를 살포하면 성충을 방제할 수 있다. 우리나라에서 상용화되어 있는 곤충병원미생물로는 곤충병원성선충이 있다. 기생성 또는 포식성 천적의 경우 굼벵이벌과 같은 기생벌과 기생파리류가 있지만 우리나라에서는 자연 상태에서 거의 발견되지 않고, 포식성 천적인 파리매는 빈번히 발생한다(그림 8-33). 파리매를 인공사육하여 등얼룩풍뎅이 유충이나 성충 방제제로 적용할 수는 없지만, 파리매의 정착을 조장하기 위하여 억새와 같은 식물들을 산란처 제공과 더불어 조경용으로 잔디밭 주변에 많이 식재하는 것도 도움이 될 수 있다. 등얼룩풍뎅이 유인을 위해 페로몬트랩이 상용화되어 있는데 발생 시기나 상대적 밀도 조사를 위한 예찰용으로 활용할 수 있다.

그림 8-33 파리매는 성충과 유충이 모두 굼벵이와 풍뎅이의 포식성 천적이다. 파리매 유충(왼쪽 상단)과 유충이 등얼룩풍뎅이 유충을 포식하는 모습(오른쪽 상단), 파리매 난괴(왼쪽 하단), 등얼룩풍뎅이 성충을 포식하고 있는 쥐색파리매 성충(오른쪽 하단).

녹색콩풍뎅이[*Popillia quadriguttata* (Fabricius)]

■ 형태적 특징

녹색콩풍뎅이 성충은 외형적으로 세계적으로 중요한 해충인 왜콩풍뎅이와 매우 흡사하다. 머리와 앞가슴 배판은 청록색의 금속광택을 띠고 있으며, 겹눈 주위에는 대개 1열로 된 센털이 있다. 날개딱지는 갈색이다. 날개딱지 아랫부분의 배 부분에 있는 밀생한 흰털들은 마치 5개의 흰 점같이 보인다. 날개딱지 끝 쪽에도 좌우로 한 개씩의 흰점 같은 것이 있다. 체장은 7.6~12.7 mm이다. 알은 타원형이고 유백색이며 장경은 1.46 mm이다. 3령충의 길이는 12~18 mm이다. 유충의 배 끝마디 항문부위는 일자형이고, 6~7개의 자모로 이루어진 2줄의 자모열이 V자형으로 배열되어 있다(그림 8-34).

그림 8-34 잔디 속으로 잠입 중인 녹색콩풍뎅이 성충(왼쪽)과 유충 미부 자모열(오른쪽)

■ 피해 증상

녹색콩풍뎅이 굼벵이에 의한 잔디밭 피해 증상은 일반적인 굼벵이 피해와 동일하다. 성충은 등얼룩풍뎅이와 달리 식엽활동이 활발한 편으로 골프장에 있는 많은 종류의 조경수 잎이나 골프장 내외에 분포하는 식물의 잎과 관상식물의 꽃을 가해한다. 우리나라에서는 26종의 식물이 기주로 알려져 있으나 골프장에서는 15종의 식물을 가해하는 것이 관찰되었다. 골프장에 분포하고 있는 깨풀, 뻐꾹채, 쑥, 배풍등, 까치수영, 국화마, 고사리, 나도바랭이, 며느리밑씻개와 같은 초본류와 봉숭아꽃, 칸나 등 관상식물, 그리고 등나무, 사과나무, 산벚나무 등 조경수의 부드러운 잎을 식엽한다.

■ 생태

녹색콩풍뎅이는 연 1회 발생한다. 3령 유충으로 월동하며 온도가 내려감에 따라 토양 깊이 이동하였다가 이듬해 4월, 토양 온도가 9.5℃ 이상이 되면 표층으로 이동하기 시작한다. 14.5℃ 이상이 되면 표면 가까이 이동하여 잔디의 뿌리를 식해한다. 6월 초 · 중순에 번데기가 되며 6월 중순부터 우화하기 시작하여 7월 초순에 발생 최성기를 이룬다. 등얼룩풍뎅이 성충과는 달리 한낮에 활동적이다. 정오(12시) 전 · 후에 활동이 가장 왕성하다. 성충은 자극을 받으면 죽은 체한다. 우화 후 2~3일이면 교미하고 산란한다. 산란은 토양 2~3 cm 깊이에 하며, 10 cm 이상의 깊이에 산란하는 개체도 있다. 산란 최성기는 7월 중순이며, 산란수는 20~65개이다. 알기간은 8~18일로 토양습도 등의 환경에 따라 차이가 있다. 어린 유충은 토양의 부식질과 잔디의 가는 뿌리를 가해한다. 8월 중순이 되면 대부분 3령충이 된다. 골프장에서는 3령 때 피해를 가장 많이 준다.

■ 방제

굼벵이의 경우 등얼룩풍뎅이와 동일하게 등록 살충제나 천적으로 방제할 수 있다. 성충은 등얼룩풍뎅이와 달리 주변 조경수에서 식엽활동이 왕성하기 때문에 선호하는 기주에 접촉독성 살충제를 처리하거나 성충이 한낮에 교미를 위해 집단적으로 활동할 때 접촉독성을 가진 살충제를 처리하는 것도 유용한 방법이 될 수 있다.

긴다색풍뎅이(*Heptophylla picea* Motschulsky)

■ 형태적 특징

성충의 체장은 10~14 mm이고, 체폭은 5~6 mm이다. 체색은 황갈색 내지 암갈색이며, 체형은 원통형에 가깝고, 광택이 있다(그림 8-35). 등쪽에는 황갈색의 긴 직립모를 동반하는 큰 점각이 흩어져 있고, 가슴의 복면에도 담황색 긴 털이 조밀하게 덮여 있다. 날개딱지에 있는 점각은 작고 조밀하다. 갓 산란된 알은 유백색이며 장란형으로 장경은 1.7 mm, 단경은 1.1 mm 내외이다. 체장은 1령충이 3~9 mm, 2령충이 9~15 mm, 3령충이 15~23 mm 내외이다. 유충의 항문열은 3열이다. 복부자모배열(raster)의 자모 종렬 간은 가늘고 길며, 좌우로 거의 평행하고, 각 종렬은 약 15개 내외의 단자모만으로 이루어져 있다. 종렬의 전방에 구상자모는 없다. 번데기는 유충의 탈피각을 부착하고 있다.

■ 피해 증상

중부지방의 일부 골프장에서 피해가 확인되었다. 성충은 분비나무, 소나무, 밤나무, 물푸레나무, 대두, 민들레 등을 가해하고, 유충은 땅속의 부식질이나 삼나무, 노송나무, 소나무, 곰솔, 낙엽송, 분비나무, 가문비나무 등의 침엽수 뿌리나 맥류, 두류, 목초, 잔디 등의 뿌리를 가해한다(그림 8-35).

그림 8-35 긴다색풍뎅이 성충(왼쪽 상단)과 유충 미부 자모열(오른쪽 상단) 및 벙커 주변 잔디 피해 모습(왼쪽 하단)과 수목 주변 피해지 잔디 모습(오른쪽 하단).

■ 생태

1년에 한 세대를 난다. 유충으로 월동한다. 우리나라에서는 6월 중순에 많이 발생한다. 토양 내에서 우화한 성충은 토실(土室) 내에서 수일간 머무르다 일몰 1~2시간 후에 지상으로 나와 교미한다. 야행성으로 지상 20~30 cm 정도에서 집단적인 군무하며 비행하는 습성이 있다. 암컷은 교미 2일 후부터 지하 10 cm 내외의 깊이에 한 개씩 산란한다. 난기간은 토양의 온도가 22~27℃일 때 13~16일간이다. 평균 35개 정도 산란한다. 성충의 수명은 약 2주간이다. 유충의 분포 깊이는 가을철에는 평균 3.7 cm 내외이고, 온도가 하강하면 더 깊이 들어갔다가 다음 해 날씨가 따뜻해지면 지상부로 이동한다. 노숙유충으로 월동한다. 피해시기는 주로 8월에서 11월이며, 이듬해 봄에도 피해를 주지만 가을철의 피해가 더 심하다.

■ 방제

성충의 우화시기와 산란시기를 전후하여 코스 내에 접촉독성 살충제를 살포하거나 가을철의 잔디 피해지를 중심으로 10월이나 이듬해 봄에 살충제를 처리한다. 특히 조경수의 뿌리 주변에서 조경수 뿌리와 잔디에 피해를 주기 때문에 수목 주변의 관리도 소홀히 하면 안 된다. 선호성이 높은 수종 주변에 대한 예찰과 함께, 원래는 묘포장에 중요한 해충이기 때문에 골프장에서는 수목류의 묘포장이나 조경수가 많이 식재되어 있는 러프지역에서 피해가 많이 나타날 수 있다. 본 종은 골프장 잔디에 나타나는 굼벵이류들 중에서 체장이 큰 종으로 세근과 주근에 모두 피해를 줄 수 있다. 한 번 피해를 받은 잔디는 뗏장이 쉽게 들리거나 고사하는 경우가 많아 각별한 주의가 요구된다.

주둥무늬차색풍뎅이(*Adoretus tenuimaculatus* Waterhouse)

■ 형태적 특징

성충은 적갈색이다. 암컷 성충의 크기는 10.2~11.3 mm이고, 수컷 성충의 크기는 9.5~10.5 mm이다. 백색의 짧은 털들이 온몸에 분포하고 있다. 겹눈 주위에는 황색의 털이 많이 나 있고, 앞가슴 배판과 날개딱지에는 황색의 짧은 털들이 밀생해 있다. 날개딱지 끝에 흰색의 작은 털이 밀생하여 점처럼 보인다. 그리고 작고 볼록한 뿔 같은 돌기가 양측에 각각 하나씩 있다. 자극을 주면 죽은 체한다. 알은 유백색으로 타원형 또는 원형이다. 유충도 유백색이다. 1령충의 크기는 3.9~4.5 mm, 3령 유충은 13.8~15 mm이다. 복부 끝의 항문 부위는 일자형이고 자모반으로만 구성되어 있다. 종횡의 자모열은 없다. 번데기의 크기는 9.9~10.5 mm이다.

■ 피해 증상

주둥무늬차색풍뎅이는 성충에 의한 조경수의 피해가 심하다. 그에 비하여 유충에 의한 잔디의 피해는 적은 편이다. 그러나 라이그래스를 사용하는 골프장에서는 유충에 의한 피해가 나타난다. 일반 골프장에서는 성충이 산란을 위하여 그린을 잠입할 때, 잠입공을 만들어 피해를 준다. 잠입공 주변에 흙을 걷어 내어 그린에 흩트림으로서 공의 흐름을 방해하는 피해도 준다(그림 8-36).

■ 생태

1년에 한 세대를 나며 성충으로 월동한다. 5월 초순에 나타나 골프장 조경수의 잎을 먹기 시작한다. 산란은 땅속에 하며, 산란수는 섭식하였던 기주에 따라 차이가 있다. 산란을 위하여 토양 속으로 잠입하는 성충들을 그린에서 쉽게 관찰할 수

그림 8-36 주둥무늬차색풍뎅이 성충(왼쪽 상단)과 유충 미부 자모열(오른쪽 상단) 및 성충 잠입 시 잠입공 주변 모습(왼쪽 하단)과 한지형 잔디 피해 모습(오른쪽 하단)

있다. 선호하는 기주인 밤나무 잎을 먹은 성충의 산란수는 54개 정도이며, 산란기간은 30.5일이다. 산란은 한 곳에만 하는 것이 아니고, 여러 곳에 분산하여 하는 경향이 있다. 성충의 수명도 먹이에 따라 차이가 있어 밤나무 잎을 식엽한 암컷 성충의 수명은 51.3일 정도이다. 알 기간은 8.3일 정도이며, 부화율은 96% 정도이다. 유충기간은 34.1일, 용기간은 15.9일 정도이다. 유충은 유기질을 먹고 살지만 라이그라스의 뿌리도 먹는다.

■ 방제

방제는 조경수를 가해하는 성충을 대상으로 살충제를 처리하면 효과적이다. 잔디에 등록된 페니트로티온과 델타메트린을 처리하면 효과가 있다. 유충은 곤충병원성 선충인 *Steinernema carpocapsae* 또는 *Heterorhabditis bacteriophora*를 처리하면 효과적이다. 곤충병원성곰팡이인 *Beauveria bassiana*(백강균)나 *B. brongniartii*도 효과적이다. 화학적 방제는 일반적인 굼벵이 방제에 준한다.

참콩풍뎅이(*Popillia flavosellata* Fairmaire)

■ 형태적 특징

참콩풍뎅이 성충은 몸 전체가 군청색의 광택을 띠고 있고, 일부 개체들은 딱지날개에 갈색의 무늬가 있다. 날개딱지 아랫부분의 배 부분에 있는 밀생한 흰털들은 마치 5개의 흰 점같이 보여 녹색콩풍뎅이와 닮았다. 날개딱지 끝 쪽에도 좌우로 한 개씩의 흰점 같은 것이 있다(그림 8-37). 체장은 8~15 mm 내외이다.

그림 8-37 참콩풍뎅이 성충

■ 피해 증상

성충은 다양한 조경수의 잎과, 꽃, 과실 등에 피해를 주고, 유충은 잔디를 비롯하여 밀, 옥수수, 목화 등의 작물이나 버드나무와 같은 수목의 뿌리도 가해한다.

■ 생태

1년 1세대 3령충으로 월동하며 성충의 우화 최성기는 중부지방에서 6월 중·하순경이다. 성충은 6월 중순부터 우화하여 7월 하순까지 활동하는데 6월 하순이후부터는 활동이 급격히 줄어든다. 유충의 토양 내 발육 상황 연구는 불확실하지만 녹색콩풍뎅이와 유사한 생활사를 가지는 것으로 추정된다.

■ 방제

성충의 우화 및 활동 시기가 10일 내외로 짧기 때문에 다른 풍뎅이류에 비하여 성충 방제 효과가 높을 것으로 생각되지만 성충들이 주로 꽃잎이나 화분을 먹기 위해 개화한 꽃들에 주로 모이기 때문에 벌과 같이 유용한 방화성 곤충에 피해가 가지 않도록 방제 대상 수종 선택을 신중히 해야 할 것이다. 유충 방제는 일반적인 굼벵이 방제에 준하면 된다.

주황긴다리풍뎅이[*Ectinohoplia rufipes* (Motschulsky)]

■ 형태적 특징

성충의 체색은 연갈색에서 짙은 갈색 또는 주황색이다. 크기는 9.5~12 mm이다. 앞가슴 배판은 둥글며 점각이 있다. 아주 작은 연노랑의 고기비늘 같은 조각이 있다. 날개딱지에도 작은 비늘조각이 촘촘히 있으며, 앞부분과 끝은 융기하였다. 복부의 끝은 날개딱지 밖으로 나와 있다. 날개딱지의 뒤쪽에 연노랑의 비늘조각이 없는 부분이 있는데, 마치 눈썹같이 생긴 무늬모양이다. 뒷다리가 매우 길어 쉽게 구분된다. 교미 중인 수컷과 섭식 중인 수컷은 뒷다리를 들고 있는 것이 특징이다. 주둥무늬차색풍뎅이와는 달리 자극을 주면 죽은 체하지 않는다. 3령충의 길이는 13.5~17.5 mm이다. 유충의 복부 끝마디 항문부위는 Y자 모양이기 때문에 동정이 쉽다. 그리고 자모는 고리형이고, 종횡의 자모열은 없다(그림 8-38).

그림 8-38 주황긴다리풍뎅이 성충(왼쪽 상단)과 유충 항문 부위 자모열 모습(오른쪽 상단) 및 잔디밭 내 유충(왼쪽 하단)과 번데기(오른쪽 하단).

■ 피해 증상

주황긴다리풍뎅이는 주둥무늬차색풍뎅이와 같이 골프장의 조경수 잎을 주로 가해하고, 유충은 잔디의 뿌리를 가해한다. 골프장에서는 두 종 모두 같은 시기에 발생하여 동일한 기주를 동시에 가해하는 경우를 종종 관찰할 수 있다. 그러나 가해 양상이 다르다. 주둥무늬차색풍뎅이는 잎의 앞면과 뒷면을 모두 가해하면서도 주로 뒷면을 많이 가해한다. 주맥과 같이 질긴 부분은 남겨두고 모두 먹어 치우거나 잎맥만 남기고 엽육을 부분적으로 가해하기 때문에 잎이 마르는 경우는 드물다. 그러나 주황긴다리풍뎅이는 잎 전체를 먹지 않고, 엽맥 부분을 남겨둔 채 잎 앞면의 표층만 먹는다. 그래서 남아 있는 엽맥 부분이 마르면서 갈변한다. 따라서 피해가 심한 경우 나무 전체의 잎이 갈변한다. 두 종 사이에 다른 가해 양상으로 자연상태에서는 먹이 경쟁이 일어나지 않는다. 골프장에서 풍뎅이에 의하여 조경수의 잎이 마르는 현상이 나타나면 주황긴다리풍뎅이에 의한 피해로 보면 된다.

■ 생태

1년 1세대로 3령충으로 월동하지만 간혹 2령충으로 월동하는 개체도 있다. 성충은 5월 중순부터 우화하여 식엽활동 후 교미하여 7월 초순 무렵 산란한다. 1령충은 7월 하순에 목격되며 8월 중순부터 3령충이 발생한다. 토양 내에서 번데기는 5월 초순부터 6월 하순까지 목격되는데 번데기 시기인 6월 중, 하순경에 지표면에서 가장 가까운 곳에 위치한다.

■ 방제

성충의 식엽활동이 매우 왕성하여 조경수 피해가 심각하므로 성충 우화기 조경수 주변에 식엽 및 교미활동 중인 성충을 대상으로 접촉성 살충제를 처리하면 효과적이다. 조경수의 종류에 따라 약효를 나타낼 수 있는 약량에 차이를 보여 물오리나무나 벚나무보다 목서 종류 나무 잎에서 치사약량이 더 많이 요구된다.

애우단풍뎅이[*Maradera orientalis* (Motschulsky)]

■ 형태적 특징

성충의 체장은 7~8 mm이고, 체폭은 4.5~5 mm이다. 체색은 흑자색 내지 흑갈색인데, 어린 개체는 갈색을 띤다. 등쪽은 광택이 없는 우단모양이나 보는 각도에 따라서는 진주빛을 띤다. 머리 정수리에는 강모열이 없고, 뒷머리는 점각이 없기 때문에 광택이 강하다. 촉각은 9마디이나 때로는 10마디인 개체도 있으며, 수컷의 더듬이 곤봉부는 거의 병절 길이와 같으나 암컷은 훨씬 짧다. 겹눈은 크고 돌출하였다. 알은 원형이고 유백색이지만 나중에는 황갈색이 되며, 직경은 약 2 mm이다. 유충의 몸길이는 15~16 mm이며 원통형이고, 머리는 갈색, 몸통은 유백색이다. 항문열의 종열은 횡열보다 훨씬 길며 항문부위(raster)의 자모종열은 복측항문엽편의 앞에 활모양을 이룬다. 하나의 횡렬로 나란한 단자모로 되어 있다(그림 8-39).

그림 8-39 애우단풍뎅이 성충(왼쪽)과 유충 항문 부위 자모열 모습(오른쪽)

■ 피해 증상

전국적으로 분포하며 성충은 느릅나무, 사과나무, 배나무, 복사나무, 자두나무, 뽕나무, 밤나무, 닥나무, 산돌배, 포도, 감나무 등의 잎을 가해하며, 유충은 삼나무, 편백나무, 소나무, 낙엽송, 포플러 등 묘목의 뿌리와 잡초, 잔디 등의 뿌리를 가해한다.

■ 생태

연 1회 발생하며 주로 성충으로 땅속에서 월동한다. 암컷은 땅속 5~6 cm 되는 곳에 산란하며 알기간은 5~6일이다. 유충은 각종 식물의 뿌리를 먹고 자라며 7월 중순~8월 하순에 번데기가 되고, 7월 하순~9월 중순에 우화한다. 번데기기간은 8~16일이며, 성충의 수명은 10개월 이상이다. 성충의 채집기록은 3월에서 10월까지이며 5월과 6월에 주로 채집된다.

■ 방제

월동 이후의 성충이 출현하는 4월부터 코스 내의 잔디에 산란을 위해 잠입하는 성충을 대상으로 접촉독성 살충제를 살포하거나 8월 중순에서 9월 상순 사이에 유충을 대상으로 살충제를 살포한다. 본 종은 다른 굼벵이류에 비하여 상대적으로 피해가 적은 해충이다. 본 종과 크기와 생태가 유사한 밤색우단풍뎅이의 경우 0.09 m^2에 18~20마리 정도의 밀도를 방제 밀도로 간주하고 있다. 그러나 단독으로 발생하는 경우보다는 다른 굼벵이들과 혼재하여 발생하는 경우가 많기 때문에 정확한 종 동정과 시료 채집에 의한 방제 여부 결정이 필요하다.

2 땅강아지[*Gryllotalpa orientalis* (Burmeister)]

■ 형태적 특징

통형의 암갈색 곤충으로 체장은 30 mm 내외이다. 머리는 원추형이고 흑색이다. 겹눈은 작은 알 모양이고 앞으로 돌출하였으며 홑눈은 큰 타원형이다. 더듬이는 가늘고 길다. 앞가슴 배판은 크고 볼록한 방패형이다. 날개는 2쌍이나 외형적으로는 장꿩처럼 긴 꼬리를 가진 반날개형처럼 보인다. 즉, 앞날개는 배의 중앙부까지 달하나 뒷날개는 새의 긴 꼬리 깃털처럼 배 끝까지 달한다. 앞다리는 땅을 파기에 적합하도록 변형되어 있다. 산란관은 퇴화되었고, 배 끝에 한 쌍의 미모가 있다(그림 8-40).

그림 8-40 땅강아지 성충(왼쪽)과 잔디밭 내 이동 흔적(오른쪽)

■ 피해 증상

우리나라 전역에 분포하고 있으며, 오직 한 종만 기록되어 있다. 특히 한지형 잔디가 많이 심겨져 있는 제주도 지역의 골프장에서 피해가 심하다. 피해가 나타나는 늦여름과 가을까지는 잘 관찰되지 않기 때문에 방제가 어렵다. 따라서 골프장에서의 효과적인 관리를 위해서는 생활사를 이해하고, 예를 통하여 피해 지도 작성 작업을 해두어야 한다.

땅강아지는 식물의 지하부와 지상부를 직접 가해함과 동시에 식물체 밑에 터널을 만들어 피해를 준다. 목초지와 묘포장, 원예작물 육묘장, 못자리 등에서도 뿌리를 가해하거나 터널을 형성하여 피해를 준다. 골프장의 잔디가 심하게 피해를 받으면 뿌리가 보이지 않으며, 골퍼들의 보행에 의한 답압과 골프장의 카트는 잔디의 피해 감수성을 높게 한다. 터널 형성부분은 때때로 잔디가 건조하게 되어 죽는다. 터널에 의한 피해는 특히 새로 조성된 그린이나 파종한 지역에서 심하다. 그린에 만들어진 터널은 공의 구름을 방해한다. 땅강아지는 모잘록병에 의한 썩음병을 증대하기도 한다. 교미와 월동을 하는 동안 성충들은 종종 그들의 갱도 주변에 흙더미를 밀어 올려 피해를 준다. 그러나 이때의 피해는 큰 편이 아니다. 반면 여름철의 약충들은 잔디 뿌리를 왕성하게 먹기 때문에 이 시기에 넓은 면적의 잔디가 피해를 받는다.

■ 생태

생활사는 지역에 따라 차이가 있다. 성충으로 월동한 개체는 1년에 한세대를 경과하고, 약충으로 월동한 개체는 2년에 한세대를 난다. 따뜻한 지방에서는 1년에 한세대를 경과하며, 추운 지방에서는 2년에 한세대를 경과한다. 땅속에서 월동한 약충 또는 성충은 3월 하순부터 지표에 나와 활동하기 시작한다. 주로 저녁 8시 전후에 비상하기 시작하여 2.0~2.5시간 정도 계속한다. 비상활동은 온도와 관계가 깊으며, 추운 날이나 비 오는 날, 바람이 부는 날은 비상 활동이 약하다. 교미한 암컷은 5월 중순에서 7월 중순까지 땅속 5~10 cm에 항아리 모양의 산란실을 만들어 그 속에 난괴로 산란한다. 산란실은 매 회마다 한 개씩 만든다. 산란실의 수는 0~3개이며 산란실당 난수는 평균 47개 정도이고, 범위는 16~99개이다. 산란횟수는 개체에 따라 다르나 보통 평균 1.6회 내지 3~4회이며, 최고 6회로 조사자에 따라 차이가 있다. 암컷은 산란 후 산란실의 입구를 막고 떠난다. 알은 유백색이고 타원형이며, 장경은 2.6 mm, 직경은 1.7 mm 정도이다. 부화기간은 온도에 따라 16~36일 정도이고, 약충은 두폭과 흉폭으로 령기를 구분하며 8령까지 있다.

■ 방제

땅강아지 방제용으로 등록된 이미다클로프리드를 살포하거나 곤충병원성 곰팡이(*Beauveria bassiana*, *B. brongniartii*, *Metarrhizium anisopliae*), 곤충병원성 선충(*Steinernema carpocapsae*) 등이 효과가 있다. 관수를 한 후 땅강아지가 토양의 표층부에 가까이 오도록 유도하여, 처리한 살충제나 생물농약 등이 쉽게 분산하도록 하면 효과적이다.

3 각다귀류

■ 형태적 특징

거대한 모기 형태이다(그림 8-41). 성충의 체색은 회갈색 또는 암갈색이다. 체장은 16~17 mm이고, 날개 편 길이는 22~24 mm이다. 날개에는 일정한 암갈색 부분이 군데군데 있어 날개무늬처럼 보인다. 가운데가슴 배판에는 비교적 뚜렷한 3개의 세로 줄이 있고, 중앙의 1줄은 다시 가는 흑색 줄로 나누어져 있다. 다리가 매우 길어 잘 매달리도록 적응되어 있다. 배는 황색이지만 배판의 옆면에 비교적 넓은 흑갈색 줄이 있다. 토양 속에 있는 알은 흑색이고, 1.1 mm 정도의 긴 장방형이다. 유충의 색깔은 올리브색에서 녹갈색이다. 완전히 발육한 유충의 크기는 약 2.5 cm이다. 꼬리에는 판(plate) 모양이면서 손가락 모양인 6개의 잎 모양으로 둘러싸인 기문이 있다. 번데기는 투명하며 녹갈색이고, 다리와 날개딱지, 촉각이 붙어 있다. 번데기의 마지막 5마디에는 뒤로 뻗어진 가시가 있어 우화할 준비가 되었을 때, 토양 표면에서 쉽게 움직일 수 있다.

그림 8-41 각다귀 성충(왼쪽)과 우화 후 잔디 밭에 남은 탈피각(오른쪽)

■ 피해 증상

한지형 잔디를 가해하기 때문에 골프장의 그린과 칼라에서 번데기가 곧추 서 있는 것이 심심찮게 목격된다. 유충의 표피는 매우 거칠다. 유충이 줄(rasp)과 같은 구기로 뿌리, 근경, 관부, 엽초를 갉아먹는다. 맑은 날에는 땅속에 숨어 있다가 따뜻하고 습한 밤에 섭식하기 위하여 표면으로 올라온다. 따라서 지상부 피해는 구름 끼고 어두운 날에 이루어질 수 있다. 토양에 터널을 만들기 때문에 새로 파종한 잔디밭에서는 이에 의한 피해가 일어난다. 번데기가 되기 전, 즉 왕성한 섭식활동을 하는 봄에 피해가 심하다. 유기질이 풍부하며 습하고, 대취가 두터운 곳과 젖은 토양을 선호한다.

■ 생태

보통 1년에 한 세대를 난다. 성충은 8월과 9월 해가 진 직후 우화한다. 식물의 잎 위에서 교미하며, 교미하는 모습이 자주 관찰된다. 200~300개의 알을 우화하는 밤에 낳는다. 알은 토양표면 바로 아래에 낳는다. 건조에 약하다. 11~15일이면 부화한다. 갈색의 유충은 세근과 지하경 그리고 잎을 먹는다. 늦가을까지 2번의 탈피과정을 거쳐 3령충이 된다. 이른 봄에 4령충이 되며, 4월과 5월에 급격히 발육한다. 5월 하순이면 섭식활동을 멈추고 토양 7.5 cm 깊이까지 이동한다. 그곳에서 7월 하순과 8월 중순, 번데기가 될 때까지 활동하지 않는다. 번데기 기간은 11~12일이다. 종종 빈 번데기의 껍질이 땅위로 솟아 나와 있는 것이 보인다.

■ 방제

가을에 비가 많으면서 겨울이 따뜻하면 이듬해 봄에 발생이 많아진다. 건조에 약하기 때문에 예찰 결과를 근거로 가을, 특히 8월 하순과 9월부터 관수를 줄여 알과 유충의 생존율을 감소시킨다. 잔디용으로 등록된 살충제와 *Steinernema carpocapsae* 선충이 효과가 있다.

4 잔디왕바구미(*Sphenophorus venatus vestitus*)

■ 형태적 특징

성충의 체장은 8~11 mm이다. 앞가슴 배판은 거친 점각으로 되어 있으나 중앙부 앞쪽에 Y자 모양의 매끄러운 비점각부가 있고, 기부의 중앙부를 중심으로 양쪽의 중간부위에서 시작되는 긴 콩팥모양의 세로 표식이 있다. 체색은 일반적으로 흑색이나 앞가슴 배판이나 날개딱지에 흙이 묻어 건조하게 되면 갈색이나 회색으로 보인다. 새로 우화한 성충은 적갈색이고, 2~3일 후 암색이 된다. 자극을 받으면 죽은 체한다. 알은 장방형이며 유백색이다. 유충은 통통하고 굼벵이와 같은 C자형이지만 가슴에 다리가 없다. 체색은 백색이고 머리는 갈색이다. 노숙유충의 크기는 8~10 mm이고, 관부나 뿌리에서 발견된다(그림 8-42). 대취층 바로 아래에서 발견된다.

그림 8-42 잔디왕바구미 성충(왼쪽)과 유충(오른쪽)

■ 피해 증상

난지형 잔디에 피해가 심하다. 특히, 우리나라 골프장에 많이 사용하고 있는 들잔디에서 피해가 심하기 때문에 우리나라에서도 매우 주의를 요하는 해충이다. 따라서 골프장에 들잔디나 버뮤다그래스를 사용하는 경우는 피해를 심하게 입을 수 있는 가능성이 있어 특히 주의 깊게 관찰할 필요가 있다. 한지형 잔디인 톨 훼스큐나 켄터키 블루그래스, 퍼레니얼 라이그래스에도 간혹 피해가 있다.

■ 생태

1년에 한세대를 난다. 계절적인 생활사는 연구되어 있지 않다. 대취나 토양틈새, 멀칭부위, 기타 피난처에서 성충으로 월동하지만 일부는 노숙유충으로 월동하여 이듬해 봄에 번데기가 된다. 초봄이 되면 성충은 활동적이 되고, 월동처에서 나와 골프장의 작업로나 보도 위를 기어 다닌다. 그리고 먹이활동과 산란을 위하여 잔디를 찾아 배회한다. 손으로 잡으려 하면 줄기나 잎에 착 달라붙는다. 산란은 5월에서 9월까지 하며, 5월에 산란된 것은 늦은 여름까지 성장하여 번데기가 된다. 유충으로 월동하는 개체는 이듬해 3월에서 5월에 번데기가 된다. 성충은 들잔디나 버뮤다그라스의 겨울 휴면이 끝나고 잔디가 왕성하게 자라게 되면, 엽초나 잔디의 줄기, 또는 잎자루에 알을 낳는다. 부화는 온도에 따라 차이가 있고, 보통 3~10일 정도 걸린다. 어린 유충은 줄기를 파고들어간다. 종종 관부까지 뚫고 들어가기 때문에 줄기는 속이 비게 되고, 부드러운 톱밥과 같은 똥으로 채워진다. 유충이 성장하여 더 이상 줄기 속에서 먹을 수 없게 되면 탈출하여 대취나 토양 속으로 뚫고 들어가 뿌리나 포복경(stolons)을 먹는다. 대취 바로 밑에서 가해하나 5~7.5 cm 깊이에서도 섭식한다. 토양 8 cm 깊이까지 들어간다. 이때 심각한 피해가 목격된다. 3~4주 후 유충은 성숙하게 되고, 대취 아래에 있는 토양 속에서 홈을 만들어 번데기가 된다. 그리고 일주일 후 성충이 된다. 부화에서 성충까지는 약 한 달 전후가 소요된다. 7월과 8월의 한여름에는 열과 천적을 피하기 위하여 밤에 활동적이 된다. 새로운 성충은 늦여름에 보도 쪽으로 이동한다. 가을이 되어 온도가 떨어지면 잎 부스러기나 잡초가 있는 지역 등의 월동처를 찾는다. 산란기간이 길기 때문에 유충은 5월부터 10월까지 관찰된다.

■ 방제

곤충병원선충인 *Steinernema carpocapsae*와 *Heterorhabditis bacteriophora*에 감수성이어서 유충기와 번데기 시기, 즉 여름철에 곤충병원성 선충을 처리하면 효과가 있다. 곤충병원성 곰팡이인 *Beauveria bassiana*를 이용하여도 환경친화적으로 관리할 수 있다. 어린 유충이 잔디 줄기 속에서 활동하기 때문에 침투이행성 살충제가 효과적이며 다이아지논, 비펜트린 등의 접촉독제도 효과가 있다.

잎과 줄기를 저작하는 해충

1 검거세미밤나방[*Agrotis ipsilon* (Hufnagel)]

■ 형태적 특징

날개의 크기는 20~23 mm이며, 몸은 짙은 회갈색이다. 앞날개는 회흑색이거나 짙은 갈색이며, 끝으로 갈수록 색깔이 엷어진다. 앞날개에는 뚜렷한 신상무늬, 단검무늬, 환상무늬가 있다. 특히, 끝에서 6 mm 지점에 단검무늬가 있다. 뒷날개는 회색으로 약간 투명하다. 쉴 때는 날개를 등 위에 접어둔다. 수컷의 촉각은 작으며 빗살모양이고, 암컷의 촉각은 가는 실 모양이다. 알의 크기는 0.5~0.75 mm이고 구형이면서 넓적하다. 장경보다는 약간 넓은 편이다. 크기는 거의 비슷하다. 갓 산란된 알은 백색이며, 점차 암색으로 되었다가 부화 직전에는 암갈색에서 흑색으로 변한다. 유충은 통통하고 털이 없다. 갓 부화한 유충은 푸른색을 띠나 점차 암회색으로 변한다. 등쪽으로 줄무늬가 있다. 기문은 흑색이다. 자극을 받으면 C자 모양으로 몸을 만다. 현미경 밑에서 보면 표피가 자갈모양이다. 갓 부화한 유충은 3.5 mm, 노숙 유충은 30~45 mm이다. 번데기는 19 mm 정도이며 땅속에 있다(그림 8-43). 촉각, 날개딱지, 다리가 몸 밖에 붙어 있다. 자극을 받으면 비비 꼰다.

그림 8-43 검거세미밤나방 유충(왼쪽 상단)과 번데기(오른쪽 상단), 잔디밭 내 피해모습(왼쪽 하단) 및 잔디 폭식 피해 모습(오른쪽 하단)

■ 피해 증상

십자화과 채소와 가지, 오이, 당근, 묘목 등 주요 농림작물의 해충이다. 뿐만 아니라 우리나라 전역의 골프장 그린과 티에서 매년 여러 차례 거세미나방과 함께 문제가 되는 해충이다. 살충제를 처리하였을 때 그린 전체가 죽은 유충들로 새까맣게 덮일 정도로 피해가 심한 골프장도 있다. 어린 유충은 잎의 표피를 가해하고, 3령충 이후가 되면 땅이나 대취 속을 파고들어가거나 갱신 작업 후에 생긴 구멍을 이용해 들어가 있다가 밤에 나와 구멍 주변의 잔디 엽초와 신초를 가해한다. 가끔 유충에 의하여 죽은 잔디의 부위가 불규칙한 원형반점 모양을 나타내거나 볼 마크처럼 움푹 들어간다.

■ 생태

유충으로 월동한다. 1년에 3회 발생한다. 제 1화기 성충의 발생최성기는 6월 중순, 2화기는 8월 중순, 3화기는 9월 하순이다. 성충기간은 5일 내외이며 이 기간에 약 350개 정도의 알을 낳는다. 알 기간은 약 4일 정도이며, 부화한 어린 유충은 작물의 잎을 가해하다가 3령이 되면서부터 땅속으로 들어가 표토 부위에서 생활한다. 5령이 되면 거의 100%가 땅속으로 들어간다. 유충기간은 약 20~40일 정도이며, 번데기 기간은 약 2주 정도이다. 잔디에서 어린 유충은 엽초를 먹고, 노숙하게 되면 대취나 토양 속에서 지하생활을 한다. 유충은 낮 동안에는 숨어 있다가 밤에 나와 섭식활동을 한다. 어린 유충은 크게 피해를 주지 않으나 노숙 유충은 하루 밤에 한 줌의 잎을 먹어 치울 정도로 대식가이다. 5, 6령기의 섭식량이 전체 섭식량의 90% 이상을 차지한다. 야행성으로 밤중부터 새벽까지 섭식활동을 한다. 그린에서는 하루 밤에 2 m 정도 이동할 수 있다.

■ 방제

거세미나방 등록 약제를 처리하면 효과적이다. 나비세균(*Bacillus thuringiensis*, Bt)과 곤충병원성 선충인 *Steinernema carpocapsae*, 곤충병원성 곰팡이인 *Beauveria bassiana*와 *Metarhizium anisopliae*를 처리하면 효과가 있다.

2 잔디밤나방(*Spodoptera depravata* Butler)

■ 형태적 특징

체장은 수컷이 12 mm, 암컷이 15 mm 정도이다. 암컷의 날개 편 길이는 30 mm, 수컷의 날개 편 길이는 25 mm이다. 앞날개는 갈색이며 흑색의 반문이 있다. 촉각은 암수에 따라 달라 암컷은 긴 실 모양이고 수컷은 양날빗모양(bipectinate)이다.

난괴로 낳아진 알들은 흰털로 덮여 있다. 처음에는 회백색이나 점차 회흑색이 된다. 잔디 잎의 끝에 낳아져 흰털로 덮여 있는 특성 때문에 쉽게 발견된다. 부화유충은 회흑색이고 실을 토하여 낙하한다. 잔디를 식해하기 시작할 때면 황록색이 된다. 3령이 되면 갈색이 되고, 배면의 양측과 중앙은 백색을 띤다. 옆면에는 줄무늬가 생긴다. 노숙 유충이 될수록 줄무늬가 많아져 아배선을 따라 특이한 흑색 반월문이 나타난다(그림 8-44). 노숙유충은 잔디의 대취층에 잠복하여 황갈색의 번데기가 된다.

그림 8-44 잔디밤나방 성충(왼쪽)과 잔디밭 내 4령충 모습(오른쪽)

■ 피해 증상

월동 유충이 3월 하순경부터 활동을 시작하여 왕성하게 섭식활동을 하기 때문에 들잔디의 맹아출현시기와 겹치면 큰 피해를 입을 수 있다. 성충은 야행성으로 일몰 후 교미와 산란을 하며, 주간에는 수목과 잔디밭에 잠복하여 있다. 3령 이후에 섭식량이 많으며 피해가 심한 잔디밭은 포복경만 남게 된다. 유충이 잔디의 부드러운 잎을 식해하면서 이동하기 때문에 피해 면적이 점차 확대된다. 벤트그래스와 금잔디에서 피해가 심하고, 버뮤다그래스와 들잔디에서는 출현이 늦다.

■ 생태

지역에 따라 1년에 2~4회 발생한다. 월동한 번데기는 5월 상순에서 6월 중순에 1화기 성충이 된다. 2화기는 6월 하순에서 8월 상순, 3화기는 8월 상순에서 9월 하순, 4화기는 10월 상순에서 하순으로 4화기의 유충으로 월동한다. 용화는 이듬해 4월 하순에서 5월 상순에 한다. 성충은 우화 1~2일 후 교미하며, 곧 산란한다. 1화기 성충은 수목이나 초장이 긴 러프에 산란한다. 2화기나 3화기에 성충의 밀도가 증가하면 러프나 초장이 짧은 페어웨이에도 산란한다. 암컷 한 마리가 만드는 난괴는 평균 5.6개이며, 산란수는 총 456개 정도이다. 알기간은 1화기에는 7일, 2화기에는 4일, 3화기에는 3일, 4화기에는 5일 정도이며 부화율은 비교적 높은 편이다. 유충은 6령까지 있는 것으로 알려져 있고, 유충기간은 26일이다. 번데기 기간은 월동 개체는 18일 정도이고 2, 3화기에는 8일 정도이다. 성충의 수명은 1화기의 수컷이 5.3일, 암컷이 6.5일이며, 2, 3, 4화기의 성충은 다소 짧다.

■ 방제

유충기에 페니트로티온을 처리한다. 초봄에 제초제와 함께 살충제를 혼합하여 처리하면 잡초와 잔디밤나방을 같이 방제할 수 있다. 그리고 유충은 나비세균(*Bacillus thuringiensis*)과 곤충병원성 선충인 *Steinernema carpocapsae*와 곤충병원성 곰팡이인 *Beauveria bassiaana*나 *Metarhizium anisopliae*를 처리하면 효과가 있다.

3 포충나방류

■ 형태적 특징

포충나방류는 명나방과의 미소나방들로서 여러 종이 잔디에 피해를 준다. 그 중에서 그린에 피해를 주는 잔디포충나방[*Parapediasia teterrellus* (Zincken)]은 날개를 편 길이가 수컷은 19 mm, 암컷은 22 mm 정도이다. 몸길이는 8~9 mm이다. 체색은 전체적으로 회백색이며, 머리 앞쪽에 뾰족한 뿔이 튀어나와 있어 snot moth 라는 별명이 있다. 노숙유충의 몸길이는 20 mm에 달한다(그림 8-45).

그림 8-45 잔디포충나방 성충(왼쪽)과 그린 위 유충의 모습(오른쪽)

■ 피해 증상

그린을 가해하는 잔디포충나방은 검거세미밤나방처럼 잔디 표면에 구멍을 뚫거나 혹은 에어레이션 구멍 속에 서식하며 잔디 잎을 갉아먹는다.

■ 생태

잔디포충나방의 경우 유충으로 월동하며 1년에 3회 발생하는 것으로 알려져 있다. 성충 발생최성기는 5월 상순 ~ 6월 중순, 7월 상순 ~ 8월 중순, 8월 하순 ~ 10월 중순경이다. 유충의 행동이 매우 민첩하다.

■ 방제

검거세미밤나방 방제법에 준한다.

4 멸강나방[*Pseudaletia separata* (Walker)]

■ 형태적 특징

성충의 체장은 20 mm 정도이고, 날개 편 길이는 40 mm 정도이다. 앞날개는 회갈색이고 중앙에 1개의 백색 반문이 있으며 암색의 비스듬한 선이 있다. 뒷날개는 광택을 띠며 회색이다. 알의 크기는 1 mm 정도이다. 성충이 잎 뒷면에 20~30개의 알을 산란한다. 유충은 45 mm 정도이다. 노숙 유충은 머리가 등황색이고, 8자형의 흑색 무늬가 있다. 번데기는 적갈색이고, 크기는 22 mm 정도이며 방추형이다. 배 끝에 갈고리가 있다(그림 8-46).

그림 8-46 잔디를 가해하는 멸강나방 유충

■ 피해 증상

멸강나방은 벼과 식물의 해충으로 비래해충이다. 보통은 골프장에서 문제가 되지 않으나 크게 발생할 경우에는 골프장에도 떼를 지어 이동하여 잔디에 피해를 준다. 비래해충이기 때문에 해에 따라 발생량이 다르며 간헐적으로 크게 피해를 준다. 우리나라를 비롯하여 일본, 중국, 인도, 오스트레일리아, 아프리카, 미국 등에 분포한다. 유충이 잎을 갉아먹는다. 일반적인 피해는 4령 이후로 낮에는 줄기 사이에 숨어 있다가, 밤에만 올라와 잎을 계단상으로 갉아먹으며 폭식하기 때문에 피해가 크다.

■ 생태

주로 중국에서 비래하기 때문에 발생이 고르지 못하다. 연 2회 발생한다. 제1회 발생은 5월 하순~6월 하순, 제2회 발생은 7월 상순~8월 상순이다. 1화기는 5월 하순에 나타나 6월 중순에 피해를 심하게 끼친다. 성충은 낮 동안에는 숨어 있다가 해가 진 후 활동적이 된다. 비상력이 높으며 주광성이 있다. 알은 난괴로 잎에 낳는다. 난괴당 알 수는 20~30개 정도이며 700개 정도까지 낳는다. 부화한 어린 유충은 담녹색으로 크기는 2 mm 정도이다. 노숙유충은 자극을 받으면 몸을 동그랗게 만다. 주로 저녁에 활동하나 구름이 낀 날에는 낮에도 활동한다. 어린 유충은 잎을 싹 갉아 먹거나 엽초의 가장자리를 씹어 먹는다. 더 큰 피해는 노숙유충에 의한 것으로 식물체 전체를 관부까지 먹어 치운다. 멸강나방은 떼를 지어 그룹으로 이동하면서 먹는 경향이 있다. 4령 이후에는 야행성이 되고, 폭식하기 때문에 피해가 심하다. 자라면 땅속에서 고치를 만든다. 1화기 유충기간은 30일 정도이고, 번데기 기간은 10일 정도이다.

■ 방제

클로르피리포스메틸, 다이아지논 · 에토펜프록스 등 적용 약제를 유충기에 살포한다. 나비세균(*Bacillus thuringiensis*)과 곤충병원성 선충인 *Steinernema carpocapsae*를 발생지역을 중심으로 넓게와 국지적으로는 처리한다. 천적으로는 큰넓적먼지벌레, 둥글먼지벌레, 꼬마길앞잡이, 좀길앞잡이, 멸강나방고치벌, 기타 맵시벌 종류가 있으나 실용성은 낮은 편이다.

잎과 줄기를 흡즙하는 해충

1 잔디혹응애

■ 형태적 특징

잔디혹응애는 체장이 0.26 cm 내외, 체폭은 0.033~0.038 cm 내외이기 때문에 현미경으로만 관찰이 가능하다. 몸은 흰색 또는 미색을 띠며 전체적인 모양은 방추형으로 두부에서 미부로 갈수록 가늘어지며 몸 전체에 많은 주름이 있다.

■ 피해 증상

곤충은 아니지만 잔디를 흡즙하는 유해동물로서 조이시아그래스에 피해를 많이 준다. 잔디의 잎 반쪽을 안으로 말고, 그 속에 서식하면서 잔디를 흡즙하는데 피해부분이 하얗게 탈색되거나 말려 고사하는 경우가 생긴다(그림 8-47). 특히 깎기 높이가 높은 비관리 러프지역과 같은 곳에서 주로 피해가 발생하며, 7월 초순을 전후로 발생이 목격된다. 우리나라의 많은 골프장 조이시아그래스에서 피해가 확인되고 있는데, 페어웨이와 같이 깎기 높이를 낮게 관리할 경우 피해는 적다. 그러나 이들 지역에서 잔디 가장 안쪽의 새로이 전개되는 잎에 피해를 줄 경우, 국지적으로 황화되어 생육이 부진해지기 때문에 다른 피해로 오인하기 쉽다.

그림 8-47 조이시아그래스 잎의 잔디혹응애 모습(왼쪽) 및 피해 잔디(오른쪽)

■ 생태

본 종은 조이시아그래스에만 피해를 주는데 잔디의 생육 과정 전 기간에 걸쳐 피해를 주는 것으로 알려져 있다. 미전개된 신엽이나 엽초, 종자 형성부 등에 기생하여 이미 언급한 것과 같이 잎을 황화시키거나 고사시킨다. 발생생태에 관해서는 잘 알려져 있지 않은데, 본 종과 비슷한 버뮤다그래스 응애의 경우 엽초에서 월동한 후, 봄에 신엽이 올라오면 그곳에 산란한다. 알에서 성충이 되기에는 7~10일 정도 소요된다. 따라서 일 년에 다세대가 발생한다. 한 잎에서 100~200마리의 응애가 군집을 이루기도 하며 예지물이나 뗏장의 이식을 통해 전파되거나 바람이나 사람의 이동시 부착되어 이동하기도 한다.

■ 방제

강우기에 피해가 확산되는 경우가 많은데, 잔디를 짧게 관리하는 것이 바람직하다. 시비와 관수로 잔디의 활력을 증대시키는 것이 응애에 의한 피해 잔디의 회복을 촉진한다. 7~10일 간격으로 약제를 살포하여야 새로 부화된 응애의 피해를 막을 수 있다. 미국에서는 디코폴(우리나라 등록)과 fluvalinate를 사용하여 방제하고 있다.

8.3 잡초

8.3.1 잔디밭 잡초의 구분 및 방제

잡초(Weed)란?

잡초란 어떤 식물체가 사람의 활동이나 건강에 부정적으로 작용하거나 방해될 때 자라는 식물로서 재배지에서 원치 않는 식물 초종을 말한다. 잡초는 일반 농경지나 잔디밭뿐 아니라 특별히 양분과 수분을 인위적으로 제공하지 않는 토양에서도 잘 자라며 한 번 자리를 잡은 후에는 짧은 시간에 군락을 이루어 작물의 정상적인 생육을 방해한다. 잡초의 일반적 생육특성을 살펴보면 그 원인을 쉽게 짐작할 수 있다.

- 잡초는 종자 생산량이 많고 전파력이 우수하다.
- 잡초는 불량 환경에 대한 적응력이 높고 수명이 길다.
- 잡초는 다른 작물에 비해 매우 빠른 생장을 한다.
- 작물보다 양분 및 수분 경쟁력이 높은 경우가 많다.

잡초의 분류

잡초를 효과적으로 방제하기 위해 먼저 잡초 분류에 대한 기초적인 지식이 필요하다. 잔디밭에 발생되는 잡초가 무엇이며 어떤 특성을 가졌는지 파악해야 기본적인 제초 관리 계획을 세울 수 있다. 잡초는 생육 기간과 번식 방법에 따라 일년생과 다년생으로 나눌 수 있고, 형태적 특징에 따라 벼과 잡초, 사초과 잡초와 광엽잡초로 분류할 수 있다(그림 8-48).

그림 8-48 벼과 잡초(왼쪽), 광엽잡초(오른쪽)

1 생육과 번식방법에 따른 분류

- **일년생 잡초**(annual weed): 한해살이 잡초, 종자로서 번식하고 일년 이내에 생활을 끝마치는 잡초이며 주로 이른 봄에 발아하여 여름이나 가을에 개화 결실함
- **다년생 잡초**(perennial weed): 여러해살이 잡초, 생활환(生活環)이 2년 이상인 잡초로 대개는 영양번식을 함

2 형태적 특성에 따른 분류

- **벼과 잡초**(gramineous weed): 화본과 잡초라고도 하며, 벼과 식물의 특징은 줄기가 길며, 줄기의 마디와 마디 사이는 속이 비어 있으며, 열매는 얇은 종피와 붙어 있다. 주로 생장점이 아래에 있다.
- **사초과 잡초**(cyperaceae weed): 방동사니과라고도 한다. 대부분 여러해살이풀로서 겉보기에는 벼과와 비슷하다. 땅속줄기로부터 줄기가 나오며 줄기의 단면은 삼각형이고 속이 차 있다. 잎은 줄기의 밑동에서 모여 나고 3줄로 늘어선다. 잎집은 보통 줄기를 완전히 감싸며 가장자리가 붙은 원통이다.
- **광엽잡초**(broadleaf weed): 쌍자엽식물로 그물처럼 넓게 퍼진 엽맥을 가지고 있는 잎이 넓은 잡초로써 생장점이 상부에 있는 것이 많다.

잡초의 방제법

대부분의 잔디 관리자들은 병이나 해충에 비해 잡초의 발생을 대수롭지 않게 여기는 경우가 많다. 하지만 잔디 밀도가 낮은 잔디밭에서 잡초를 제거하지 않고 방치하게 되면 잡초의 번식이 매우 빠르게 진행되므로 이와 비슷한 속도로 잔디밭의 품질은 급격히 나빠지며 양분의 경합에서도 잡초가 더 많이 흡수하여 결국 잔디가 생육할 수 없게 된다. 잔디밭의 잡초 방제법은 다음과 같다.

잔디 식재 전 예방(Preplant weed control)

- 잔디를 보식할 때 잡초가 없는 깨끗한 잔디를 심는다.
- 잔디 종자를 파종할 때 잡초나 다른 잔디의 종자가 유입되지 않도록 검사를 철저히 한다.

1 화학적 방제(Chemical weed control)

아직도 많은 잔디밭에서는 인력으로 잡초를 제거하고 있지만, 이는 효율이 낮고 관리 비용도 많이 드는 단점이 있다. 이에 비해 화학적 방제 방법은 간편하며 효율이 높지만 잔디, 잡초와 제초제에 대한 기본 지식을 반드시 알아야만 사용할 수 있다. 화학적 방제는 크게 잡초 발아 전 방제와 발아 후 방제로 나눌 수 있다(그림 8-49).

- **잡초 발아 전 방제(토양 처리, pre-emergence application)**: 잡초가 발아하기 전에 토양에 있는 잡초 종자가 발아하지 못하도록 약제를 살포하는 방법으로 보통 잔디밭 전체에 살포한다.
- **잡초 발아 후 방제(경엽 처리, post-emergence application)**: 잡초가 발생한 상태에서 처리하는 것으로 일명 경엽 처리라고도 한다. 잔디밭 전면에 처리할 수도 있고 특정한 잡초가 많은 경우 대상 잡초에 부분 처리하기도 한다.

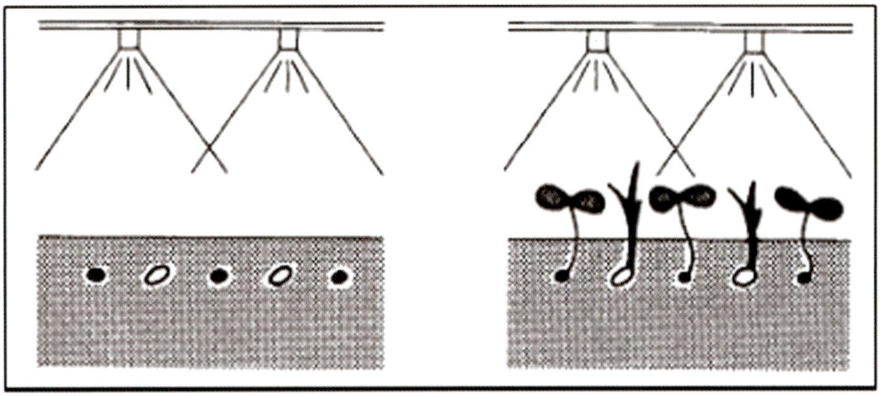

그림 8-49 토양처리(왼쪽)와 경엽처리(오른쪽) 방법(최신 잡초방제학: 김길웅, 신동현 저)

2 관리를 이용한 방제(Cultural weed control)

효율적인 잔디 관리만으로도 잡초의 발생을 크게 감소시킬 수 있다(그림 8-50).

- 잔디깎기(clipping): 잔디를 자주 깎아 주게 되면 잔디밭에 발생한 잡초의 생장점을 제거하거나 광합성을 억제하는 효과가 있으므로 잡초의 번식을 줄일 수 있다. 잦은 깎기는 잔디의 밀도를 높여 자연스럽게 잡초가 쉽게 침범할 수 없는 환경을 조성하는 역할을 한다.
- 시비(fertilization): 시비는 잡초 발생에 큰 영향을 미치는데 특히 봄, 가을철에 질소 비료를 자주 또는 과량 살포하게 되면 잡초 발생을 조장할 수 있으므로 주의한다.
- 물주기(irrigation): 잔디밭에 물을 줄 때는 한 번에 충분히(토양을 푹 적실만큼) 주는 것이 좋은데, 조금씩 자주 관수하게 되면 잔디는 뿌리를 깊이 내리지 못할 뿐 아니라 잔디밭 대취층에 있는 잡초의 발아와 생육을 촉진하게 된다.

그림 8-50 잔디의 밀도가 높은 경우(왼쪽)와 낮을 경우(오른쪽, 잡초가 발생하기 쉬움)

3 종합적 잡초 방제(Integrated weed control)

종합적 방제법이란 잡초를 방제하기 위해 앞서 언급된 방제법을 2가지 이상 적용하여 잡초 발생을 줄이는 것을 말한다. 잔디밭에서 잡초의 발생 초종은 다양하며 이것을 한 가지 방법만으로 방제하기는 어렵다. 일년생과 다년생 잡초가 공존할 경우 인력 제초와 화학적 제초 또는 경종적 관리를 통한 방제가 함께 수반되어야 한다.

8.3.2 잔디 종류별 제초 방법

우리나라에서 잔디밭의 잡초는 일년생과 다년생을 합해서 70~100종 정도이며 실제 빈번하게 발생되는 잡초는 약 40종이다. 잡초는 발생 시기에 따라 봄부터 초여름에 걸쳐 발아하고 여름에 최대의 생장을 이루고 가을에 결실, 고사하는 여름 잡초와 가을에 발아하여 월동하고, 봄부터 초여름에 걸쳐서 개화, 결실, 고사하는 겨울 잡초로 구분된다. 잔디밭의 잡초는 일반적인 밭 경작지와 달리 연중 발생하고, 저온성부터 고온성의 잡초까지 다양하게 나타나는 특징이 있다(그림 8-51). 봄철에 마디풀류는 기온이 5~10℃에서 발아가 시작된다. 바랭이는 13~15℃, 왕바랭이는 15℃, 그 외에 비름, 석류풀 등은 더 높은 기온이 되어야 발아한다. 가을에 20℃ 전후로 온도가 내려가면 새포아풀, 별꽃, 냉이, 개불알풀 등이 차례로 발아하며 이런 저온성 잡초는 봄이 되어도 발아한다. 여름 잡초의 대표격인 바랭이는 4월부터 8월까지, 겨울 잡초의 대표인 새포아풀은 9월부터 늦가을까지, 이른 봄부터 6월경까지 장기간에 걸쳐 발생된다.

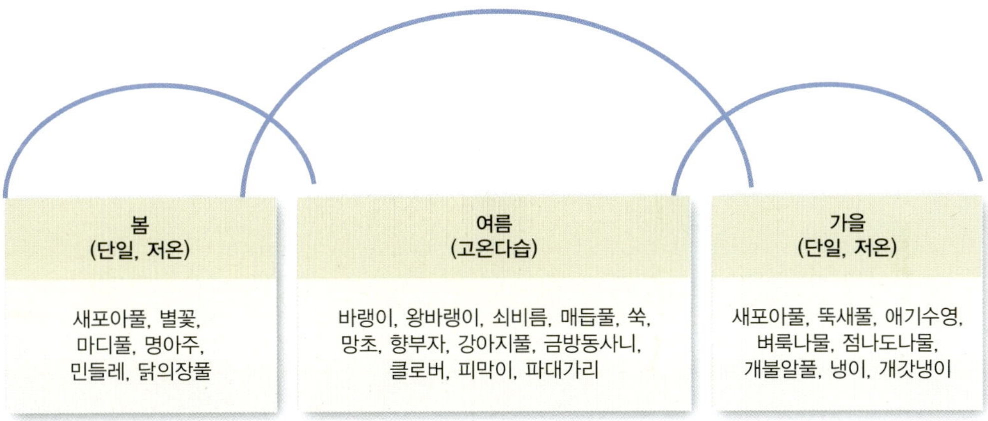

그림 8-51 잔디밭의 주요잡초 발생 시기

조이시아그래스 잔디밭의 잡초 방제

1 방제시기 및 방법

- 잡초는 겨울을 제외하고 계속 발생하지만, 발생이 심한 시기는 봄~초여름과 가을의 2회이다. 기본적으로 조이시아그래스에서는 3~4월 잡초 발아 전에 전체

적으로 토양 처리제를 살포하여 잡초를 미리 예방하고 그 후 발생된 잡초의 방제를 위해서 부분적으로 경엽 처리제를 살포하는 것이 경우가 많다.

- 지역별로 다르지만 봄은 3월 중순~ 4월 중순에 벼과와 광엽잡초에 모두 효과적인 약제를 단독처리하거나 예방약제를 혼합하여 살포하고 새포아풀 같은 월동잡초의 발생이 많다면 가을철 8월 하순~10월 초순에 토양처리제를 살포한다. 약제의 내성과 약해를 줄이기 위해 봄, 가을의 처리 약제는 다르게 하는 것이 좋으며, 경엽 처리는 잡초 발생 지역에만 부분 살포하는 것이 좋다.
- 잔디밭의 최대 잡초는 바랭이와 새포아풀 그리고 방동사니류이고, 주요 잡초를 중심으로 제초체계가 구성된다. 새로 조성된 잔디밭에서는 바랭이와 토끼풀이 우점잡초인 데 비해 오래된 골프장의 경우 번식력이 높은 새포아풀, 바랭이, 방동사니 그리고 다양한 광엽잡초를 볼 수 있다.

2 방제 시 주의할 사항

- 가을에 제초제를 과량 살포하게 되면 이듬해 봄까지 토양 중에 남아 봄철 잔디 뿌리 생육에 영향을 준다.
- 제초 효과가 높다고 해서 특정 제초제나, 스펙트럼이 비슷한 제초제를 계속 사용하면 잔디에 나쁜 영향이 있을 뿐만 아니라 특정 잡초의 우점화를 초래하기 쉬우므로 연용은 피하도록 한다.
- 잔디밭용으로 등록된 모든 제초제는 대부분 조이시아그래스에 안전하지만 반드시 처리시기와 처리량을 준수하여 사용해야 한다.

한지형 잔디밭의 잡초 방제

1 방제시기 및 방법

- 잡초의 주된 발생 시기는 봄~초여름과 가을의 2회이다. 봄은 3월 중순~ 4월 중순, 가을은 8월 하순10월 초순을 잡초 발아기간이라 하여 이 기간 내에 예방약제를 살포하는 것이 좋은데, 보통 한지형 잔디(켄터키 블루그래스)밭에서는 봄철에 토양 처리제를 살포하고 제거되지 않은 나머지 잡초에 대해서는 경엽 처리제를 부분 살포하거나 인력 제초하는 프로그램이 바람직하다(표 8-5, 8-6).
- 켄터키 블루그래스(크리핑 벤트그래스 페어웨이)에서는 조이시아그래스보다 제초제 선택의 폭이 좁은 편이므로 동일 약제가 연용되지 않도록 주의해야 한다.
- 여름과 겨울의 최대 잡초는 바랭이, 새포아풀, 파대가리, 토끼풀 등이고 경엽처리 후 약해가 자주 발생되므로 주로 예방과 인력 제초로 관리한다.

표 8-5 잔디밭의 잡초관리 프로그램(봄, 여름철)

<table>
<tr><th>잡초생육</th><th>대상잡초</th><th>3월</th><th>4월</th><th>5월</th><th>6월</th><th>7월</th></tr>
<tr><td rowspan="2">잡초 발아 전</td><td>새포아풀, 광엽잡초
(일년생)</td><td colspan="2">토양 처리제
(전면)</td><td></td><td></td><td></td></tr>
<tr><td>바랭이, 방동사니,
광엽잡초(일년생)</td><td></td><td colspan="2">토양
(전면)</td><td></td><td></td></tr>
<tr><td rowspan="2">잡초 발아 후</td><td>새포아풀, 광엽잡초
(일/다년생)</td><td></td><td colspan="2">토양 + 경엽
(전면 또는 부분)</td><td></td><td></td></tr>
<tr><td>바랭이, 방동사니,
파대가리, 광엽잡초
(일/다년생)</td><td></td><td></td><td colspan="2">토양 + 경엽
(전면 또는 부분)</td><td>경엽
(부분)</td></tr>
</table>

표 8-6 잔디밭의 잡초관리 프로그램(가을철)

<table>
<tr><th>잡초생육</th><th>대상잡초</th><th>8월</th><th>9월</th><th>10월</th><th>11월</th><th>12월</th></tr>
<tr><td>잡초 발아 전</td><td>새포아풀, 광엽잡초
(월년생)</td><td colspan="2">토양
(전면)</td><td></td><td></td><td></td></tr>
<tr><td rowspan="3">잡초 발아 후</td><td>새포아풀
(월년생)</td><td></td><td colspan="2">토양 + 경엽
(전면)</td><td></td><td></td></tr>
<tr><td>바랭이, 방동사니류</td><td>경엽(부분)</td><td></td><td></td><td></td><td></td></tr>
<tr><td>광엽잡초(월/다년생)</td><td></td><td></td><td></td><td></td><td></td></tr>
</table>

2 방제 시 주의할 사항

- 경엽처리제뿐 아니라 토양처리 제초제도 과량 살포하게 되면 잔디 생육에 영향을 줄 수 있으므로 반드시 처리 약량을 준수한다.
- 한지형 잔디인 켄터키 블루그래스에서는 조이시아그래스보다 약해에 민감하므로 가능하면 여름철에 제초제를 사용하지 않는다.

8.3.3 잔디밭의 주요 제초제

제초제의 분류

1 처리시기

- **발아 전 처리제**: 잡초가 발아하기 전에 토양에 처리하는 제초제
- **발아 후 처리제**: 발아초기~생육기간 중 토양 또는 경엽에 처리하는 제초제

2 처리부위

- **토양처리 제초제**: 토양 표층에 처리
- **경엽처리 제초제**: 식물의 잎과 줄기에 직접 처리

3 선택성 여부

- **선택성 제초제**(selective herbicide): 특정한 초종에만 약효를 보이는 것으로 대부분의 제초제가 이 범주에 속하며, 실제 포장에는 다양한 잡초가 혼재하므로 2가지 이상의 성분을 섞은 혼합제형 제초제가 사용되고 있다.
- **비선택성 제초제**(non-selective herbicide): 초종에 관계없이 살초효과를 보이는 제초제로 작물이 자라지 않는 곳(비농경지)과 휴면기에만 사용해야 한다. 글리포세이트, 글루포시네이트암모늄 등이 포함된다.

제초제의 작용기작

제초제는 식물을 대상으로 하여 작용하는 것으로 식물의 종자 발아를 막고 생장을 억제하거나 시들게 하여 죽이는 것이기 때문에 일반적으로 동물에 대한 독성이 낮다. 현재 사용되고 있는 제초제의 작용기작은 표와 같이 크게 7가지로 분류할 수 있다. 호르몬작용 교란형의 제초제는 식물체 내에서 생성되는 옥신의 IAA와 같이 생리작용을 하지만 과도하게 주면 호르몬의 균형을 교란시켜 식물의 정상적인 기능을 방해하고 결국 고사하게 한다. 광합성 저해 제초제는 엽록체에서 행해지는 명반응(NADPH와 ATP의 생산 및 산소의 생산)에 있어서 전자전달계 내에 광화학계 II를 저해한다. 식물은 저장 양분의 소모를 동반하고 고사한다. 아미노산 합성저해제는 국내에 등록된 농약수가 가장 많은데 주로 식물의 필수 아미노산인 valine과 isoleucine 생합성에 관여하는 ALS를 저해하여 세포분열과 생육을 억제하는 것으로 알려져 있다. 세포분열 저해제는 대부분의 발아 전 처리제로 세포의 골격을 이루는 microtubule의 중합체 형성을 억제하거나 식물의 발달, 세포벽 구성 등에 필수적인 지방산합성을 저해한다.

국내 등록된 잔디밭 제초제의 종류

현재 잔디용으로 등록된 제초제는 122종(2020)이며, 토양처리제 중에는 디니트로아닐린계 제초제가 많고 토양 및 경엽 동시 효과가 있는 설포닐우레아계 제초제도 많다(표 8-7). 대부분의 제초제는 조이시아그래스 생육기에 안전하게 사용할 수 있으나 배수불량지, 사질토 등에서는 약해가 발생될 수 있다.

표 8-7 잔디용 제초제의 종류 및 작용기작

구분	작용기작	종류
지질합성 저해	ACCase 저해[inhibition of acetyl CoA carboxylase(ACCase)]	메타미포프, 페녹사프로프-피-에틸
	기타 지질생합성 저해(inhibition of lipid synthesis, not ACCase inhibition)	
아미노산 생합성 저해	아세토락테이트 합성효소 저해 [inhibition of acetolactate synthase(ALS)]	림설퓨론, 사이클로설파뮤론, 트리플록시설퓨론, 아이오도설퓨론메틸소듐, 포람설퓨론, 플라자설퓨론, 플루세토설퓨론, 피라조설퓨론에틸, 이마자퀸, 페녹슐람, 비스피리박소듐, 피리벤족심
	EPSP 합성효소 저해 (inhibition of EPSP synthase)	글리포세이트, 글루포시네이트암모늄
	글루타민 합성효소 저해 (inhibition of glutamine synthase)	
광합성 저해	광계 II에서 광합성 저해[inhibition of photosynthesis at photosystem II(Hill reaction)]	벤타존
	광계 I에서 광합성 저해(inhibition of photosynthesis at photosystem I)	
	protoporpyrinogen 산화효소 저해[inhibition of protoporpyrinogen oxidase(PPO)]	옥시플루오르펜, 옥사디아길, 카펜트라존에틸
	카로티노이드 생합성 저해[inhibition of carotenoid biosynthesis atphytoene desaturase step(PDS)]	메소트리온
dihydropteroate 합성효소 저해	dihydropteroate 합성효소 저해 (inhibition of dihydropteroate synthase)	아슐람
세포분열 저해	microtubule 조립 저해 (microtubule assembly inhibition)	벤플루랄린, 오리잘린, 펜디메탈린, 프로디아민, 디티오피르
	세포분열/microtubule 구성저해(inhibition-ofmitosis/microtubuleorganization)	
	긴 지방산 합성 저해[inhibition of VLCFA (very long chain fatty acid)]	나프로파마이드
셀룰로오스 저해	세포벽(셀룰로오스) 합성 저해 (inhibition of cell wall synthesis)	이속사벤
식물 호르몬 작용 교란	IAA 유사 작용 〔action like indole 3-acetic acid(IAA)〕	메코프로프, 메코프로프-피, 엠시피에이, 디캄바, 트리클로피르
	옥신 이동 저해(inhibition of auxin transport)	

※HRAC(Herbicide Resistance Action Committee)의 분류에 의함

일부 제초제는 한지형 잔디밭에 살포할 수 있지만 사용법을 정확히 지키는 것이 중요하며 한지형 잔디가 연약해지는 하절기에는 살포하지 않는 것이 좋고 가능하면 부분 살포하는 것을 추천한다.

8.3.4 약해 및 제초제의 안전관리

제초제의 약해

1 약해란?

"농약에 의해 발생되는 모든 잔디 피해"를 말하며 잔디 잎이 누렇게 되거나 잎끝이 갈변하는 현상이 가장 일반적인 약해 증상이다(그림 8-52). 약해가 심할 경우 잎의 탈색이나 고사에 이르기도 한다. 약해는 약제에 따라서 수일 내에 나타나는 것도 있지만 수십 일 후에 나타나는 것도 있다.

2 약해가 발생되는 원인

- 관리자가 제초제 종류를 잘못 선정한 경우
- 제초제를 과량 살포한 경우
- 주변 환경이 불량한 상태에서 약제를 살포할 경우(잔디의 생육 불량, 기온이 너무 높거나 낮을 때, 처리 직후 비가 오거나 바람이 불 때)
- 장비 세팅이 미흡하거나 살포 미숙으로 약제를 고르게 살포하지 않는 경우

그림 8-52 제초제 살포 후 발생된 약해 증상(왼쪽: 잔디 잎 황화, 오른쪽: 발근 불량)

3 약해 발생 시 대처방법

- 일단 잔디밭에 약해가 발생하면 잔디에 치명적인 해가 되어 회복이 힘들지만 다음의 관리방법을 통해 약해를 빨리 회복시킬 수 있다.
- 약해가 경미한 경우: 과량의 관수를 실시하여 토양이나 잔디에 부착된 약제를 용탈시키고 잔디 영양제를 살포하여 잔디를 회복시킨다.
- 약해가 심할 경우: 잔디와 토양을 함께 떼어내고 잔디를 새로 심는다.

제초제의 안전 사용 방법

- 제초제 사용 전 먼저 사용 방법을 충분히 숙지한다.
- 잡초의 발생 시기에 맞추어 제초제를 살포하며 이때 반드시 규정된 양보다 많은 양을 살포하지 않는다.
- 기상이 나쁜 경우(고온, 바람이 불거나 강우가 많은 날)에는 살포하지 않는다.
- 제초제와 직접 접촉은 피하며 살포 도중 약액이 묻었을 경우 즉시 씻어낸다.
- 사용한 분무기는 깨끗이 씻어 두어야 다른 약제가 섞이지 않는다.

8.3.5 잔디밭의 주요 잡초와 방제법

바랭이(Crabgrass, 벼과)

학명 *Digitaria sanguinalis* Southern

생활형 및 번식 일년생, 종자번식

특징 초장은 10~50 cm이며 줄기의 기부는 지상을 기면서 마디에서 뿌리를 내므로 기는 성질이 강하고, 깎아도 줄기에서 뿌리가 새로 나와 계속 생육한다(그림 8-53). 발아는 봄부터 가을까지 조금씩 계속되지만 번성기는 4~6월이다. 꽃은 7~8월에 피고 빛이 잘 드는 곳이면 어디서나 생육하며 척박한 곳에서도 생육이 좋다. 비료를 좋아하며 특히, 질소 비료가 살포되면 생육이 현저히 촉진된다.

그림 8-53 바랭이(왼쪽), 켄터키 블루그래스 잔디밭에 발생한 바랭이(오른쪽)

방제법 골프장이나 잔디밭에서는 잔디의 생육을 촉진하여 밀도를 높게 하고 잔디 깎기를 자주 하는 것 등이 중요하다. 4~6월경 바랭이 종자 발아 전에 조이시아그래스밭에 토양처리제(펜디메탈린, 디치오피르, 프로디아민, 나프로파마이드, 벤플루랄린, 플루폭삼)를 살포하면 효과적으로 예방할 수 있으며, 한지형 잔디밭에서는 디치오피르, 프로디아민, 벤플루랄린이 안전하다. 생육이 개시된 후에는 경엽처리제를 살포하는 것이 좋은데 한국잔디에서는 아슐람소듐, 트리플록시설퓨론소듐, 포람설퓨론, 플라자설퓨론, 메타미포프, 플루세토설퓨론, 림설퓨론, 페녹사프로프-피-에틸을 처리하고, 한지형 잔디밭에서는 메타미포프, 플루세토설퓨론, 림설퓨론, 페녹사프로프-피-에틸을 살포하면 효과적이다.

왕바랭이(Goosegrass, 벼과)

학명 *Eleusine indica* Gaertn

생활형 및 번식 일년생, 종자번식

특징 초장은 15~60 cm이고 줄기는 총생하며 높이 30~80 cm 정도이다. 잎은 편 평하며 길이 15~40 cm, 폭 3~7 mm로서 밝은 녹색이고 밑 부분 안쪽에 긴 털이 있다. 수염뿌리이며 강하고 깊게 자란다. 종자의 발아 적온은 30~35℃이며 최저 온도는 15~20℃, 최고 온도는 40~45℃로 비교적 고온 식물이다. 꽃은 8~9월에 개화한다.

방제법 바랭이와 발아 및 생육시기가 비슷하다. 5~6월 잡초 발아 전 조이시아그래스밭에 토양처리제(펜디메탈린, 디치오피르, 프로디아민, 나프로파마이드, 벤플루랄린, 플루폭삼)를 살포하면 효과적으로 예방할 수 있으며, 한지형 잔디밭에서는 디치오피르, 프로디아민, 벤플루랄린이 안전하다. 생육이 개시된 후에는 경엽처리제를 살포하는 것이 좋은데 조이시아그래스에서는 아슐람소듐, 트리플록시설퓨론소듐, 포람설퓨론, 플라자설퓨론, 메타미포프, 플루세토설퓨론, 림설퓨론, 페녹사프로프-피-에틸을 처리하고, 한지형 잔디밭에서는 메타미포프, 플루세토설퓨론, 림설퓨론, 페녹사프로프-피-에틸을 살포하면 효과적이다.

새포아풀(Annual bluegrass, 벼과)

학명 *Poa annua* L.

생활형 및 번식 일년생 및 월년생, 종자번식

특징 초장은 10~25 cm이고 줄기 밑 부분이 마디에서 굽는다. 엽장은 2~8 cm, 폭은 2~4 mm로서 잎끝은 보트모양이다. 꽃대는 원뿔모양으로 연한 녹색이며 길이 3~8 cm이다. 양분과 수분이 많은 반 음지를 좋아하며 이른 봄 또는 늦은 가을 시비(특히 인산)는 새포아풀의 생장을 촉진하는 경우가 많다. 다른 잡초와 달리 짧게 잘라주어도 개화한다. 새포아풀은 주로 가을에 발아하며 봄에도 발아한다. 가을에 싹이 나오면 다음 해 5월에 꽃이 핀다. 포기당 종자 생산량은 2,005개이다. 발아 최저 온도는 5°C, 최적 온도는 10~20°C이다(그림 8-54).

그림 8-54 잔디밭에 발생된 새포아풀(왼쪽), 개화기에 군락을 이룬 모습(오른쪽)

방제법 8~9월경 새포아풀 종자가 발아하기 전 조이시아그래스밭에 토양처리제(펜디메탈린, 디치오피르, 프로디아민, 나프로파마이드, 벤플루랄린, 플루폭삼)를 살포하면 효과적으로 예방할 수 있으며, 한지형 잔디밭에서는 디치오피르, 프로디아민, 벤플루랄린, 메티오졸린이 안전하다. 생육이 개시된 후에는 경엽처리제를 살포하는 것이 좋은데 조이시아그래스밭에서는 아슐람소듐, 트리플록시설퓨론소듐, 포람설퓨론, 플라자설퓨론, 메타미포프, 플루세토설퓨론, 림설퓨론, 메티오졸린을 처리하고, 그린 주변이나 한지형 잔디에서는 메티오졸린이 가장 안전한 방법이다. 제초제 처리비용을 줄이기 위해 비스피리박소듐을 살포하는 경우도 있으나 처리 후 1~2주 동안 황화가 발생되므로 주의해야 한다. 메티오졸린을 직접 처리할 경우에는 2회 이상 살포해야 좋은 효과를 볼 수 있다. 봄철에는 잡초의 예방보다 꽃대 형성을 억제하는 관리가 더 효과적이며 생장조정제(파클로부트라졸)를 살포하면 종자 생산량이 감소된다.

뚝새풀(Water foxtail, 벼과)

학명 *Alopecurus aequalis* Sobol. var. *amurensis* (Komar.) Ohwi

생활형 및 번식 월년생, 종자 번식

특징 초장은 20~40 cm 내외이며 줄기는 밋밋하고 털이 없으며 곧추선다. 잎 길이는 5~15 cm, 폭 1.5~5 mm이며 편평하고 백록색이다. 9~10월에 발생하여 다음해 5~6월에 꽃이 피며 종자로 번식한다. 포기당 종자 생산량은 1,998개 정도이며 발아 최적 온도는 20°C, 최적 5°C, 최고 30°C의 온도에서 발아한다(그림 8-55).

그림 8-55 나지에 발생된 뚝새풀(왼쪽), 꽃대(오른쪽)

방제법 3~5월경 잡초 발아 전에 조이시아그래스밭에 토양처리제(펜디메탈린, 디치오피르, 프로디아민, 나프로파마이드, 벤플루랄린, 플루폭삼)를 살포하면 된다. 잡초 생육이 개시된 후에는 경엽처리제를 살포하는 것이 좋은데 조이시아그래스밭에서는 아슐람소듐, 트리플록시설퓨론소듐, 포람설퓨론, 플라자설퓨론, 플루세토설퓨론, 림설퓨론, 페녹사프로프-피-에틸 등을 처리하면 된다. 자주 잘라주는 것도 예방에 도움이 된다.

향모(Sweet grass, 벼과)

학명 *Hierochloe odorata* (L.) Beauv. var. *pubenscens* Krylov.

생활형 및 번식 다년생, 종자 및 기는 줄기 번식

특징 초장은 20~50 cm 내외, 뿌리줄기가 가늘고 길며 옆으로 뻗으면서 드문드문 줄기를 내고 줄기는 곧추서며 향기가 있다. 줄기가 작게 나눠지면서 끝에 꽃이 달리는 형태이며 전체는 원뿔 모양이다. 꽃은 4~5월에 피고 6월에 열매가 성숙한다. 뿌리는 수염뿌리 및 지하경을 형성한다.

방제법 제초제를 처리하여도 쉽게 방제되지 않는 난방제 잡초이다. 조이시아그래스에는 경엽처리제를 살포하는 것이 좋은데 이마자퀸, 트리플록시설퓨론소듐, 포람설퓨론, 플라자설퓨론, 플루세토설퓨론, 림설퓨론 등을 수 회 처리해야 하며 한지형 잔디밭에서는 인력 제초하는 것이 안전하다.

띠(Cogon grass, 벼과)

학명 *Imperata cylindrica* (L.) Beauv var *koenigii* (Retz) Durand et Schinz ex A Camus

생활형 및 번식 다년생, 종자 및 기는 줄기 번식

특징 초장은 30~70 cm, 줄기는 가늘지만 강하며 마디에 백색의 긴 털이 있다. 잎이 편평하고 거칠며 길이 20~50 cm, 폭 7~12 mm이다. 줄기가 작게 나눠지면서 끝에 꽃이 달리는 형태이며 전체는 원뿔모양이 되는데 은백색의 긴 털로 덮인다. 뿌리는 지하경을 형성하며 꽃은 5~6월에 피는 자생식물이다.

방제법 제초제를 처리하여도 쉽게 방제되지 않는 난방제 잡초이다. 조이시아그래스에는 경엽처리제를 살포하는 것이 좋은데 이마자퀸, 트리플록시설퓨론소듐, 포람설

퓨론, 플라자설퓨론, 플루세토설퓨론, 림설퓨론 등을 수 회 처리해야 하며 한지형 잔디밭에서는 인력 제초하는 것이 안전하다.

금방동사니(Chufa, 사초과)

학명 *Cyperus microiria* Steud

생활형 및 번식 일년생, 종자번식

특징 초장은 20~50 cm이며 줄기의 절단면은 삼각형이고 한 개 또는 2~3개씩 모여나고 기부에 1~3개의 잎이 달리는 형태이다. 엽폭은 2~5 mm이고 줄기를 감싼다. 꽃은 여러 개 겹쳐나는 형태이며 길이 5~12 cm, 폭 7~10 cm이고 종자는 선형으로 주당 종자 생산량은 약 97,000개이며, 발아 최저 온도는 10~12℃, 최적온도는 30~40℃이다. 꽃은 8~9월에 피며 수염뿌리를 형성한다.

방제법 4~6월경 방동사니 종자가 발아되기 전 조이시아그래스밭에 토양처리제(펜디메탈린, 디치오피르, 프로디아민, 나프로파마이드, 카펜스트롤, 플루폭삼)를 살포하면 효과적으로 예방할 수 있으며, 한지형 잔디밭에서는 프로디아민, 벤플루랄린이 안전하다. 생육이 개시된 후에는 경엽처리제를 살포하는 것이 좋은데 조이시아그래스밭에서는 플록시설퓨론소듐, 포람설퓨론, 플라자설퓨론, 벤타존+MCPA, 피라조설퓨론에틸, 사이클로설파무론, 페녹슐람을 처리하고, 그린 주변이나 한지형 잔디에서는 피라조설퓨론에틸, 사이클로설파무론, 페녹슐람 등을 잡초발생지에만 살포하는 것이 좋다.

파대가리(Green kyllinga, 사초과)

학명 *Kyllinga brevifolia* var. *leiolepis* (Fr. et Sav.) T Koyama

생활형 및 번식 다년생, 종자 및 지하경 번식

특징 초장은 5~25 cm 내외이며 줄기는 곧게 서고 밑 부분에 잎이 약간 달린다(그림 8-56). 꽃은 줄기 끝에 지름 7~10 mm의 꽃이 뭉쳐 달린다. 종자는 조밀하게 나며 녹색이다. 7~10월에 꽃이 피고 10월에 열매가 성숙된다. 우리나라 습지(濕地)에 자생하며 뿌리는 지하경을 형성한다.

그림 8-56 골프장에 발생된 방동사니(왼쪽), 파대가리(오른쪽)

방제법 다년생 잡초이므로 경엽처리가 효과적이다. 조이시아그래스밭에서는 플록시설퓨론소듐, 포람설퓨론, 플라자설퓨론, 벤타존+MCPA, 피라조설퓨론에틸, 사이클로설파무론, 페녹슐람을 처리하고, 그린 주변이나 한지형 잔디에서는 피라조설퓨론에틸, 사이클로설파무론, 페녹슐람 등을 잡초발생지에만 살포하는 것이 좋다.

토끼풀(White clover, 콩과)

학명 *Trifolium repens* L.

생활형 및 번식 다년생, 종자 및 기는 줄기로 번식

특징 줄기는 땅 위를 기며 마디에서 뿌리를 내린다. 잎은 마주보며 3엽이며 심장을 거꾸로 세운 모양으로 길이 15~25 mm, 폭 10~25 mm이며 가장자리에 잔 톱니가 있다. 꽃은 백색으로 피고 줄기를 잘라 주어도 살아남기 때문에 방제가 어렵다. 토양수분이 많은 장소를 좋아하지만, 척박한 곳이나 건조지에서도 잘 생육한다. 석회나 인산비료를 주면 급격히 증가한다. 다년생 초본이며 꽃은 5~8월에 개화하고 7월부터 열매가 성숙한다(그림 8-57).

방제법 잔디의 밀도를 높게 하고 배수를 좋게 하는 것 등이 중요하다. 토끼풀은 다년생 잡초이므로 경엽 처리가 효과적이다. 생육초기 메코프로프, 메코프로프-피, 트리클로피르, 이오도설퓨론메틸소듐 등 몇 가지 약제만 효과가 있으며 완전히 방제하려면 여러 차례 살포해야 한다. 한지형 잔디밭에서는 이속사벤과 메코프로프, 메코프로프-피를 혼용하여 잡초 발생지에 살포하고 고온기에는 약해의 우려가 있으므로 살포하지 않는다.

그림 8-57 잔디밭에 발생된 토끼풀(왼쪽)과 군락을 이룬 모습(오른쪽)

망초(Horse-weed, 국화과)

학명 *Conyza canadensis* (L) Cronq

생활형 및 번식 월년생, 종자 번식

특징 초장은 1~2 m이며 줄기는 곧추서고 전체에 굵은 털이 있다. 잎은 주걱 같은 모양으로 톱니가 있고 경엽은 마주보며 밀생하고 하부의 잎은 길이 7~10 cm, 폭 1~1.5 cm이며 양끝이 좁아지며 위로 올라가면서 작아져 선형으로 된다. 꽃은 7~9월에 개화하고 8월에 열매가 성숙된다. 뿌리는 주근을 형성한다. 악성(惡性) 귀화식물이다.

방제법 초장이 긴 잡초이므로 짧게 자주 잘라주기만 해도 방제가 된다. 봄철 잡초 종자가 발아하기 전 조이시아그래스밭에 토양처리제(이속사벤, 펜디메탈린, 디치오피르, 프로디아민, 나프로파마이드, 옥사디아길)를 살포하면 효과적으로 예방할 수 있으며, 한지형 잔디밭에서는 이속사벤, 프로디아민이 안전하다. 생육이 개시된 후에는 경엽처리제를 살포하는 것이 좋은데 조이시아그래스에서는 피라조설퓨론에틸, 트리클로피르, 이오도설퓨론메틸, 카펜트라졸에틸, 엠시피에이, 메코프로프-피를 처리하고, 한지형 잔디에서는 피라조설퓨론에틸, 사이클로설파무론, 카펜트라졸에틸 등을 부분 살포하는 것이 좋다.

개망초(Daisy fleabane, 국화과)

학명 *Erigeron annuus* (L) Pers

생활형 및 번식 월년생, 종자 번식

특징 초장은 30~100 cm, 줄기는 곧추서고 상부에서 가지가 많이 갈라지며 전체에 털이 있다(그림 8-58). 잎은 마주보며 아래쪽 잎은 계란형 또는 피침형으로 길이 4~15 cm, 폭 1.5~3 cm이고 끝은 뾰족하며 밑은 좁아지며 가장자리에 톱니가 있다. 꽃은 백색 또는 자홍색을 띠며 가지와 줄기 끝에 삼각형 모양으로 달린다. 6~8월에 꽃이 피고 8월에 열매가 익는다. 뿌리는 주근을 형성한다.

방제법 초장이 긴 잡초이므로 짧게 자주 잘라주기만 해도 방제가 된다. 봄철 잡초 종자가 발아하기 전 조이시아그래스밭에 토양처리제(이속사벤, 펜디메탈린, 디치오피르, 프로디아민, 나프로파마이드, 옥사디아길)를 살포하면 효과적으로 예방할 수 있으며, 한지형 잔디밭에서는 이속사벤, 프로디아민이 안전하다. 생육이 개시된 후에는 경엽 처리제를 살포하며 조이시아그래스에서는 피라조설퓨론에틸, 트리클로피르, 이오도설퓨론메틸, 카펜트라졸에틸, 엠시피에이, 메코프로프-피를 처리하고, 한지형 잔디에서는 피라조설퓨론에틸, 사이클로설파무론, 카펜트라졸에틸 등을 부분 살포하는 것이 좋다.

* 피침형: 가늘고 길며 끝이 뾰족하고 중간쯤부터 아래쪽이 볼록한 모양

그림 8-58 어린 망초(왼쪽)와 다 자란 개망초(오른쪽)

매듭풀(Japanese clover, 콩과)

학명 *Kummerowia striata* (Thunb) Schindler

생활형 및 번식 일년생, 종자 번식

특징 초장은 10~30 cm, 줄기는 밑에서부터 가지가 많이 갈라지며 밑을 향한 털이 있다. 잎은 어긋나기로 자라고 3엽이며 장타원형으로 길이 10~15 mm, 폭 5~8 mm이고 잡아당기면 매듭과 같이 끊어진다. 꽃은 한 홍자색으로 8~9월에 피고 10월에 열매가 성숙한다. 우리나라 산야, 길가 등에 자생한다.

방제법 깎기 높이가 높은 페어웨이와 러프에 발생되며 짧게 자주 잘라주기만 해도 효과가 있다. 봄철 잡초 종자가 발아하기 전 조이시아그래스밭에 토양처리제(이속사벤, 펜디메탈린, 디치오피르, 프로디아민, 나프로파마이드, 옥사디아길)를 살포하면 효과적으로 예방할 수 있으며, 한지형 잔디밭에서는 이속사벤, 프로디아민이 안전하다. 잡초 생육 개시 후 조이시아그래스에서는 피라조설퓨론에틸, 트리클로피르, 이오도설퓨론메틸, 카펜트라졸에틸, 엠시피에이, 메코프로프-피를 처리하고, 한지형 잔디에서는 피라조설퓨론에틸, 사이클로설파무론, 카펜트라졸에틸 등을 부분 살포하면 좋다.

선피막이(Pennywort, 산형과)

학명 *Hydrocotyle maritima* Honda

생활형 및 번식 다년생, 종자 및 기는 줄기로 번식

특징 초장은 7~15 cm이며 줄기를 지상으로 뻗으며 마디에서 뿌리를 내려 뻗고 줄기 끝이 비스듬히 서거나 가지가 비스듬히 나가 꽃이 달린다. 잎은 어긋나기로 생기고 손바닥 모양으로 5~7개로 깊이 갈라진다. 꽃은 6~9월에 백색으로 핀다. 습기 있는 곳에 자생하며 뿌리는 주근을 형성한다(그림 8-59).

방제법 경종적 방제로 제거하기 어렵다. 다년생 잡초이므로 경엽 처리제를 살포하는 것이 좋은데 조이시아그래스밭에서는 트리클로피르, 이오도설퓨론메틸, 엠시피에이, 메코프로프-피를 여러 번 처리하면 효과를 볼 수 있으며 왁스층이 두꺼워 약제의 침투성이 다소 낮은 편이다.

그림 8-59 골프장 러프에 발생된 매듭풀(왼쪽)과 선피막이(오른쪽)

서양민들레(Common dandelion, 국화과)

학명 *Taraxacum officinale* GH Weber ex Wiggers

생활형 및 번식 다년생, 종자 번식

특징 초장은 25 cm 내외이며 원줄기는 없다. 잎은 뿌리나 땅속줄기에서 돋아 땅 위로 나며 긴 타원형 또는 주걱형이다. 길이 7~25 cm, 폭 1.5~6 cm, 끝이 뾰족하거나 뭉툭하며 전체 형태는 잎자루를 따라 좁아진다. 꽃대 끝에 머리모양으로 꽃이 피며 150~200개의 혓바닥모양 황색 꽃잎으로 구성된다. 3~9월에 개화하고 4월부터 열매가 성숙한다. 뿌리는 주근을 형성한다(그림 8-60).

그림 8-60 골프장 러프에 발생된 민들레(왼쪽: 월동 전, 오른쪽: 월동 후)

방제법 잔디를 짧게 잘라주는 것은 큰 효과가 없으며 약제 처리가 효과적이다. 다년생 잡초이므로 경엽처리제를 살포해야 하는데 조이시아그래스밭에서는 트리클로피르, 이오도설퓨론메틸, 엠시피에이, 메코프로프-피를 여러 번 처리하면 효과를 볼 수 있다. 한지형 잔디에서는 피라조설퓨론에틸, 사이클로설파무론, 카펜트라졸에틸 등을 부분 살포하면 좋다.

질경이(Common platain, 질경이과)

학명 *Plantago asiatica* L.

생활형 및 번식 다년생, 종자 번식

특징 초장은 20 cm이내, 원줄기가 없으며 많은 잎이 뿌리에서 나온다. 잎은 뿌리에서 총생하고 타원형 또는 난형으로 길이 4~15 cm, 폭 3~8 cm로서 가장자리에 톱니가 있다. 잎 사이에서 길이 10~50 cm의 꽃대가 나와 한 개의 긴 꽃대 둘레에 여러 개의 꽃이 이삭 모양으로 핀다(그림 8-61 왼쪽). 꽃은 6~8월에 피고 10월에 열매가 성숙된다. 우리나라 산야지에 자생한다. 뿌리는 짧은 구근에서 다수의 부정근과 근모가 발생한다.

방제법 다년생 잡초이므로 조이시아그래스밭에서는 경엽처리제인 트리클로피르, 이오도설퓨론메틸, 엠시피에이, 메코프로프-피를 여러 번 처리하면 효과적이다. 한지형 잔디에서는 피라조설퓨론에틸, 사이클로설파무론, 카펜트라졸에틸 등을 잡초 발생지에 부분 살포하면 좋다.

그림 8-61 골프장 러프에 발생된 질경이(왼쪽), 벌꽃(오른쪽)

별꽃(Common chickweed, 석죽과)

학명 *Stellaria media* (L) Villars

생활형 및 번식 월년생, 종자 번식

특징 초장은 10~20 cm, 줄기 아래에서 많은 가지를 내고 땅에 닿으며 잎은 마주나며 난형으로 길이 1~2 cm, 폭 8~15 mm이며 끝은 뾰족하고 밑은 둥글다. 꽃은 백색으로 피며 줄기와 가지 끝마다 꽃이 피며 꽃받침은 별모양이다(그림 8-61 오른쪽). 꽃이 진 뒤에는 줄기가 처지며 열매가 익으면 다시 위를 향한다. 꽃은 3~6월에 피고 5월부터 열매가 성숙한다. 꽃잎은 꽃받침보다 조금 짧다.

방제법 잡초 종자가 발아하기 전 조이시아그래스에 토양처리제(이속사벤, 펜디메탈린, 디치오피르, 프로디아민, 나프로파마이드, 옥사디아길)를 살포하면 효과적으로 예방되며, 한지형 잔디밭에서는 이속사벤, 프로디아민이 안전하다. 생육이 개시 후에는 경엽처리제를 살포하는 것이 좋은데 조이시아그래스에서는 피라조설퓨론에틸, 트리클로피르, 이오도설퓨론메틸, 카펜트라졸에틸, 엠시피에이, 메코프로프-피를 처리하고, 한지형 잔디에서는 피라조설퓨론에틸, 사이클로설파무론, 카펜트라졸에틸 등을 부분 살포하면 좋다.

선개불알풀(Corn speedwell, 현삼과)

학명 *Veronica arvensis* L.

생활형 및 번식 월년생, 종자 번식

특징 초장은 10~40 cm, 줄기 밑에서 가지가 갈라지고 짧은 털이 있다. 잎은 마주보고 넓은 계란형으로 길이 6~20 mm, 폭 4~18 mm이며 끝은 둔하고 밑은 둥글다(그림 8-62 왼쪽). 위쪽의 잎은 긴 타원형이다. 꽃은 연한 자색을 띤 남색으로 5~6월에 피고 7월에 열매가 성숙한다. 뿌리는 주근을 형성한다. 우리나라 중남부지방에 자라는 귀화식물로써 골프장에서는 일조량이 좋은 경사지와 러프에 많다.

방제법 가을철 잡초 종자가 발아하기 전 조이시아그래스밭에 토양처리제(이속사벤, 펜디메탈린, 디치오피르, 프로디아민, 나프로파마이드, 옥사디아길)를 살포하면 효과적으로 예방할 수 있으며, 한지형 잔디밭에서는 이속사벤, 프로디아민이 안전하다. 생육 개시 후에는 경엽처리제를 살포하는 것이 좋은데 조이시아그래스밭에서는 피라

그림 8-62 골프장 러프에 발생된 선개불알풀(왼쪽), 냉이(오른쪽, 월동 전)

조설퓨론에틸, 트리클로피르, 이오도설퓨론메틸, 카펜트라졸에틸, 엠시피에이, 메코프로프-피를 처리하고, 한지형 잔디에서는 피라조설퓨론에틸, 사이클로설파무론, 카펜트라졸에틸 등을 부분 살포하면 좋다.

냉이(Shepherdspurse, 십자화과)

학명 *Capsella bursa-pastoris* (L) Medi

생활형 및 번식 월년생, 종자 번식

특징 초장은 10~50 cm, 줄기는 가지를 치고 전체에 털이 있다(그림 8-62 오른쪽). 지면 부근에 나는 잎은 총생하여 땅 위로 퍼지며 길이 10 cm 이상이고 양쪽으로 갈라지며 치아 모양의 톱니가 있다. 줄기는 곧고 백색이다. 줄기에서 잎이 마주나고 위로 갈수록 작아지며 기부가 귀 모양으로 줄기를 감싸고 톱니가 있다. 가을에 발생하여 월동하며 꽃은 5~6월에 피는데 백색으로 줄기 끝에 뭉쳐서 달린다. 종자 발아 최적온도는 10~20℃이며 주당 종자 생산량은 9,566개 정도로 많다.

방제법 가을철 잡초 종자가 발아하기 전 조이시아그래스밭에 토양처리제(이속사벤, 펜디메탈린, 디치오피르, 프로디아민, 나프로파마이드, 옥사디아길)를 살포하면 효과적으로 예방할 수 있으며, 한지형 잔디밭에서는 이속사벤, 프로디아민이 안전하다. 생육 개시 후에는 경엽처리제를 살포하는 것이 좋은데 조이시아그래스밭에서는 피라조설퓨론에틸, 트리클로피르, 이오도설퓨론메틸, 카펜트라졸에틸, 엠시피에이, 메코프로프-피를 처리하고, 그린 주변이나 한지형 잔디에서는 피라조설퓨론에틸, 사이클로설파무론, 카펜트라존에틸 등을 부분 살포하면 좋다.

제비꽃(Violet, 제비꽃과)

학명 *Viola mandshruica* W. Becker

생활형 및 번식 다년생, 영양 번식

특징 높이 20 cm 안팎, 원줄기가 없으며 잎은 뿌리에서 총생하고 피침형으로 길이 3~8 cm, 폭 1~2.5 cm이며 털은 거의 없다. 꽃이 핀 다음 자라서 삼각형으로 된다. 꽃은 4~5월에 짙은 자주색으로 피고 잎 사이에서 5~20 cm의 화경이 나와 1개씩 달린다(그림 8-63 왼쪽).

방제법 번식력이 높은 난방제 잡초이며 경엽처리제를 살포하는 것이 좋다. 조이시아그래스밭에서는 피라조설퓨론에틸, 트리클로피르, 이오도설퓨론메틸, 카펜트라졸에틸, 엠시피에이, 메코프로프-피를 여러 번 살포해야 효과가 있다. 그린 주변 등 잔디밀도가 높고 자주 깎는 곳에서는 잘 보이지 않는다.

쑥(Mugwort, 국화과)

학명 *Artemisia princeps* Pamp

생활형 및 번식 다년생, 뿌리줄기로 번식

그림 8-63 골프장 러프에 발생된 제비꽃(왼쪽), 쑥(오른쪽)

특징 높이 50~120 cm 내외, 줄기는 총생하고 가지를 잘 치며 털이 있다. 잎은 마주보고 중간 부분의 잎은 타원형으로 길이 6~12 cm, 폭 4~8 cm이며 가장자리에 톱니가 있고 표면은 녹색이며 뒷면은 적은 털이 밀생하며 회백색이다(그림 8-63 오른쪽). 7~10월에 연한 홍자색 꽃이 피며 골프장에서는 일조가 좋고 잔디를 자주 깎지 않는 법면에서 잘 자란다.

방제법 번식력이 좋은 난방제 잡초이며 경엽 처리제를 살포하는 것이 좋다. 조이시아그래스밭에서는 피라조설퓨론에틸, 트리클로피르, 이오도설퓨론메틸, 카펜트라존에틸, 엠시피에이, 메코프로프-피를 여러 번 살포해야 효과가 있다. 그린 주변 등 잔디 밀도가 높고 자주 깎는 곳에서는 잘 보이지 않는다.

참고문헌

[병 분야]

Burpee, L. 1980. *Rhizoctonia cerealis* yellow patch of turfgrass. Plant Dis. 64:1114-1116.

Burpee, L. and B. Martin. 1992. Biology of *Rhizoctoinia* species associated with turfgrasses. Plant Dis. 76:112-117.

Chang, S. W., Jung, S.W., Kim, S., Park, J.H. and Lee, J.Y. 2012. Synergistic interaction of fungicides in mixtures under different conditions of dollar spot disease caused by *Sclerotinia homoeocarpa*. Asian J. Turfgrass Sci. 26:96-101. (in Korean)

Chang, S.W., Scheef, E., Abler, R.A.B., Clayton, M.K., Thomson, P., Johnson, P. and Jung, G. 2006. Distribution of *Typhula* species and *T. ishikariensis* varieties in Wisconsin, Utah, Michigan and Minnesota states. Phytopathology 96:926-933.

Chang, T.H. and Lee, Y.S. 2013. Occurrence of brown patch on Kentucky bluegrass caused by *Rhizoctonia solani* AG-1 IB. Weed Turf. Sci. 2:88~94. (in Korean)

Chang, T.H., Chang, S.W. and Jung, G. 2011. Evaluation of fungicides, nozzle type, and spray volume on control of typhula blight on cool season turfgrass. Asian J. Turfgrass Sci. 25:160-170.

Couch, H. B. 1995. Diseases of turfgrasses, 3rd ed. Krieger Publishing, Malabar, FL.

Hsiang, T., Matsumoto, N. and Millett, S.M. 1999. Biology and management of typhula snow molds of turfgrass. Plant Dis. 86:788-798.

Kim, J.H., Shim, G.Y., Lee, H.M., Moon, H.S and Kim, Y.H. 2007. Identification and chemical control of gray snow molds caused by *Typhula* spp. on golf course in Korea. Kor. Turfgrass Sci. 21:147-154. (in Korean)

Min, G.Y., Lee, J.H. and Kwak, Y.S. 2014. Detail investigation of major diseases occurrence and pathogen population on turfgrass cultivation in nationwide. Weed Turf. Sci. 3:121~129. (in Korean)

Shim, G.Y. and Kim, H.K. 1995. Identification and pathogenicity of *Rhizoctonia* spp. isolated from turfgrass in golf courses in Korea. Kor. Turfgrass Sci. 9:235−252. (in Korean)

Shim, G.Y., Kim, H.K., Bae, D.W., Lee, J.T. and Lee, H.J. 1997. Integrated control of large patch disease caused by *Rhizoctonia solani* AG2−2 by using fertilizers, fungicides and antagonistic microbes on turfgrasses. Kor. Turfgrass Sci. 11:173−183. (in Korean)

Shim, G.Y., Min, G.Y., Shin, H.D. and Lee, H.J. 2001. Occurrence of chemical resistance and control of dollar spot caused by *Sclerotinia homoeocarpa* in turfgrass of golf course. Kor. Turfgrass Sci. 15:1−8. (in Korean)

Smiley, R.W., Denoeden, P.H. and Clarke, B.B. 1994. Compendium of turfgrass diseases, 2nd ed. APS Press, St. Paul, MN, USA.

Smith, J.D. 1981. Snow molds of winter cereals: Guide for diagnosis, culture and pathogenicity. Can. J. Pathol. 3:15−25.

Smith, J.D., Jackson, N. and Woolhouse, A.R. 1989. Fungal diseases of amenity turf grasses. E and F. N. Spon, New York.

Vargas, J.M. 1994. Management of turfgrass diseases. 2nd ed. Lewis Publishers, Boca Raton, FL.

[해충 분야]

국가생명연구자원통합정보시스템(KOBIS) (https://kobis.re.kr)

환경부 생물다양성 관리기관 통합관리시스템 (http://kbr.go.kr/consortium/home/rsc/rsc01003v.do?msno=&clsGbnCd=KTSN&clsNo=120000034576&gbifnubTxnId=0&tempClsSno=0&commGroup=IN)

Choi, W.G., Lee, D.W., Choo, H.Y., Chung, J.M., Lee, S.M., et al. 2001. Host plants of *Ectinohoplia rufipes* (Coleoptera: Scarabaeidae) in golf courses and effect of damaged leaves on the attraction of adults. Korean J. Appl. Entomol. 40:31−40. (In Korean)

Choo, H.Y., Lee, D.W., Lee, S.M., Kweon, T.W., Sung, Y.T., et al. 1998. White grubs in turfgrasses of golf courses and their seasonal density. Kor. Turfgrass Sci. 12:225−236. (In Korean)

Choo, H.Y., Lee, D.W., Park, J.W. and Lee, J.W. 1999. Comparison of four major scarab beetles, *Ectinohoplia rufipes*, *Adoretus tenuimaculatus*, *Exomala orientalis* and *Popillia quadriguttata* in golf courses. Kor. Turfgrass Sci. 13:101−112. (In Korean)

Choo, H.Y., Lee, D.W., Park, J.W., Kaya, H.K., et al. 2002. Life history and spatial distribution of oriental beetle (Coleoptera: scarabaeidae) in golf courses in Korea. J. Econ. Entomol. 95:72−80.

Jung, Y.H., Kim, J.J., You, E.J., Lee, C.M., Choo, H.Y., et al. 2013. Evaluation of entomopathogenic nematodes against armyworm, *Pseudaletia separate* on tall fescue,

Festuca arundinacea. Weed Turf. Sci. 2:312–317. (In Korean)

Kang, B.H., Kabir, M.F., Bae, E.J., Lee, G.S., Jeon, B.D., et al. 2016. Damage report on a newly recorded coleopteran pest, *Aphanisticus congener* (Coleoptera: Buprestidae) from turfgrass in Korea. Weed Turf. Sci. 5:274–279.

Kang, Y.J., Lee, D.W., Choo, H.Y., Lee, S.M., Kweon, T.W., et al. 2004. Biological control of *Spodoptera depravata* (Butler)(Lepidoptera: Noctuidae) using entomopathogenic nematodes. Korean J. Appl. Entomol. 43:61–70. (In Korean)

Kim, J.J., Jang, B.K., Lee, S.M., Choo, H.Y., Zhu, M., et al. 2011a. Investigation of host plants and seasonal occurrence of *Popillia flavosellata* (Coleoptera: Rutelidae) in golf courses. Asian J. Turfgrass Sci. 25:22–29. (In Korean)

Lee, D.W. and Choo, H.Y. 2007. Ecological study of chestnut brown chafer, *Adoretus tenuimaculatus* (Coleoptera: Rutelidae). J. Agriculture & Life Sci. 41:9–15. (In Korean)

Lee, D.W. and Potter, D.A. 2015. Biological control of the black cutworm, *Agrotis ipsilon* (Lepidoptera: Noctuidae) with the Korean entomopathogenic nematode, *Steinernema carpocapsae* GSN1 strain (Rhabditida: Steinernematidae) in turfgrass. Weed Turf. Sci. 4:58–64. (In Korean)

Lee, D.W., Choo, H.Y., Chung, J.M., Lee, S.M. and Sagong, Y.B. 2002a. Host plants of *Popillia quadriguttata* (Coleoptera: Scarabaeidae). Korean J. Appl. Entomol. 41:15–19. (In Korean)

Lee, D.W., Choo, H.Y., Chung, J.M., Lee, S.M., Lee, T.W., et al., 1997a. Host plant and preference of brown chafer, *Adoretus tenuimaculatus* Waterhouse (Coleoptera: Scarabaeidae). Korean J. Appl. Entomol. 36:156–165. (In Korean)

Lee, D.W., Choo, H.Y., Kaya, H.K., Lee, S.M., Smitley, D.R., et al. 2002. Laboratory and field evaluation of Korean entomopathogenic nematode isolates against the oriental beetle *Exomala orientalis* (Coleoptera: Scarabaeidae). J. Econ. Entomol. 95:918–926.

Lee, D.W., Choo, H.Y., Lee, T.W., Park, J.W. and Kweon, T.W. 1999. Spatial and temporal distribution of chestnut brown chafer, *Adoretus tenuimaculatus* (Coleoptera: Scarabaeidae) in golf courses. Kor. Turfgrass Sci. 13:113–124. (In Korean)

Lee, D.W., Choo, H.Y., Shin, H.G., Choi, B.G. and Lee, G.S. 2003. Chemical control of *Popillia quadriguttata* (Coleoptera: scarabaeidae) and damage of *Zoysia matrella* and newly recorded host plants in golf courses. Kor. Turfgrass Sci. 17:35–44. (In Korean)

Lee, D.W., Choo, H.Y., Shin, O.J., Yun, J.S. and Kim, Y.S. 2002. Damage of perennial ryegrass, *Lolium perenne* by chestnut brown chafer, *Adoretus tenuimaculatus* (Coleoptera: Scarabaeidae) and biological control with Korean isolate of entomopathogenic nematodes. Korean J. Appl. Entomol. 41:217–223. (In Korean)

Lee, D.W., Lyu, D.P., Choo, H.Y., Kim, H.H., Kweon, T.W., et al. 2005. Feeding preference of foraging ants on insect cadavers killed by entomopathogenic nematode and symbiotic bacteria in golf courses. Korean J. Appl. Entomol. 44:21–30. (In Korean)

Lee, D.W., Shin, C.C., Kweon, T.W., Choo, H.Y. and Lee, S.M. 2002. Sampling and distribution of *Exomala orientalis* (Coleoptera: Scarabaeidae) larvae, in golf courses. Kor. Turfgrass Sci. 16:97–106. (In Korean)

Lee, K.S., Lee, D.W., Kim, H.H., Lee, S.M., Choo, H.Y., et al. 2005b. Pathogenicity of entomopathogenic nematodes to *Popillia quadriguttata* (Coleoptera: Scarabaeidae) adult. Korean J. Appl. Entomol. 44:145–150. (In Korean)

Lee, S.M., Lee, D.W., Choo, H.Y., Moon, I.S. and Lee, T.W. 1997b. Pathogenicities of entomopathogenic fungus, *Metarizium anisopliae* J–22 against turfgrass and some agro–forest insect pests. Kor. Turfgrass Sci. 11:185–191. (In Korean)

Park, D.S., Lee, J.H., Cho, M.R., Kim, Y.S., Kim, K.D., et al. 2012. Damage of zoysiagrass by zoysiagrass mite, *Aceria zoysiae* in Korean golf courses. Weed Turf. Sci. 1:76–79. (In Korean)

Potter, D. A. 1998. Destructive turfgrass insects biology, diagnosis, and control. Ann Arbor Press, Inc. Chelsea, Michigan, USA.

Shin, C.C., Kim, J.K., Hong, Y., Kim, Y.S., Kim, J.H., et al. 2015. Seasonal earthworm casting activity on Korean golf courses. Weed Turf. Sci. 4:368–375. (In Korean)

Yang, S.W., Shim, G.Y., Kim, J.H., Hong, K.J., et al. 2009. Exotic pest, hunting billbug, *Sphenophorus venatus vestitus* Chittenden (Coleoptera: Dryophthoridae) in Korea. Kor. Turfgrass Sci. 23:265–270. (In Korean)

Web Cite of European and Mediterranean Plant Protection Organization (EPPO) (https://gd.eppo.int/taxon/ANMLOR)

[잡초 분야]

Hong, B.S. and Tae, H.S. 2013. The selection of post–emergence herbicides to control of *Poa annua* in Kentucky bluegrass. Weed Turf. Sci. 24(2):76–81. (In Korean)

Kim H.K. and Lee, S.J. 2010. Turfgrass and Golf Course. Sunjin Munwha Co., Ltd, Korea(In Korean)

Kim K.N. 2005. Introductory Turfgrass Science 2nd ed., Sahmyook University Press, Korea(In Korean)

Kim K.U. and Shin, D.H. 2016. Recent Weed Control Principles 4th ed., Kyungpook National University Press. Korea. (In Korean)

Korea Crop Protection Association. 2016. Agrochemicals Use Guide Book. (In Korean)

Park, N.I. 2007. Problem weeds series in golf course. Korea turfgrass Res. Inst. Bul. 91:8–15. (In Korean)

Rural Development Association. 1993. Upland weed in Korea. Rural Development Administration, Korea (In Korean)

RURAL Development Administration. 2017. Weed Information List. http://ncpms.rda.go.kr/npms/WeedsInfoSearchR.np(Accessed Jan. 10, 2017)

Tae, H.S., Kim, Y.S., and Heo, Y.D. Control of bermudagrass (*Cynodon dactylon*) causing weedy in *Zoysia matrella* Merr. Weed Turf. Sci. 2(4): 402–407. (In Korean)

Turgeon, A.J. 2005. Turfgrass Management 7th ed., Prentice–Hall, Inc., Upper Saller River, NJ. USA.

The Korean Society of Weed Science. 2001. A Glossary of Weed Science. Korea Print Inc., Korea. (In Korean)

찾아보기

R~S

T~V

W~Z

기타

ㄱ

ㅊ

ㅋ

ㅌ

ㅍ

ㅎ